中国文化遗产研究院·文物保护工程与规划系列·2015年

茶胶寺修复工程研究报告

中国文化遗产研究院　许言　编著

文物出版社

责任编辑　陈　峰
封面设计　周小玮
责任印制　陈　杰

图书在版编目（CIP）数据

茶胶寺修复工程研究报告 / 许言编著. —北京：文物出版社，2015.9

ISBN 978－7－5010－4349－1

Ⅰ.①茶…　Ⅱ.①许…　Ⅲ.①寺庙－文物修整－研究报告－柬埔寨　Ⅳ.①TU－87

中国版本图书馆 CIP 数据核字（2015）第 174716 号

茶胶寺修复工程研究报告

许　言　编著

*

文物出版社出版发行

北京市东直门内北小街 2 号楼

http://www.wenwu.com

E-mail: web@wenwu.com

北京宝蕾元科技发展有限责任公司制版

北京鹏润伟业印刷有限公司印刷

新　华　书　店　经　销

889×1194　1/16　印张：28

2015 年 9 月第 1 版　2015 年 9 月第 1 次印刷

ISBN 978－7－5010－4349－1　定价：480.00 元

《茶胶寺修复工程研究报告》

编委会

主　　编：许　言

编写人员：刘建辉　金昭宇

张　念　乔云飞

序 言

茶胶寺（Ta Keo Temple - Mountain）位于柬埔寨西北部暹粒省首府暹粒市的北部，属于著名世界文化遗产吴哥古迹的一部分，是吴哥古迹中最为雄伟且具有鲜明特色的庙山建筑之一。茶胶寺的建造年代约在10世纪末至11世纪初，由几代国王主持修建，是一座未完成的巨大建筑。茶胶寺因其独特的历史、艺术和科学价值，一直备受国内外学者的瞩目。

历经上千年的自然环境的影响及多年战火的摧残，吴哥古迹在1992年被列入世界文化遗产名录同时即被列为濒危文化遗产。随即，柬埔寨王国政府与联合国教科文组织（UNESCO）共同发起了“拯救吴哥古迹国际行动”。在联合国教科文组织的统一协调下，先后有包括中国在内的十几个国家的工作队和学术研究机构，共同开启了援助柬埔寨吴哥古迹保护的国际行动。在国际社会的共同努力下，吴哥古迹于2004年从濒危世界遗产名录中删除。

中国政府援助柬埔寨吴哥古迹保护工程共进行了两期。第一期保护工程选择的维修对象是“周萨神庙”（Chau Say Tevoda）。工程自1998年启动，于2007年完工。当时的中国文物研究所（中国文化遗产研究院前身）为此正式组建了“中国政府援助柬埔寨吴哥古迹保护工作队”（Chinese Government Team for Safeguarding Angkor，简称CSA）。2006年，中国政府选定茶胶寺作为援助柬埔寨吴哥古迹保护工程的二期项目，并由中国国家文物局和柬埔寨有关方面签署了援助项目的合作协议。在随后大量前期研究的基础上，将茶胶寺保护工程定位为总体现状抢险加固维修。中国文化遗产研究院选派了一批文物保护专业的青年技术骨干对茶胶寺庙山24处需重点抢险加固的单体建筑进行了详细的勘察测绘，编制完成了《茶胶寺保护修复工程总体设计方案》，并分阶段完成了茶胶寺保护修复工程第一阶段、第二阶段、第三阶段实施项目施工图设计。2010年11月27日，茶胶寺保护修复工程正式启动。

中国政府援助柬埔寨茶胶寺修复工程对于茶胶寺保护与修复具有里程碑式的意义。中国文化遗产研究院选派高水准的学术研究团队与有古建筑保护工程实践经验的专业施工人员，共同承担茶胶寺保护修复工程，并配备施工组织、石料加工与雕刻、结构安装和工程机械等方面的专业技术人员，确保科学组织和科学施工。吴哥古迹保护工程的影响已大大超过了文物保护工程本身，中国文化遗产研究院的文物保护技术人员在工程实施中，充分准备，周密计划，精心实施，按时高质量地完成了维修工程，充分展示了我国文物保护的技术和能力，加强了中柬文物保护技术的交流，也有力地促进了柬埔寨国内相关学术研究、保护工作的开展。作为中国文化遗产保护领域国际合作与交流的重要平台之一，茶胶寺保护修复工程大力推进了中国和参与吴哥古迹保护的诸多国家在文化遗产保护研究领域的合作与交流。茶胶寺保护工程，不仅展现了我国的文物维修保护的传统技艺和技术水平，也体现了中国人对文化遗产保护的认识水平。吴哥犹如一所文化遗产保护与研究的大学，在基本理念和保护原则保持一致的基础上，来自不同文化环境、不同专业背景的各国文化遗产保护专家与学者在此相互学习、交流、激励，逐步凝练出具有国际视野、吴哥特色的文化遗产保护学术体系与研究成果。该研究报告不仅对吴哥地区同类古迹遗址，而且对全世界石砌建筑的保护与修复都具有重要的借鉴意义。

中国政府援助柬埔寨茶胶寺修复工程见证了中国与柬埔寨的深厚友谊，在柬埔寨当地和国际社会产生了积极的影响。1997 年，中国国家文物局为修复吴哥窟事宜派出了第一个代表团访问柬埔寨。代表团得到了西哈努克亲王亲切接见。在接见时，亲王说："我很希望中国政府能够帮助我们维修吴哥窟。柬埔寨是全民信教的国家，95% 以上的国民是佛教徒。如果你们帮助我们修复吴哥窟，你们将真正赢得柬埔寨人民的心。"中国政府无偿援助维修保护吴哥古迹，使其保存状况得以改善，实现了保护好柬埔寨珍贵文化遗产的既定目标，而且有力带动了当地经济社会文化的发展，深受当地民众的赞扬和欢迎。该工程的实施，丰富了中柬交流合作的领域和内容，巩固和加强了中柬传统的睦邻友好关系，加深了中柬两国人民的传统友谊，我们应当向从事援柬工程的全体工程技术人员表示衷心的感谢！

童明康

2015 年 6 月 26 日

内容提要

位于柬埔寨西北方暹粒省的吴哥古迹是古代高棉宗教建筑艺术遗迹的总称，包括了9～15世纪古代高棉帝国的历代都城和寺庙建筑遗迹，而分布在四百多平方公里范围内的众多寺庙建筑遗迹是古代高棉帝国建筑艺术成就的集中体现，联合国教科文组织于1992年将吴哥古迹列入世界文化遗产名录。

2007年，在圆满完成中国政府援助柬埔寨吴哥古迹保护（一期）周萨神庙保护修复工程后，经中柬两国政府共同协商，选定茶胶寺作为援助柬埔寨吴哥古迹保护工程的二期项目，并由国家文物局和柬埔寨有关方面签署了援助项目合作协议书。在中国国家文物局、APSARA局、联合国教科文组织吴哥古迹保护与发展国际协调委员会（ICC-Angkor）的指导下，参照《吴哥宪章》等国际文化遗产保护准则，借鉴我国文化遗产保护的成功经验，按照“科学研究贯穿保护修复全过程，抢险加固，排除险情，局部维修与全面修复相结合”的工作思路，组织相关专业技术人员对茶胶寺遗址进行了较为全面的前期勘察与研究工作，内容主要涉及建筑、考古、结构工程、岩土工程、保护科学等，先后完成各类研究报告二十余项，取得了丰富的阶段性成果。为后期制定保护修复工程技术方案、确保工程顺利实施提供了研究基础与技术支撑。

目前，茶胶寺保护修复项目已基本告竣，本书主要是在整理、修订、归纳、汇总、完善工程项目的前期研究、方案设计、维修施工三个阶段的成果基础上编撰。全书分茶胶寺概况、建筑形制研究、保存现状调查与评估、修复工程设计、修复工程、建筑本体结构变形监测与预防、施工资料档案建设和总结八章。其中第一章概况主要包括茶胶寺遗址概况，项目背景、目的、意义、内容，以及茶胶寺的发现历程与以往的保护研究。第二、三章是对茶胶寺修复工程的前期工作的总结，包括茶胶寺建筑形制研究以及保存现状调查评估。建筑形制研究通过对历史文献、实地调查以及考古勘探资料的整理，分析茶胶寺的整体布局和典型单体的建筑形制特征。保存现状调查与评估包括环境调查、岩土勘察、石材分析和病害调查。第四至八章分别介绍了茶胶寺修复工程的施工过程。第四章修复工程设计重点介绍了设计目的、依据及原则，以及建筑本体保护修复工程技术方案；第五章介绍了项目实施前期准备和技术措施；第六章介绍了建筑本体结构变形监测和建筑本体结构加固与预防；第七章介绍了修复项目工程资料收集和整理。第八章分析了项目的技术难点，项目管理与施工组织，展示与宣传，以及国际合作与交流。

本书是对中国政府援柬埔寨茶胶寺保护修复工程的一项重要研究成果，不仅对于柬埔寨茶胶寺的保护与修复具有里程碑式的意义，而且也将对吴哥地区其他同类古迹遗址乃至全世界石砌建筑的保护与修复工程具有借鉴意义。同时，本书也是中柬两国人民友谊的见证，相信在中柬两国文化遗产保护工作者的共同努力下，吴哥古迹的保护修复工作将取得更为卓越的成就，人类世界文化遗产将会得到更好的保护！

Summary

Angkor, located in Siem Reap of northwestern Cambodia, is an ensemble of religious, architectural and artistic remains of the ancient Khmer Empire. It includes the sites of capitals of the Khmer Empire from the 9th to the 15th century as well as the sites of numerous temples that are spotted in an area of more than 400 square kilometers. These temples substantiate the architectural and artistic achievements of the ancient Khmer Empire in a concentrated way. In 1992, the Angkor complex was inscribed on the World Heritage List by the UNESCO.

In2007, after the successful completion of the Angkor conservation assistance project (phase I), under which the Chinese government provided assistance for the conservation and restoration of Chau Say Tevoda, based on joint consultation, the Chinese and Cambodian governments selected the site of Ta Keo Temple to continue the project (phase II). The same year, the State Administration of Cultural Heritage and related Cambodian parties signed the cooperation agreement on the project. Under the instruction of the State Administration of Cultural Heritage, the APSARA Authority and the International Coordinating Committee for the Safeguarding and Development of the Historic Site of Angkor (ICC – Angkor), the Chinese side organized related professionals to conduct comprehensive the preparatory survey and research of the site of Ta Keo Temple in accordance with relevant international cultural heritage protection rules such as the *Angkor Charter* and successful experience of China in cultural heritage conservation. The work followed the principle that the conservation and restoration process should be completely based on scientific research and combined measures should be adopted to save remains at risk and make reinforcement, deal with dangerous situations and carry out partly maintenance and overall restoration. The survey and research covered the fields of architecture, archaeology, structural engineering, geotechnical engineering and conservation science, generating more than 20 various research reports, with remarkable achievements. It provided research basis and technical support for later preparation of engineering and technical plans for the conservation and restoration of the temple as well as guarantee for the smooth implementation of the project.

So far, the project for theconservation and restoration of the Ta Keo Temple has been basically completed. This book is edited based on the summarization and improvement of the achievements made in the preparatory research, plan design and repair and construction stages. It consists of eight chapters: Brief Introduction to Ta Keo Temple, Research on Architectural Style and Structure, Survey and Evaluation of Present State of Protection, Design for Restoration Project, Restoration Project, Monitoring of Structural Deformation of Buildings and Prevention Measures, Filing of Project Data, and Conclusion. Chapter I mainly includes an introduction to the site of Ta Keo Temple, the background, objectives, significance and details of the project, and the history of the discovery of the heritage site and previous protection and research efforts. Chapter II and Chapter III include a conclusion of early – stage work for the restoration of Ta Keo Temple, including research on the architectural style and structure of the temple and the survey and evaluation of present state of protection. Historical documents, field surveys and archaeological data were based to make analysis of the overall layout of the temple and the architectural features of typical individual structures. The survey and evaluation of present state of protection include environmental survey, geotechnical investigation, stone analysis and damage survey. Chapters IV, V, VI, VII and VIII describe the implementation process of the project. Chapter IV focuses on design goals, basis and principles as well as technical plans for conservation and restoration of the buildings. Chapter V introduces early preparation and technical measures for the project. Chapter VI provides an introduction to the monitoring of structural deformation of the buildings and related reinforcement and prevention measures. Chapter VII delineates the collection and filing of project data. Chapter VIII includes analyses of technical difficulties under the project, project management and organization, presentation and publicity as well as international cooperation and exchanges.

The bookis a significant outcome of the project for the conservation and restoration of Ta Keo Temple under the assistance of the Chinese government. It is not only a milestone for the conservation and restoration of Ta Keo Temple, but also a good example for the conservation and restoration of other similar historical sites in Angkor and even other stone buildings all over the world. The book is also a witness to the friendship between Chinese and Cambodian peoples. It is believed that, through the joint efforts of the cultural heritage protectors of the two countries, more remarkable achievements will be made in the conservation and restoration of the Angkor complex, and the world cultural heritage will get better protected.

目　录

实测图目录

图版目录

第一章　概　况

第一节　遗址概况

一　地理位置

茶胶寺是吴哥遗址中最为雄伟且具有典型特征的庙山建筑之一，代表了10世纪末至11世纪初吴哥庙山建筑发展的一个历史节点。举世闻名的吴哥（Angkor）作为东南亚地区最重要的古代史迹之一，是公元9世纪至15世纪古代高棉帝国繁盛时期的城市与寺庙建筑遗迹的总称。作为吴哥王朝的都城，以吴哥通王城（Angkor Thom）与吴哥寺（Angkor Wat）为代表的四十余组建筑组群及其数百座单体建筑遗构，散布在柬埔寨北部暹粒省大约四百余平方公里的热带丛林之中。

吴哥古迹主要包括遗址核心区的大吴哥通王城、吴哥城北的女王宫、位于南侧的罗洛士遗址群（Roluos），公元9世纪至12世纪修建的罗莱池（Indratataka Baray）、东池（East Baray）、西池（West Baray）、北池（Jayatataka Baray）和皇家浴池（Srah Srang）等大型古代水利工程设施，以及连通各地的道路、桥梁等交通设施。这些以石构建筑为主体的建筑组群，以其宏大规模和精美的雕刻昭示着古代高棉人民的智慧和创造天赋，具有极高的历史、艺术和科学价值。1992年，吴哥遗址被列入《世界遗产名录》，同年由于其遗址本体与环境的破坏情况十分严重，又被列入世界濒危文化遗产名录。

在吴哥古迹的众多寺庙中，茶胶寺（Ta Keo temple）是其中价值较高、保存较为完整的著名庙山史迹之一。茶胶寺位于柬埔寨西北部暹粒省首府暹粒市的北部，南距暹粒市约10公里，中心地理坐标东经103°52′，北纬13°26′，海拔高程约20m。茶胶寺属于吴哥古迹的一部分，位于吴哥通王城胜利门东约一公里处，西距暹粒河约500m，南侧和西侧紧临公路，东侧以神道与东池相接，东南与位于吴哥通王城东的塔布隆寺（Ta Prohm）、班迪克黛寺（Banteay Kdei）等著名寺院遥相呼应，如图1-1至图1-3所示。

二　自然环境特征

柬埔寨地处低纬，属热带季风气候。雨量充沛，空气湿润，全年高温，终年如夏。年平均气温29℃～30℃。其中12月和1月气温最低，月平均气温24℃，个别地区12月和1月份最低温度出现过9.5℃；4月气温最高，月平均气温达35℃，个别地区4月份最高温度曾达到40℃以上，年平均气温温差仅6℃。

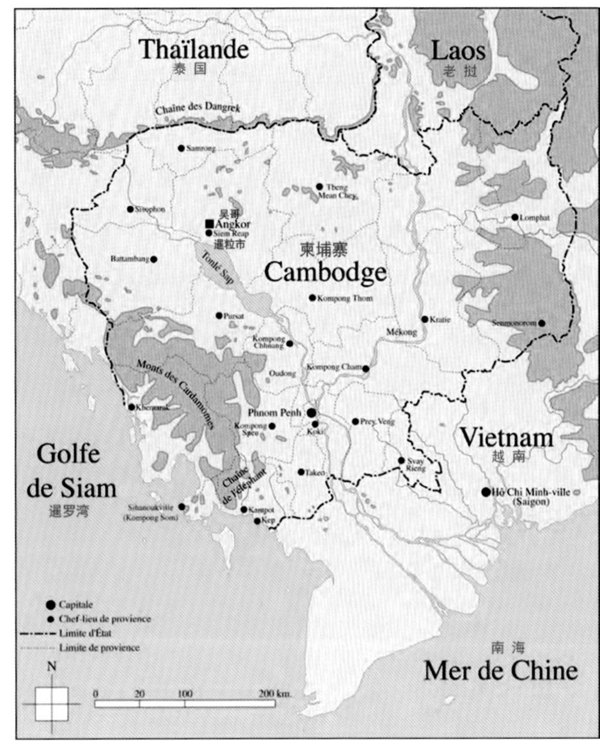

图 1-1 柬埔寨吴哥古迹地理区位图

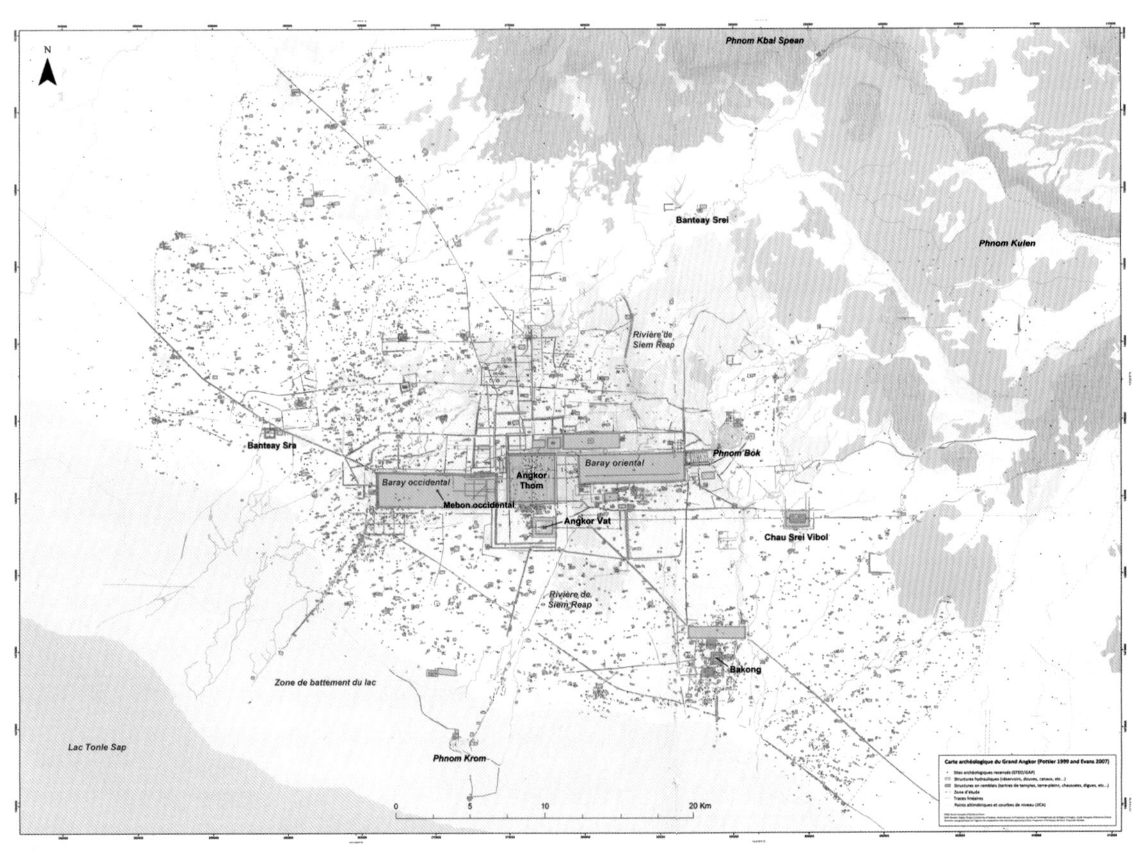

图 1-2 吴哥古迹遗址分布图

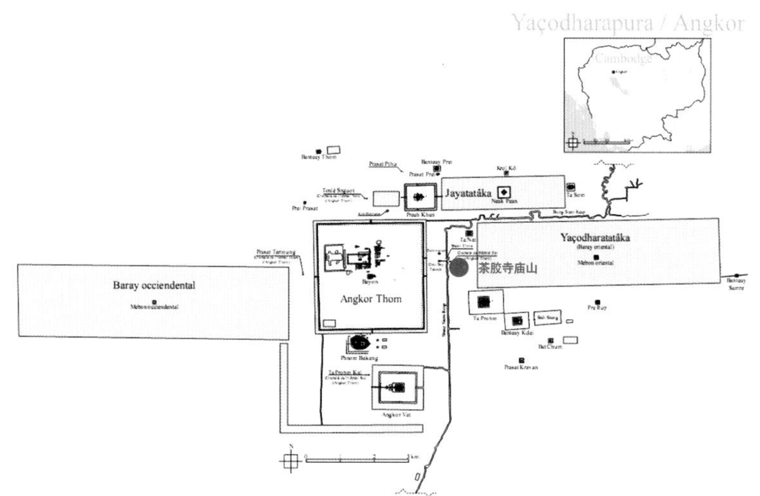

图 1-3 茶胶寺遗址地理位置图

由于柬埔寨背靠亚洲大陆，面临泰国湾与广阔的海洋，每年定期从海洋和内陆吹来的季风，使柬埔寨的季节明显地分为雨、旱两季。每年 5 月至 11 月，从海洋吹来潮湿的西南季风，构成雨量充沛的雨季；每年 12 月至次年 4 月，从亚洲内陆吹来的干燥东北季风构成旱季。旱季又可分为凉、热两季：12 月至次年 2 月为凉季，吹北风或东北风，几乎全是无雨的晴朗天气，天气凉爽；3 月至 4 月为热季，西南季风还没有到来，在太阳直射下，气温迅速升高，天气炎热。

年均降水量为 2000mm，其中 90% 的降水集中在雨季，雨季月平均降水均在 200mm 以上。雨季时，一般每天午后下雨，多为阵雨，雨过天晴，气候凉爽；但有时也阴雨连绵，或多日暴雨。降水量最多的是 9、10 两个月，雨季中每月的雨日达 11 天至 20 天，年雨日一般在 100 天至 120 天之间；旱季时则雨量很少，降水量最少的是 1 月份。

三 建造历史背景

一般的研究认为，“Ta” 意为祖先，“Keo” 的发音源自古代暹罗语，意为玻璃、水晶、宝物。因此，茶胶寺亦被誉为 “水晶之塔”。其最具特色之处即是须弥坛顶层的五座高塔，因为用硬质砂岩建造而成，阳光照射下熠熠发光，茶胶寺因此得名。事实上，寺院在古高棉文碑刻中另有其名。茶胶寺碑铭（编号 277）出现了 “Hemadringagiri” 和 “Hemagiri” 二词，经研究考证，“Hemadringagiri” 一词意为 “金角山”（Mountain of the Golden Horn），指 Phimeanakas；而 “Hemagiri” 意思是 “金山”（Mountain of Gold），即指茶胶寺。

阇耶跋摩五世（Jayavarman Ⅴ）于公元 968 年继位，起初仍以空中宫殿为国寺，后于公元 975 年开始营建自己的国寺——茶胶寺。阇耶跋摩五世信奉印度教中的湿婆神，因此作为国寺的空中宫殿与茶胶寺同为供奉湿婆神而建。

1934 年，法国学者 V. Goloubew 和 M. G. Coedes 等通过研究茶胶寺的建筑布局、装饰特征及古代高棉文碑铭，初步确定茶胶寺的建造年代约在公元 10 世纪末至公元 11 世纪初，最初是作为阇耶跋摩五世（Jayavarman Ⅴ，公元 968 ~ 1001 年在位）的国寺而创建，其后在国王优陀耶迭多跋摩一世（Udayadityavarman Ⅰ，公元1001～1002年在位）、阇耶毗罗跋摩（Jayavirvarman，公元1002～1010年在位）、苏利耶跋摩一世（Suryavarman Ⅰ，公元1002或1010～1049年在位）时期，茶胶寺可能一直处于建造过程之中，但其间不知何故工程停止，庙山建筑的雕刻及装饰部分在工程停止时可能才刚刚开始。因此，今日所见的茶胶寺庙山可能一直处于这种未完成的状态。

1952年，法国学者M. G. Coedes根据出土于茶胶寺第一层基台附近、雕刻于阇耶跋摩七世（Jayavarman Ⅶ，1181～1220年在位）时期的碑铭（编号K277），对茶胶寺处于未完工状态进行了推断和解释：这些铭文不仅提供了当时建筑状况的一些线索，而且还记载了茶胶寺在工程竣工之前曾经遭受雷击，并为此举行过一次隆重庄严的救赎仪式以驱除不祥之兆的情况，此后国王失去了继续建造茶胶寺的兴趣。此外，根据法国学者M. B. Dagens对碑铭K277的进一步解读与研究，认为苏利耶跋摩一世统治时期，国王曾将其女儿下嫁给他极其崇信的一位祭司和重臣Yogisvarpandita，而恰是这位受到国王恩宠的祭司曾经一度主持茶胶寺的工程建设。至于13世纪末，阇耶跋摩八世（Jayavarman Ⅷ）统治期间印度教的全面复兴对于茶胶寺的影响情况，却始终鲜为人知。

四　价值评估

吴哥遗址于1992年被世界遗产委员会以濒危遗产的形式列入《世界遗产名录》。它入选的理由有如下四条：

标准（i）：吴哥建筑群代表公元9世纪到14世纪的完整高棉艺术，还包括众多毫无争议的艺术杰作；

标准（ii）：吴哥发展历史展示着高棉艺术影响的博大精深，遍及东南亚大部，在其独特的演进中起着关键作用；

标准（iii）：公元9世纪到14世纪的高棉帝国疆域包括东南亚大部，影响了该地区的政治和文化发展。该文明的所有遗存体现了其丰富的砖石结构宗教遗产的特征；

标准（iv）：高棉建筑很大程度上由印度次大陆建筑风格演化而来，很快形成了自己的独有特点，有些是独立发展，有些吸纳了邻近的文化传统，其结果形成了东方艺术和建筑中的独特艺术风格。

从以上入选理由可以清楚地看出吴哥遗址具有重要的历史价值、艺术价值和科学价值。而茶胶寺作为吴哥遗址中的重要代表建筑之一，其价值也是无可替代的。

历史价值

茶胶寺遗址建筑上雕刻有多处碑铭，碑铭研究为构建历史真相，揭示当时政治、宗教及社会生活提供了可能，具有重要意义。

艺术价值

茶胶寺是吴哥古迹中按照印度教须弥山的意象选址、设计和建造的一座重要庙山建筑遗迹。作为国家寺庙的庙山巨构，茶胶寺依然延续着吴哥王朝开创之初建造巴肯寺的形制特征与工艺传统。但在整个古代高棉建筑史中，茶胶寺的经营与建设又处于庙山建筑形制的转型时期，其建筑形制与总体布局都发生了重要的转变。

首先，塔门在茶胶寺呈现出新的建筑样式，不仅与须弥台结合在一起，而且结合塔殿的形象形成了假层，空间跨度变小，塔门不再是通过性空间，而演变成为供奉祭祀神像之所，是构成庙山建筑的重要祭祀空间之一。

其次，茶胶寺出现了十字等臂平面的塔殿，改变了早期寺庙中方形平面、单独入口的塔殿建筑形象，进一步丰富了吴哥建筑的设计技巧与造型语汇，这也是茶胶寺独特风格的重点所在。十字等臂的塔殿丰富了寺庙核心建筑的形式语汇并发展了艺术形象。

再次，茶胶寺首次出现了回廊建筑，回廊的出现更加凸显了庙山建筑的象征意义，同时规整了寺庙的整体布局，强调了组群的整体性。纵观庙山建筑的发展呈现出以下变化趋势：①回廊取代了围墙，成为平面及立面构图中的重要因素，回廊的出现不仅在建筑形式上，而且在功能上取代了围墙和长厅。②长厅建筑逐渐走向消亡，茶胶寺之后很少出现有长厅建筑。在茶胶寺之后的建筑中，无论庙山建筑还是其他平地寺庙，回廊都得到了大规模的运用，典型的例子有巴普昂寺、吴哥窟寺、巴扬寺、塔布隆寺等等，一改前期简单、笨拙、朴素的回廊建筑形式，由于技术的进步，回廊出现了多种新的形式。以装饰细节风格来看，茶胶寺属于吴哥艺术中的南北仓风格建筑。而茶胶寺建筑未完成状态又赋予了建筑新的特征，形成独特的建筑风格。

此外，其完全以砂岩石材构筑庙山中央五塔的做法，以及主塔四面皆出抱厦与回廊平面格局的出现，成为开创吴哥时代风气之先的建筑形制。

科学价值

茶胶寺属于未完成的工程，其构造特征与施工方法痕迹，对研究吴哥建筑的施工技术与流程具有重要的学术价值。茶胶寺建筑构件未雕、粗凿、细刻及精雕的不同状况同时出现，展示了茶胶寺的建造顺序：先采用榫卯结构砌筑石块，搭出建筑外形轮廓，然后对其进行雕饰，最终完成装饰繁复的建筑外貌。

茶胶寺作为吴哥古迹遗存中最为雄伟的庙山建筑之一，建造运用了多种建筑材料：砂岩、角砾岩、砖、瓦、木、铁（用于石质构件的连接）。通过对这些建筑材料、构造特征与施工方法的分析与研究，或可廓清公元10世纪末期高棉建筑技术的基本情况，对于吴哥建筑艺术和技术具有极其显著的学术价值。

第二节 茶胶寺保护研究简史

自19世纪60年代开始，随着法国在印度支那地区殖民体系的建立与扩张，柬埔寨及其吴哥古迹更全面、更深入地为西方社会所知，在此期间著名的探险家和旅行者包括：杜达特德·拉格雷（Ernest Doudart de Lagrée），鲁内特·德·拉云魁尔（Étienne Lunet de Lajonquière），以及埃廷内·艾莫涅尔（Étienne Aymonier）等。

早在1863年，以法国政府驻柬埔寨代表杜达特德·拉格雷（Doudart de Lagrée）为代表的湄公河考察团通过对吴哥地区多年的考察，陆续绘制了吴哥地区主要遗迹分布图，并编辑出版了《印度支那探险之旅》（*Voyage d' exploration en Indochine*）考察报告。同年，杜达特德·拉格雷在其绘制的地图上标出了茶胶寺的位置，成为近代以来关于茶胶寺最早的记录。1873年，费朗西斯·加内尔（Francis. Garnier）在《印度支那探险之旅》报告中对茶胶寺进行了简单的描述。

1880年，湄公河考察团的另外一名主要成员德拉蓬特（L. Delaporte）发表了湄公河考察团系列考察报告之一，即《柬埔寨之旅：高棉的建筑》（*Voyage au Cambodge-L' Architecture khmère*），在此报告中首次发表了第一张茶胶寺总平面图（见图1-4），平面图由湄公河考察团的测量员拉特（Ratte）于1873年绘制完成。1883年，莫拉（J. Moura）编纂出版了《柬埔寨王国》（*Le Royaume de Cambodge*），书中包含了对茶胶寺的实地测量结果，较之前所发表的资料更全面地描述了茶胶寺，并对茶胶寺的名称“Ta Keo”的来源做了推断。此外，他注意到了茶胶寺东西轴线存在偏移的现象。1890年，卢森·费内日奥（Lucien Fournereau）和雅克·波日彻（Jacques Porcher）出版了《柬埔寨北部地区高棉古迹艺术与历史的研究》（*Les Ruines d' Angkor, étude artistique et historique sur les monuments kmers du Cambodge siamois*），书中引述了莫拉之前的研究和观点，但未对所引用的数据资料的错误进行任何更正和说明。1904年艾莫涅尔（E. Aymonier）在对茶胶寺的碑铭进行研究的过程中，重新绘制了一张较为简略的平面示意图（见图1-5）。1911年，拉云魁尔（E. Lunet de Lajonquière）在其编著的《柬埔寨古迹名录》（*Inventaire descriptif des monuments du Cambodge*）中收录了茶胶寺，并定其编号为533号，新增茶胶寺平面和剖面图各一张（见图1-6），可能因当时茶胶寺尚处于密林荫翳之中，加之调查测量条件所限，所以对其的描述并不十分准确。1920年，德拉蓬特在《柬埔寨古迹名录》所提供的茶胶寺平面图的基础上，再次结合拉特绘制的平面图，对茶胶寺的平面图进行了较大的修改和更正（见图1-7），并另附了一张根据Ratte和Loedrich的报告所作的复原立面图（见图1-8）。

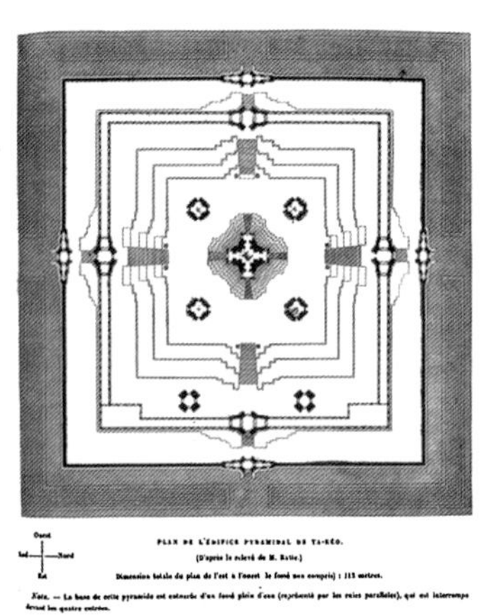

图1-4 L. Delaporte，1880年

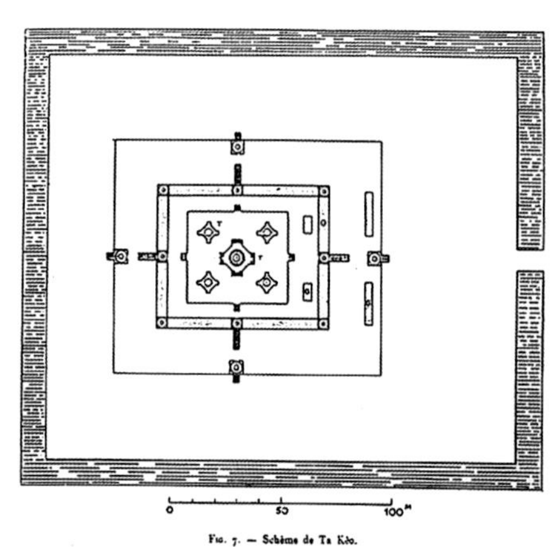

图1-5 E. Aymonier，1904年

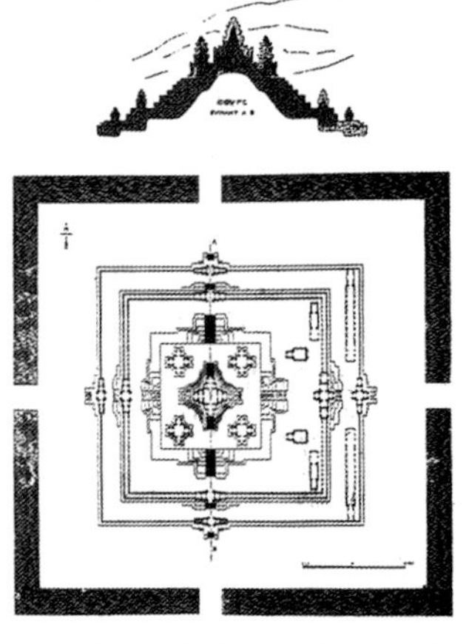

1-6 Lunet de Lajonquière，1911年

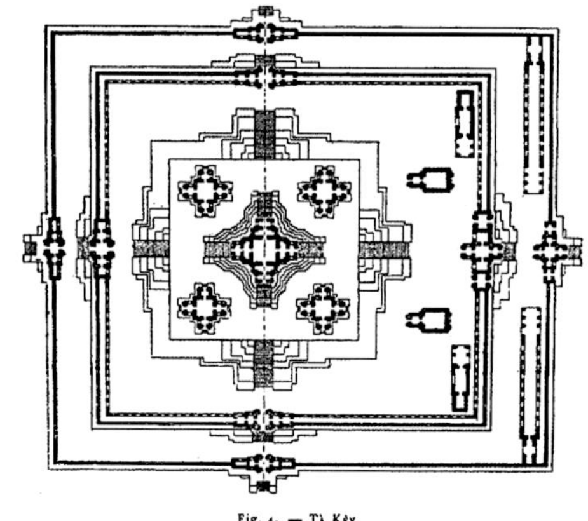

图1-7 L. Delaporte，1920年

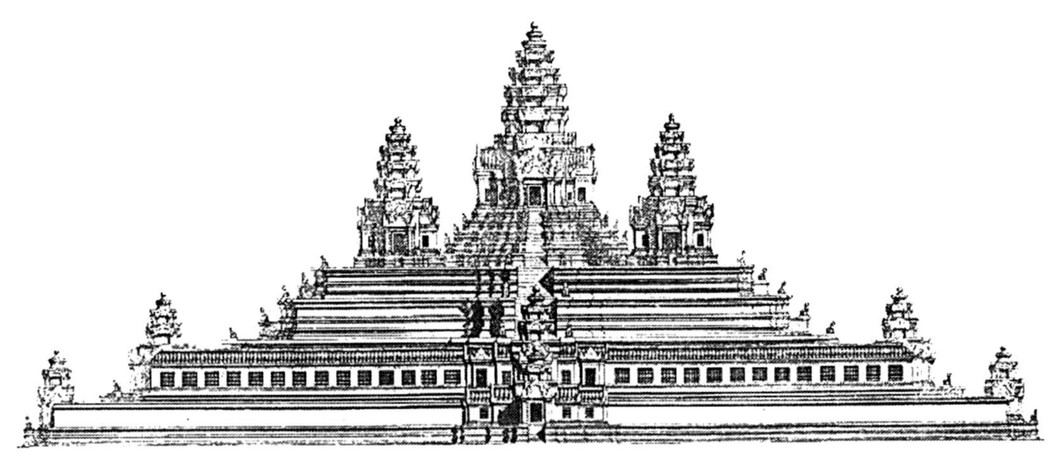

图 1-8 早期关于茶胶寺的复原立面图

1920 年，法国远东学院正式明确提出建设“吴哥考古遗址公园”，并成立了吴哥古迹保护处（*Conservation des monuments d' Angkor*），在亨利·马绍尔（H. Marchal）的具体指导下，吴哥古迹保护处与建筑师巴特尔（C. Batteur）合作，着手对吴哥地区的寺庙进行系统清理，此次清理工作持续到 1923 年底。在对茶胶寺进行清理时，清理了覆盖于庙山建筑上的大量积土，并对散落石构件进行了整理。1927 年，帕蒙蒂埃（H. Parmentier）亦对茶胶寺进行了一次较小范围的测绘与记录，但其最终的调查报告未正式发表，现存大量草图及手稿。

1934 年科瑞尔·雷慕沙（Gilberte de Coral Remusat）、格罗布维（V. Goloubew）和赛代斯（G. Coedès）对茶胶寺进行了断代研究，基本上确定了茶胶寺的建造年代。1952 年，赛代斯继续研究了茶胶寺的 8 段碑文，并将其全文译为法文。

20 世纪四五十年代，莫瑞斯·格莱兹（Maurice Glaize）和马绍尔在其各自的论著中都简要介绍了茶胶寺，并将 Ratte 的平面图重绘，保留了东西向轴线的偏移，改正了一层平台附属建筑的位置。最终，B. Groslier 绘制了一张寺庙轴测图，但未画二层平台的附属建筑。

受时任法国远东学院院长简·费里奥扎（J. Filliozat）和小格罗斯利埃（B. P. Groslier）委托，雅克·杜马西（Jacques Dumarçay）先后于 1967 年、1969 年两次对茶胶寺进行测绘。1970 年他出版了茶胶寺的调查报告《茶胶寺：寺庙的建筑研究》（*Ta Kèv：étude Architecturale du Temple*），对茶胶寺进行了准确而详细描述，并配有大量实测图。这是到目前为止对茶胶寺进行的一项最为完善的实测记录工作。

自 20 世纪 90 年代，柬埔寨内战结束伊始，在联合国教科文组织的帮助下，包括中国在内的十几个国家及国际组织共同参与到了吴哥古迹的保护研究工作中。2006 年 4 月，中、柬两国政府正式确认茶胶寺作为中国政府援助柬埔寨吴哥古迹保护的二期项目。在中国政府援柬吴哥古迹保护工作队对茶胶寺进行保护修复之前，柬埔寨政府也曾组织力量对茶胶寺进行了部分清理和保护工作，他们在二层基台转角坍塌所形成的空隙处砌筑砖结构，以支撑上部的角楼，局部还用木结构斜撑对倾斜墙体和松散的结构进行支撑。这些工作，对缓解茶胶寺的进一步损坏起到了积极作用。

第三节　茶胶寺修复项目概况

一　项目背景

在柬埔寨政府建立之初，国王西哈努克多次要求联合国教科文组织对吴哥古迹进行保护与修复工作。联合国教科文组织分别于1990年和1991年，在曼谷（Bangkok）和巴黎召开了两次国际专家圆桌会议。

1992年联合国教科文组织（后文简写为：UNESCO）正式将吴哥古迹列入世界文化遗产名录。吴哥古迹历经近千年的风雨，由于地处高温高湿的热带环境，又因建筑材料性质脆弱等原因，发现之初遗址区的众多寺庙均发生了地基基础沉降、建筑主体结构变形塌落、石刻风化等诸多病害，严重危及遗址的长久保存。同年，由于其遗址本体与环境的破坏情况十分严重，又被列入了世界濒危文化遗产名录。此后，在日本和法国的提倡下，国际社会展开了对吴哥古迹保护的援助行动。

柬埔寨内战结束后，在联合国教科文组织的协调与支持下，包括中国在内的多个国家和国际组织代表在日本东京召开了关于吴哥古迹保护与发展的政府间会议，并发表了《东京宣言》（Declaration of Tokyo）。《宣言》在肯定吴哥古迹的普适价值的前提下，鼓励对其进行国际援助的保护与修复行动，并成立吴哥古迹保护与发展国际协调委员会（International Coordinating Committee for the Safegarding and Developoment of the Historic Site of Angkor，简称ICC-Angkor）。委员会由法国和日本代表担任联合主席，第一届委员会由诺罗敦·西哈努克亲王担任荣誉主席，并由UNESCO掌管委员会秘书处。委员会定期召开工作会议，包括每年六月份的技术委员会会议和每年十二月份的全体年会，以利于评估、监督和管理吴哥古迹的保护与研究活动，并对各国修复工作提案进行技术鉴定，对下一年度的修复工作计划进行审批。

由于历史和现实的原因，柬埔寨一直借助国际力量进行吴哥古迹的保护与管理工作。在法属时期由法国主持吴哥古迹的研究保护工作，柬埔寨内战结束后，吴哥古迹的保护与管理工作是在联合国教科文组织协调下的国际性援助行动，发展至今，已形成了一种特有的吴哥古迹国际援助保护模式，被称为“吴哥模式”。这种保护与管理世界文化遗产的做法，得到柬埔寨政府和人民的认可，也是国际社会共同推动世界文化遗产研究与保护工作的集中体现。世界许多国家的政府和国际组织先后派出专家和安排资金参与了这项国际行动。除我国以外，参与吴哥古迹保护修复与研究的国家和非政府组织包括法国、印度、日本、美国、德国、意大利、英国、澳大利亚、瑞士、印度尼西亚、捷克、匈牙利等。各自开展的保护修复工作主要包括：法国保护修复癞王台、豆蔻寺、巴芳寺等；日本保护修复巴扬寺、斑黛喀蒂寺、十二塔庙、吴哥寺西神道及北藏经阁等；意大利保护修复比粒寺；德国保护修复神牛寺和吴哥寺雕刻；美国保护修复圣剑寺和塔逊寺；瑞士保护修复女王宫；印度保护修复塔布隆寺等等。

1997年，经我国的专家组现场考察及中柬两国政府换文认定，选择周萨神庙（Chau Say Tevoda）作为我国参与吴哥古迹保护国际行动的第一期援助项目。在联合国教科文组织的积极协调之下，中国国家文物局和柬埔寨吴哥古迹管理局（后文简写为：APASRA）密切合作，自1998年开始由中国文化遗产研究院（原中国文物研究所）承担勘察、设计及施工的周萨神庙保护工程，在研究确定保护修复原则的基础上，完成了设计方案，经 APSARA 局和 ICC 批准，于 2000 年 3 月正式动工，历时十年，2008 年末工程顺利告竣。已经完成的中国政府援助柬埔寨吴哥古迹周萨神庙保护工程，是中国政府首次大规模参与的文化遗产保护国际合作项目。修复后的周萨神庙基本恢复了原有建筑格局与艺术风貌，赢得了柬埔寨政府、国际组织以及各国同行的高度赞誉。中共中央政治局常委、全国政协主席贾庆林同志亲自出席在工程现场举行的竣工典礼并发表重要讲话。

2004 年 3 月，时任国务院副总理的吴仪同志在访问柬埔寨期间，中柬两国政府签署了《中柬两国政府双边合作文件》，将“帮助柬埔寨修复周萨神庙以外的一处吴哥古迹，在周萨神庙修复工程完工后实施”作为了中柬双边合作的第一项工作内容。为落实吴仪副总理指示及两国协议，受国家文物局指派，中国代表团一行五人于 2005 年 8 月 1 日至 7 日赴柬埔寨进行援柬二期项目的考察选点工作。在实地考察并征求柬埔寨政府及 APSARA 局意见的基础上，初步选定茶胶寺作为中国政府援助柬埔寨吴哥古迹保护的二期项目。2006 年 4 月，在时任国务院总理温家宝访问柬埔寨期间，时任国家文物局局长单霁翔与 APSARA 局局长班那烈签署《中华人民共和国国家文物局与柬埔寨王国吴哥文物局关于加强文物保护合作的谅解备忘录》和《中华人民共和国国家文物局与柬埔寨王国吴哥文物局关于保护吴哥古迹二期项目的协议》，正式确认茶胶寺将作为援柬二期吴哥古迹保护项目。2009 年 12 月 21 日，时任中共中央政治局常委、国家副主席习近平访问柬埔寨，中柬两国政府就“中国政府援助柬埔寨吴哥古迹保护二期茶胶寺保护修复工程项目”签署正式换文。

2010 年 11 月 27 日，时任中国文化部部长蔡武和柬埔寨副首相宋安共同主持了茶胶寺修复工程开工典礼，自此茶胶寺保护与修复工作正式启动。

图 1-9 援柬二期茶胶寺修复项目的签署及开工典礼

二 目的与意义

援柬吴哥古迹保护修复项目实施的首要目的是配合外交积极促进我国与受援国柬埔寨之间的文化交流，拉近国与国、人民与人民之间的距离，密切中柬两国关系、加深中柬两国人民的传统友谊。

首先，中国政府援助柬埔寨吴哥古迹保护修复工程在柬埔寨当地和国际社会均产生了积极的影响。

援助项目实施后，可成为最受当地欢迎、最具特色、最有实效的文化成果之一。中国政府提供的无偿援助修复保护吴哥古迹，使其保存状况得以改善，不仅实现了保护好柬埔寨珍贵文化遗产的既定目标，而且有力带动了当地经济社会文化的发展，深受当地民众的赞扬和欢迎。吴哥古迹保护工程的影响已大大超过了文物保护工程本身，我院文物保护技术人员在整个保护工程实施中，充分准备，周密计划，精心实施，按时高质量地完成修复工程，充分展示我国文物保护的技术和能力，不仅加强了中柬文物保护技术的交流，同时也有力地促进了柬埔寨国内相关学术研究，提高了柬埔寨国内文化遗产保护水平。吴哥古迹保护工程的实施，还使中柬双方在文化领域又增加了一条新的合作、交流渠道，丰富了中柬交流合作的领域和内容，进一步促进彼此国家人民加深了解，增进友谊，巩固和加强中柬传统的睦邻友好关系。

其二，作为中国文化遗产保护领域国际合作与交流的重要平台之一，茶胶寺保护修复工程可以大力推进中国和参与吴哥古迹保护的诸多国家在文化遗产保护研究的合作与交流。通过援外工程项目的实施，也体现出我国文化遗产保护工作的管理水平、团队精神和技术水平。

援柬茶胶寺修复项目是一个对外文化交流的窗口。中国文化遗产研究院通过这个平台同柬埔寨和其他国家工作队进行了有益的文化交流和保护技术交流。

吴哥犹如一所文化遗产保护与研究的大学，在基本理念和保护原则保持一致的基础上，来自不同文化背景、不同专业的各国文化遗产保护专家与学者在此相互学习、交流、激励，逐步凝练出具有国际视野、吴哥特色的文化遗产保护学术体系与研究成果。从文物保护行业来说，对茶胶寺的修复，展现了我国的文物修复保护理念、传统技艺和技术水平，也体现了我们对文化遗产的认识水平。

其三，通过参与吴哥古迹的保护修复行动，体现了我国政府对于文化遗产保护工作的重视，积累并提升了我国在国际社会上尤其是在国际文化遗产保护领域的影响力，有利于在国际社会塑造我国文化遗产保护强国和负责任大国的形象。

此外，作为吴哥古迹遗存中最为雄伟的庙山建筑之一，茶胶寺保持着吴哥王朝肇始之初的形制特征与工艺传统，而其完全以砂岩石材构筑庙山中央五塔的做法，以及主塔四面皆出抱厦与回廊平面格局的出现，成为开创吴哥时代风气之先的建筑形制。同时，茶胶寺历经近千年的风雨，长期遭受着自然风化、雨水侵蚀、生物侵害等各种破坏，虽其主体建筑的基台依然耸立，但其上部石材砌筑的各类塔殿、塔门、长厅、回廊等建筑物大部出现整体或局部坍塌损毁。对其开展保护与研究，具有重要的工程研究价值。

通过对茶胶寺建筑材料、构造特征与施工方法的分析与研究，或可廓清10世纪末期高棉建筑技术的基本情况，这对于吴哥建筑艺术和技术研究而言，无疑具有极其显著的学术价值。

三　项目实施的指导思想

1. 秉承科学严谨的态度，在全面深入研究的基础上，制订周密工作计划，根据现场勘察与险情状况分步骤推进项目的实施。

2. 以国际文化遗产保护领域相关理念、法规、宪章、准则为依据，以我国文化遗产保护实践为借鉴，通过全面深入的科学研究制订具体保护修复方案。

3. 本着“以科学研究贯穿保护修复工程全过程，抢险加固，排除险情，局部修复与全面修复相结合”的总体工作思路安排工程设计与施工。

4. 以茶胶寺保护修复工程为依托，开展多学科多专业的研究工作，包括建筑学、历史学、考古学、地质学、材料学、结构工程、保护科学等多个领域，加强学科交叉、密切联系，扩展科学研究的深度和广度。

5. 加强国际交流，在吴哥地区的各国吴哥遗址保护工作队具有丰富的实践经验，他们长期工作在吴哥地区，所取得的丰硕成果将作为茶胶寺保护工程项目的重要借鉴。通过多种形式，开展国际交流，以丰富我们的视野、提高专业水平。

6. 作为茶胶寺保护工程的重点工作之一，以期将来，吴哥保护工程的实施将由柬方专家独立承担。专为柬方培养工程技术人员，培训工作在工程实施过程中同步进行，培训包括两个方面：一方面培训柬方的保护工程技术人员和研究人员；另一方面培训当地的技术工人，在施工中培训他们石材加工与雕刻、构件安装和其他施工技术。

四 项目实施内容

茶胶寺现存遗址占地面积约46000m²，主体建筑占地面积13100m²。根据中柬两国政府换文规定，茶胶寺保护修复工程包括建筑结构加固、建筑材料修复及考古研究。在对茶胶寺庙山建筑所有病害的详细勘察基础上，依照残损程度和险情情况，确定茶胶寺保护修复工程具体项目如下：

1. 建筑本体保护修复项目

共计24项，其中包括：

五处塔门：
（1）南内塔门
（2）东外塔门
（3）西外塔门
（4）南外塔门
（5）北外塔门

四处二层台基台及角楼：
（6）二层台西南角及角楼
（7）二层台东南角及角楼
（8）二层台东北角及角楼
（9）二层台西北角及角楼

四处须弥台转角：
（10）须弥台西南角
（11）须弥台东南角
（12）须弥台东北角
（13）须弥台西北角

四处长厅：
（14）一层台北外长厅
（15）一层台南外长厅
（16）二层台北内长厅
（17）二层台南内长厅

（18）南藏经阁
（19）北藏经阁 两处藏经阁

（20）一层基台围墙及转角。

（21）二层基台回廊。

（22）庙山五塔排险与结构加固。

（23）须弥台踏道两侧墙体整修。

（24）藏经阁、长厅等排险支撑工程。

2. 排水与环境整治

庙山各层基台地面高低不平、地面石大量缺失，造成基台局部区域严重积水，对各层基台基础的稳定性造成影响。采取传统的基台面坡降及局部开凿浅沟槽疏通排水方式进行治理，首先对二层、一层台基台面局部积水地面石进行解体，找平下部地基土后向现存古代排水通道处以一定的坡降重新铺墁地面石，将雨水沿二层台、一层台的回廊及围墙底部的古代排水通道从茶胶寺二层台、一层台排至茶胶寺外围地面，最终排至壕沟中。

茶胶寺周边环境方面，因淤土堆积、雨水冲刷和人为等因素破坏，致使大面积遗迹埋于淤土下，而壕沟两侧却堆土流失严重，护坡和神道上的构件遗失或移动，杂草和灌木滋生，须采取整治措施。茶胶寺环境整治工程包括主体建筑四周散水修复、周边壕沟整修、东侧南北池整修和神道的整治等。具体项目可分为以下三项：

（1）台面及场地排水工程。

（2）四周环壕及南北池考古与整治工程。

（3）神道及周围场地考古与整治工程。

3. 须弥台石刻保护

须弥台石刻保护修复专项针对茶胶寺三层须弥台东侧和南侧部分有雕饰部分存在严重风化，包括表层剥落、起鼓、开裂、粉末状风化以及表面微生物附着等，进行保护试验研究，在试验成果的基础上选择局部进行保护实施验证后。对须弥台石刻进行适度清洗、注胶粘接、表面微生物处理、表面风化处理等保护修复工作。

4. 考古研究专项

按照国际通行的文物古迹修复理念，应在柬埔寨吴哥古迹茶胶寺保护与修复项目开展的同时，进行必要的考古调查、勘查与发掘工作。茶胶寺的考古工作，首先是建立在已有田野考古调查、建筑测绘、建筑研究以及地质雷达探测工作的基础上，对项目范围内的庙院神道、四周壕沟、东侧水池、码头、桥涵等遗迹进行考古学调查，然后对庙山建筑主体周边的附属地面、地下遗存进行清理和解剖，揭露这些遗存的埋藏状况，为茶胶寺的整体保护修复与展示提供考古依据，解决工程修缮和复原保护设计方案亟需的相关考古遗迹实证数据。

考古发掘研究过程中，以中国文化遗产研究院考古队为主开展工作，为加强与柬埔寨文物考古相关研究和保护机构之间的密切交流，与APSARA局及金边皇家艺术大学考古系开展合作考古研究，并为柬方培养数名青年考古人才。

5. 辅助设施建设工程

共计2项：

（1）茶胶寺保护工程管理与展示中心

为方便实施保护工程的组织管理，为现场的实施提供较好的施工条件，并在工程结束后为柬方开放和管理提供必要的设施，在茶胶寺现场建设“茶胶寺保护工程管理与展示中心”，建筑面积800m^2，管理中心位于茶胶寺东侧，通往茶胶寺神道道路与现有柏油马路间区域。建筑单层、钢木结构，施工后作为开放管理设施。

（2）中国吴哥古迹保护研究中心

中国作为国际吴哥古迹保护研究的主要成员国之一，为持续有效地开展吴哥古迹的保护与研究工作，并与柬埔寨APSARA局及各国吴哥保护机构之间进行长期合作与交流，在暹粒市内柬方提供的地点建设“中国吴哥古迹保护研究中心”，建筑面积1000m^2，具备为现场工作人员提供相关研究、工程资料档案管理、办公等功能。建筑主体单层，钢木结构。

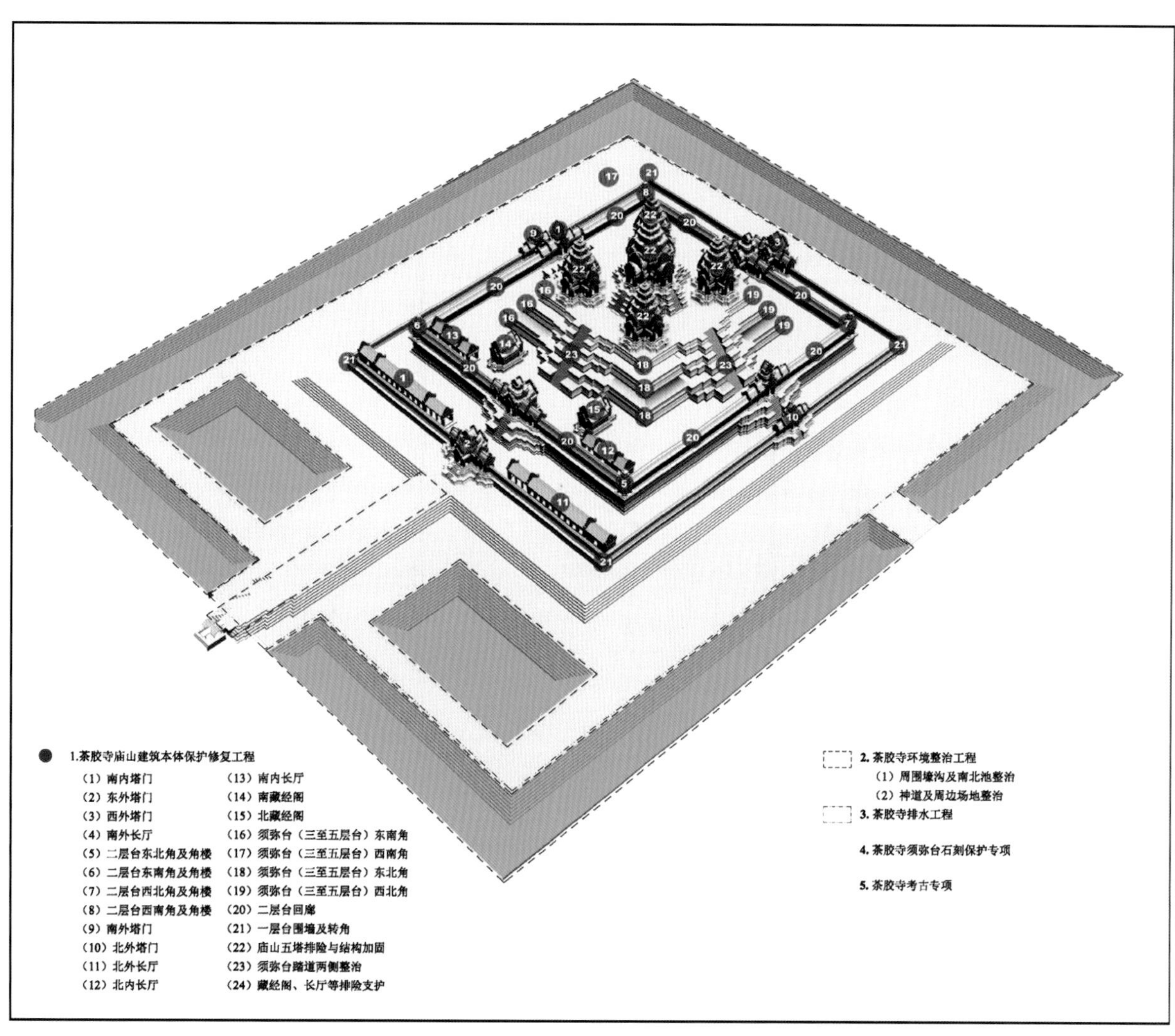

图1-10 援柬茶胶寺修复项目工程项目点分布图

第二章　建筑形制及复原研究

为了对茶胶寺进行科学、有效保护，在文献资料收集研究的基础上，开展了建筑测绘、考古调查等方面的专项研究，以期对茶胶寺建筑形制及其特征进行研究，并对典型单体建筑进行复原设计研究，为茶胶寺后期的修复工程设计提供科学依据。

第一节　建筑测绘

一　测绘内容及要求

茶胶寺建筑测绘采用非接触式测绘技术，在尽量减少对建筑本体扰动的条件下，综合运用各种技术手段对建筑及其周边环境进行测绘，在测量工作中运用全球定位技术、三维激光扫描技术、单片摄影纠正等技术手段，遵循“先控制，后碎部；从整体，到局部”的测量工作原则，在测量区域内设置永久性或半永久性控制点，以保证测绘成果的质量。必要时用手工测量作为补充手段，保证信息采集的完整性。

（一）建筑总平面及地形测绘

总平面图按照1∶500进行测绘，测出单体建筑的平面轮廓，以及每一个建筑的标高、建筑组群周边的地形特征及具有特殊意义的地物，如神道及其附属设施、原有壕沟现状等。

测绘范围包括神道、壕沟外5m左右范围内的所有建筑遗存。

（二）建筑单体测绘

按照单体建筑测绘的要求，对各单体建筑如塔门、长厅、藏经阁、塔殿、回廊、一层基台及围墙、二层基台转角及角楼、三至五层基台等进行分区测绘。

所有单体建筑平、立、剖面图按照1∶50比例绘制并表示出石块分缝。剖面图剖切的位置应该有利于表现建筑的形制、结构和构造特征以及残损特征和历史遗迹等。每个建筑各独立空间的四个方向上的立面，均要求绘制。

（三）散落构件的记录和测绘

仅测定散落构件的整体位置和范围。

（四）测绘精度设计

GPS 测量按 C 级，高程控制测量按照四等水准测量，环线闭合差容许值为 $\pm 20\sqrt{L}$ mm（或 $\pm 6\sqrt{n}$ mm）。三维扫描特征点提取中误差不大于 15mm。

点云数据：利用拼接好的扫描点云，根据不同的需求，采用不同的方法提取相关信息（见图 2-1）。

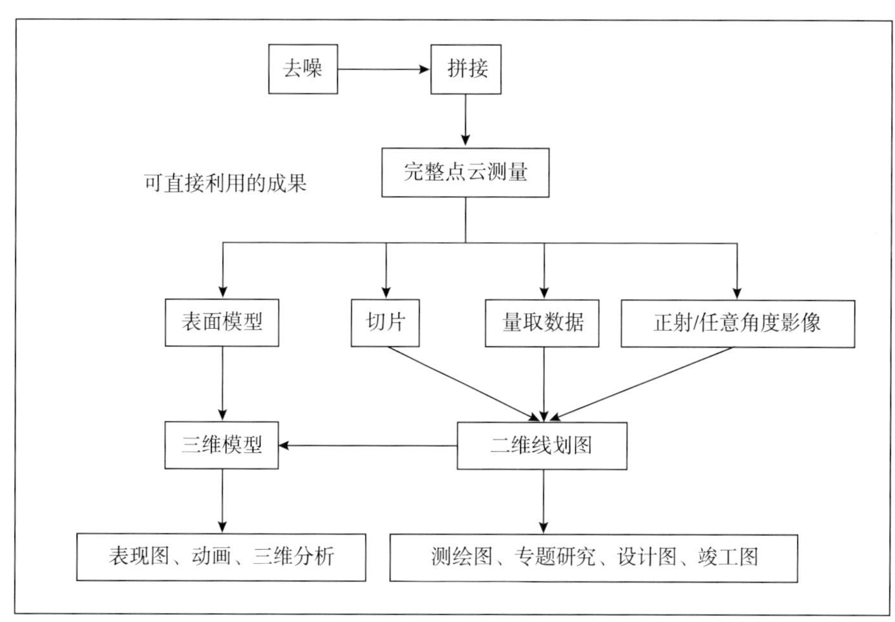

图 2-1　点云利用示意图

二　测绘工作的实施

为适应当地高温、高湿气候，避免因气温过高导致仪器失灵，并为测量人员尽量争取相对较好的工作条件，每天作业时间定为上午 5：00 ~ 11：00 和下午 3：00 ~ 6：00 两个单元进行，错开午间高温；晚上则及时进行内业数据处理，以确保次日工作顺利展开。

（一）控制测量

根据本次测量的目的和后续测量工作的需要，结合项目现场的实际情况，分别布设了平面控制网和高程控制网，并进行了平面控制测量和高程控制测量。

1. 平面控制测量

在茶胶寺 5 层石质基台和周边地面上共布设了平面控制点 60 个。其中地面上的控制点按照等级导线标石的埋设标准埋设为混凝土标石，埋设深度约为 1m；每层基台上的控制点标志设置成临时标识。

平面控制测量主要采用 GPS 准静态测量方法，同时利用全站仪坐标导线测量方法作为补充。考虑到后续三维扫描测绘的精度需求，GPS 测量按照国家 C 级要求的精度标准和测量程序实施，全站仪导线按照国家四等导线的技术要求实施。

由于周边没有可用的控制测量成果和规定的坐标系统，平面控制测量中采用的坐标系为任意假定直角坐标系，选择二层平台东北角某处作为坐标原点（见图 2-2）。

平面控制测量所用仪器为 Trimble5700GPS 接收机和 Trimble 3620 DR 全站仪。

2. 高程控制测量

平面控制点同时作为高程控制点，采用任意假定高程系统，在假定高程系统中一层基台面的高程约为 100m。高程控制测量按照国家三、四等水准测量的标准实施，每层台上的高程控制点形成一个闭合高程环线，环与环间利用钢尺进行高程传递，整个测区形成统一的高程网。外业测量结果按照简易平差法进行平差。高程控制测量所用仪器为 TOPCON AT－G2 精密水准仪配合铟钢水准尺。

图 2-2　控制测量

图 2-3　控制点分布示意图
（图中三角为控制点，红色三角为原点）

（二）总图测量

在控制测量成果的基础上，利用三维激光扫描仪自由设站进行扫描，每个扫描站上同时后视至少三个控制点上的标靶进行定向，然后在本测站进行全景扫描，全部测区扫描完成后，进行点云拼接，然后以点云为依据形成总平面图。

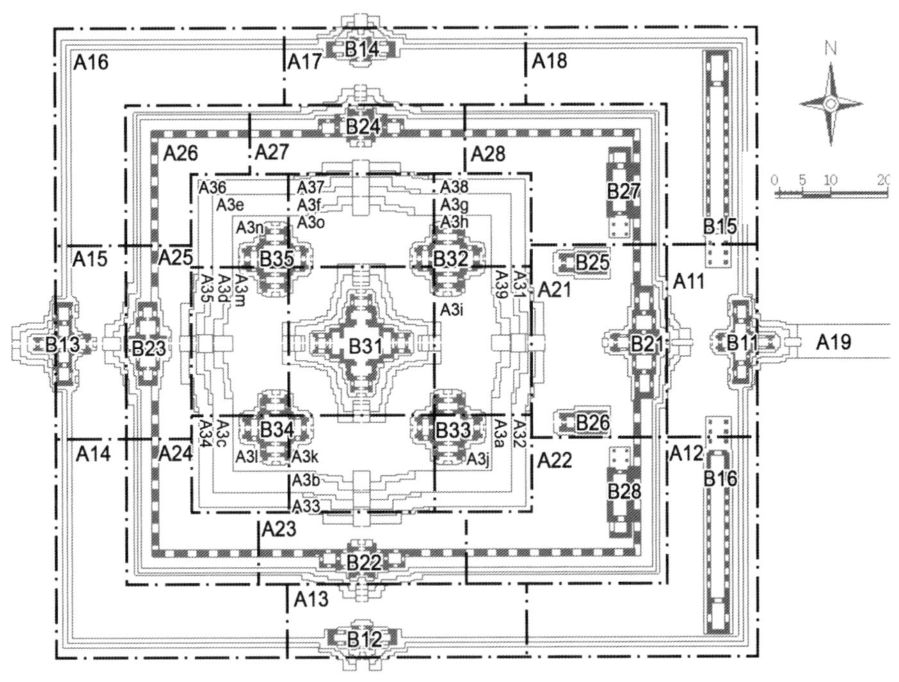

图 2-4　建筑编号及测区编号

（三）单体建筑扫描测量

单体建筑测量主要采用三维激光扫描技术，扫描仪为 Leica HDS ScanStation 和 Trimble GX200。对于自由设站的每个扫描站上同时后视至少三个控制点上的标靶进行定向，或者按照导线测量的方式将所有扫描数据匹配到同一坐标系中，对于室内或廊下空间狭小的扫描站根据现场具体情况采用标靶拼接。每个扫描对象的扫描分辨率针对测量目的，考虑到要反映建筑上有意义的最小特征为原则，做到详略得当。为提高扫描的质量，选择自动对焦方式，优化测绘时段。同时根据温度变化，适时调整仪器的相关参数。

利用拼接好的扫描点云，根据不同的需求，采用不同的方法提取相关信息，具体采用的技术路线见图 2-7。

三　现场校核

（1）通过处理点云数据，得到与所有平立剖相对应的正射影像图，可以系统地核查出点云数据完整与否，所需的关键数据是否已覆盖。对于没有采集完整的数据则采用手工测量手段进行补测。

图 2-5　单体建筑扫描工作照

图 2-6　单体建筑扫描成果举例

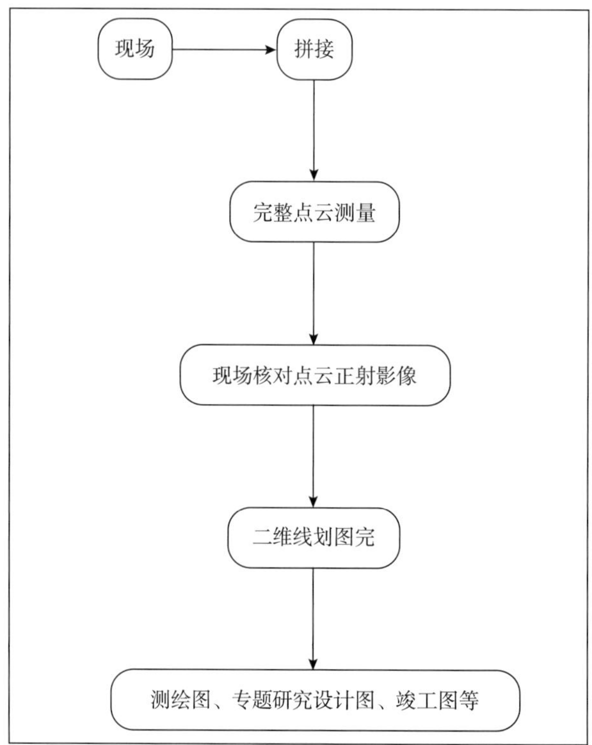

图 2-7　点云利用工作流程的修正和完善（参较图 2-1）

（2）利用上述正射影像图，测量人员在现场观察比对和勾画，可以弥补点云对表面纹理表现不足的缺陷，进一步确定石缝的位置；同时，这一环节强化了测量人员对于建筑本身的理解，从而可以更准确地表达建筑。

（3）通过影像和实物比对，鉴别点云中少数可疑数据，决定是否剔除或保留。

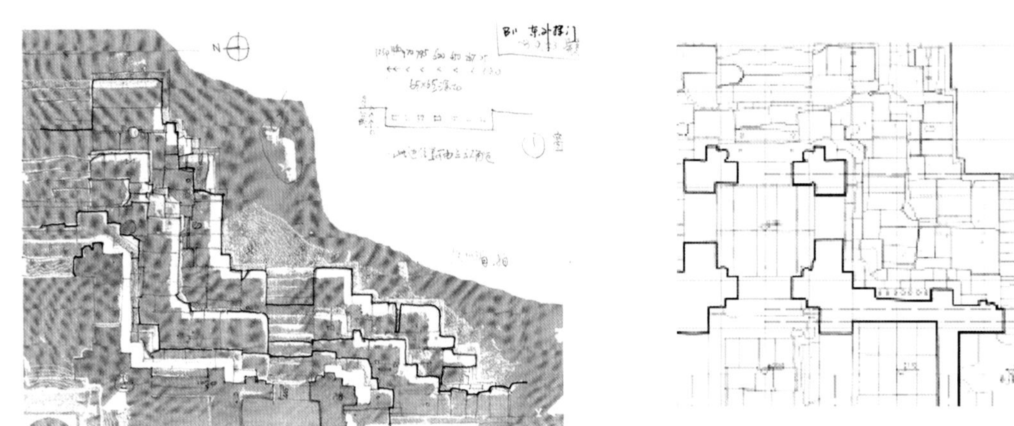

图 2-8　工作草图（左）与完成图（右）的对比

按照需要形成建筑的平、立、剖面点云影像图，完成 CAD 图，对照实物进行校核，进一步形成和完善测绘成果，见图 2-8。

第二节　考古调查与研究

一　考古无损探测

利用探地雷达对茶胶寺周边及基台上部可能存在的遗存进行无损探测，主要目的为确定各遗存的边界或轮廓位置以及可能埋深，并为茶胶寺的整体建筑形制特征研究提供佐证。

（一）考古调查研究内容

探查内容主要包括：

1. 探明茶胶寺东门神道边界位置。
2. 探明茶胶寺东门外码头最外层轮廓位置。
3. 探明茶胶寺北池南—北与东—西位置。
4. 探明茶胶寺北门外桥涵是否存在及可能埋深现状。
5. 探明茶胶寺西北角壕沟残毁处基础位置及可能埋深现状。
6. 探明茶胶寺第二层东南角庭院中是否存在可能的长厅基础及可能埋深。
7. 探明茶胶寺第二层东北角庭院中是否存在可能的长厅基础及可能埋深。
8. 探明茶胶寺第二层西北角庭院中是否存在可能的长厅基础及可能埋深。

9. 探明茶胶寺第二层西南角庭院中是否存在可能的长厅基础及可能埋深。

10. 探明茶胶寺第三层东面场地中是否存在可能的砂岩基础及埋深。

具体探测位置如图 2-9 所示。

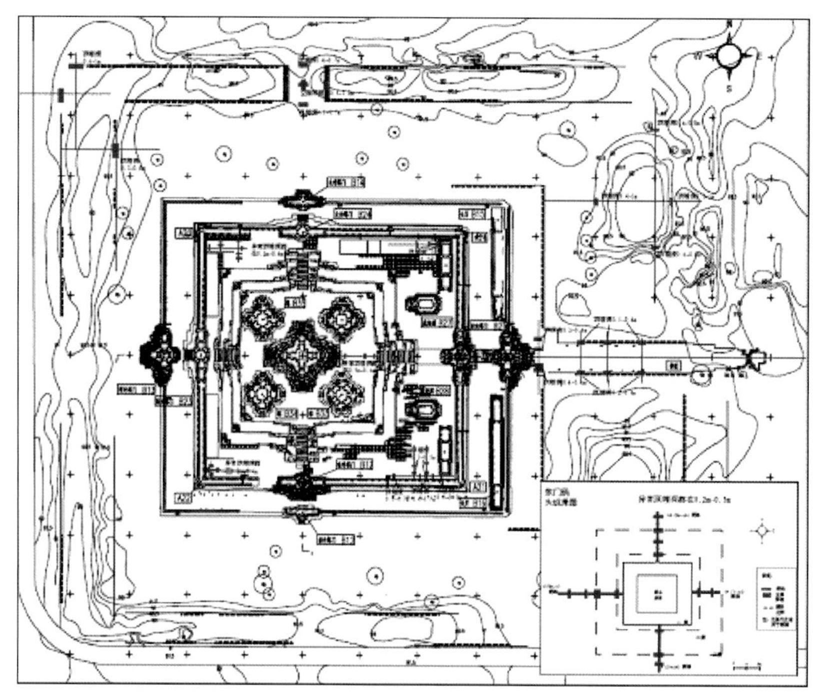

图 2-9　初步考古探测位置图

（二）无损探测工作原理

地质雷达地下基础结构探测原理如下：雷达主机通过发射天线向地下连续发射脉冲高频电磁波，电磁波往下传播，遇到存在电性差异的界面或目标体（介电常数和电导率不同）时发生反射和透射，接收天线接收到反射波并经电缆传输给主机。主机显示屏上形成实时的电磁波走时剖面；根据反射电磁波旅行时间和电磁波在该介质中的传播速度，可以确定界面或目标体的深度；分析反射波的形态、强弱、频率分布及其组合变化特征等可以判定目标体的结构和性质，如图 2-10 所示。

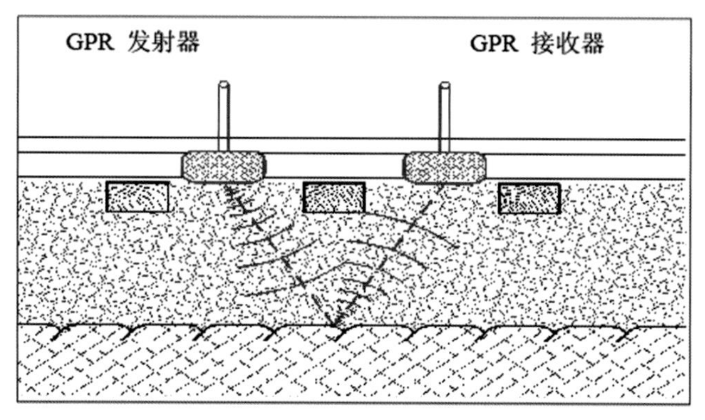

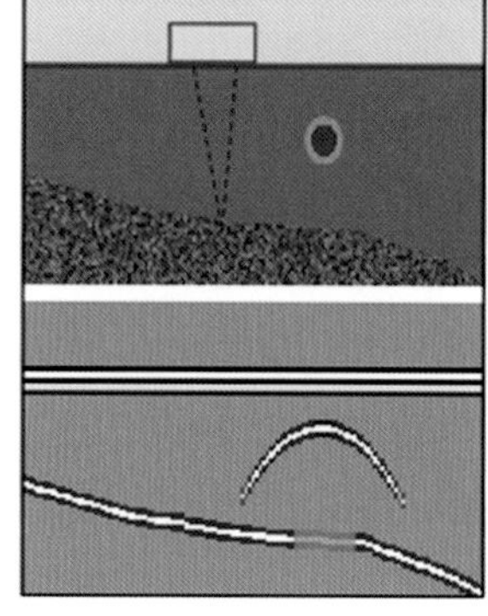

图 2-10　地质雷达探测原理示意图

根据探测内容，现场场地条件，本次探测拟采用250M与500M屏蔽天线分别探测，以兼顾探测分辨率和深度。探测采用多条纵横测线“十字”交错横跨探测区域方式，控制探测目标体，如图2-11所示，现场探测工作如图2-12所示。

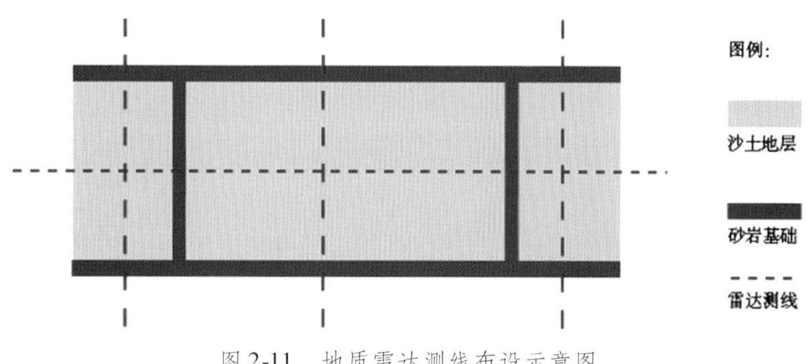

图2-11　地质雷达测线布设示意图

图2-12　现场探测照片

（三）考古调查研究成果

对茶胶寺东门神道等10个区域的地质雷达探测，共完成测线28条，采集地质雷达剖面长度1028m。通过无损探测得到以下主要结论：

1. 东门神道南北边界存在，神道总宽度11.8～12m，延伸深度1.8～2.2m，以东神道中轴线对称分布，神道边界探测成果如图2-13所示。

2. 东门码头四面多处存在砂岩基础反射，码头最底层的轮廓可以分辨圈定，码头边界探测成果如图2-14所示。

3. 北池为长方形池塘，池塘南北与东西边界基础尚存，边界探测成果如图2-15所示。

4. 西北角壕沟堤岸残毁段，东边与北边原堤岸基础尚存，但西边堤岸基础未见，可能源于其下方基岩出露较浅，边界探测成果如图2-16所示。

5. 茶胶寺二层台东南、东北、西南与西北各探测区下方回填土中存在砂岩基础反应，推测为地面建筑倒塌后存留着建筑的基础，探测成果如图2-17所示。

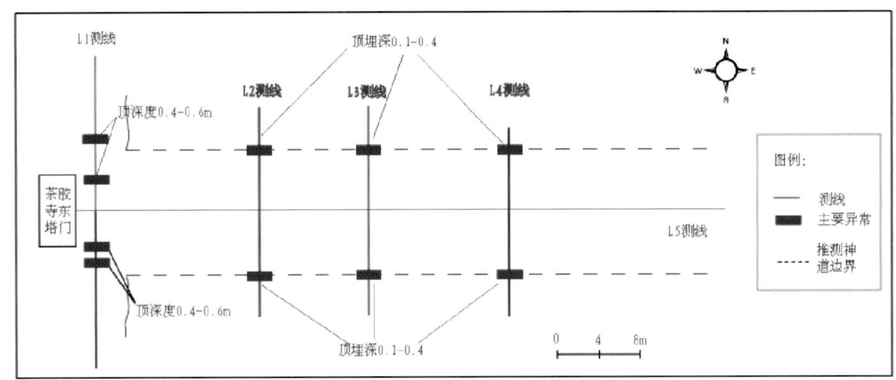

图 2-13　神道边界探测成果

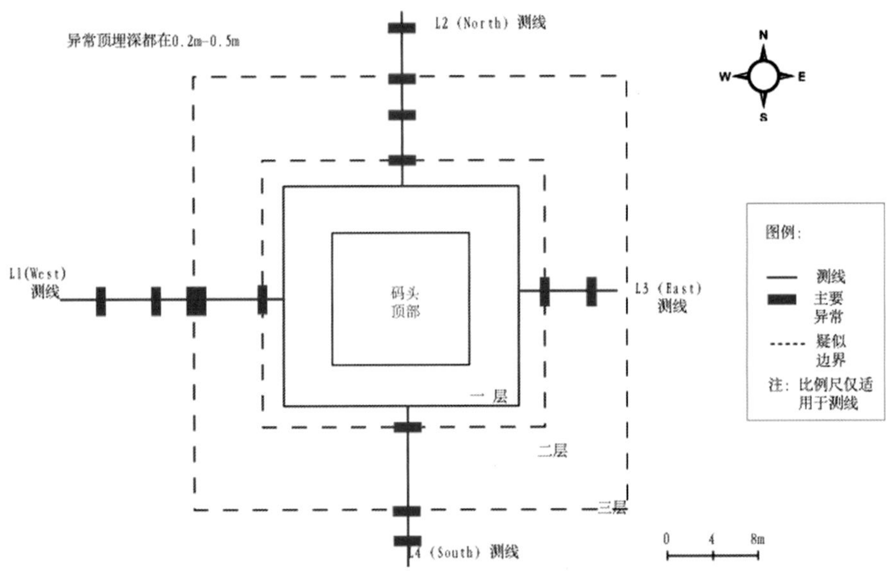

图 2-14　东门码头边界探测成果

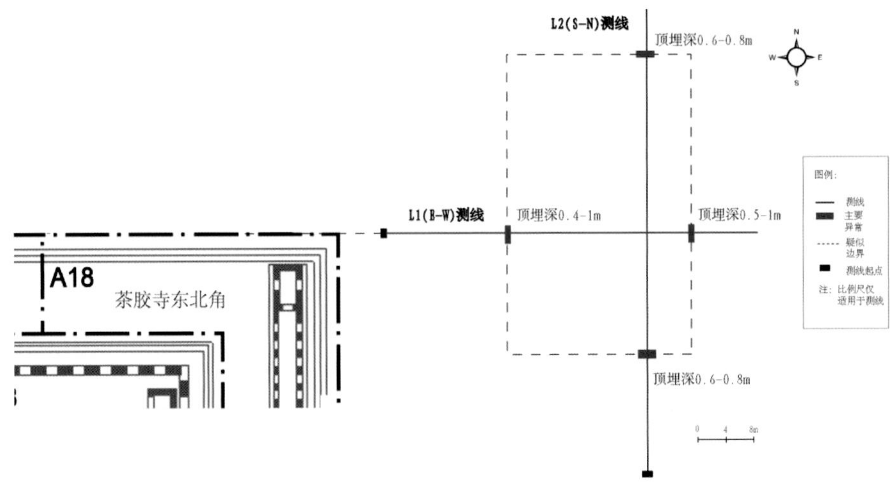

图 2-15　北池边界探测成果

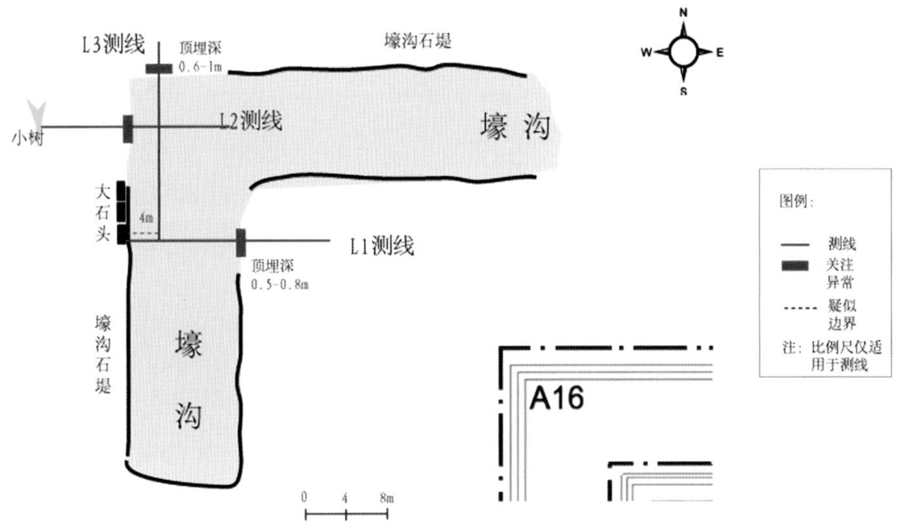

图2-16　西北角壕沟堤岸边界探测成果

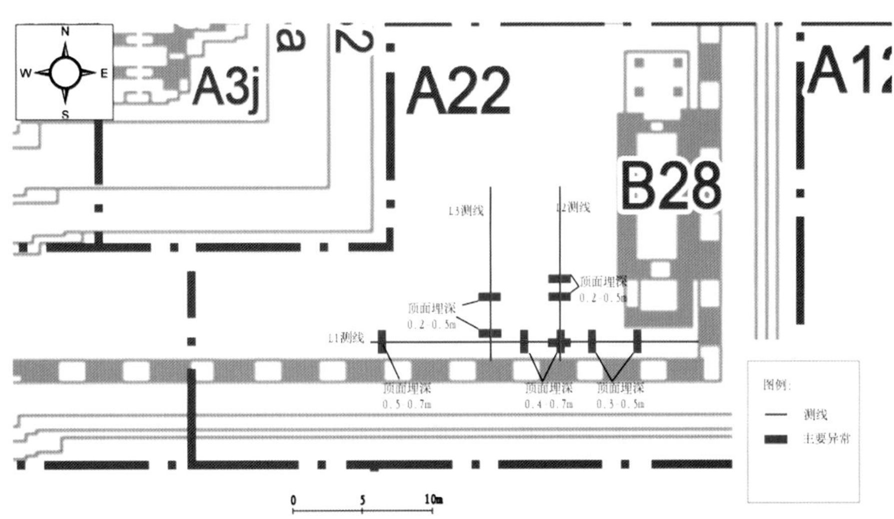

图2-17　茶胶寺二层台东南、东北、西南与西北各角部探测成果

6. 茶胶寺第三层东面空场地，东西测线上存在三处砂岩基础异常。西端异常可能是顶层东面台阶下方基础的延伸，东端异常可能为第二层上第三层台阶末端的基础的延伸。

二　建筑散水、神道、水池及壕沟考古发掘验证

在前期考古调查和无损探测工作的基础上，对与茶胶寺庙山主体结合紧密的外围基础、散水、通道、壕沟、水池等重点区域实施考古发掘验证，以便进一步深入了解、确认茶胶寺的整体布局特征以及目前已被掩埋部分的茶胶寺关键建筑单元的形制特征。

（一）现场考古发掘工作目的及布设

1. 东外塔门外南侧基础布设发掘探沟一条，主要目的为清理解剖、查明东外塔门外南侧基础和散水的砌筑结构形式和建筑工艺。

2. 在东外塔门外东南角散水与神道交汇区布设一发掘探方，主要目的为清理解剖、查明茶胶寺神道南侧与庙山外围散水的砌筑结构形式、建筑工艺及其相互间的建造结构关系。

3. 在神道中段南侧及南池东北角布设发掘探方，主要目的为揭示神道南侧埋藏状况，揭露南池与神道的分布关系，并了解南池东北角的分布范围和砌筑工艺。

4. 在南池西南角布设发掘探方，以便揭示南池西南角埋藏状况，揭露南池与南壕沟的分布关系，并了解南池西南角的分布范围和砌筑工艺，从而推断南池的分布范围、砌筑工艺和演变过程。

5. 在茶胶寺北通道和北壕沟东段西端布设发掘探方（包括北门外壕沟通道和壕沟东北角两个区域），发掘揭示北桥是否存在涵洞，并了解壕沟砌筑工艺和布局结构。

6. 在东壕沟南段北端布设发掘探方，以便了解、查明东壕沟南段埋藏状况和壕沟护岸砌筑工艺，并揭示茶胶寺排水系统的结构设置和工艺特征。

7. 在庙山南侧南外塔门东侧墙体南面布设一发掘探沟，发掘了解、查明庙山一层台基的砌筑结构和工艺特征，并了解其与南侧散水的布局关系。

发掘探方平面布设如图 2-18 所示。

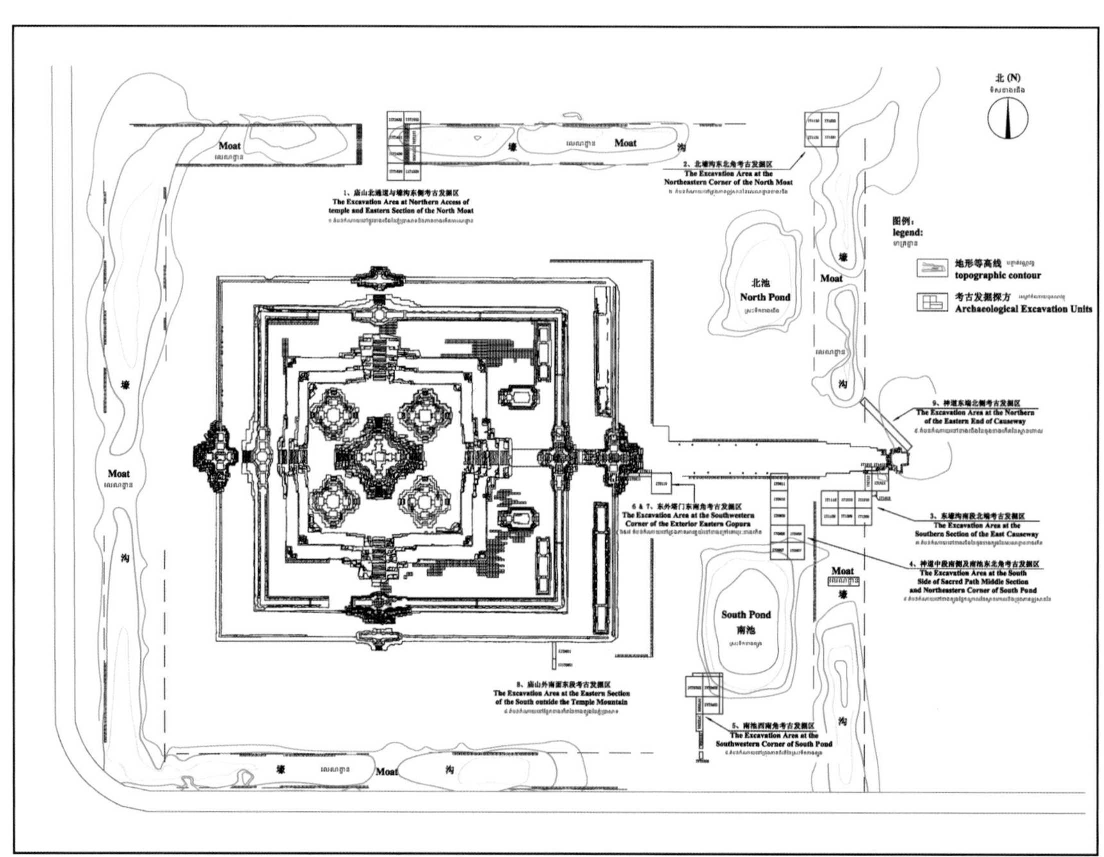

图 2-18　考古发掘探方平面布设图

（二）考古发掘成果

1. 通过对东外塔门外南侧基础的考古发掘，结果表明庙山基础为在沙土上铺砌角砾岩石板1～2层，之上收分并逐层砌筑庙山东外塔门建筑台基和围墙，如图2-19所示。

2. 通过对东外塔门外东南角散水与神道交汇区进行考古发掘，东外塔门外南侧发掘较完整地揭露出了13级角砾岩石台阶拐角处的砌筑结构和工艺特征，散水东侧与神道南侧均为13级角砾岩石板错缝平砌而成，各层台阶砌筑规整，石块保存完好，反映了茶胶寺神道、散水与南池的最初设计理念和营造思想，考古发掘成果如图2-20所示。这些保存相当完整的角砾岩石台阶的清理发现，对茶胶寺的当初设计建造极其宏大规模可窥一斑，这一发现改变了此前人们对茶胶寺神道建筑样式与池塘关系的多种推测。

图2-19　考古发掘探查东外塔门外南侧基础形制成果

图2-20　考古发掘探查东外塔门外东南角散水与神道交汇区砌筑结构和工艺特征成果

3. 通过对茶胶寺神道中段南侧及南池东北角的考古发掘，发现了神道南侧石砌筑台阶13层，初步廓清了这些建筑遗迹的构筑结构和工艺特征，成果见图2-21所示。对南池东北角和西南角的发掘，揭示了南池东北角和西南角的分布范围和堆筑工艺，南壕沟与南池之间距离及共用堤岸结构范围也基本查明。对南池东北角和西南角的发掘结果表明，上口南北长约45～46m，东西宽25～26m，底部南北长约39～40m，东西宽约19～20m，而堤坡内自上表面至底部的延伸宽约4m，高约3～4m，北堤坡北距神道南缘20m，西堤坡西距散水14m，加上散水距离庙山一层台东壁11m，南池西距庙山一层台东壁25m。

4. 通过对南池西南角的考古发掘，基本廓清了南池的分布范围和兴废演变过程。通过对水池对角的两个区域的清理解剖，发现南池存在两次大的变化阶段，设计建造之初的范围较大，北、西两面池堤与神道南侧和散水东侧相接，成为一体，且砌筑13级台阶护岸，而南、东池堤与壕沟内堤共用，为土沙堤坡，没有石板砌筑的台阶护岸遗存。后来，因庙山修建过程中回填沙石废料及大量的沙土混杂石块碎粒及瓦片等填埋南池内北部区域，使得池内面积逐步缩小。这些发掘结果表明，南池的砌筑是原初的东、南壁和后来随着堆土填充使得面积缩小的水池四壁本身就不存在砌筑石台阶的现象，属于没有完工的寺院组成部分，考古探查成果见下图 2-22 所示。

从南向北拍摄

自北向南拍摄

13 级台阶结构

图 2-21　考古发掘探查神道中段南侧及南池东北角砌筑结构和工艺特征成果

图 2-22　考古发掘探查南池西南角边界范围成果

5. 通过对茶胶寺北通道和北壕沟东段西端的考古发掘，揭示了北桥与壕沟护岸为16级砂岩和角砾岩石板错缝平砌呈台阶状，上部普遍塌落剥离严重，下部保存完好，最下层采用黏质沙泥土围堆，防止渗水和掏蚀，这种在壕沟内侧最下层石台阶迎水面使用石英和高岭石混合黏土防渗水层的发现，在吴哥古迹以往相关寺庙壕沟、池塘等遗迹发掘中还没有过，考古发掘探查成果如图2-23所示。

图 2-23　考古发掘探查北通道和北壕沟东段西端砌筑结构和工艺特征成果

6. 通过对东壕沟南段北端的考古发掘，揭露出了壕沟内堆积及西、北、东三面护岸结构，并发现了排水孔道设施，较为全面地揭示了壕沟及排水系统分布范围、设计结构和建造特征，本段壕沟护岸砌筑用材、结构和保存状况与北壕沟基本相同，均为16级砂岩和角砾岩石台阶结构，与壕沟东护岸相接的排水孔道呈东北至西南走向，青砂岩和角砾岩石板混合砌筑，保存基本完好。茶胶寺由于壕沟和池塘埋藏较深，寺院排水系统一直没有发掘清楚，通过对北通道、东神道、东壕沟和南池遗迹的考古发掘，发现北通道不存在此前所说的一处涵洞，而在东壕沟南段发现的这一处石构排水管道遗迹，对探索茶胶寺庙山与吴哥时代水利系统的关联情况提供了较为翔实的参考资料。在壕沟南段堆积中出土的大量建筑构件、本地陶器和少量水晶、铁器及中国瓷器残片等，对进一步深入认识茶胶寺的建筑风格和兴废历史提供了重要的实物证据。

图 2-24　考古发掘探查茶胶寺东壕沟石砌筑护岸及排水管道砌筑结构和工艺特征成果

7. 通过对庙山南侧南外塔门东侧墙体南面探沟的考古发掘，发现南、北两段暴露出完全不同的两类遗迹现象，分别属于角砾岩石板砌筑的庙山台基基础和散水台阶，反映出庙山基础与南侧散水的分布范围和结构关系，初步揭示了这些建筑基础的埋藏状况和砌筑工艺，考古调查结果表明，庙山基础为在沙土上铺砌角砾岩石板 1 ~ 2 层，之上收分并逐层砌筑建筑台基和围墙。

图 2-25　考古发掘探查茶胶寺庙山南侧南外塔门东侧墙体南面砌筑结构和工艺特征成果

第三节 茶胶寺庙山建筑形制特征研究

一 整体布局及建筑风格特征

（一）建筑遗迹总体布局特征

根据上述考古调查与研究推测，茶胶寺庙山建筑本体很有可能处于一组规模庞大的建筑组群的中心。这组建筑组群一直延伸到东湖（East Baray）的西岸，毗邻东湖的石构平台遗迹位于茶胶寺东西轴线之上，并由两边列有界石的神道连接至茶胶寺的庙山主体建筑。

茶胶寺是吴哥古迹中按照印度教须弥山的意象选址、设计和建造的一座重要庙山建筑遗迹，其平面布局按照中心对称和轴线对称相结合的方式组织。作为国家寺庙的庙山巨构，茶胶寺依然延续着吴哥王朝开创之初建造巴肯寺的形制特征与工艺传统，惟其完全以砂岩构筑庙山中央五塔的做法，以及主塔四面皆出抱厦与回廊平面格局的出现，成为开创吴哥时代风气之先的建筑形制。

茶胶寺庙山建筑主体部分主要包括：逐层收进的5层方形基台；基台顶五座塔殿成梅花状布置；一层基台四周环绕围墙、二层基台四边围以回廊；在一、二层基台东西和南北轴线与其相交处均设有塔门（Gopura），总计八座；第一层基台的东侧南北对称布置有外长厅（Outer Long Hall）两座，第二层基台的东侧南北对称布置内长厅（Inner Long Hall）及藏经阁（Library）各两座。从基台外侧地面至最高处主塔顶部高度为43.30m，茶胶寺建筑遗迹总体布局特征见图2-26所示。

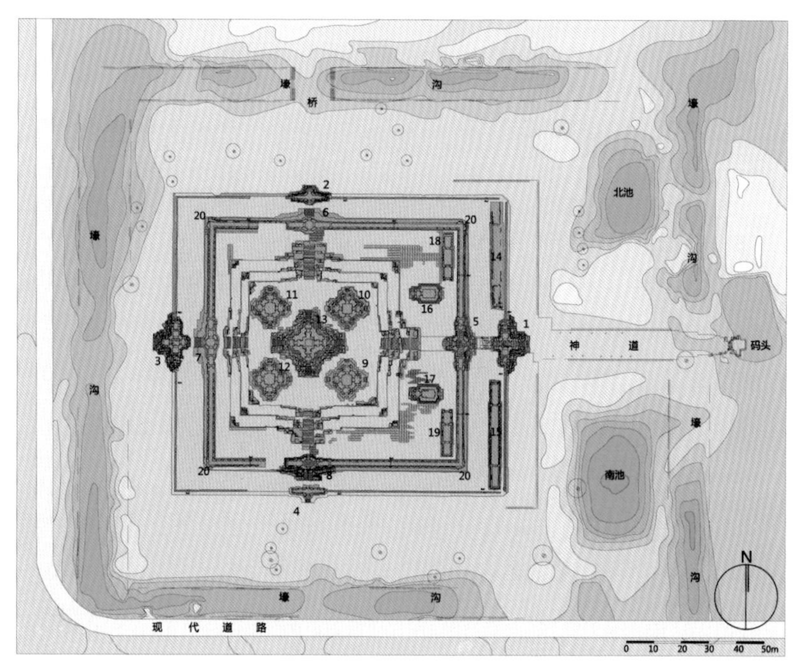

1 东外塔门
2 北外塔门
3 西外塔门
4 南外塔门
5 东内塔门
6 北内塔门
7 西内塔门
8 南内塔门
9 东南塔
10 东北塔
11 西北塔
12 西南塔
13 中央主塔
14 北外长厅
15 北内长厅
16 北藏经阁
17 南藏经阁
18 北内长厅
19 南内长厅
20 角楼

图2-26 茶胶寺遗址单体建筑平面分布图

茶胶寺庙山建筑四周有石砌护岸的方形壕沟（Moat）环绕，断面为梯形，底部较窄，北侧壕沟中央设有通道；东塔门外建有神道（Causeway）连接一座十字形平台，东侧环壕之内神道南北两侧对称设置两水池（Pond），水池为南北稍长的矩形平面，池岸也有石材砌护。

茶胶寺各层基台设计有排水坡度，每面角部有排水孔，雨水汇集后从排水口排往下层基台，再汇集排出庙山建筑后，最终排向庙山四周场地之中。庙山四周场地为无组织排水，雨季时雨水大多汇流至四面环壕内。

一层基台（Outer Enclosure）东西 122m，南北 106m，基台高 2. 2m，基台为角砾岩挡土墙内填沙土夯实。基台上四周围墙环绕，围墙以角砾岩石干摆砌筑，上置屋面石，高约 3m。围墙中四面沿中轴开门，称为外塔门；其中东西二门形式为十字塔殿，宽五间，进深一间，中间和最外两间开门；南北二门形制较小，仅开中门，进深较浅。门殿下基台凸出为须弥座形式。有踏步通向地面。东面墙内沿中轴对称布置南北二长厅，长厅各长 27m，进深一间 3. 5m，为砂岩梁柱结构。基台上铺砌角砾岩石地面。

二层基台（Inner Enclosure）建于一层基台之上的中央，东西长 95. 50m，南北宽 88. 96m，其角砾岩砌筑的挡墙为须弥座式样，高约 6m，内为沙土夯实。基台上四周回廊，回廊的四角皆设角楼，四面回廊中央为门殿（内塔门），四门均面阔五间，进深一间。其中东、西塔门各设三门。内门处下部基台座突出成须弥台式样。东塔门内两侧南北对称设置藏经阁（Library）一座。廊内侧沿轴线对称各有内长厅建筑一座（Inner Long Hall）。二层基台地面与一层基台同样铺砌角砾岩地面。

二层基台上部中央为三层须弥台基台，基台外包砂岩石，层层收进；三层须弥台总高约 11. 35m，平面近似正方形，最下层基座约 60m ×58m。每层收进约 2 ~3m。基台座每面正中设踏步连接上下。基台顶层四角各有体量相同的砂岩砌筑的塔殿一座，矗立在边长 15m，高 1. 6m 的正方形双层基座上，中央主塔（塔殿），又名中央圣殿（Central Sanctuary），其平面呈十字，建于高约 6m 的 5 层砂岩基座之上。中央主塔砌石墙体厚达 2m，正方形边长约为 4. 5m，四面皆出抱厦，从最底层基座地面至原塔顶高约 23m。

（二）整体建筑风格特征

庙山建筑是古代高棉人的山岳崇拜、生殖崇拜和信奉印度教的宗教观念相结合的产物。一般认为庙山建筑是印度神话中神山须弥山在人间的摹写，其顶部塔殿供奉着湿婆的化身——林伽。在古代高棉本土的“神王合一”观念中，庙山建筑又是神权和王权结合的地方。因此，一座庙山建筑的建造与经营，是信仰模式与王权政治的集中体现。而作为国家寺庙，其供奉的对象是湿婆和国王联合的化身，湿婆赋予国王在人间进行统治的王权，国王正是依靠建立庙山建筑来彰显天赋神权。

庙山建筑组群的形制布局有其固定的组成元素：逐层收进的须弥台、高耸的塔殿、围绕须弥台四周的回廊及建筑外围的水池及壕沟。这些元素按照曼陀罗的空间形式以中心对称的布局模式进行布置。茶胶寺建筑组成中完整地包含了这些元素，各类元素具有不同的象征意义：须弥坛象征着须弥山——印度神话中的神山，高耸的塔殿象征着湿婆居住的地方，围绕的回廊是环绕世界的山脉，壕沟则是宽阔海洋的象征，当人们穿过象征海洋的壕沟的时候，心灵得到净化，以更加虔诚的心情迎接神的启示，进而完整地构筑起印度神话中神仙世界在人间的真实写照。

作为国家寺庙的庙山巨构，茶胶寺依然延续着吴哥王朝肇始之初建造巴肯寺（Bakheng）与比粒寺

(Pre Rup) 时期的形制特征与工艺传统，但其完全以砂岩构筑庙山中央五塔的做法，以及主塔四面皆出抱厦与回廊平面格局的出现，开创了吴哥时代风气之先的建筑形制。

在古代高棉建筑史中，茶胶寺的经营与建设正处于庙山建筑形制的转型时期，其建筑形制与总体布局都发生了重要的转变，具体表现为：

1. 塔门在茶胶寺呈现出新的建筑样式，不仅与须弥座式基台结合在一起，而且结合塔殿的形象形成了假层，空间跨度变小，塔门不再仅是通过性空间，而演变成为供奉祭祀神像之所，是构成庙山建筑的重要祭祀空间之一。

2. 茶胶寺出现的十字等臂平面塔殿，改变了早期寺庙中方形平面、单独入口的塔殿建筑形象，进一步丰富了吴哥建筑的设计技巧与造型，这也是茶胶寺独特风格的重点所在。十字等臂的塔殿丰富了寺庙核心建筑的形式，发展了艺术形象。

3. 茶胶寺建筑回廊的出现更加凸显了庙山建筑的象征意义，同时规整了寺庙的整体布局，强调了组群的整体性。纵观庙山建筑的发展呈现出这样的变化趋势：回廊取代围墙，成为平面及立面构图中的重要因素。长厅建筑逐渐走向消亡，茶胶寺之后的建筑很少出现长厅。回廊的出现不仅在建筑形式上，而且在功能上取代了围墙和长厅。

4. 在茶胶寺之后的建筑中，无论庙山建筑还是其他平地寺庙，回廊都得到了大规模的运用，典型的例子有巴普昂寺、吴哥窟寺、巴扬寺、塔布隆寺等。一改前期简单、笨拙、朴素的回廊建筑形式，由于技术的进步，回廊出现了多种新的形式。

5. 依据装饰细节风格，茶胶寺属于吴哥艺术中的南北仓风格建筑。而茶胶寺建筑未完成状态又赋予了建筑新的特征，形成独特的建筑风格。

（三）茶胶寺建造选材特征

作为一种主要的建筑材料，砂岩石材在吴哥时代的寺庙建筑中曾被广泛使用；而角砾岩历来是高棉寺庙建筑的基础用材，大量用于池基、围墙、道路和桥梁，庙山基台内部挡土墙也多以角砾岩砌筑。角砾岩的硬度较低，岩石内部孔隙率决定了其强度特征。茶胶寺庙山大批量运用砂岩石材作为主要建筑材料，体现出吴哥时代在采石技术、材料运输、石作工艺等方面的长足进步。大约80%的建筑部分皆以砂岩石材砌筑并构成庙山建筑的主体部分，而由角砾岩砌筑的第一、二层基台则为辅助部分，主要是为增加须弥台及中央主塔的地坪标高，并以此烘托彰显出“神之居所”——须弥山的高峻挺拔与神圣庄严，茶胶寺建造所用建筑材料分布特征见表2-1。

表2-1 茶胶寺庙山建筑材料分布简表

材料名称	建筑位置	所占比例（体积）
长石砂岩	塔门、长厅建筑、藏经阁、回廊、围墙、角楼、须弥台	58%
硬砂岩	中央五塔	20%
角砾岩	第一层基台、第二层基台及其院落地面的铺砌	20%
砖	塔门、藏经阁及回廊的屋顶部分	2%

二　典型单体建筑形制特征

1. 塔殿

五座塔殿皆为四面出抱厦的十字形平面形式，中央塔殿较四角塔殿在抱厦和主厅间多出一个过厅。五座塔殿的建造并没有全部完成，建筑只是基本完成了结构砌体和粗略地凿出了外形，几乎没有任何的线脚与雕刻。塔殿从外观上看自下而上可分为须弥座、墙身、假层、屋顶及塔刹五个部分，塔殿建筑组成如图 2-27 所示。

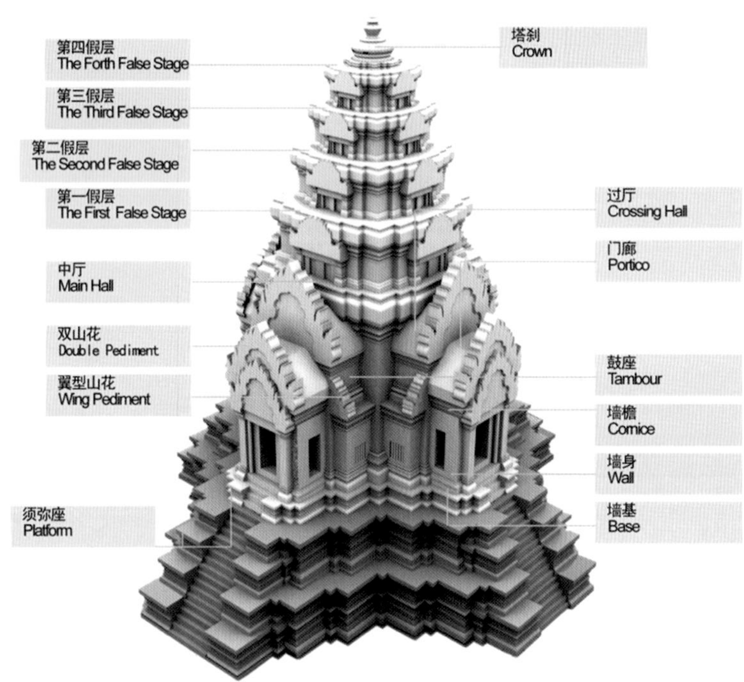

图 2-27　中央塔殿建筑组成及构件定名

（1）须弥座

塔殿均砌筑于须弥座上，须弥座没有明显的后期加工痕迹，但是已初具多层须弥座的轮廓。

中央塔殿与四角塔殿的须弥台差别很大。角处塔殿的须弥台为两层，较小，一般由四层石块叠砌而成。四面踏步两侧均有单层侧跺。

中央塔殿的须弥台体量较大，共有三层，形成一个小的须弥台。在四面踏步的两侧均各有两层侧跺，踏步坡度约为 47°。

由于视觉的需要和须弥台的向上缩小，踏步上端比下端略窄，夹角约为 10°。这种踏步由大变小的形式造成了一种透视效果，使得中央塔殿看起来更加高耸。

（2）墙体

墙体分为墙基、墙身和檐口三部分，根据所处的位置分又可分为塔心室墙体、过厅墙体和门廊墙体。墙基位于须弥台之上。墙身是连接墙基与檐口的部分，由矩形石块砌筑而成。墙体的水平通缝贯穿不同的位置，而竖直方向则没有明显的规则。檐口的高度随着墙体的不同差距很大，但总体趋势是塔心室最高，过厅次之，门廊最低。

塔心室、过厅及门廊的组合使得建筑的平面形式变为带有数处折角的十字形。须弥台的平面形式不过是这一形式外边缘的外扩而已。

（3）假层

假层建在塔心室檐口之上，平面为正方折角形，也不过是塔心室顶面形式外边缘的内缩而已。每假层仍保留着与底层相似的母题：每面出假门、壁柱与山花。五座塔殿的假层破损情况比较严重，四处角塔现存三层假层，而中央塔殿仅存两层。

（4）屋顶

中央塔殿的过厅墙体与角处塔殿的门廊墙体上均设有“鼓座”，类似一独立的墙体。门廊与过厅的屋顶采用的是砂岩叠涩的形式砌筑，逐渐向内收聚。中央塔殿的过厅部分保留比较完整。

（5）塔刹

由于损坏严重或未完成，五座塔殿的塔刹已不存在。

（6）山花

五座塔殿的山花没有进行精细雕刻，只打磨出了石块的形状。虽然山花完整程度很低，但是通过对现存石块的分析与散落构件的调查，可以判断五塔的山花按位置大致可以分为三类：

正面山花：五座塔殿的门廊与过厅之上的山花均为正面山花。这类山花按照形式分又可以分为单山花与双山花。其中只有中央塔殿的门廊上山花为双山花（在东立面与西立面可以看出明显的影刻痕迹），其余位置均为单山花。单山花的石块为三层，而双山花的石块为四层。

侧翼山花：又称鸟翼形山花。该类山花位于中央塔殿过厅上鼓座的侧面，由两层石块砌筑。

假层山花：假层山花位于每层假层的假门之上，体量较小，用石为构筑假层的丁砌的石块，不易掉落。

（7）室内

东北角塔殿室内檐部有较精美雕刻及线脚。雕刻为莲花瓣浅浮雕。其他塔殿除了门窗框线脚外，雕刻的完成度很低。在室内檐口以上有天花槽痕迹。由于有天花的存在，檐口以上做工粗糙，没有深加工的痕迹。中央塔殿室内有向心找坡石铺地，坡度为1∶20，中心处有边长2m凹槽，敷细土。

角处塔殿内部散乱，但仍可见残损的神像基座。

2. 第三至五层基台

基台分为三级梯段，并逐层缩进。四面有阶梯通达最上层，在阶梯两侧每一级梯段又分为两层基台，梯段和基台呈高棉建筑特有的须弥座形式，基台东面进行了精细的雕刻，并布满纹饰，其他三面仅仅将须弥座样式的轮廓雕刻了出来。为了增大基台的目视高度，高棉工匠采取增大其透视灭点的办法，不仅缩小各层梯段的相继高度，而且也增大每一梯段基台的比率数值。

四面阶梯在顶部变窄，34级踏步在高度上是一致的，不过斜度不同：东阶梯为44°，南、北阶梯为45°，西阶梯为57°。

第三至五层整体基台的东侧第一梯段须弥台线脚从下往上包括：带有方块的内接花饰（由出自同一点的四簇叶束饰组成）的圭脚，无纹饰厚皮条线，带叶束饰的反枭线，逐层凹进的两层皮条线，带叶束饰的凹圆线，逐层凸出的两层皮条线，缀有莲瓣的枭线，其上是精雕花蕊的凹圆线，皮条线，带吊坠饰的凹弧线，细扁平束腰，缀有花饰（花饰内接于菱形，由出自一个方块的四个母题构成）；其上为凹条和细扁平束腰，花饰与另一母题（由两个对顶三角形叶饰构成，三角形交接点被花饰中央方块里所含的同一母题遮住）在这期间交替出现；逐层凸出的两层无纹饰皮条线，很宽的半圆线；这条半圆线上缀有花饰，花枝由蛇怪的三条蛇身构成，蛇头做成了植物。在这条半圆线以上我们看到同样翻转的线脚，除开带莲瓣的枭线，而顶部束腰上缀有一整条吊坠叶饰。

第三至五层整体基台的东侧第二梯段雕刻由低到高包括：有花饰与对顶三角形叶束饰交替出现的圭脚，无纹饰厚皮条线，缀有叶束饰的反枭线，逐层凹进的两层皮条线，缀有吊坠饰的凹圆线，逐层凸出的两层皮条线，带莲瓣的枭线，其上是精雕花蕊的凹圆线，无纹饰皮条线和凹圆线，带花饰的厚皮条线，带四瓣花饰的凹条，无纹饰束腰，逐层凸出的两层皮条线，有菱形内接花饰与对顶三角形叶束饰交替出现的宽束腰。除带莲瓣的枭线外，在这条束腰以上我们看到带有相同精细雕刻的翻转线脚；最后，顶部束腰缀有以叶束饰环绕的吊坠饰。

第三至五层整体基台的东侧第三梯段线脚元素包括：带方块内接花饰（由出自同一点的四簇叶束饰组成）的圭脚，皮条线，缀有叶束饰的反枭线，逐层凹进的两层皮条线，带吊坠饰的凹圆线，皮条线，带四瓣母题的半圆线，逐层凹进的两层皮条线，缀有菱形内接花饰的细束腰，逐层凸出的两层皮条线，细斜面，缀有莲瓣的厚枭线，之上是带花蕊的凹圆线。在这一线脚之上我们看到翻转的同样的线脚元素，不过顶部束腰显然比圭脚要厚（43cm 对 36cm）；它缀有以叶束饰环绕的吊坠饰。

3. 塔门

茶胶寺共建造东外塔门、南外塔门、西外塔门、北外塔门、东内塔门、南内塔门、西内塔门、北内塔门八座塔门。

八座塔门根据其平面构成、门道数目、山花排布等不同情况可以分为Ⅰ型（东塔外门和西外塔门）、Ⅱ型（南外塔门和北外塔门）、Ⅲ型（东内塔门）、Ⅳ型（南内塔门和北内塔门）、Ⅴ型（西内塔门）等五种类型；若以塔门整体平面布局形式划分，则可将其分为“一字形”、“丁字形”、“十字形”等三种形式。其中，塔门的平面布局皆可分为五种基本空间单元：主厅、内侧室、外侧室、过厅、抱厦，这些空间单元进行组合而构成形制各异的塔门。建造塔门的建筑材料主要以砂岩为主，另外还应包括局部用于砌筑塔门屋顶的红砖、塔门基座内部填充的角砾岩、以及制作门扇或室内装修的木材等。

作为进出庙山的通道，各座塔门亦构成重要的祭祀空间，其主厅内部通常奉祀林伽或神像。八座塔门之中，较之西侧塔门，东侧塔门坐落于庙山正面，地位显赫且等级最高，因而建筑形制亦最为复杂。虽然各座塔门的等级形式并非对称一致，但整体而言，外塔门的体量皆大于内塔门。例如，东外塔门（Ⅰ型）为十字形平面，面阔五间为14.93m，进深为9.09m，前后各出抱厦一间，中厅与南北两间内侧室相连，内侧室的两侧则为南北外侧室各一。而东内塔门（Ⅲ型）仅在其内侧出抱厦一间，其外侧仅以双层山花叠置取代抱厦；至于南北两侧的塔门，Ⅳ型的内塔门正面皆施以双层山花叠置，而外塔门（Ⅱ型）的正面山花则为单层山花。由此可见，内塔门的规制等级似乎略高于外塔门。

构成各座塔门的核心是主厅及其上部空间，逐层收进方形平面的假层直接砌筑于中厅四周墙体之上，主厅入口门楣施以两层叠涩拱支撑。由于叠涩拱的外侧被门楣所遮挡，根据现存榫孔推测叠涩拱内侧原应为木板覆盖。另根据主厅入口门洞抱框表面残存的榫孔痕迹，亦可推测塔门原先应设有木制门扇。塔门的抱厦、内侧室及外侧室的作用虽为次要，但也皆施以叠涩拱顶覆盖。内侧室的叠涩拱并未直接坐落于墙体之上，而是由从墙体檐口收进的鼓座承托。外侧室山墙则以壁柱支撑其上部的山花及假门，其内侧以花柱及粗凿门楣作为装饰。

茶胶寺塔门形制或许是在其原有的十字形平面木构寺门基础上，将主室中央的屋顶部分以逐级收进的“假层”从而构成塔殿的立面形象，这种形制可能是茶胶寺庙山建筑的创制之一，而至茶胶寺庙山之后巴方寺的塔门，塔殿的形象则更为典型完整，逐层收进的塔身完全以莲花宝顶作为收束。

上述塔门，虽建筑形制不尽相同，但自下而上又皆可将其建筑元素分为基座、墙体、假层、屋顶、山花等部分，塔门建筑结构组成及构件定名如图 2-28 所示。

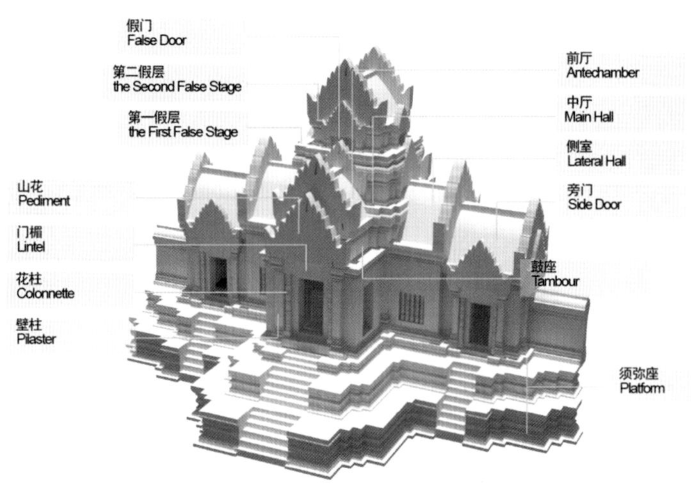

图 2-28　塔门建筑组成及构件定名

现将其各部分形制概括如下：

（1）基座

塔门基座形制可以分为两类：

其一，或可称其为“大须弥座”，这是一种与庙山第一、二层基台结合建造的塔门建筑基座形式，即在塔门各座门道的相应位置设置阶梯状的须弥座，高度约为 2. 15m，其线脚元素由低到高包括：细平条线脚，反枭线，浅凹条，斜面，逐层凹进的两条平条线脚，平拱。“大须弥座”又可分为诸如“整体式”和“逐层收进式”等两种形式。其中，第一层基台上的南外塔门与北外塔门（Ⅱ型）属于“整体式”须弥座形式，而位于同一层基台上等级规制更为显要的东外塔门与西外塔门（Ⅰ型）的基座采用“逐层收进式”须弥座形式；第二层基台上的四座塔门基座则皆为“逐层收进式”须弥座形式。

其二，或可称其为“小须弥座”，实为在各座塔门大须弥座顶面上所设置的基座，高度为 0. 45m，其线脚连续包括：平条线脚，逐层凹进的两条平条线脚，初具莲瓣饰形的枭线，逐层凹进的三条平条线脚，并由斜面来靠上墙的光面或壁柱柱身。由于“小须弥座”直接置于基台顶面之上，根据其所处不同位置亦可分为主厅须弥座、内侧室（次间）须弥座、外侧室须弥座以及前后抱厦须弥座等几类。小须弥座的标高高于庭院地面，其中又以主厅须弥座的标高为最，内侧室须弥座次之，外侧室须弥座标高最低，而前后抱厦须弥座的标高则与内侧室须弥座的标高略同。

（2）墙体

墙体由下到上分为墙基、墙身、檐口三部分，根据所处位置可分为中厅墙体、侧室墙体、旁门墙体、前后厅墙体。墙基建在小须弥台上，其标高随须弥台标高变化而变化；不同墙体的檐口高度也不同，中厅檐口高度最高，侧室次之，旁门最低，前后厅檐口高度同侧室，整体呈现中间高两边低的形式。侧室、旁门的檐口上放置端头瓦，但原位置多不存。墙基，檐口通过墙身联系，墙身由矩形石块砌成，通身没有雕刻，砌筑密实，可随构造位置不同而切割成不同形体，如旁门壁柱，是将墙体石块直接切割成L形，形成壁柱。墙体垂直缝有贯通、错缝两种，水平缝贯通，一条水平缝往往贯穿旁门、侧室、中厅、前后厅墙体，直至被门窗断开。墙体在有通道的地方断开，设置门框、壁柱、花柱等。对于同一建筑墙体的线角，除中厅墙基为单独形式外，其余檐口、墙基的线角形式、大小大致相同，只不过局部会有不同，如中厅檐口线角较侧室檐口线角更加丰富。

（3）假层

中厅之上建假层，直接搁在中厅檐口上，平面为方形折角形式，形成假门，假门两边出壁柱以支撑假层山花。塔门假层存在两种线角，一种为假门壁柱线角，一种为假层墙体线角，两种线角都可分为墙基、墙身、檐口三部分。两种线角的墙基处于同一标高，大小、形式相同，连为一体并被假门所隔断。墙体檐口高于壁柱檐口，为壁柱所支撑的山花隔断。

上下假层布局基本相同，在下假层，有些假门被侧室、前后厅屋顶所遮盖，所以无仔细处理，甚至没有打磨平整。假门壁柱线角，假层墙体线角基本相同，也是只有局部差别。在外塔门中上假层比下假层少用一批线角，但在内塔门中，又有所恢复，与下假层檐口线角更为相似。在上假层的四个角部墙体檐口上，在寺庙轴线方向上布置山花，形成顶部山花，与假层山花形成双层山花。

（4）屋顶

前后厅墙体上均设有“鼓座”，类似一独立的墙体。

（5）山花

塔门山花一般由三层到四层石块构成，最下一层厚度较大，两端装饰那伽头，那伽头上端一部分突出石层。第二层落在第一层上，两层厚度相当，边际为火焰形雕刻。最上层为山花尖，高度较其他层高，也最易坍塌损毁。山花根据所处位置、作用可分为三类：

正面山花：位于塔门正立面上，独立于墙体存在，用于装饰建筑物。山花立于壁柱上，正面作雕刻，一旦各层砌体重心不在一条直线很容易倒塌。门有真门、假门、正门、旁门。

山面山花：充当筒形拱屋顶端口的遮挡物。山花背面依靠屋顶，正面做雕刻，一旦砖砌屋顶塌落，山花单独立在檐口，一旦有较大外力很容易倒塌。这种山花又可分为屋顶山花、侧室山花、旁门山花。

假层山花：属于假层，体量小，一般不单独存在，直接刻在构筑假层的丁砌的石块外立面，不易掉落，基本可辨识本来面目。

茶胶寺各塔门山花形制特征如表2-2所示。

表2-2　茶胶寺塔门山花形制简表

位置	层数	宽度（mm）	高度（mm）	说明
东外塔门抱厦山花	3	3200	2450	宽高比1:0.765
南外塔门内侧室山花	3	3050	2300	宽高比1:0.754
南外塔门屋顶山花	3	2400	1860	宽高比1:0.775

续表

西外塔门内侧室山花	4	4480	残高 2300	现存三层
西内塔门内侧室山花	4	4050	残高 2050	现存三层
西内塔门外侧室山花	3	3750	2920	宽高比 1∶0.780
北内塔门内侧室山花	3	3755	2835	宽高比 1∶0.755

（6）壁柱

塔门通向外部的通道左右都夹以两根花柱，花柱顶端支撑门楣，其前立有两根壁柱、门楣，壁柱用于支撑山花。壁柱有单层壁柱、双层壁柱两种形式。单层壁柱，分布于塔门的正门左右，塔门的旁门左右，旁门山墙的假门左右，假层假门的左右，墙基标高随它所依附的墙体而定，檐口标高一般同侧室檐口标高。双层壁柱主要存在于塔门的正面，由两个壁柱组合而成，墙基形式相同，标高也是随其所依附墙体而定，两层壁柱檐口高度不同，且没有一定规律。

4. 长厅

（1）北外长厅

位于茶胶寺一层基台围墙内侧，东外门的北侧。入口向南，平面呈长方折角形，由门廊、主厅、后室组成。长 27m，宽 3.5m，残存建筑高 3.2m。

门廊为开敞式柱廊，柱间距 2.4m，柱共三对，柱边长 0.4m，柱头无雕刻，柱础相连并有线脚雕刻，入口处有门框，门框两侧有八角形壁柱，壁柱上有浅浮雕纹饰。

主厅入口处有带壁柱的门框，门框上方的门楣无雕刻。主厅东西两侧各有 9 樘明窗；窗框为单层砂岩结构，厚 0.8m，窗框四边为八字形斜交，有榫槽相互插接，窗框上有线脚雕刻。每樘窗有窗间柱七根，窗间柱为整块砂岩雕刻，两端有榫头（窗框上有榫槽），并有复杂的分层线脚装饰。窗框上有带线脚雕刻的墙檐。墙檐上部的结构均已塌落。

后室入口处有门框（无壁柱），东西两侧墙中央各有明窗一樘，形制与主廊相近但尺寸更小。后室高度比门廊和主厅略低。

（2）南外长厅

位于东外塔门南侧，入口朝北，形制与北外长厅相同。

（3）北内长厅

位于二层基台回廊内侧，东内塔门的北侧。入口向南，平面呈长方折角形，由门廊、主厅、后室组成。长 17m，宽 3.5m，残存建筑高 3.2m。

门廊为开敞式柱廊，柱间距 2.6m，柱共 2 对，柱边长 0.4m，柱头无雕刻，柱础相连并有线脚雕刻，入口处有门框，门框两侧有八角形壁柱，壁柱上有浅浮雕纹饰。

主厅入口处有带壁柱的门框，门框上方的门楣无雕刻。主厅墙壁为单层砂岩石块堆砌，石块间无黏合物，墙身分墙基、墙身和墙檐三段，西侧墙壁中央有明窗一樘，窗框为单层砂岩结构，窗框四边为八字形斜交，有榫槽相互插接，窗框上有线脚雕刻。每樘窗有窗间柱七根，窗间柱为整块砂岩雕刻，两端有榫头（窗框上有榫槽），并有复杂的分层线脚装饰。窗框上有带线脚雕刻的墙檐。墙檐上部的大部分结构已塌落，只有后室入口墙壁上方存留较完整的山花。山花由三层石块堆砌而成，雕刻未完成，只加工了粗略的轮廓，山花上有清晰的呈三角形排列的吴哥榫槽。

后室入口处有门框（无壁柱），西侧墙中央有明窗一樘，形制与主厅窗相近但尺寸更小。后室和门廊高度比主厅略低。

（4）南内长厅

位于东内楼门南侧，入口向北，形制与北内长厅相同。另外，在南外长厅的墙基上唯一发现了一处小的雕刻纹样现象，而其他地方均未出现，此处现象是否能对于后续的雕刻、装饰研究有所帮助仍需要加以关注研究。

长厅典型建筑结构组成见图2-29所示。

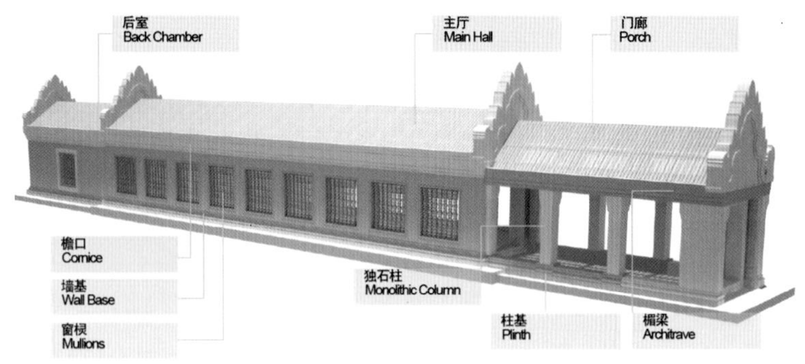

图2-29　长厅建筑组成及构件定名

5. 藏经阁

藏经阁位于茶胶寺庙山第二层基台（庙山内院）的东侧，沿庙山东西向轴线南北两侧对称设置，按其位置分别称其为南藏经阁与北藏经阁。从整体风格来看，以上两座对称布局的藏经阁形制相同且保存状况类似，其空间布局、使用功能及创建年代等大致相同。

藏经阁平面略呈“凸”字形，其整体布局自西至东依次分为抱厦、主室、门头等三部分；自下至上则可划分为基座、墙体、拱顶、顶窗及屋盖等几部分。以北藏经阁为例，其基座东西向长度为12. 5m，南北向长度为7. 91m，其最高点至第二层基台为6. 48m；抱厦东西向长度为1. 53m，南北向长度为1. 89m；主室东西向长度4. 91m，南北向长度3. 01m，残高约5m。

藏经阁基座以砂岩石材砌筑，可大致分为三层，尺度逐层向内收进。基座之西侧以5级台阶与抱厦的西入口相接。藏经阁西侧抱厦是进出藏经阁的唯一通道，其面阔进深皆为一间且尺度远逊于主室。主室南北两侧墙体顶部分别设有两层檐口，底部檐口为半筒拱形的曲线屋面，上层檐口之基座矗立于一层拱顶之上，在其正中皆辟为横向高窗，窗框之间设以9根雕饰线脚的圆柱形窗棂，其上部的各级山花及顶层屋盖部分皆已不存。主室上檐口线脚雕饰自下而上包括：斜面，两条平条线脚镶边的板条，凹圆线，逐层凸出的两条平条线脚，枭线，平条线脚，束腰。主室下檐口的前凸突部分几乎完全支撑其上的上层檐口基座，上层檐口雕饰线脚自下而上包括：斜面，凹条，两条平条线脚镶边的板条，凹圆线，两条平条线脚镶边的半圆线，凹圆线，斜面，枭线，平条线脚，厚扁平束腰，平条线脚，细“S”形线，平条线脚，以及墙身秃面。至于藏经阁的外部立面，抱厦立柱的柱脚（与其柱头线脚相同）以及主室墙基皆是未经精雕的线脚，与其对应的上檐口线脚雕饰由低到高包括：勒脚，反枭线，平条线脚，凹圆线，平条线脚，直枭线，平条线脚，浅凹条，两条平条线脚镶边的半圆线，细枭线，平条线脚，凹条，两条平条线脚镶边的板条，凹条，以及斜面搭接墙身秃面，柱头上所有的枭线都是直的。

藏经阁的东侧门头外侧实为假门雕饰，其立面线脚与雕饰仅是初具雏形，其上的门楣及各级山花皆已不存，仅余部分花柱残迹；东门头内壁凿有一个平整的壁龛，其边缘以三叶拱状雕饰与两条带有两条平条线脚镶边的“S”形线交汇，平条线脚并未超过壁龛之厚度。

另外，藏经阁主室入口门框上残存有可供安装双扇门的凹槽，门框之上砌为两层的斜撑拱顶，拱顶内部未设安装横向支撑的凹槽。抱厦内门两侧施以两根花柱支撑装饰性门楣。抱厦南、北侧窗框之上的檐口雕饰包括：两条平条线脚镶边的板条，凹圆线，逐层凸出的两条平条线脚，“S”形线，逐层凸出的两条平条线脚，扁平束腰等。抱厦的西侧入口并未预留供安装门扇的凹槽。抱厦及主室的地面皆以砂岩石块铺砌，抱厦地面标高略低于主室。

藏经阁典型建筑结构组成特征如图 2-30 所示。

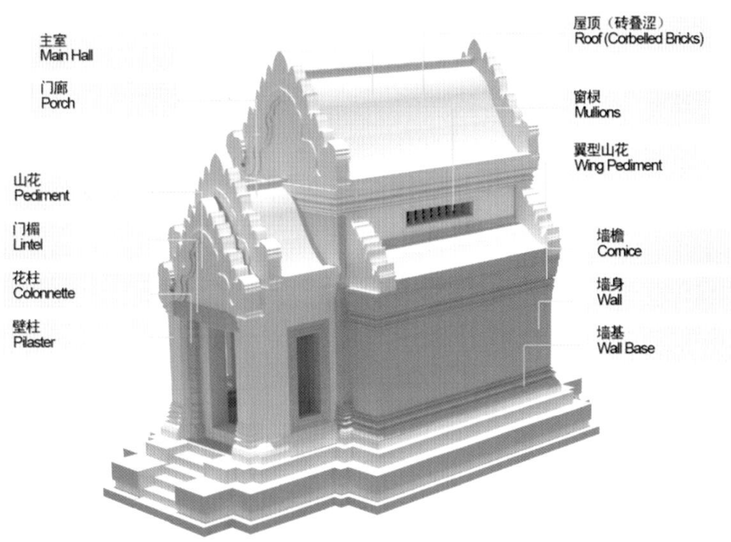

图 2-30　藏经阁建筑组成及构件定名

6. 回廊

回廊坐落于庙山第二层基台之上且环绕其四周，回廊内侧朝向庙山内院敞开，各面均不设进出回廊的专门通道或路径。回廊东西两侧分为 26 间，东西内塔门的南北两侧分别设有 13 间；回廊南北两侧分为 29 间，南北内塔门之东侧为 19 间、西侧为 10 间。

回廊在朝向庙山外院一侧的开间辟为假窗，每窗均施以 7 根圆柱形雕饰窗棂。若以外立面计，假窗的开间数目与其朝向庙山内院一侧并不相同，东立面与西立面在相应内塔门的南、北两侧皆分为 15 间，南立面与北立面在相应的内塔门东侧分为 21 间，西侧则分为 12 间。回廊的窗框构件，施以八字形插榫进行拼接，或可看出这种连接方式来自木结构技术的源流。在回廊的四个转角处分别设置角楼一座，形制较为特殊，从中尚可看出早期砖砌塔殿样式的源流，惜各座角楼的残损甚为严重，目前仅存大致轮廓及其残迹。

回廊的构造方式与长厅多有相似之处，依其立面可以分为基座、墙身、屋顶等三部分。回廊因其平面简洁，所以基座仅由规格不一的角砾岩石块砌筑堆叠而成；墙身则可以分为墙基、墙体、窗及檐口等四部分，檐口之上的端头瓦仍有少量存放于原位，是研究回廊形制源流与变迁弥足珍贵的实物遗存。由于回廊的屋顶部分皆已不存，其形制究竟是砖砌叠涩（西外塔门与西北侧回廊交接处的檐口之上残存少量红砖遗迹），还是砂岩叠涩拱尚且无法进行准确辨别。

须指出的是，在第二层基台四周发现的5处建筑基址残迹似与回廊的整体格局有关，因为其平面布局不仅与茶胶寺庙山现存的四座长厅类似，亦与比粒寺、东梅奔寺内的长厅格局大致相当，因此可以推测这些建筑基址残迹应属于某种类型的长厅，或许这些长厅建筑在回廊及塔门的建造之前即已存在。如前所述，观照吴哥时代庙山建筑形制的源流与变迁，长厅的式微与回廊的出现皆是吴哥时代庙山建筑形制革故鼎新的重要标志。在茶胶寺庙山回廊与疑似长厅的建筑基址残迹之间，似乎存在着某种颇为耐人寻味的关联？或许可以进行如下推测：苏利耶跋摩一世在位时期的茶胶寺庙山业已初具规模，可能在当时国王所倡导的革新风潮之中，在尚未完工的茶胶寺庙山第二层基台上增建了回廊与四座内塔门，由此将原有设计中的多座长厅废弃，从而使得茶胶寺庙山的总体格局更加趋于完整与统一。然而，茶胶寺庙山的回廊与四座内塔门、角楼连为一体，却未设置任何通向回廊内部的入口，因此其使用功能存在重大缺陷。这似乎也从另一个侧面表明，苏利耶跋摩一世时期茶胶寺庙山建筑形制的变革或许仅是源自对某种形式和象征的追求，却没有对其实用功能进行充分的考虑和理解。而茶胶寺庙山以降，在吴哥时代的庙山建筑中，回廊形制在诸如巴方寺、吴哥窟、巴戎寺等重要寺庙中皆得到了大规模的运用，并且一改茶胶寺庙山时期回廊的简朴粗陋的作风，构成庙山建筑中最重要的空间元素及装饰部位。

7. 装饰

（1）花柱

花柱不仅具有结构上的作用，支撑上部门楣；也是高棉建筑的重要装饰部件，花柱形式的演变成为建筑风格判断的重要指标。茶胶寺花柱多数仅仅进行了线脚的雕刻，而后期的纹样雕刻在工程停止的同时也停止了。在雕刻较为完整的花柱中，如图2-31的装饰主题的大量涌现，因此断定茶胶寺可能出现在比粒寺之后，皇宫塔门之前。

图2-31　高棉建筑装饰细部图示

（2）山花

茶胶寺保存完整的山花主要集中在塔门，东外塔门外拼接好的山花、南外塔门和南内塔门建筑上的山花不仅雕刻完整，保存状况也良好。在寺庙范围内，也发现了很多山花的散落构件。山花的装饰构件也是判断建筑风格的主要指标。吴哥建筑山花变化非常复杂，对其进行风格判断的时候主要抓住了其中的一个重要细节，即山花的下部镶边处。考察茶胶寺山花下部镶边发现其与南北仓风格的山花最为近似。

8. 雕像

茶胶寺的雕像大部分保管在如吴哥保护中心、暹粒博物馆等处，现场可见的仅有二层基台上的 Nandi 和一些神像基座散块。

根据考古清理时所拍摄的老照片来看，发现于茶胶寺范围内的雕像年代历经前吴哥时期（pre-ankorian）、巴肯风格时期（Bakheng style）、贡开风格（Koh Ker style）、吴哥窟风格（AngkorWat Style），一直到巴戎风格（Bayon style）。

第四节　建筑本体复原研究

一　茶胶寺总体格局的复原研究

（一）复原研究依据

1. 测绘图。

茶胶寺周边 1∶10000 和 1∶5000 地形图；1∶500 的总平面图和组群平、立、剖面图，及 1∶50 单体建筑测绘图。

2. 对部分有典型特征的散落构件的测量和摄影记录。

3. 对甬道、十字平台、东池码头、环壕及池塘等环境因素的调查和记录。

4. 法国远东学院考古清理日志、月报、年报及照片。

5. 已有研究成果。

《茶胶寺：寺庙的建筑研究》一书中并未对茶胶寺进行复原，不过提供了许多复原线索，诸如：茶胶寺可能的边界、边界内的其他相关建筑物或遗址、建筑单体的屋顶形式等。

6. 同时期建筑考察。

通过对与茶胶寺同期的部分吴哥寺庙建筑进行了考察，包括柏威夏寺（Preah Vihear）和吉索山寺（Phnom Chisor）两座寺庙。同时期寺庙的建造结构特征，可为茶胶寺复原提供重要参照。此外，吴哥地区诸如空中宫殿、比粒寺、巴方寺、吴哥寺、巴戎寺等庙山类建筑也为茶胶寺的复原提供了参考。

（二）复原需要解决的主要问题

1. 建筑组群复原

建筑组群复原是在对各类建筑单体进行复原研究的工作框架下进行的，建筑格局保存完整，仅就损毁部分进行了复原，复原方案仅是多种可能性中的一种。同时建筑主体的五塔部分因为建造之初并未完工，复原工作是在充分调查塔殿建筑现状的前提下，参照吴哥建筑发展的特点而进行复原的，茶胶寺建筑组群复原图如图 2-32 ~ 图 2-34 所示。

图 2-32　茶胶寺建筑组群复原想象图

图 2-33　茶胶寺建筑组群东立面复原想象图

图 2-34　茶胶寺建筑组群复原想象图

2. 历史环境复原

纵观各时期吴哥建筑遗址，寺庙布局相当规则严谨，茶胶寺当然也不例外。但考虑到茶胶寺的特殊性，茶胶寺属于未完成工程和茶胶寺周围环境扰动较大，其布局的完整性已经不复存在。

茶胶寺现存格局改变较大，其范围不仅仅只是今天我们看到的庙山建筑部分。杜马西提到了组群可能存在的边界，其中西、北、南边界位置或许有推测成分，而东侧边界——东池西堤则是确定的，因为码头平台的遗址至今尚存，联系着庙山建筑和东池。

由于宗教信仰的原因，寺庙和水体有着不可分割的重要联系。这是茶胶寺与东池紧密联系的重要原因。建筑除开其本身的象征意义之外，必定还容纳了特定的宗教仪式。当然，具体宗教仪规还有待进一步研究，不过，水在其中必定扮演了重要的角色。茶胶寺历史环境复原图如图 2-35 所示。

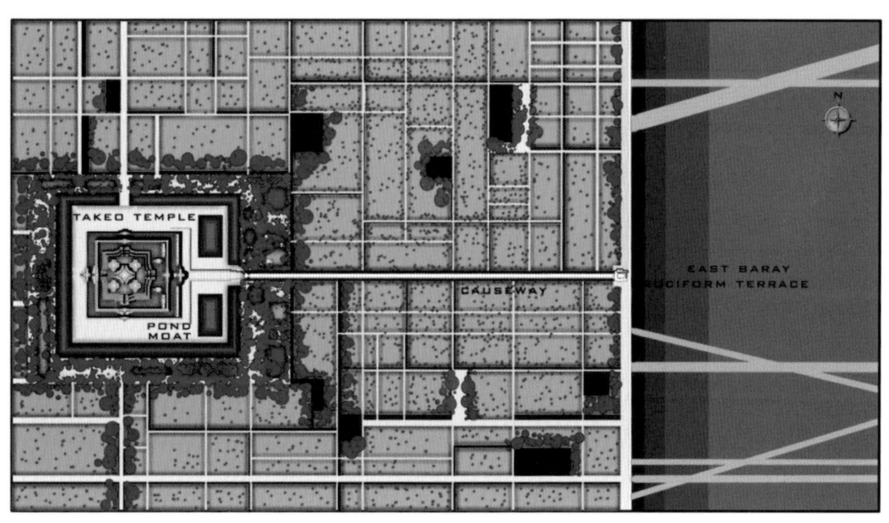

图 2-35　茶胶寺建筑组群总平面复原想象图

（三）复原研究存疑

1. 第一、二层基台遗迹

一层柱洞：一层基台西侧和南侧地面规律地排列着柱洞，推测原应为长厅类建筑。

二层建筑基础：通过对茶胶寺地面铺装的调查，发现二层基台 5 处铺装表现出独特的规律。对其平面进行复原，也疑似长厅建筑。

一、二层基台上建筑遗迹的发现对茶胶寺建筑组群复原提出了新的考验。不过，遗迹存在的年代、是否真的建成等问题还没有定论，有待进一步研究。本次复原研究已经注意到了这些值得关注的问题，随着研究的深入，当对它们展开更细程度的研究。

2. 神道形制

随着时间的流逝，遗迹已经部分和环境融为一体，只能从依稀可辨的痕迹进行判断。《茶胶寺：寺庙的建筑研究》一书中对这段考古的历史进行了回顾，而使我们能很好地辨认出现场的遗迹。神道从东门外至十字平台一段，沿神道两侧排布着摆放边界石和残缺不全的矮墙，矮墙的延长线与塔门基座相交处留有明显的砍削痕迹。杜马西在其研究报告中对此断面做了复原。本次复原研究中并未采取这一结果，主要考虑到矮墙可能为后期使用时附加，并参考同时期建筑并无这样的做法。

3. 茶胶寺水系与外围水系之间的联系

吴哥时期发达的水利系统为世人惊叹，东池、西池等大型水库，纵横交错的水道形成了有效的水利灌溉系统。茶胶寺小范围内的水系本身的连通以及与吴哥范围的水系的连通，也是重要研究课题，有待进一步深入。

4. 其他遗址

如前所述，证明了作为国家寺庙的茶胶寺所具有的中心地位。不过到目前为止，对于以茶胶寺为中心的城市，包括城市的城墙、宫殿区、街区、房屋等等，均知之甚少。较为明确的是茶胶寺与其东侧东池之间的关系，复原中也体现了这一规划意向。

5. 寺庙的宗教仪轨

对寺内进行的宗教仪式的还原，仍没有清晰且成熟的考虑，有待对建筑文化进一步研究与解读。

二　典型单体建筑形制分析及复原研究

（一）顶部塔殿复原研究

1. 假层的确定及复原

杜马西提到角处塔殿假层的数量应该为四层，但没有进行进一步说明。假层的复原主要针对假层层数保留较多的东北角塔进行研究，假层的数量的推断可以从与最高层假层相连的塔顶入手。塔顶没有完整的遗存，但在散落构件中找到的一些塔顶的组成构件为塔顶的复原提供了重要的参考数据，以此可推测最高层假层的尺寸，从而判断假层的数量。从散落构件中初步推断塔顶的宽度尺寸应为0.80～0.90m。而实测塔殿三层假层的尺寸从高到低分别为6.10m、4.75m、3.85m。若以现存的最上部假层尺寸3.85m与散落构件中0.90m宽的塔顶进行匹配，在尺度比例上是不协调的。而如果存在第四层假层，推测其高度应该为3m左右的话，这与塔顶的尺寸关系是比较合适的。因此推断茶胶寺角处塔殿假层的层数为四层。而等级更高的中央塔殿，假层数量应该是不低于小塔的，所以推断中央塔假层数量应该也是四层。

塔殿假层的复原主要问题是第四层假层的复原。利用数学软件归纳出各层中的函数关系对其进行拟合。

2. 塔刹的确定及复原

在吴哥建筑中，塔殿的顶部比较常见的处理方法有两种，一种是砖砌坡屋顶（如十二塔），一种是尖顶塔刹（如女王宫）。虽然茶胶寺的塔门被确定为坡屋顶的形式，但在塔的周围发现的很多塔刹的散落构件则说明茶胶寺塔殿的顶部应该为塔刹。由于当初建筑建造未完成以及散落构件的挖掘不完全，塔刹的复原很困难。

塔殿的塔刹保存完整的例子并不多，但与茶胶寺时期较为接近的女王宫以及巴方寺（塔门）的塔顶保存还比较完好，所以能够给复原设计带来很大的帮助。经过将散落构件仔细比对我们推测茶胶寺的塔刹和巴普昂的形式十分接近，我们统计整理出了散落构件中与塔刹有关的部分，并以此作为依据对塔顶进行了复原设计。

3. 山花的确定及复原

角塔殿的正面山花虽然均不完整，但根据现存情况及散落构件的分析，可以确定：正面山花共由三层石块组成，由下往上石块的数量分别为三块、两块、一块，位于最上层的石块为三角形。根据这一情况，推测该处山花的类型为尖形山花。与此相比，假层上的山花处的石块的砌筑方式有着很大的差别。石块共有两层，处于下面的一层体量相对较大，一般有三块石块；位于上层的石块比较零散，但是由长条形石块丁头砌筑，因此十分牢固。这一形式与女王宫塔的假层山花十分相似，为扁形山花。

中央主塔门厅檐口的正面山花石块的层数达到了四层，这是由于其形式为双山花决定的。用雕刻的方式实现其立面上多一层山花的效果。中央主塔的假层山花形式与小塔相同，但在过厅檐口的两侧发现了类似山花的石头砌块。根据其位置与轮廓，推测这应该是类似女王宫中出现的鸟翼形山花。

4. 线脚的确定及复原

五座塔殿的线脚与以前的塔殿相比发生了较大的变化。比较明显的地方表现在墙基处的线脚。按照以往塔殿的修建习惯，墙基处的线脚在不同的位置高度都是相同的，很明显的界定出了墙身的分界线。但是在茶胶寺，可能是由于塔平面的变化，墙身的元素增加，线脚的高度也需要发生变化以与之相适应。根据线脚处石块层数的不同，我们可以得出其线脚的设计高度，再参照已有的线脚（如塔门线脚）进行设计。

5. 角塔层数及尺寸的确定

现存角塔第一假层以上已经全部不存，复原设计中，层数的确定是根据中央五塔的层数和尺寸关系研究得出的。对于角塔，第一假层和顶层直径可确定，故经过比例分析，角塔的层数可以确定。

顶部五塔塔殿建筑复原图如图 2-36、图 2-37 所示。

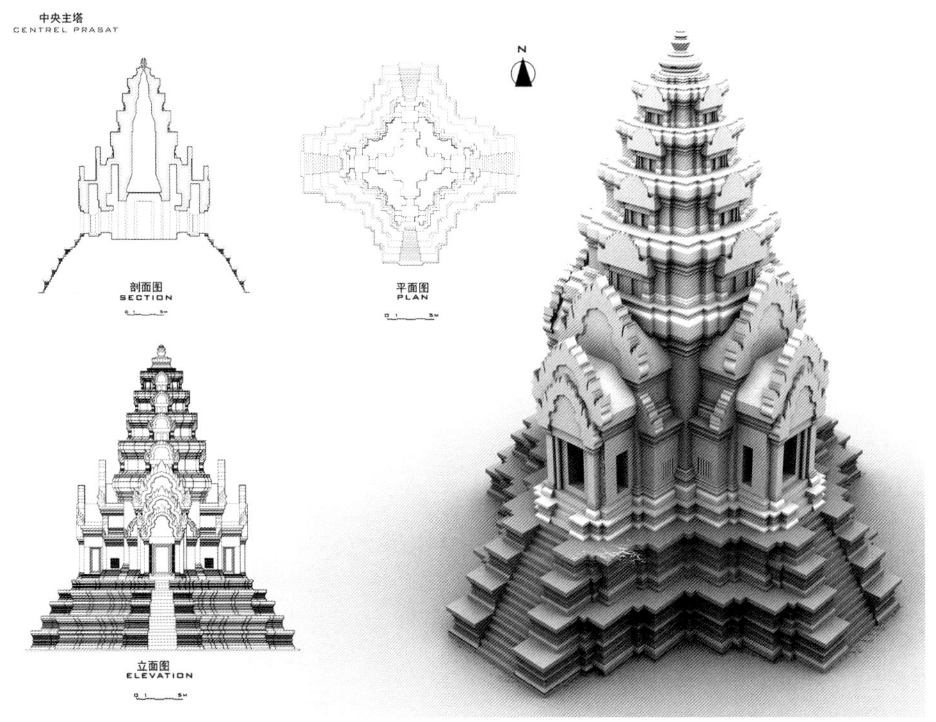

图 2-36　中央圣殿复原图

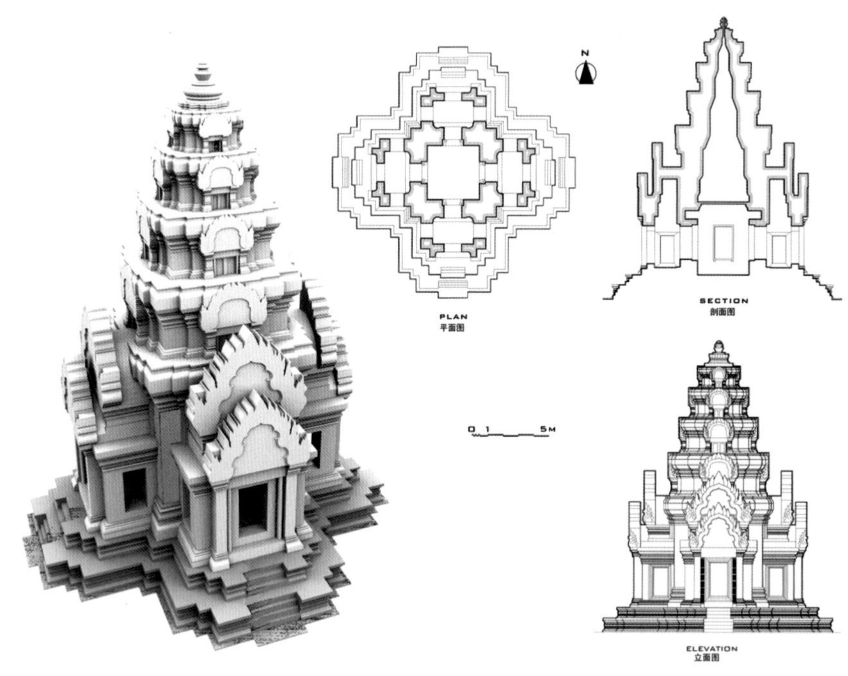

图 2-37　四角塔殿复原图

（二）塔门复原研究

1. 砖屋顶的确定

早期考古日志指出在茶胶寺周围以及水池的回填土中布满了大量的砖瓦碎片；拍摄的照片上也可观察到平台上散布着大量的碎砖。西外塔门、东内塔门、南内塔门、东内塔门及北内塔门五座塔门残存部分砖砌屋顶，也可以推断其他塔门也应该为砖屋顶。

山花背面有砖尺度的刻痕及刻槽，这些刻痕及刻槽不仅可使石材与砖屋顶更好地连接，也可防止雨水的渗入。

2. 端头瓦的确定

东内塔门等侧室檐口与中厅墙体相交处，有雕刻出的与中厅墙体连为一体的小段端头瓦。北外门外地面上有 1m 多长的 L 形散落构件，尺寸大小符合檐口端头瓦。且其他地方也多有发现。而且侧室、旁门的檐口顶部有长段的浅槽，可固定端头瓦。茶胶寺长厅与回廊上均有端头瓦存在，且三种端头瓦形式不同。

3. 山花的确定

根据统计数据可得出山花高宽比基本相同，因此采用雕刻完整，保存较好，易于测量的东外塔门外拼好山花作为标准山花。

在东外塔门外平台上有一拼好的雕刻完整的山花，根据其底边宽稍大于东外门前厅两壁柱跨度，因此可以确定此山花是东外塔门前厅最外层山花。

在前后厅檐口上建有鼓座，端头仍建有山花，用于封堵前后厅屋顶端口，但两山花间存在宽 300mm 的空间，这种形式在大部分寺庙是不存在的，但在女王宫找到了实例。

在东外塔门后厅鼓座端头残留有砖块，因此此空间的填充物或许为砖，但不能肯定。这种形式的山花，即双层山花间或山花与中厅墙体间留有空间的做法，在茶胶寺其他塔门也有所发现。

4. 山墙双层山花的确定

塔门的旁门山墙为假门，可以肯定有壁柱支撑着山花，但旁门檐口上有无山花可以从以下方面论证。

实例：皇宫塔门与茶胶寺基本同期，其山墙也是假门，为双层山花；周萨神庙塔门山墙不再是假门，原因可能是因为假门会被围墙掩盖，故不再做假门，但其山墙也是双层山花。

散落构件：东外塔门外左右两侧各有一块局部雕有山花的石块，呈对称形状，可以确认为东外塔门旁门掉落。

在一层基台南外塔门处，有一双层山花且其背后雕有砖槽的散落构件，砖槽及尺寸大小可以确定其为南外塔门旁门山墙处山花。因此，外塔门旁门山墙应为双层山花。

5. 内塔门第二假层的复原

从透视效果上分析，为取得高耸的形象效果，南内塔门、北内塔门上应建有第二假层。在一层基台南内塔门的西侧散落堆放着很多统一规格的长条形石块，此与假层采取丁头冲外的砌筑方式相吻合，且表面存在符合假层的雕刻。

高度的确定：在外塔门中第一假层与第二假层的比例均相同，都为 0. 4884，由此推断内塔门假层比例也应该相同，量取东内塔门、西内塔门假层高度，其比例均为 0. 6971，进一步印证了内塔门假层比例可能相同的假设。于是根据东内塔门、西内塔门假层比例来推断南内塔门、北内塔门假层比例。另外，南外塔门、北外塔门两塔门的假层比例高度都相同，即南内塔门、北内塔门也应该同。

线脚的确定：各内塔门的线脚元素应该相同，根据东内塔门下假层线脚与上假层线脚关系，可与南内塔门对比，取东内塔门上假层线脚，墙基不变，其余部分按比例缩小即可。

茶胶寺塔门复原典型建筑形制特征组成如图 2-38 所示，各塔门复原图如图 2-38 ~ 图 2-43 所示。

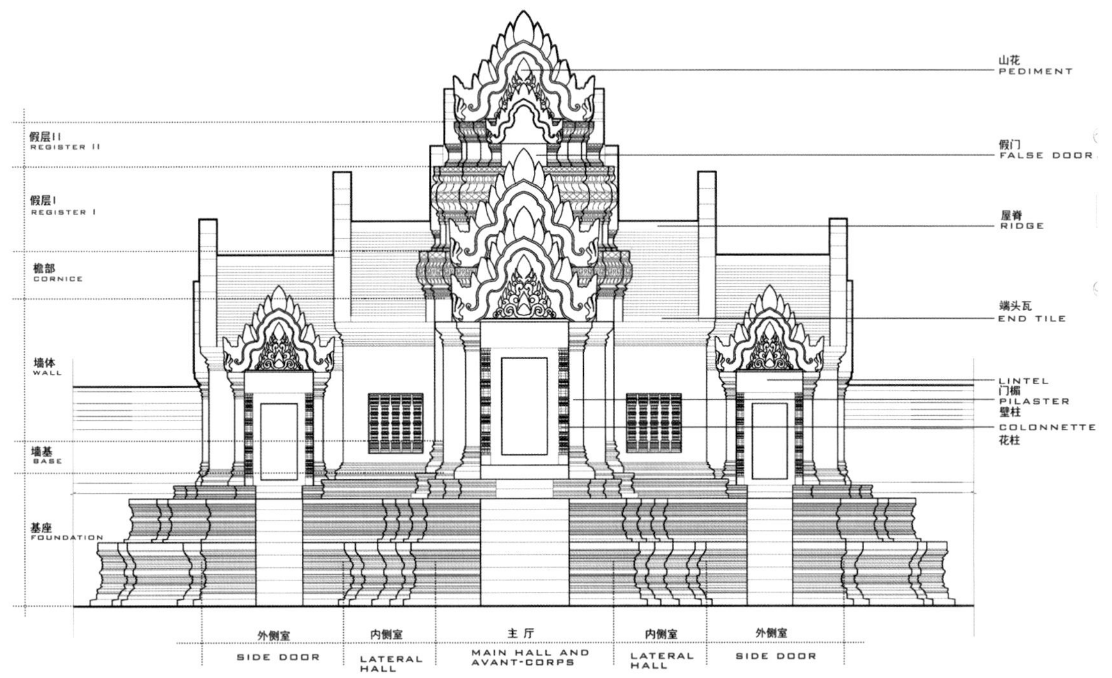

图 2-38　茶胶寺塔门典型建筑形制特征

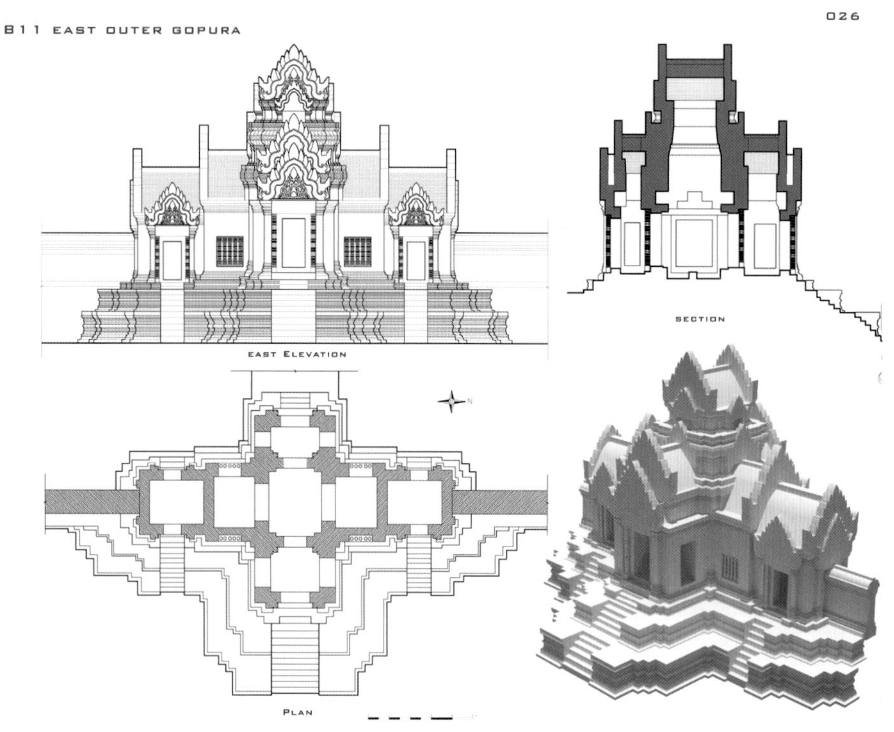

图 2-39　东外塔门复原图

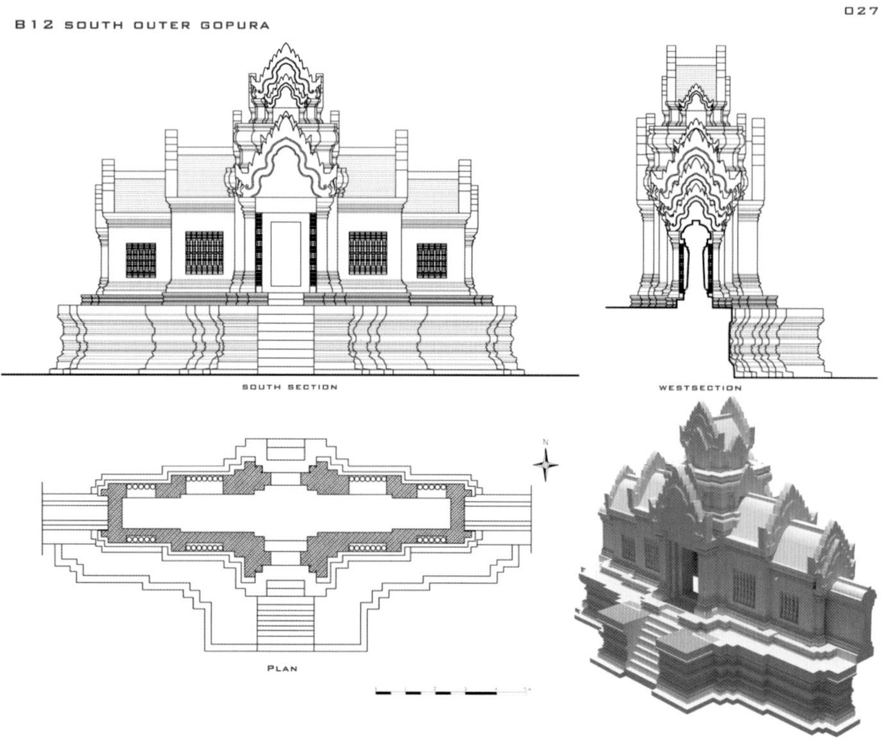

图 2-40　南外塔门复原图

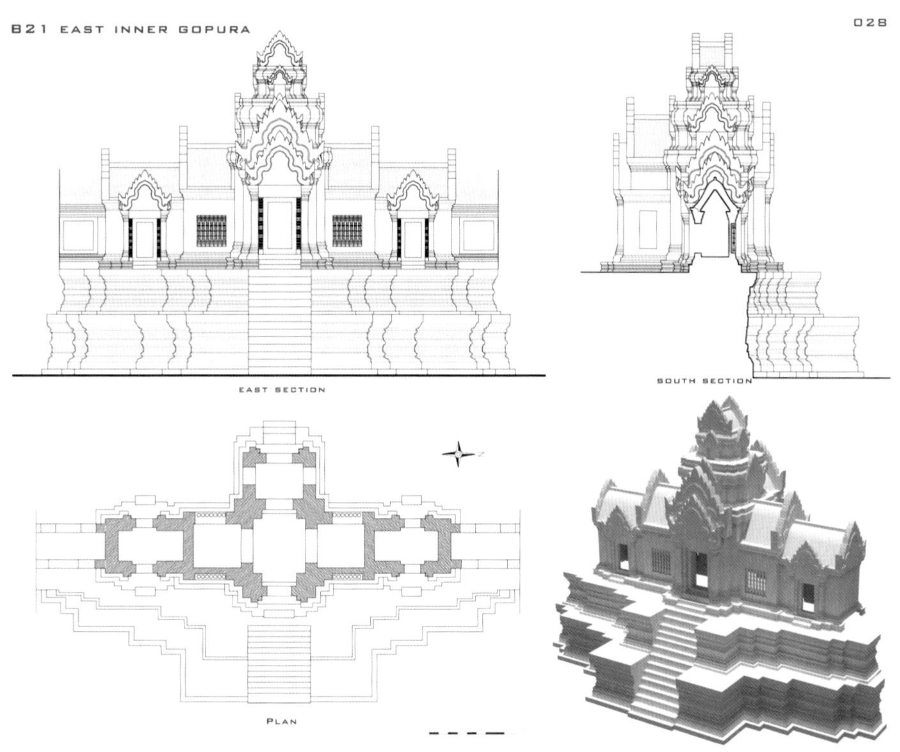

图 2-41　东内塔门复原图

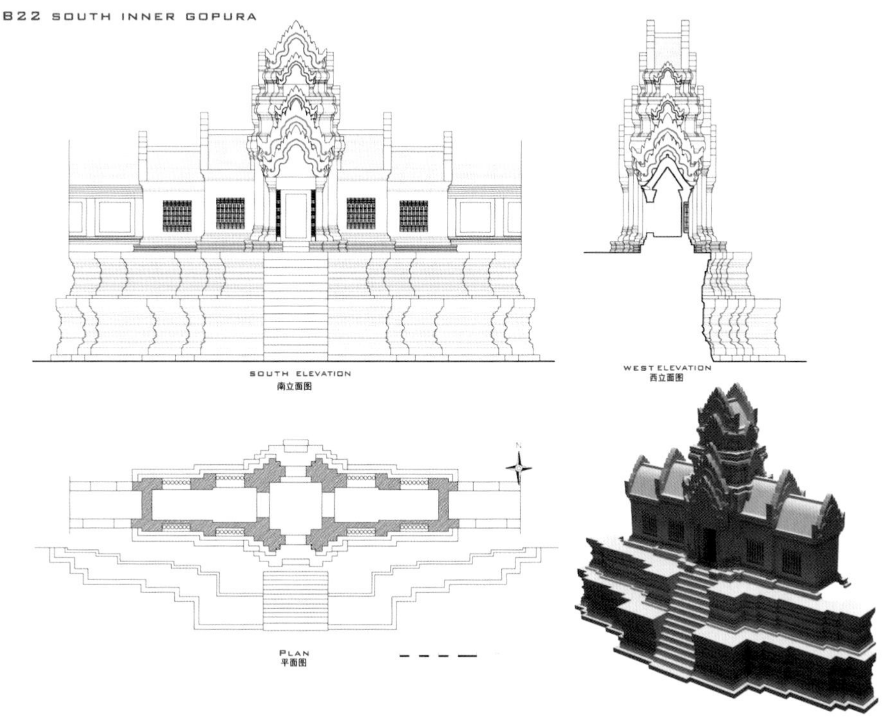

图 2-42　南内塔门复原图

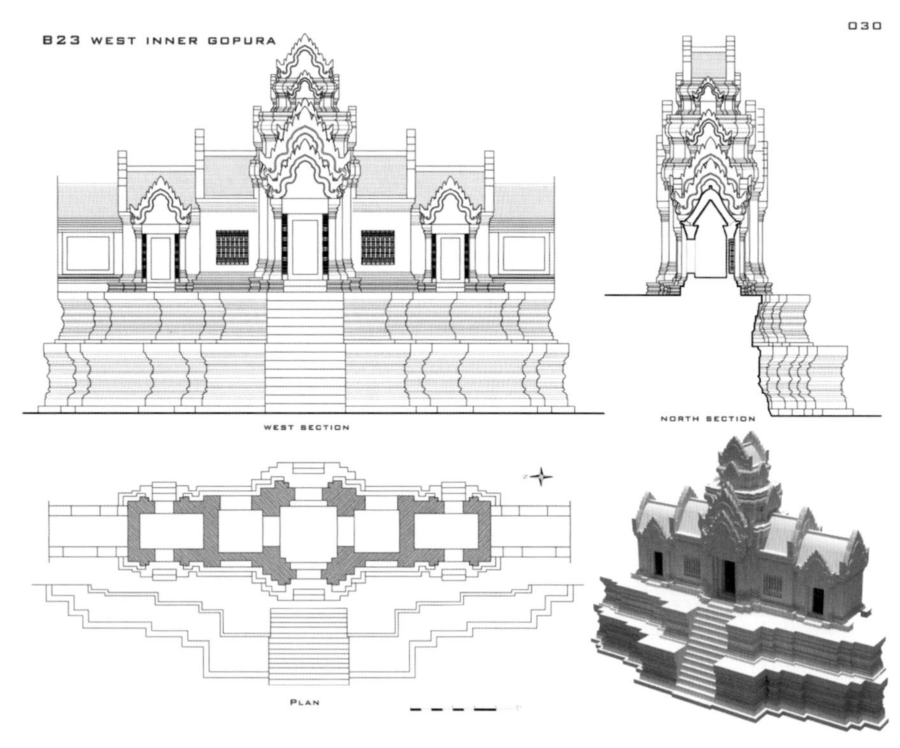

图2-43　西内塔门复原图

（三）附属建筑物的复原研究（长厅、藏经阁、回廊、角楼）

1. 砖屋顶的确定

资料：考古日志指出在茶胶寺周围以及水池的回填土中布满了大量的砖瓦碎片；拍摄的照片上也可观察到平台上散布着大量的碎砖。

残存：在内外长厅上残存山花，其上带有木榫槽，可判断为木构架屋顶。在西外门北侧与回廊相接处掉落山花下压有少量砖遗迹，可大概判断为砖叠涩屋顶。在西北角塔外一层平基台上散落角塔屋顶宝珠，可确定顶层角塔直径。

大量黏土砖尺寸大小的刻痕及刻槽：这些刻痕及刻槽不仅可使石材与砖屋顶更好地连接，也可阻止雨水的渗入。同时，砖的高度和出挑尺寸均来源于东外门屋顶砖叠涩的实测数据。

2. 端头瓦的确定

对于长厅建筑，由于有两种端头瓦的存在，在设计中对其提出了多种复原设计模型，后经尺寸上的判断和比较，确定了两层端头瓦的结构形态。

对于回廊建筑，由于其端头瓦尚存于檐口之上，复原可照实测情况来进行。

对于藏经阁建筑，由于是否有端头瓦和其形态特征及尺寸均为未知，故对其的复原依靠对同期建筑女王宫藏经阁的模仿进行。

3. 山花的确定

根据统计数据可得出山花高宽比基本相同，因此采用雕刻完整，保存较好，易于测量的东外门外拼好山花作为标准山花。同时，根据大量的散落构件的测量数据，我们确定了山花的高度和宽度的比值为一个固定的数值，从而为后期大量散落山花的复原提供了辅助。

4. 长厅木构架的确定

杜马西对清理时发现的屋顶散落瓦块和檩条的尺寸有着详细的记录，此次复原设计中，所有木构件的尺寸都是根据其记录进行设计。

对于木梁架的断面尺寸，则是根据现存的山花上木榫槽的尺寸进行确定。对于端头瓦的构架方式，根据其可能的形态提出多种假设，最终通过数据比较的方法，确定出可能的形态。

5. 角楼

茶胶寺庙山第二层基台的转角分别建造了角楼一座，各角楼的第一级假层以上及坍塌部分均已经不存在，由于角楼塌落部分大部分均保存于周边，可根据散落的石构件的形式特征等进行试装配再进行复原设计。

附属建筑长厅典型建筑结构复原图如图2-44、图2-45所示，藏经阁典型建筑结构复原图如图2-46所示。

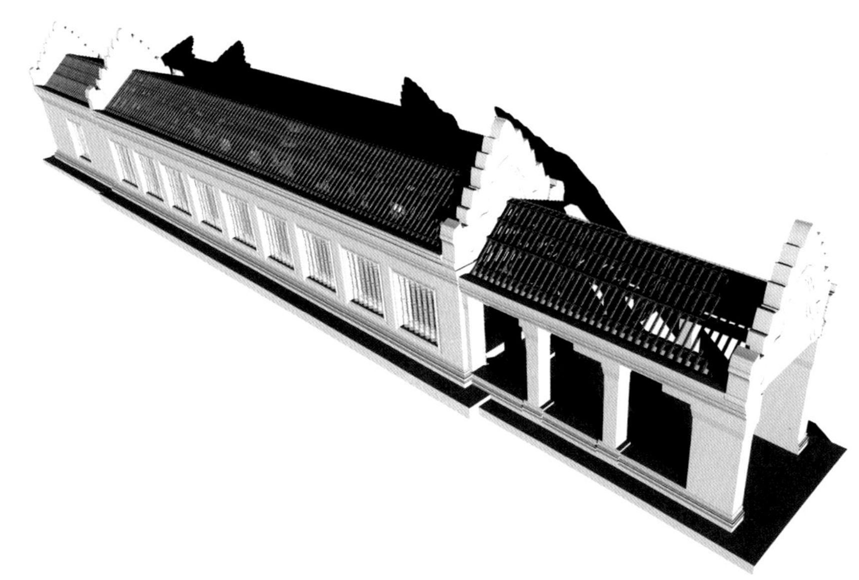

图2-44 北外长厅复原图

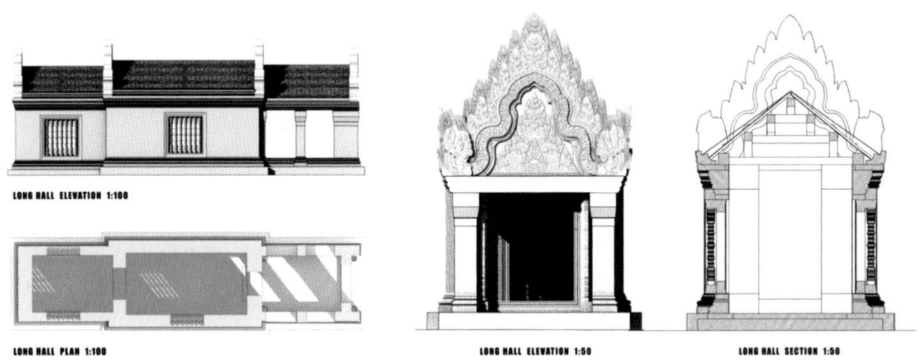

图2-45 北内长厅复原图

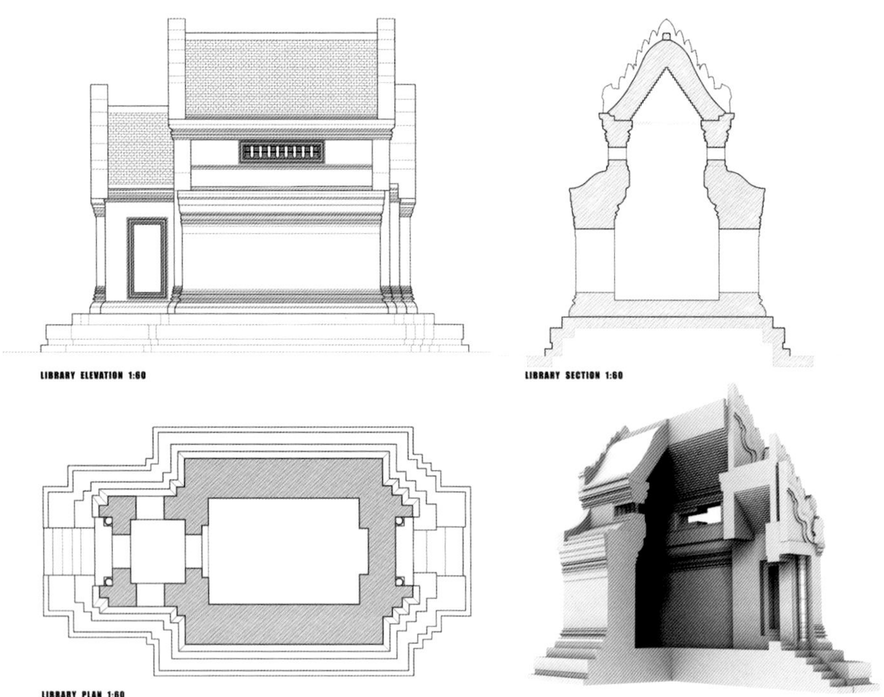

图 2-46　北藏经阁复原图

第三章 保存现状调查与评估

对茶胶寺保存现状进行调查及评估是为了解茶胶寺遗址当前所存在病害、险情，进一步分析其病害形成原因，为茶胶寺的修复工程设计提供科学依据。茶胶寺保存现状调查主要包括自然环境特征、岩土工程地质条件、石材特性、病害种类及其发育程度等几方面，以下分别对各项调查及其成果进行阐述。

第一节 自然环境特征调查

茶胶寺石材风化破坏及结构的变性破坏与自然环境影响因素紧密相关，为便于查明茶胶寺遗址区自然环境特征，收集统计了遗址区近些年的气象环境资料并于茶胶寺三层基台上设立了环境监测气象站，对茶胶寺遗址区的自然环境因素进行监测调查，为后期石刻及建筑本体结构病害的治理及保护提供基础数据与科学依据。

一 遗址区地形地貌特征

茶胶寺所在吴哥遗址区除西南侧巴肯山地势较高外，总体地势平坦开阔，相对高程为91.73～92.38m，属于冲洪积平原地貌。

二 气候特征

（一）降雨

据1988～2010年的降雨资料显示，遗址区每年雨季和旱季交替出现。从图3-1可以看出，雨季为5月至10月，月均降雨量155.5～300.8mm不等，雨季月平均降雨量为219.6mm；旱季为11月至次年4月，月均降雨量从5.3～58.1mm不等，旱季月平均降雨量为24.1mm。

本地区年降雨量较大，2006年年降雨量最小，为1141.4mm，1995年年降雨量最大，为1766.4mm，1988～2010年年均总降雨量为1461.9mm，属于雨水极为充沛地区，见图3-2。

不同年份的日最大降雨量也不尽相同，1988～2010年单日最大降雨量为198mm（2009年9月29日），年单日最大降雨量见图3-3所示。

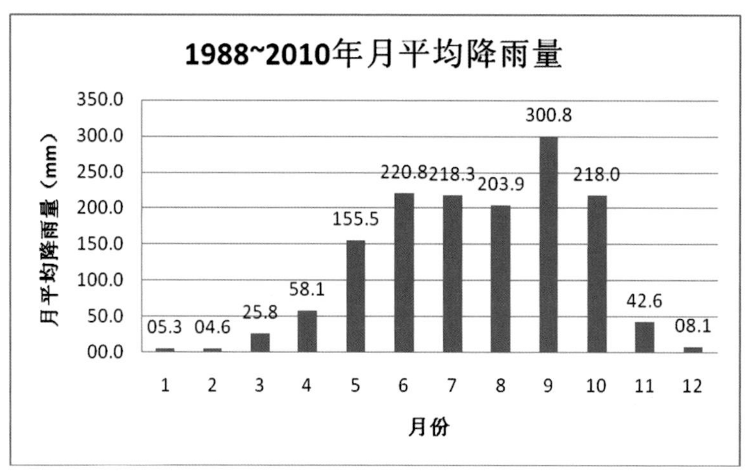

图3-1　月平均降雨量直方图

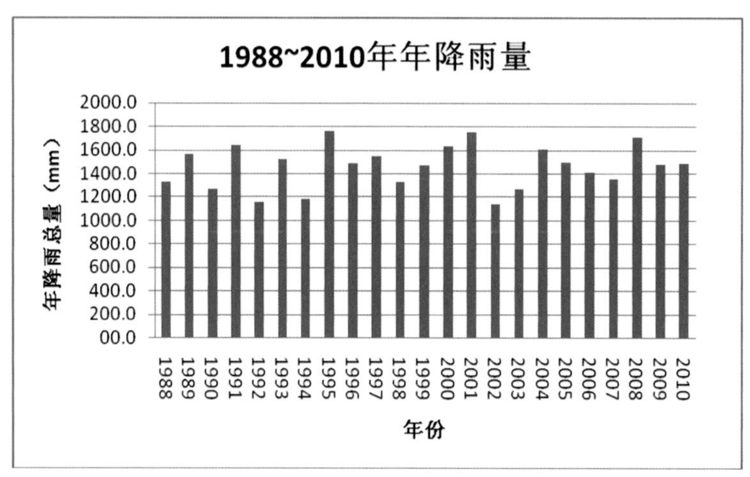

图3-2　年降雨总量直方图

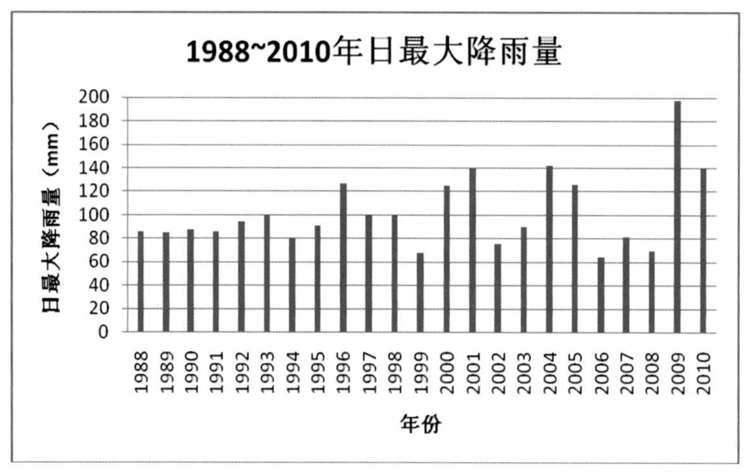

图3-3　日最大降雨量直方图

（二）风

根据1989～1994年的记录，雨季的风比旱季的风更强一些，尽管平均月风速均小于5m/s，但极大风速一般在20m/s，最高可达40m/s。雨季的优势风为西风，旱季的优势风是东风。

（三）温度

根据1989～1994年的记录，该区全年温度变化不大，月均最大温度为4月份38.8℃到10月份32℃，最小温度为12月份16℃到5月份23.6℃。

从以上吴哥区的气候特征可以看出，按降雨量划分，全年基本上可以划分为旱季和雨季，如果考虑温度，还存在一个较冷的季节（11月至2月）作为以上两个季节的过渡期。旱季干燥炎热，雨季潮湿雨多而且伴随着大风。

第二节　岩土工程勘察

一　场地工程地质条件

（一）土层的岩性特征及其空间分布

岩土工程勘察深度范围内的地层上部为填土、下部为第四系上更新统的沙土，根据《柬埔寨吴哥遗址周萨神庙岩土工程勘察报告》下伏基岩埋深80m左右。综合考虑时代成因、岩性特征与物理力学性质等诸多因素，将茶胶寺岩土工程勘察深度范围内的地层划分为4个工程地质主层，1个工程地质亚层。空间分布和层位关系见工程地质剖面图3-4至图3-8所示，其岩性特征见表3-1。

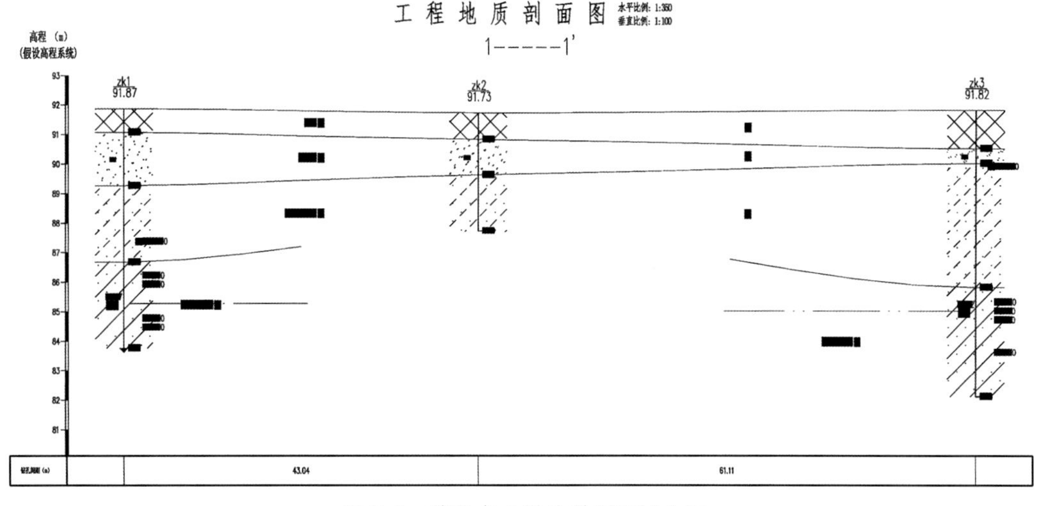

图3-4　茶胶寺工程地质剖面图1-1′

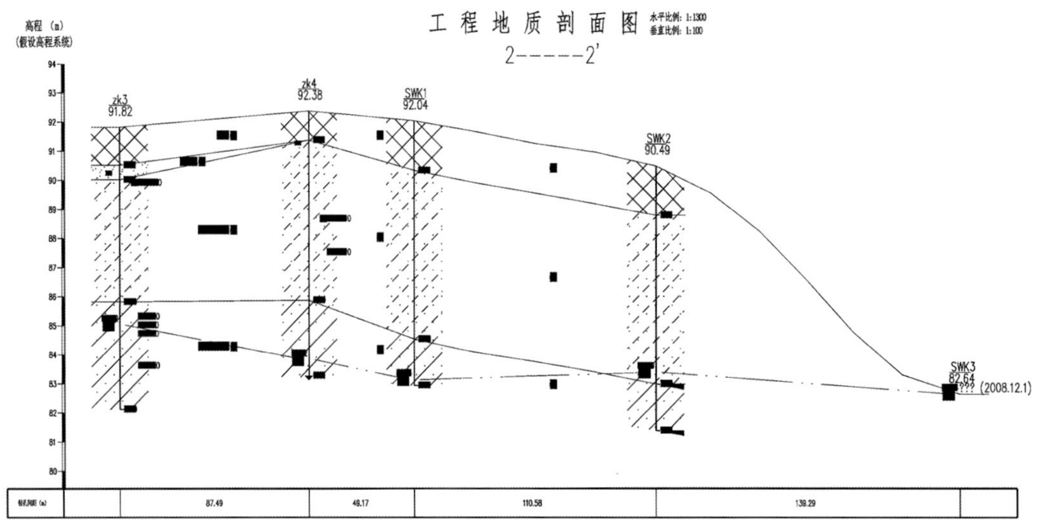

图 3-5　茶胶寺工程地质剖面图 2-2′

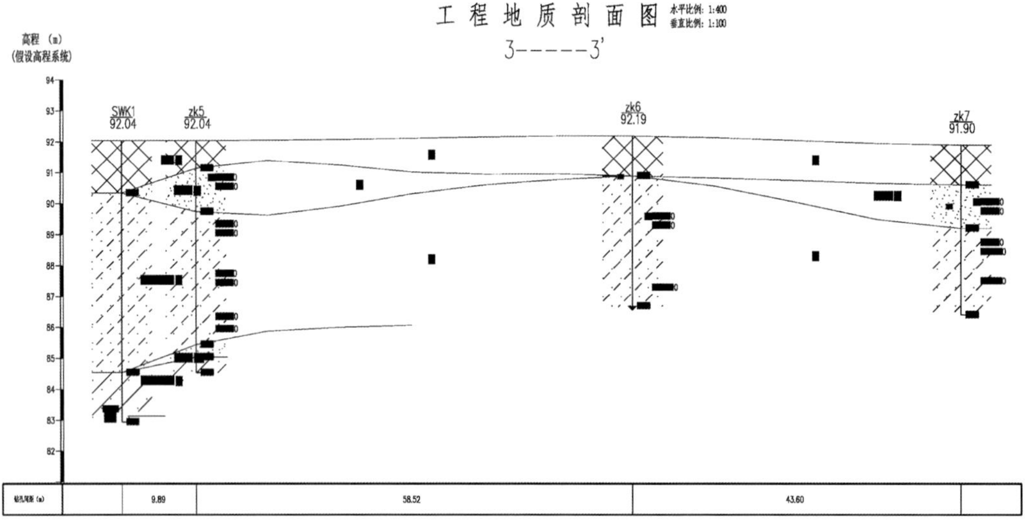

图 3-6　茶胶寺工程地质剖面图 3-3′

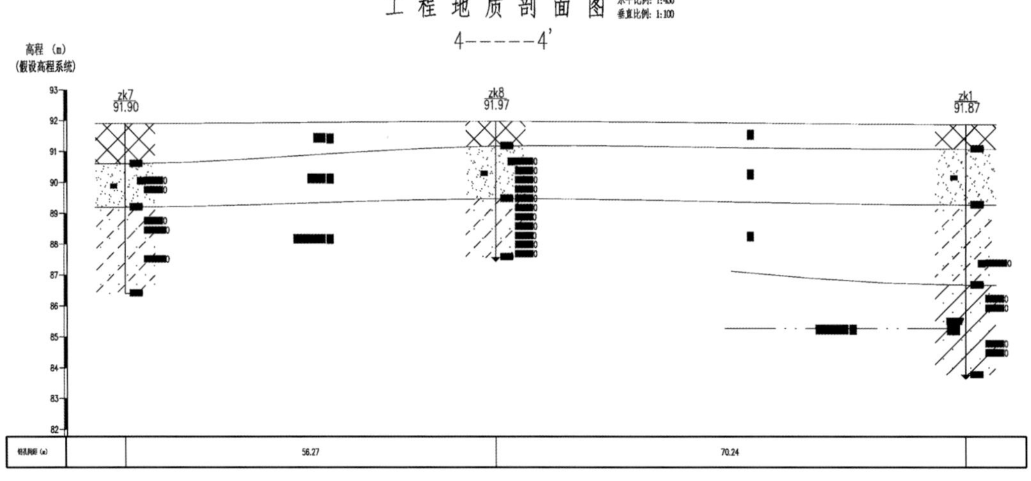

图 3-7　茶胶寺工程地质剖面图 4-4′

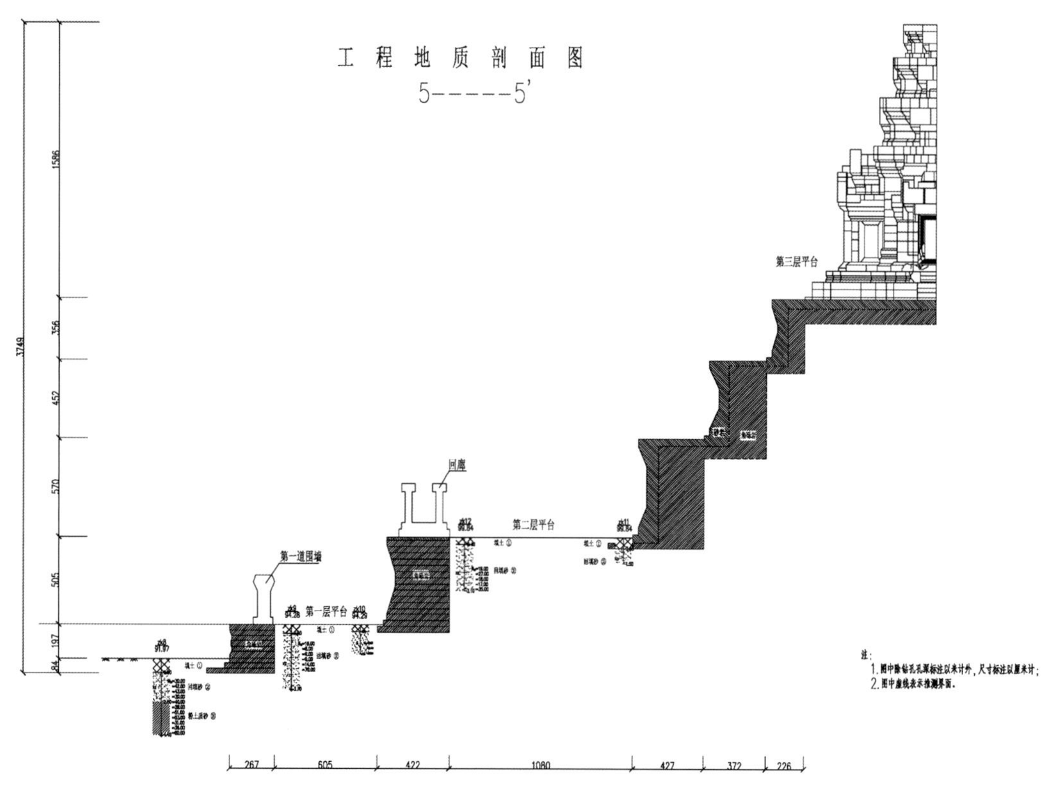

图 3-8　茶胶寺工程地质剖面图 5-5′

表 3-1　地基土层的岩性特征

地层编号	地层名称	湿度	状态	密实度	其他性状描述
①	填土	湿		稍密	杂色；以粉细砂为主，含黏性土块，砖块
②	回填砂	稍湿		中密	褐黄色；以石英、长石为主，含少量黏性土、砾石及砂岩碎石，碎石粒径最大可达 10cm
③	粉土质砂	稍湿		密实	褐黄色夹灰白色；沙土以石英、长石为主，含少量黏性土
$③_1$	细中砂	很湿		中密	褐黄色，夹黏性土条带薄层
④	黏土质砂	很湿	可塑—硬塑	密实	褐黄—灰白；沙土以石英、长石为主，黏性土含量较高，黏性土呈可塑—硬塑状态，局部含红色黏性土块，夹细中砂薄层。

（二）地基土层的物理力学指标统计

地基土层的物理力学指标主要根据原位测试和土工试验成果获得，详见“三　场区岩土工程分析与评价”中的表 3-4、表 3-5。

二　场地水文地质条件

（一）地下水的类型和埋藏条件

在本次岩土工程勘察期间，地下水位埋深为6.6～8.9m，标高83.14～85.27m，属于潜水，含水层为第④层黏土质砂。勘察期间，测得暹粒河河水位为82.64m，由工程地质剖面图2－2′可以看出，潜水面逐渐向暹粒河倾斜，表明在勘察期间地下水和暹粒河的水力联系是地下水补给暹粒河。据常年观测，暹粒河河水在雨季，水流量大时，河水水位会比目前水位抬高3～4m，因此在雨季，地下水位会有一定程度的抬升，第③层粉土质砂也会成为含水层。本次工作在第③层粉土质砂中取了两个土样做了渗透性试验，垂直渗透系数为5.11E－04cm/s及5.14E－04cm/s，渗透性介于粉土和粉砂之间。

（二）地下水的腐蚀性

本次勘察在SWK2号孔采集地下水水样，在暹粒河取河水水样进行水质分析试验，水质分析成果见表3-2、表3-3所示。

表3-2　地下水腐蚀性检测成果表

检测项目	每升水中含量	
	毫克（mg）	毫摩尔（mmol）
PH	（7.44）	
$Na^{+}+K^{+}$	7.24	0.289
NH_4^{+}	0.55	0.030
Ca^{2+}	0.92	0.023
Mg^{2+}	0.56	0.023
Cl^{-}	5.06	0.143
SO_4^{2-}	2.97	0.031
HCO_3^{-}	12.52	0.205
CO_3^{2-}	0.00	0.000
OH^{-}	—	—
NO_3^{-}	0.13	0.002
侵蚀性 CO_2	4.51	0.205
游离 CO_2	49.50	
总矿化度	29.95	

表 3-3　河水腐蚀性检测成果表

检测项目	每升水中含量	
	毫克（mg）	毫摩尔（mmol）
PH	(7.51)	
$Na^{+}+K^{+}$	5.83	0.233
NH_4^{+}	0.24	0.013
Ca^{2+}	0.92	0.023
Mg^{2+}	0.56	0.023
$C1^{-}$	4.22	0.119
SO_4^{2-}	2.97	0.031
HCO_3^{-}	9.39	0.154
CO_3^{2-}	0.00	0.000
OH^{-}	—	—
NO_3^{-}	0.26	0.004
侵蚀性 CO_2	6.77	0.38
游离 CO_2	11.00	
总矿化度	24.39	

按照《岩土工程勘察规范》（GB50021－2001）第 12.2 条，综合判定：地下水及暹粒河河水对混凝土结构及钢筋混凝土结构中的钢筋无腐蚀性，对钢结构有弱腐蚀性。

三　场区岩土工程分析与评价

（一）场地的稳定性

根据场区的地形地貌、地基土层的岩性特征以及区域地质资料，综合判定：拟建场区不存在岩溶、滑坡、危岩、崩塌、泥石流以及活动断裂等不良地质作用，场地稳定。按照《建筑抗震设计规范》（GB 50011—2001）第 4.1.1 条规定，综合判定：以工程建设性标准划分，场区的地段类别属于可进行建设的一般场地。

（二）地基土层及回填土的物理力学性质

场区岩土工程勘察工作采用原位测试、室内试验和工程物探等多种勘察手段结合现场鉴定综合确定地基土层及回填土的物理力学性质。

1. 原位测试

原位测试详细数据见工程地质剖面图，根据原位测试资料，按层统计测试数据，综合考虑圆锥动力触探、静力触探以及微型贯入等测试方法，确定的地基承载力值见表 3-4。

表 3-4　原位测试成果表

地层编号	地层名称	原位测试成果			地基承载力（KPa）
		圆锥动力触探（击）	静力触探 Ps（MPa）	微型贯入（Pta）	
①	填土		1.89		
②	回填砂	26.6	10.66		200
③	粉土质砂	61.5	7.28	11	210
$③_1$	细中砂		9		230
④	黏土质砂	41.8	4.3		180

2. 室内试验

现场取原状样及扰动样，进行室内土工试验分析，由于条件限制，只取到了第③层粉土质砂的原状，其余地层的土样均为扰动样，扰动样做室内定名，实验项目主要为颗分及液塑限试验，原状样实验项目包括常规试验、压缩试验、高压固结试验、直剪试验及渗透试验，试验数据见土工试验成果报告表。物理力学参数根据室内试验，原位测试及现场鉴别综合考虑确定，建议值见表 3-5。

表 3-5　物理力学参数建议值表

地层编号	地层名称	天然密度 ρ（g/cm^3）	黏聚力 C（KPa）	摩擦角 φ（度）	压缩模量 E_S（0.1～0.2）（MPa）
①	填土				
②	回填砂		0	30*	
③	粉土质砂	1.9	3.2	25	3.5
$③_1$	细中砂		0	30*	
④	黏土质砂	1.95	12	25	

注：1. 表中带“*”号的为经验数据；
2. 由于土样受扰动而使得第③层砂的压缩模量试验数据偏小。

岩土取样在 T2 探槽中，取两样做高压固结试验，由高压固结试验得出，粉土质砂的先期固结压力大于上覆压力，固结比大于 1，为超固结土。可能由于当初修建茶胶寺时在周边堆放建筑材料，而导致先期固结压力大于上覆压力的缘故。

取茶胶寺内回填砂做室内击实试验得出，回填砂的最大干密度为 1.9g/cm^3，最优含水量为 8.4%。

在第③层粉土质砂中选取 3 个样品进行扫描电镜和 X 射线衍射试验，扫描电镜成果见图 3-9 所示。可以得出：土样主要成分为石英，样品较疏松，连通好，石英颗粒磨圆好，分选差，石英颗粒间由絮状蒙脱石和丝状伊利石充填。

图 3-9　扫描电镜照片

根据全岩 X 射线衍射试验，土样中矿物颗粒主要为石英及黏土矿物，黏土矿物含量占 5% ~9%，黏土矿物主要由伊蒙混层矿物及高岭石组成，伊蒙混层矿物占黏土矿物成分的 31% ~35%，混层比为 0.65 ~0.7。全岩 X 射线衍射及黏土 X 射线衍射能谱图见图 3-10 所示。

3. 工程物探

场地进行的工程物探主要包括面波测试及高密度电法测试，在茶胶寺周边及茶胶寺上共布置了 7 条面波剖面，在茶胶寺东侧布置高密度电法剖面一道，具体位置见工程地质平面图图 3-11 所示。

工程面波频散曲线图见图 3-12 所示，由频散曲线可以看出地基土层的剪切波速主要分布在 250m/s ~500m/s，属于中硬土，而茶胶寺上部回填砂的剪切波速基本处于 200m/s ~300m/s 之间，可见回填砂密实性不是很好。

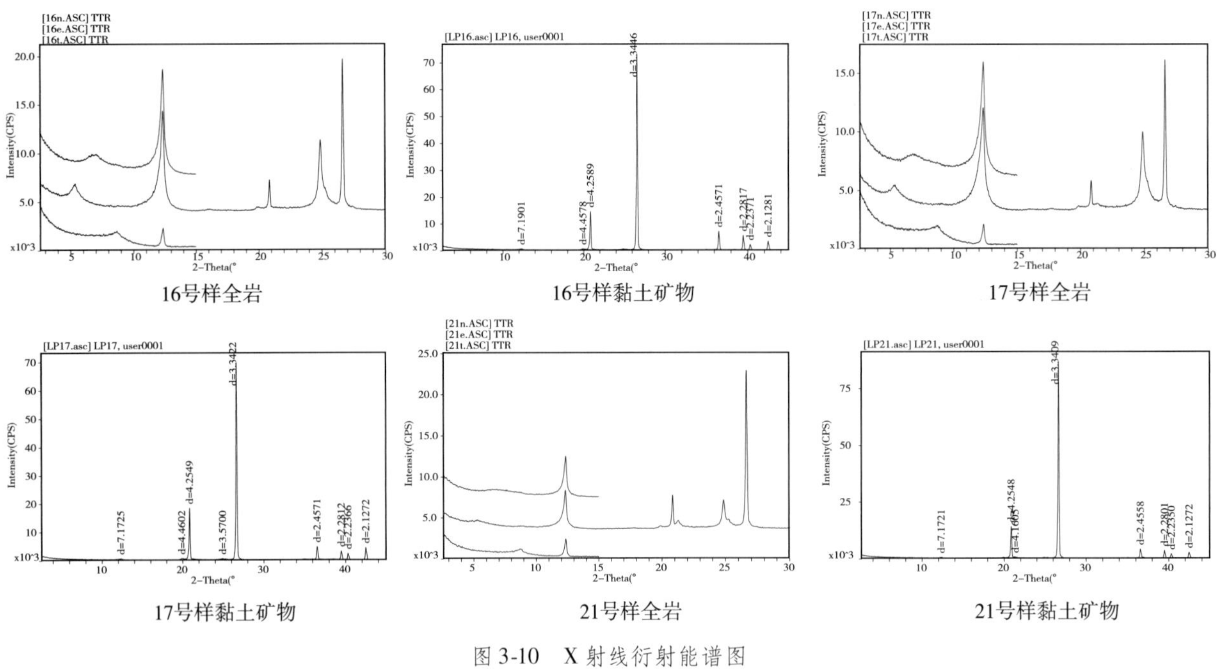

图 3-10　X 射线衍射能谱图

图 3-11　场区物探测试平面布设图

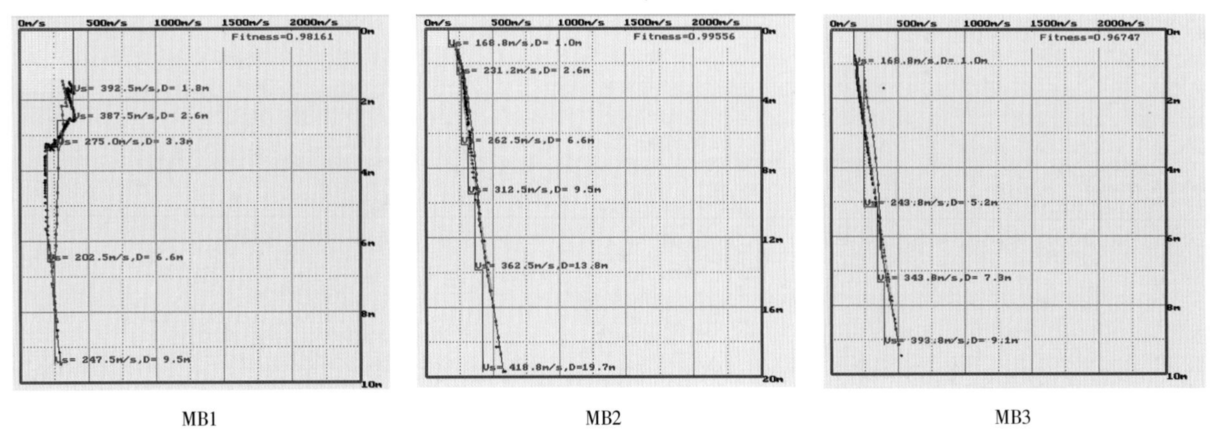

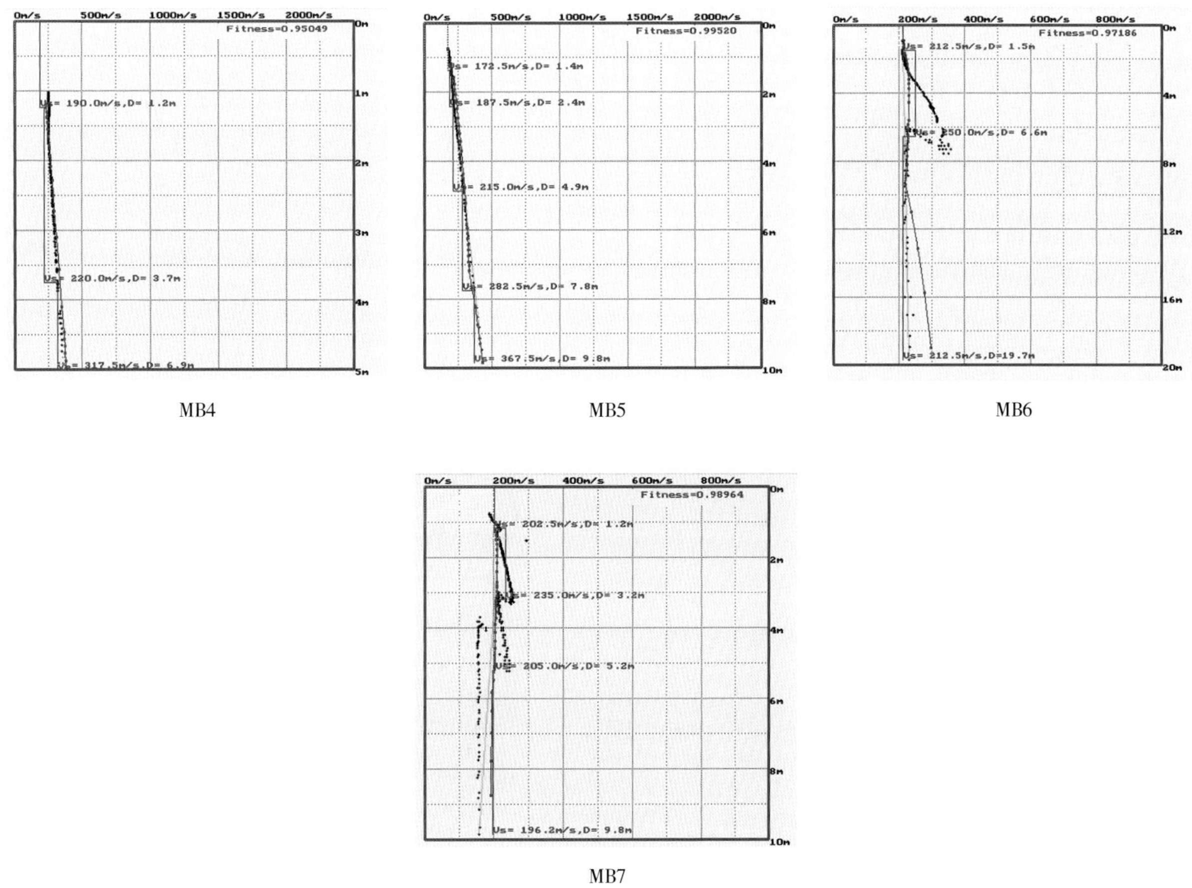

图 3-12　面波频散曲线图

高密度电法测量成果图见图 3-13 所示，由图可以看出，在 6～8m 左右的视电阻率变化较明显，反映该深度地层含水量变化较大，说明地下水埋深在 6～8m，与现场实际钻孔揭示的地下水位结果吻合。

标题区：GeoPen-EMS 电法资料解释处理系统

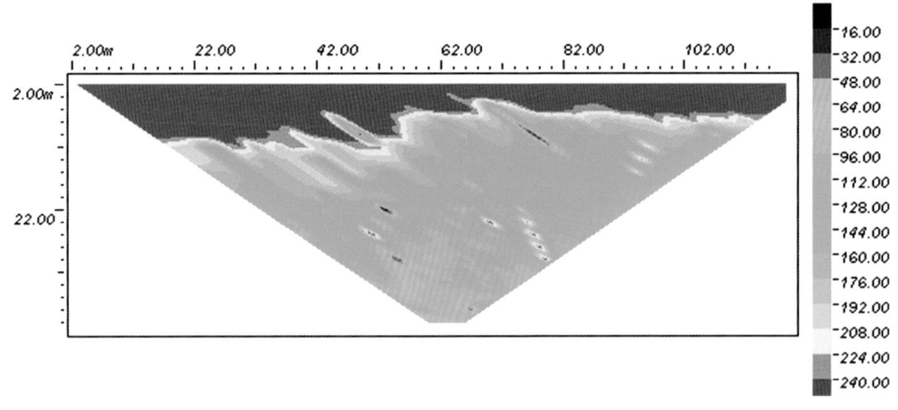

图 3-13　高密度电法测量成果图

（三）场地的地震效应

1. 场地土类型与建筑场地类别

按照《建筑抗震设计规范》（GB 50011—2001）第 4.1.5 条规定，结合地面下 20m 范围内地基土层的名称和性状，土层的等效剪切波速范围属于 500m/s ≥ vse > 250m/s。按照《建筑抗震设计规范》（GB 50011—2001）第 4.1.3 条规定判定：场地土类型为中硬土。根据《柬埔寨吴哥遗址周萨神庙岩土工程勘察报告》下伏基岩埋深 80m 左右。根据土层的等效剪切波速度和场地的覆盖层厚度，按照《建筑抗震设计规范》（GB 50011—2001）第 4.1.6 条规定判定：建筑场地类别为Ⅱ类。

2. 地震液化

根据钻孔资料揭示的地层岩性，场区内地层黏粒含量较高，不存在可能液化的地层，因而不存在地震液化问题。

四　结论

1. 茶胶寺遗址区未发现不良地质作用，场地稳定。

2. 茶胶寺遗址区地形基本平坦，整体处于冲洪积地层之上。

3. 勘察深度范围内的地层上部为填土、人工回填土，下部为第四纪沉积土，主要为粉土质砂及黏土质砂；主要地层的层位分布比较稳定，建筑物基础底面位于同一地质单元同一成因年代的土层上，地基持力层土层分布均匀，属于均匀地基。

4. 调查期间，地下水位埋深 6.6 ~ 8.9m，标高 83.14 ~ 85.27m，属于浅水；勘察期间，测得暹粒河河水位为 82.64m，地下水和暹粒河的水力联系是地下水补给暹粒河。地下水和暹粒河河水对混凝土结构及钢筋混凝土结构中的钢筋无腐蚀性，对钢结构有弱腐蚀性。

5. 场地土类型为中硬土，建筑场地类别为Ⅱ类，场区内的地层不存在地震液化问题。

6. 探明茶胶寺地基与基础建筑形制为：第一层须弥台基础坐落于由天然和人工回填组成的地基土之上，须弥台外部四周石墙由红色角砾岩块石砌筑，内部充填细中砂，顶面铺砌 1 ~ 2 层红色角砾岩条石，同时内部夯筑的细中砂层作为第二层须弥台的地基。第二层和第三层须弥台基础结构与第一层须弥台基础结构类似。第三层须弥台石砌墙体材料除角砾岩块石外，墙体外侧包砌一层砂岩块石。

7. 茶胶寺建筑本体的地基与基础变形破坏类型主要有角部沉陷倾斜、追踪张裂和地面隆起等整体变形破坏特征，还有角部坍塌、块石断裂、块石风化剥落、块石外移和倾斜等局部变形破坏特征。

8. 茶胶寺第一层基台和第二层基台的地基土承载力满足荷载要求。

第三节　石材性质分析

为了研究茶胶寺建筑石材的工程性质，本次工作在茶胶寺周边采取了 13 块岩样（其中 6 块角砾岩，7 块砂岩）进行室内试验分析。岩石试验内容包括常规物理试验、力学试验、水理试验及化分试验。常规物理试验主要包括岩石密度、岩石颗粒密度（比重）、孔隙率测试，力学试验包括岩石的劈裂试验、岩石单轴压缩及变形试验、岩石的三轴压缩及变形试验；水理试验主要包括天然含水率、自然吸水率试验、饱和吸水率、岩石的崩解试验；化分试验主要包括岩石的薄片鉴定及岩石的X射线衍射等。

一　石材性质专项试验研究

（一）常规物理试验成果

根据岩石物理力学试验结果，可知砂岩的天然密度为2.17～2.43g/cm^3，烘干密度为2.13～2.40g/cm^3，颗粒比重为2.67～2.68 g/cm^3，孔隙率为12.81～16.4；角砾岩的天然密度为1.92～2.34g/cm^3，烘干密度1.86～2.28 g/cm^3，颗粒比重为2.98～3.06g/cm^3，孔隙率为25.4～37.69。可以看出，砂岩的天然密度及烘干密度比角砾岩的要大，而角砾岩的颗粒比重及孔隙率比砂岩要大。

（二）力学试验成果

分析研究茶胶寺建筑石材的力学性质是本次工作的重点，通过对所取岩样进行劈裂试验、单轴压缩试验及三轴压缩试验。

1. 抗压性能

饱和单轴抗压试验得出，砂岩的饱和单轴抗压强度30.40～47.14MPa，属于较硬岩，新鲜砂岩的饱和单轴抗压强度和茶胶寺砂岩的饱和单轴抗压强度极为接近，可见砂岩风化系数较大，耐风化能力强；角砾岩的饱和单轴抗压强度为1.30～6.40MPa，属于极软岩—软岩，饱和单轴抗压强度较低，茶胶寺角砾岩的单轴抗压强度为1.3～1.59MPa，新鲜角砾岩的饱和单轴抗压强度为3.38～6.40MPa，茶胶寺的角砾岩饱和单轴抗压强度要远低于新鲜角砾岩，风化系数较小，约0.5左右，角砾岩的耐风化能力差。

2. 软化性能

烘干岩石进行单轴抗压试验得知，在烘干状态下，单轴抗压强度和弹性模量都有一定程度的提高，角砾岩的饱水软化系数为0.34～0.36，而砂岩的饱水软化系数为0.5～0.72，根据《岩土工程勘察规范》（GB 50021—2001），砂岩和角砾岩均为软化岩石，而角砾岩的软化性更强。

3. 抗拉性能

岩石进行劈裂试验得知，砂岩的抗拉强度为2.80～5.45MPa，约为饱和单轴抗压强度的1/10左右，而角砾岩的抗拉强度为0.39MPa或0.72MPa，约为饱和单轴抗压强度的1/5左右；砂岩的抗拉强度比角砾岩的抗拉强度高得多，约为角砾岩抗拉强度的10倍左右。

4. 抗剪性能

岩石进行三轴压缩试验后得知，砂岩的黏聚力为8.79～9.70MPa，摩擦角为35.81°～39.98°，角砾岩的黏聚力为1.04～2.80MPa，摩擦角为28.28°～30.30°，砂岩的抗剪强度要比角砾岩大很多。

（三）水理试验成果

1. 含水率及吸水率

岩石的水理试验结果显示，砂岩的天然含水率为 1.33% ~1.63%，自然吸水率为 4.06% ~6.00%，饱和吸水率为 4.64% ~9.67%，而角砾岩的天然含水率为 2.48% ~3.48%，自然吸水率为 7% ~11.62%，饱和吸水率为 8.07% ~12.15%。砂岩的天然含水率、自然吸水率及饱和吸水率均比角砾岩要低，主要是由于角砾岩孔隙率较大的缘故。从饱和吸水率来看，砂岩和角砾岩均不具膨胀性。

2. 崩解试验

对砂岩和角砾岩分别进行耐崩解性试验，得出砂岩和角砾岩的崩解指数分别为96.9 及92.8，均为不易崩解的岩石。

（四）化学分析试验成果

分别选取砂岩及角砾岩进行薄片鉴定及 X 射线衍射测试以了解岩石的内部结构和物质组成。

1. 薄片鉴定

对砂岩（NSS－1）和角砾岩（NLS－1）进行薄片鉴定，鉴定结果如下所示：

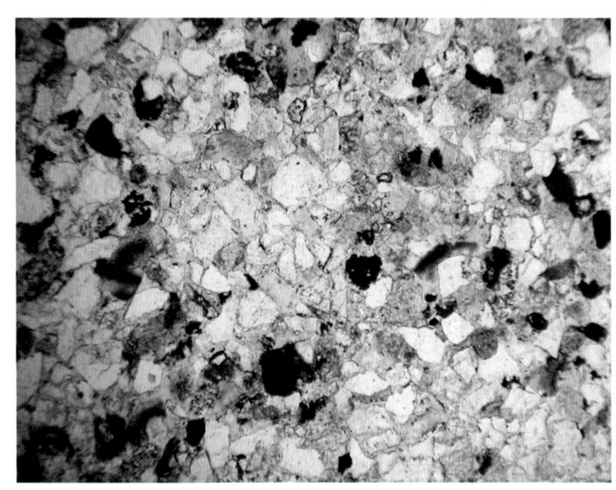

长石杂砂岩，4×10

上：单偏光（－）下：正交偏光（＋）

图 3-14　NSS－1（砂岩）薄片鉴定结果

镜下特征

（1）主要矿物

石英：中粒，浑圆状砂粒，颗粒大小0.05 ~0.5mm。单偏光镜下无色，表面干净，无解理；在正交偏光镜下，干涉色可达Ⅰ级灰白→Ⅰ级黄白，平行消光。含量大于60%。

钾长石：表面脏，多已蚀变为绢云母；颗粒大小0.05 ~0.3mm，含量约为15%。

斜长石：无色，表面局部蚀变；在正交偏光镜下，干涉色最高可达Ⅰ级灰→Ⅰ级黄白，聚片双晶明显。颗粒大小0.075 ~0.3mm，含量约为10%。

方解石：颗粒大小0.1 ~0.5mm，高级白、闪突起，含量为10%。

(2) 次要矿物

黑云母，绿泥石，小于5%。

(3) 岩石结构

沉积碎屑结构。碎屑成分主要是石英和长石，含少量方解石等，胶结物为硅质—钙质，还有少量褐铁矿化现象。

(4) 岩石定名

长石杂砂岩

镜下特征：

(1) 晶屑

石英：晶屑状，港湾状，大小0.05~0.5mm。单偏光镜下无色，表面干净，无解理；在正交偏光镜下，干涉色可达Ⅰ级灰白。含量大于25%。

长石：晶屑状，港湾状，颗粒大小0.05~0.5mm，表面脏，多已蚀变为绢云母；含量约为15%。

(2) 基质

火山玻璃质，部分褐铁矿化，少量绿泥石，小于5%。

(3) 岩石结构

晶屑结构、熔结凝灰结构。

(4) 岩石定名

含晶屑熔结凝灰角砾岩

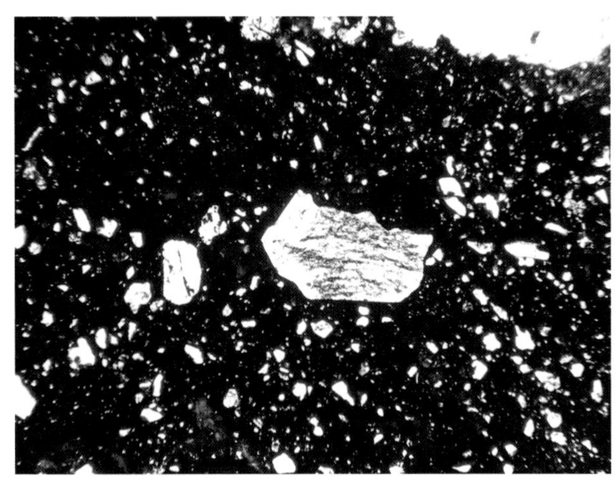

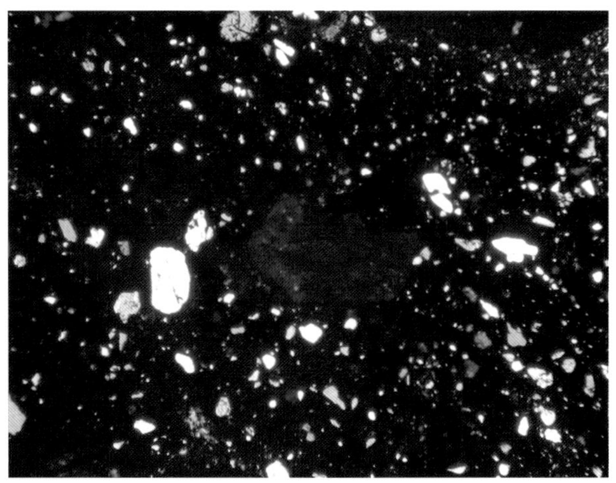

含晶屑熔结凝灰岩，4×10

上：单偏光（-），下：正交偏光（+）

图3-15　NLS-1（角砾岩）薄片鉴定结果

2. X射线衍射试验

对砂岩及角砾岩进行全岩的X关衍射及黏土矿物的X光衍射得出，砂岩的石英、长石含量较高，而角砾岩的黏土矿物含量较高，在黏土矿物中，砂岩的黏土矿物主要以绿泥石及绿蒙混层为主，而角砾岩则含大量的高岭石。

二　试验成果分析

通过以上分析，可以看出茶胶寺建筑石材的工程性质主要有以下几点：

1. 物理力学性质差异大

茶胶寺建筑石材由砂岩及角砾岩组成，然而两种石材的物理力学性质存在一定差异性，砂岩的天然密度大，单轴抗压强度、抗拉强度及抗剪强度均远远大于角砾岩，砂岩属于较硬岩，而角砾岩属于极软岩—软岩。

2. 风化差异性大

从上面的分析可以看出，砂岩的耐风化能力要远大于角砾岩，因此在对于茶胶寺，随着时间的推移，角砾岩由于风化而使得强度降低的速度远大于砂岩。

3. 软化性强

砂岩和角砾岩均为软化岩石，遇水饱和后，强度都不同程度有所降低，尤其是角砾岩的软化系数很小，遇水极易软化。

4. 耐崩解性强

砂岩和角砾岩均为不易崩解岩石，耐崩解能力强。

第四节　病害调查、成因分析与评估

茶胶寺采用砂岩与角砾岩作为主要建筑材料进行砌筑，上千年暴露于自然环境中，受自然环境的影响，石材表面及建筑结构产生了多种病害。茶胶寺存在病害类型主要包括两大类：一类为石材表面病害，一类为建筑结构病害。

一　石材表面风化破坏病害现状、成因及病害评估

（一）病害调查内容及方法

石材表面风化破坏病害主要研究对象为茶胶寺须弥台雕刻的风化破坏。茶胶寺砂岩雕刻由于历史年代久远及热带季风气候等环境因素影响，形成了表面粉化剥落、微生物病害、表面坑窝状溶蚀、风化裂隙、表层空鼓、局部缺失等。典型病害如图 3-16 所示。

砂岩表面雕刻病害调查选定二层须弥台东立面南端为病害调查工作区，现场将调查区划分为 34 个调查小区域，进行了详细的病害调查，如图 3-17 所示。病害调查完成了现场手绘病害图、病害类型和数量统计、计算机绘制病害图和现场无损检测等多项工作。

现场调查过程中，针对不同的病害类型进行了不同的符号标注，并对所调查立面各个区域用文字、照片和绘图等方式系统翔实地表现出病害特征，再汇总在 CAD 图内，显示病害的分布规律。

a. 表面层片状剥落

b. 浅层性裂隙

c. 表面粉化剥落

d. 鳞片状起翘与剥落

e. 微生物病害

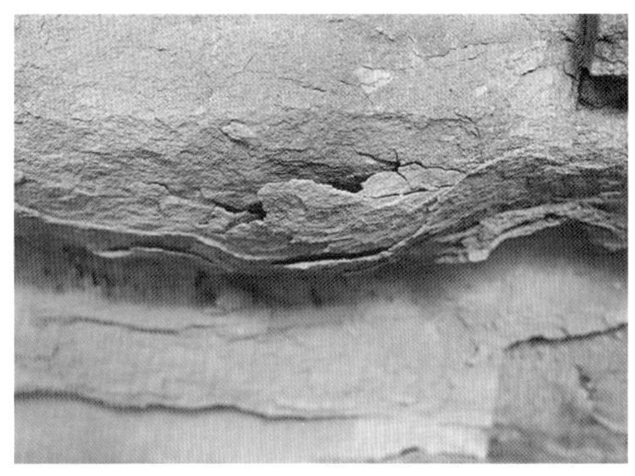

f. 表层空鼓

图 3-16　茶胶寺砂岩雕刻典型病害

图 3-17　调查区区域划分

病害调查以不同的英文字母和符号进行标注，病害类型和符号见表3-6。借鉴中国文物保护行标WW/T0002－2007《石质文物病害分类与图示》，选择确定病害图例标注如图3-18所示。

表3-6 病害类型符号

病害名称	代替符号	病害名称	代替符号	病害名称	代替符号
植物病害	Z	微生物病害	W	动物病害	A
残缺	C	表面粉化剥落	F	表层片状剥落	P
鳞片状起翘与剥落	L	表面溶蚀	R	机械裂隙	X
浅层性裂隙	Q	表层空鼓	G		

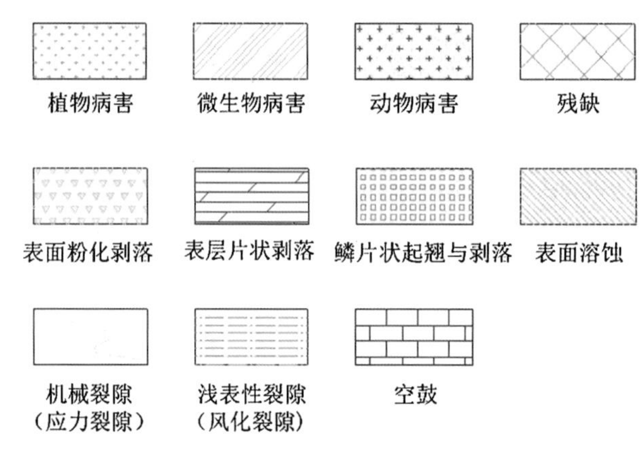

图3-18 石质病害图例

（二）病害成因分析

石材表面风化病害是多种因素共同作用的结果。从破坏的原因看，可以分为内因与外因。内因是石刻载体石材自身的组成与性质，外因是指环境因素。各种因素的影响分述如下：

1. 岩石特性

茶胶寺建筑材料以砂岩和角砾岩为主，石刻均雕凿于砂岩体上。砂岩是一种致密的沉积岩，其组成成分是圆状的石英颗粒，直径在0.1～1mm间。茶胶寺中所用的砂岩主要是长石砂岩和长石玄武岩。长石砂岩主要用于第一、二层台基的建筑以及须弥台的挡土墙上。长石玄武岩则主要运用于须弥台上的五座塔殿。相对于长石砂岩，长石玄武岩的空隙率较小，强度更大，保存状况也比较良好。长石砂岩和长石玄武岩主要是由石英、钾长石、斜长石、方解石、黑云母及绿泥石等组成。砂岩强度较高，空隙率较小，在恶劣的环境中仍然容易产生破坏。在热带季风气候环境中，典型的干湿季节交替使砂岩中的空隙不断缩胀并逐渐变大，从而使砂岩强度降低。

2. 环境因素

由于石刻处于自然环境中，各种自然因素都对石刻的风化有影响。根据对茶胶寺环境的调查，引起石刻风化的主要环境因素为水、温度以及浮尘。

（1）水的影响

水是茶胶寺石质文物风化最重要的影响因素，包括降雨和空气湿度。吴哥处于热带季风气候，雨量充沛而集中。水对砂岩的破坏包括物理破坏和化学破坏。物理破坏是指雨水对石质文物表面的冲刷和干湿交替。强降雨时，雨水冲刷对石质文物表面，对其施加机械冲击力，表现为冲蚀及溅蚀作用。另外，液态水在毛细管力作用下进入岩石内部，由于表面张力的作用，对岩石颗粒产生毛细压力，产生破坏；在温度生高到一定程度时，水分又蒸发，蒸发过程如果受到限制，气体产生的压力，也对岩石的孔隙产生破坏。

化学破坏主要是指岩石矿物质的流失和雨水侵蚀。砂岩中部分矿物能被水溶解，发生溶解作用，如方解石（$CaCO_3$）。方解石在水中有直接溶解作用，就是 $CaCO_3$ 和 H_2O 反应：$CaCO_2 \rightleftharpoons Ca^2 + CO_3^2$。空气中 CO_2 的碳酸化作用对 $CaCO_3$ 的溶解过程有明显的促进作用，导致石材有效成分流失，空隙发育，裂隙扩大。反应过程如下：

$$CO_2 + H_2O \rightleftharpoons H_2CO_3$$

$$\underset{\text{不可溶}}{CaCO_3 + H_2CO_3} \rightleftharpoons \underset{\text{可溶}}{Ca(HCO_3)_2}$$

当温度上升时，上述反应向逆方向进行，$CaCO_3$ 的在空隙内或表面重新沉积，导致结晶压力和表面结垢。

（2）温度

温差变化对砂岩的物理蜕变过程产生重要影响。从宏观上看，热量从砂岩外部向内部传导。由于砂岩热传导率小，温度变化时砂岩表层比内部敏感，使内外膨胀和收缩不同步，在内部的砂岩和外部的砂岩之间会产生张力。从微观上看，组成砂岩的石英、钾长石、斜长石、方解石等矿物颗粒的膨胀系数也不同，甚至同种矿物的膨胀系数也随结晶方向而变。由于岩石内外部胀缩不一致，导致应力的产生，从而扩大原有裂隙和产生新的裂隙。温差变化侵蚀破坏的强度主要取决于温度变化的速度和幅度。常见的病害有差异性风化、层状脱落、裂痕等。暹粒地区常年温度高，昼夜温差非常大，温度变化对于石质文物产生较大的风化破坏。

高温高湿的环境也有利于藻类、地衣等微生物的生长。

（3）浮尘

主要是空气运动携带的无机矿物颗粒等，由于石刻表面附着有水分，而且岩石表面凸凹不平，一些来自空气的固体悬浮物在上面沉积，沉积后使表面颜色改变，并且促进生物破坏。

3. 生物因素

茶胶寺微生物包括霉菌、地衣和苔藓等。微生物来自于空气中，由于岩石表面有水分和灰尘颗粒，适合微生物生长，来自于空气的孢子就在石刻表面形成各种类型的微生物。微生物的生长改变石刻的外貌，对表面产生机械破坏，而且在生长过程中产生一些有破坏作用的酸碱分泌物，破坏岩石的胶结物，造成化学破坏。

此外，植物根系的劈裂作用，植物根系腐烂所分泌的酸性物质、动物分泌的尿液、粪便等对石材也具有一定的腐蚀风化影响。

（三）病害现状及评估

1. 病害发育程度的评估标准

通过病害的现场测量，将不同种类的病害按照严重、中等、轻微来进行现场评估，并制定了相应的评价标准，见表3-7。评估的依据包括病害的面积、尺寸（包括长度、宽度、厚度）及病害对石刻保存的影响程度等。

表3-7　11种病害损害程度标准

病害种类	判定依据/单位	损害等级判定标准		
		严重	中度	轻微
微生物病害	病害面积/cm^2	>500	200~500	<200
动物病害	病害面积/cm^2	>15	9~15	<9
植物病害	根系面积/cm^2	>15	9~15	<9
表层片状剥落	病害面积/cm^2	>500	200~500	<200
表面粉化剥落	病害面积/cm^2	>100	60~100	<60
鳞片状起翘与剥落	病害面积/cm^2	>100	60~100	<60
表面溶蚀	病害面积/cm^2	>100	60~100	<60
残缺	病害面积/cm^2	>300	100~300	<100
表层空鼓	病害面积/cm^2	>100	50~100	<50
机械裂隙	裂隙长度/cm	>30	15~30	<15
浅层性裂隙	裂隙长度/cm	>40	20~40	<20

2. 病害发育现状及评估

通过室内整理和分析研究工作，基本查明了二层须弥台东立面南端现存的病害类型、数量、分布特征及严重程度，取得了大量的基础数据，为后期工作中修复材料和工艺的选择提供必要的科学依据。

现场调查发现，调查区主要包括植物病害、动物病害、微生物病害、残缺、表面粉化剥落、表层片状剥落、鳞片状起翘与剥落、表面溶蚀、机械裂隙、浅层性裂隙和表层空鼓，共计11种石质病害。病害调查工作区的详细病害总分布图如3-19所示。经过对须弥台二层东立面南端病害详细调查记录的统计，结果显示：须弥台二层东立面南端总面积为57.90m^2，十一种石质病害交错重叠。各病害占调查工作区总面积比例如图3-20所示，其中微生物病害分布最广，面积为26.50m^2；表层片状剥落病害面积为14.70m^2。另外，浅表层风化裂隙长达1626cm。现对各种病害调查情况分类阐述如下。

图3-19　调查区域病害总分布图

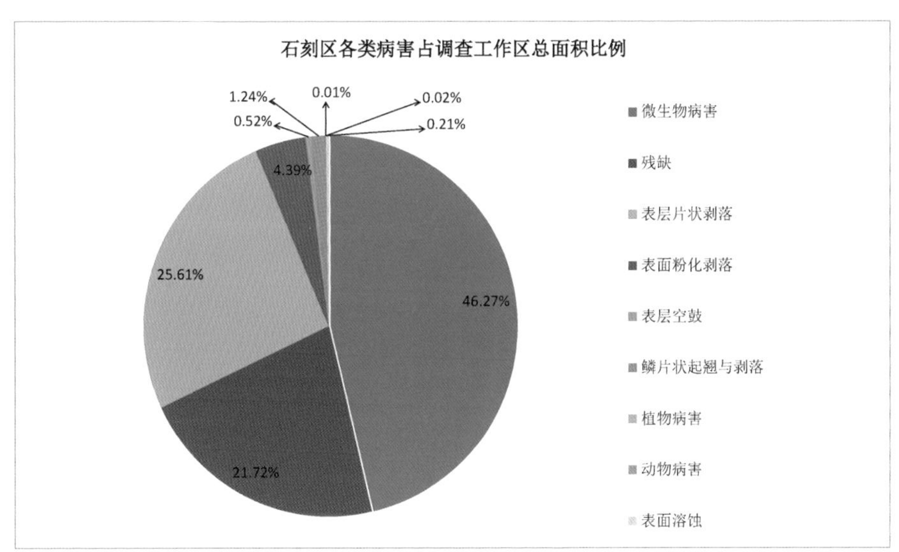

图 3-20　各病害占调查工作区总面积分布比例图

（1）生物病害及发育程度

生物病害主要指微生物病害、动物病害以及植物病害。微生物病害是指苔藓、地衣与藻类等微生物在石质文物表面繁衍生长。在调查工作区中，微生物病害面积是 26.50m^2，占石质病害总面积的 45.76%，共计 44 处严重，3 处中度，4 处轻微。微生物病害分布十分广泛，这与茶胶寺所在地处于热带季风气候关系密切。病害调查区中微生物病害的分布图如图 3-21 所示。

调查工作区中动物病害和植物病害较少，且病害面积也很小，其中动物病害面积为 132cm^2，占石质病害面积的 0.02%，共有 9 处；植物病害只有一处，病害面积为 50cm^2。

动物和植物病害分布图如图 3-22 和图 3-23 所示。

图 3-21　微生物病害分布图

图 3-22　动物病害分布图

图 3-23　植物病害分布图

（2）表层片状剥落病害及发育程度

表层片状剥落是指石质文物表层片状、板块状起翘与剥落的现象，其病害面积是 14.70m^2，占石质病害面积的 25.3%，共计 141 处。表层片状剥落病害分布图如图 3-24 所示。

图 3-24　表层片状剥落病害分布图

（3）表面粉化剥落病害及发育程度

表面粉化剥落是指石质文物表面的酥粉剥落现象。调查结果显示，表面粉化剥落病害均匀地分布在调查区域内，病害面积 2.50m^2，占石质病害面积的 4.3%，共计 9 处严重，11 处中度，5 处轻微，其病害分布图如图 3-25 所示。

图 3-25　表面粉化病害分布图

（4）鳞片状起翘与剥落病害及发育程度

鳞片状起翘与剥落是指石质文物表面产生形状如鳞片的起翘与剥落现象。在调查区域内分布较少，其病害面积是 0.71m^2，占石质病害面积的 1.2%，共计 26 处，鳞片状起翘与剥落病害分布图，如图 3-26 所示。

图 3-26　鳞片状起翘与剥落病害分布图

（5）溶蚀与残缺病害及发育程度

表面溶蚀是指石质文物表面形成坑窝状或沟槽状溶蚀现象，其病害面积是 0.12m^2，占石质病害面积的 0.21%，共计处 3 处；残缺是指石质文物局部缺失与残缺，区内广泛分布，其病害面积是 12.4m^2，占石质病害面积的 21.5%，共计 140 处。表面溶蚀和残缺两种病害发育分布图如图 3-27 和图 3-28 所示。

图 3-27　表面溶蚀病害分布图

图 3-28　残缺病害分布图

（6）表层空鼓病害及发育程度

空鼓指石质文物表层鼓起、分离形成空腔，但并未完全剥落的现象，用手指轻敲上去有“砼、砼、砼”的声音。表层空鼓面积是 0.30m^2，占石质病害面积的 0.51%，表层空鼓病害分布图如图 3-29 所示。

图 3-29　表层空鼓病害分布图

（7）裂隙病害及发育程度

裂隙病害主要为石材浅表层风化裂隙病害。在调查工作区内，裂隙分布较广，共有41处。病害分布图如图3-30所示。

图3-30　浅表层风化裂隙病害分布图

综上所述，调查区内砂岩雕刻表层风化病害发育严重，病害种类繁多，多种病害相互重叠。

二　典型单体建筑结构病害现状、成因分析及稳定性评估

此类病害为自然风化和环境地质因素影响下导致的建筑结构石构件断裂破损及建筑结构变形、坍塌破坏等病害。

（一）各层基台结构病害发育现状

一层基台：整体保存较好，但各角部及局部有残损问题。南侧已呈多处不规则沉陷，局部有石块缺失或断裂，东南角因上部围墙倒塌缺失一角。北侧总体保存较好，东北角缺失部分石块，上部墙体转角倒塌，东侧基台保存较好，东南转角处构件缺失，并有明显沉陷。

二层基台：东南角与西北角由于基台角部的坍塌引发上部东南角楼局部垮坍，同时角楼残余部分结构出现倾斜变形，早期APSARA局派技术人员以红砖砌体进行支护，为保持剩余结构的稳定性，修复工作开展前期工作队以木结构支撑加固即将倒塌的西北角边墙；西南角垮塌，引发上部角楼失稳，墙体倾斜变形；上半部坍塌，引发上部角楼局部倒塌；东北角上半部倒塌，致使上部角楼倒塌变形，分割成三个独立部分，且东侧残留结构处于危险状态中，部分角部的石构件被上面跌落构件砸断。

三层基台：尚未完成雕刻，线脚分明，但因长期风化和雨水侵蚀，石材表面已严重损坏，基台四转角处均发生了倒塌，各台阶两侧的基台转角处不同程度缺失构件。顶部砂岩石地面已高低不平，局部易积水，水顺基台边缘漫流，易对石材产生侵蚀，造成风化。基台边缘铺满从上一层基台跌落的石构件。台阶保护状况较好。

四层基台：局部完成雕刻，四转角坍塌，其余部分结构稳定性较好。经长期风化和雨水侵蚀，石

材表面受损严重，两边基台也有不同程度构件塌落，主要集中在基台转角处。顶部砂岩石地面已高低不平，局部区域易积水。台阶保存较好。

五层基台：破坏形式同三、四层基台，四个转角坍塌，其余部分结构稳定性较好，经长期风化和雨水侵蚀，石材表面受损严重，基台也有不同程度的构件塌落，主要集中在基台转角处。各面台阶保存较好。

图 3-31　一层基台结构变形病害典型现状

图 3-32　二层基台结构变形病害典型现状

图 3-33　第三至五层基台结构变形病害典型现状

（二）一层基台上的单体建筑结构病害现状

1. 南外塔门

修复施工前建筑保存状况

修复施工前整体保存现状为：四间侧室屋顶修复前全部无存，南北两侧门楣山花全部塌落；中厅两侧侧室的墙体分别向东西两个方向倾斜，墙体呈现多处裂缝，东侧窗构件错位，用钢混结构支护。东外、西外侧室墙体歪闪、坍塌严重，大量构件散落周围；东内、西内侧室墙体不同程度歪闪；中厅构件基本完整，墙体有轻微歪闪；基台构件基本稳定，南侧表面构件部分错位。

（1）结构残损状况

南外塔门现存多处裂缝，构件松散、塌落现象普遍存在，多处墙体歪闪错位，结构处于危险状态。

基台

1～5层基台结构大部分基本完好，个别石块断裂、部分石块局部缺损。南侧踏步东侧部分松动，上下通缝宽60～160mm；第6层基台南侧边沿砂岩大部分均向南侧位移，位移程度90～280mm；基台砂岩石表面有风化及片状剥落现象。

塔门主体

塔门主体中部结构相对完整，两侧坍塌缺损严重。屋顶全部无存，修复前结构普遍松散错位。

小基台及内部地面：构件绝大部分无缺失，结构相对稳定。内部地面铺石大量缺失，东内、西内侧室所置圣物台座位移。

中厅：主体完整；上部构件普遍松散，顶部南侧、东侧、西侧山花缺失；下部墙体轻微歪闪；南侧抱厦一侧边柱及花柱、山花缺失、北侧抱厦边柱缺失、花柱断裂、山花缺失。

西内侧室：墙体构件基本完整，窗间柱、山花、屋顶全部无存；北墙向西侧轻微歪闪，南墙向内侧严重歪闪，处于危险状态。

西外侧室：构件缺失严重，现存构件有破损、断裂现象；北墙墙体向西歪闪，窗间柱无存；西墙上半部及外部构件缺失，山花无存；南墙上半部及西部构件缺失，现存构件松动。

东内侧室：墙体基本完整，窗间柱、屋顶无存；北墙结构基本稳定，窗框有轻微位移；南墙结构基本稳定，墙体有轻微裂缝，上部东侧构件松散，位移程度较大。

东外侧室：屋顶构件全失，窗间柱绝大部分无存，现存者均残，墙体构件缺失严重；北墙、东墙歪闪变形严重，以钢混柱临时支撑；南墙墙体构件因受东内侧室挤压有轻微位移。

（2）石构件残损状况

南外塔门普遍存在构件破损、断裂、塌落、错位、缺失等现象。

基台：破损构件主要在塌落边缘部位，从外观看，断裂构件约11块，破损构件约50块。

塔门主体：屋顶破损构件约130块，断裂构件30块。

2. 西外塔门

修复施工前西外塔门整体保存状况

建筑损毁严重，屋顶全部坍塌，墙体出现多处裂缝，两侧山墙倾斜严重。西外廊门楣和屋顶全部掉落，南北两侧门大部倒塌。特别是南侧门只保留南墙，并以钢混结构支护，南北两侧结构分别向两侧倾斜。中厅残留的结构较为稳定，两侧基台及基台座缺失构件严重，北侧与墙体连接位置明显下沉。同时，构筑建筑体的砂岩石砌块多出现破碎和表面风化现象。法国专家曾于20世纪50年代对西外塔门进行了清理和加固措施，对门楣、门柱和抱框用钢筋混凝土支顶，或以扁铁箍加固，起到了一定的稳定作用，但并没有根本解决建筑结构的病害。急需对建筑体采取修复加固措施，从根本上保证其结构的稳定。

（1）结构残损状况

基台：围墙外层基台由三层石块砌筑，西抱厦入口两边基台最上部石块几乎全部有塌落，南、北通道西入口外侧基座石块开裂变形严重，构件有个别塌落。一层基座无明显沉降；西抱厦基座基本完好，南通道东、西入口两侧基座石块塌落开裂严重；北通道西入口北侧基座构件有部分缺失，东入口基座保存较为完整。中厅西南转角和西北转角处基座分别沉陷4cm 和5cm；西抱厦、北通道西入口台阶保存完整；南通道西入口第6、7级踏步塌落，东入口踏步破损严重。

建筑基座：中厅西南转角和西北转角处基座分别沉陷4cm 和5cm。

室内地面：除西抱厦及中厅存有少量砂石地面铺装外，其余室内地面被沙土覆盖，无地面铺装痕迹。

墙体：中厅现存墙体整体完好，第五层顶楼塌落无存。第三、四层顶楼墙体构件有局部错位，无竖向贯穿通缝，顶楼内墙有小型植物生长；北侧室西墙上部坍塌，东、北墙体转角处有竖向贯穿裂缝。南侧室西墙上部石块松散，有两条竖向裂缝：北通道北山墙石块大面积松散开裂，上部两层石块部分塌落；南通道南山墙墙体向北倾斜10°，现用混凝土支顶。

屋顶：西外塔门的屋顶已完全坍塌，建筑附近无塌落构件。

门和门柱：西抱厦门框、过梁坍塌，花柱无存，南、北两侧门柱分别向西倾斜2°和2.5°；东抱厦北花柱塌落，现用混凝土柱替代。中厅东入口北门框断裂，现用拉接；两旁门下槛石断裂；北通道西入口北门框石、花柱及过梁塌落，东入口门框石局部压碎破损；南通道西入口门构件全部塌落无存，东入口两边门框破损严重，南侧花柱塌落，门过梁塌落。

窗：西抱厦南、北墙窗框变形，局部碎裂，窗柱无存；北窗下槛石塌落。南、北侧室西墙假窗窗柱无存；北侧室东窗窗柱缺失3根，南侧室东窗窗柱缺失1根。

山花：除南侧室南墙山花及北侧室北墙山花部分存在以外，西外塔门其余部位山花全部塌落。

（2）石构件残损状况

西外塔门多处石构件破损，主要原因是结构变形后构件局部受力集中所致，主要表现为角部受损或支座处断裂。现存南、北通道东入口门框角部损坏明显。两边侧室外转角石块破损比例也明显高于其他墙体部位。

基台石构件的破损主要由于上部构件倒塌砸落引起。

3. 北外塔门

修复施工前保存状况

整体结构相对稳定，屋顶全部塌落无存，局部结构有下沉错位现象，中厅顶部出现多处裂缝，部分构件处于即将掉落的危险状态，东侧室东南窗整体扭曲。

（1）结构残损状况

建筑现存多处裂缝，裂缝宽约为10～80mm；裂缝多存在于横向上建筑不同部位相连处，均为基础不均匀沉降所致。

基础不均匀沉降导致建筑构件的水平位移。

东侧室东南墙体出现错位及扭转。

台阶：台阶部分构件缺失，表层石构件向北水平位移明显。

建筑主体：基座外侧砂岩组成，保存较完整；屋顶部分塌落严重，部分构件错位、向下倾斜；裂缝多处，最宽裂缝约50mm；墙体石构件间存在多处裂缝，侧室墙体构件缺失严重，东侧室东南墙体严重扭曲错位；砂岩地面，局部堆积沙土；地面上残存窗棂散落构件。

（2）石构件残损状况

北外塔楼普遍存在构件破碎、断裂、塌落、错位及缺失现象。

台阶：石构件主要存在错位现象，破碎构件约12块。

建筑主体：破碎构件约27块，断裂构件23块。

4. 东外塔门

修复施工前保存状况

修复施工前东外门损毁严重，屋顶全部坍塌，山花、门楣大部分塌落。基础有不均匀沉降，墙体出现多处通体裂缝。南、北通道山墙倾斜严重，处于濒临倒塌的危险中。同时，构筑建筑体的砂岩石砌块多出现破碎和表面风化现象。法国专家曾于20世纪50年代对西外门进行了清理和加固措施，对南、北通道山墙用钢筋混凝土砌筑支顶，对局部结构扁铁箍加固，起到了一定的稳定作用，但并没有根本解决建筑结构的病害，急需对建筑体采取修复加固措施，从根本上保证其结构的稳定。

（1）结构残损状况

基台：围墙外一层基台由四层石构件砌筑，最上部石构件有局部塌落及损坏现象，下面石块缺失较少，东北转角和东南转角石块大面积明显开裂，整个一层基座无明显沉降；围墙外二层基台构件保存较为完好，主入口两侧和北通道北侧基座构件有部分缺失；主入口台阶无明显变形，第11、12级踏步破损。南、北通道踏步保存基本完好。

建筑基座：中厅东南转角和东北转角处二层基座分别沉陷4cm和3cm。围墙内基座保存基本完好。

室内地面：除西抱厦及中厅存有少量砂石地面铺装外，其余室内地面被沙土覆盖，无地面铺装痕迹。

墙体：中厅现存墙体整体完好，第五层顶楼塌落无存。第三、四层顶楼墙体构件有局部错位，无竖向贯穿通缝，顶楼内墙有小型植物生长；东抱厦两侧门柱向东倾斜2°，南墙西部墙体构件破损较多，根部有竖向通缝，宽25mm。北墙与门厅交接处有自檐口处开始的竖向通缝，宽40mm。西抱厦墙体保存完好；北侧室北墙西北转角上部墙体有裂缝，其他墙体基本完好；南侧室南墙东南转角墙体构件破损严重，东南转角墙体上部开裂；北通道西入口门上北门框塌落，法国专家用混凝土对门框处进行了支顶加固，门框及相邻构件向北倾斜2.3°；东入口上门框塌落，南门框及相邻构件向北倾斜1.6°；法国专家用混凝土对南、北门框进行了支顶加固；北山墙整体向南倾斜6.4°，墙体构件大面积裂缝，法国专家用混凝土对墙体处进行了支顶加固；南通道西入口上门框塌落，现用混凝土加固。南、北门框破损严重，北门框向南倾斜4.5°，南门框向南倾斜7.9°。南山墙向内倾斜6.6°，法国专家用混凝土对墙体处进行了支顶加固。

屋顶：东外门的屋顶全部坍塌。

门和门柱：西抱厦北花柱塌落，南花柱仅存下面一段，门柱基本完好；南、北通道两侧入口花柱全部塌落。

窗：南、北侧室西窗窗柱、窗框完好；西窗窗框及窗柱塌落。南侧室东窗过梁断裂，窗柱无存。西窗窗柱无存；东、西抱厦南、北窗基本完好。

山花：东、西门厅山花部分保存，南侧室南墙、北侧室北墙留有少部分山花。其余部位山花全部塌落。

（2）石构件残损状况

东外塔门多处石构件破损，主要原因是结构变形后构件局部受力集中所致，主要表现为角部受损或支座处断裂。现存南、北通道东侧入口门框角部损坏明显。两边侧室外转角石块破损比例也明显高于其他墙体部位。基台石构件的破损主要由于上部构件倒塌砸落引起。

5. 南外长厅

修复施工前建筑保存状况

修复施工前南外长厅损毁严重，屋顶全部坍塌，前廊各柱均保存，而柱上部大梁只保留两条，包括前门过梁在内的其他大梁以上结构全部倒塌。特别是中厅西边窗整体向东倾斜，并从北侧第二扇窗至第四樘窗完全倒塌，倾斜的窗体以木结构斜撑支护。多处窗框被压劈裂，后室东墙与南墙向内侧扭曲倾斜，墙体出现多处裂缝。同时，构筑建筑的砂岩石砌块多出现破碎和表面风化现象。法国专家曾于20 世纪 50 年代对南外长厅进行了清理工作，将其周围散落的石构件堆放在建筑的西侧，急需对建筑体采取修复加固措施，从根本上保证其结构的稳定。

（1）结构残损状况

基座：建筑基座变形是导致中厅西侧窗体倾斜的原因，后厅西侧基座下沉约 110cm。

室内地面：南外长厅的室内地面石保存较完好，由于基座变形，导致室内地面部分区域不平整。

墙体：南外长厅后室的承重结构为墙体，由于基础沉降变形，导致东、西和南侧墙分别向内侧倾斜 3. 3°、5. 2°和 5. 4°，墙体出现多处构件错位现象。

门窗：从前廊至后厅共有三道门：前门破坏最为严重，过梁已不存，门框断裂，门柱缺损严重；前廊与中厅间门保存较好；中厅与后厅间门槛断裂。

南外长厅中厅承重结构是窗体，西侧窗体残损最严重，北侧从第二扇窗至第四扇窗坍塌，北侧第一扇窗整体扭曲，并向并倾斜 5. 4°；从北侧第五樘窗至第八樘窗整体向东倾斜 4. 48°，现以木结构临时支撑结构支护；东侧窗体整体保存相对较好，南侧第一扇窗过梁缺失，另有多个窗框和过梁构件破损严重。窗间柱大部分得以保留，也存在不同程度的破损和风化现象。

后厅东墙上的窗体扭曲变形，且窗框破损严重，受上部应力集中作用下，被压碎成几块，窗间柱无存。

前廊柱：前廊西侧南柱只剩一半，北柱与前门间搭有一根大梁；东侧南柱断裂，南柱与北柱之间搭有一根大梁，其余梁体已无存。

屋顶：南外长厅屋顶完全坍塌。前廊的梁以上结构无存；中厅窗过梁上保留一部分屋檐石，屋檐石以上结构无存；后厅墙体从屋檐以上结构全部坍塌。

山花：南外长厅的山花多已坍塌，仅中厅与后厅间门上方保留几块山花构件。

（2）石构件残损状况

南外长厅多处石构件破损，主要原因是受上部荷载偏心受压，造成剪切破坏而使石构件角部受损或出现断裂，主要集中在中厅窗体构件和后厅墙体构件，部分窗框损裂成多块，已失去承载力；受雨水侵蚀而造成风化破损的构件主要集中在中厅窗体构件上，且因风化致使窗构件破损严重；前门廊的前门槛和中厅与后厅间门槛，因受力不均导致构件中间断裂。

6. 北外长厅

修复施工前建筑保存状况

前廊柱全部断裂倒塌，前门东框倒向一层基台围墙，唯西门框尚存。正厅屋顶全部塌毁，现保留的结构较为完整，窗柱和窗框均有不同程度损坏，东侧墙体向西侧倾斜，西侧墙体向东侧倾斜。后室西墙与北墙完全倒塌，保留的东墙向西侧、北侧倾斜。

（1）结构残损现状

北外门基座塌陷，正厅两侧墙体倾斜严重，且存在结构裂缝。前廊东侧门框倾倒，廊柱全部断裂。

基座：后室部分因地基不均匀沉降出现石块构件塌陷。

前廊：门框东侧墙体倒塌，西侧保存完好，结构较为稳定。廊柱都已断裂。

正厅：东侧墙体向西倾斜2°，西侧墙体向东倾斜2°，窗框多有断裂。

后室：西墙和北墙不存，东侧墙体构件缺失，向西侧和北侧倾斜。

地面：砂岩地面，有沙土淤积；地面上残存塌落构件。

屋顶：屋顶不存。

（2）石构件残损状况

北外长厅普遍存在构件破碎、断裂、塌落、错位、缺失等现象。

墙体：窗框断裂构件4块，窗棱断裂1块；破碎构件约12块；错位构件3块。

7. 围墙

图3-34　南外塔门结构变形病害典型现状

图3-35　西外塔门结构变形病害典型现状

图3-36　北外塔门结构变形病害典型现状

图3-37　东外塔门结构变形病害典型现状

图3-38　南外长厅结构变形病害典型现状

图3-39　北外长厅结构变形病害典型现状

南墙中，连接南门西侧的18m长墙体倒塌，东南转角坍塌成一豁口，其余部分保存较好；西墙中，连接西门南侧的3m长墙体倒塌；北墙中，连接北门西侧的16m长墙体倒塌，剩余部分有12m长墙顶结构缺失；东北角墙体转角处坍塌形成一豁口，残留结构随第一层基台转角处有明显下沉现象。

（三）二层基台上的建筑结构病害现状

二层基台上发生结构变形、石构件断裂残损病害相对较为严重的主要为：南内塔门、南藏经阁、北藏经阁、二层台四转角及角楼、二层台回廊，东内塔门、西内塔门、北内塔门结构病害相对较轻。下文对病害发育严重的几处单体建筑进行重点描述，其他几处进行整体概述。

1. 东内塔门

中厅屋顶塌落，但三层结构总体保存较好，西廊、南北侧室及两侧门顶部屋面及山花全部倒塌，南北侧室上部残留后期修复的砖砌体屋面。

2. 西内塔门

整体结构稳定性较好，除屋顶坍塌外，其余结构保存完整。

3. 北内塔门

残留部分结构基本稳定，中厅保留二层塔身，顶部全部倒塌，中厅西门楣及山花全部倒塌。西侧室屋顶残存有后期砌筑的砖屋面。西次间与梢间之间顶部山花保存完整，余者或全部倒塌或只保留一部分结构。东侧室北墙向内侧倾斜。

4. 南内塔门

修复施工前保存状况

南内塔门基台基本稳定，但每层基台上部石块缺失较多，并有错动现象。中厅及东侧室墙体基石稳定，无明显裂缝。中厅保存第二层塔身，第三层塔身只残留几块石构件，顶部不存。西侧室西南墙和西墙严重扭曲变形，整个墙体连带南侧假窗向东倾斜，西侧假窗明显与次间墙体脱离，墙体裂缝达20cm，顶部石块严重错位。屋顶完全坍塌，构件无存。

（1）结构残损状况

基台：作为南内塔门底部的二层基台，其结构基本稳定，只是每层基台的上部石块缺失较多，一些部位露出内侧红色角砾岩内衬石。部分石块错位导致结构出现不同程度的裂缝，但并未影响结构的稳定。同时，受跌落石块的冲击，造成部分构件断裂和缺损。同时，二层基台位于东侧室南的石块向外错动15~17cm。

基座：建筑基座未出现明显地不均匀沉降，中厅南侧二层台阶石向外错动15cm。

室内地面：室内地面由上层的砂岩石和下层的红色角砾岩石构成。其中，中厅地面石保存完整，东侧厅地面石保存有部分构件，东边厅地面砂岩石已无存；西侧厅和西边厅的砂岩石地面无存，只保存下层的红色角砾岩石层。

墙体：

中厅及东侧室的墙体基石稳定，没有明显的裂缝。从外观看，中厅保存第二层塔身，第三层塔身只残留几块石构件，顶部已不存。第二层塔身北侧局部出现1cm裂缝。

西侧厅墙体险情严重，西南墙和西墙严重扭曲变形，整个墙体连带南侧假窗向西倾斜3.94°，西侧假窗明显与次间墙体脱离，墙体裂缝达20mm，顶部石块已经严重错位。西侧厅南墙与中厅出现15mm宽裂缝。法国专家于20世纪50年代对中厅北门的门楣以钢筋混凝土柱进行了支撑。大量石构件出现断裂和破损，且部分风化严重。

屋顶：南内塔门的屋顶已完全坍塌，无法找寻原有屋顶构件。中厅第三层顶部已毁，东西侧厅和东西边厅檐口以上构件（除部分山花）已无存，在东边厅顶部有后期砌筑的砖砌体屋面残留。

门窗：中厅前后门和进入侧厅的东西两樘门均较为稳定，只有东西门的门槛出现断裂。东西侧厅北侧窗结构稳定，西侧厅北面两樘窗的过梁出现裂缝。除东侧厅北窗残留两根完整的和几根残缺的窗柱以外，北侧其余窗口的窗柱已无存。东侧厅的南窗结构较为稳定，东边厅窗过梁与上部墙体出现2cm裂缝，两樘窗共保留4根窗柱。西侧厅和西边厅两樘南向窗因建筑墙体的倾斜，扭曲严重，西侧厅南窗向西整体倾斜4.78°，西边厅南窗上下框均断裂，两窗共保留9根窗柱。

门柱：中厅前后门柱保存较好，南侧门柱较为稳定，而北侧门柱已处于失稳状态，无法支撑上部荷载。

山花：中厅南侧一层山花保存较为完整，中厅北门上部山花保留东半部分，东侧厅中间山花保留下半部，其余山花已无存。同时，中厅北门上部山花已处于行将倒塌状态，20世纪50年代，法国专家对残留的山花构件以扁铁箍进行了加固。

（2）石构件残损现状

南内塔门多处石构件破损，主要原因是受上部荷载偏心受压，造成剪切破坏而使石构件角部受损或出现断裂，主要集中在东西梢间靠山墙的南北两墙部位；受雨水侵蚀而造成风化破损的构件主要是南北壁柱的根部；中厅连接东西侧室的门槛，因受力不均导致构件中间断裂；东侧窗框、过梁因建筑结构变形，造成构件剪切破坏，出现多处断裂；另外，仍有许多不明原因导致的构件破碎，如东西边厅的北外墙上的墙石，均出现不同程度的缺损，而建筑结构却保存完好。

5. 二层台东北角及角楼

修复施工前保存状况

修复施工前整体转角部分坍塌严重，两侧回廊有不同程度的残坏、塌毁现象。

（1）结构残损状况

二层台东北角及角楼现存多处裂缝，裂缝多为垂直裂缝，裂缝宽约为10~60mm；部分裂缝纵向贯通，角楼构件有塌落危险。角楼墙体与回廊墙体有分离现象。

基台

底层台基：底层台基一层，北立面东起第一块石构件错位，向东滑移约50mm。

须弥座基台：4～13层转角部分塌落，现残存部分转角处构件多处断裂、破碎、错位，其裂缝宽约20～50mm；残存上部角楼主体有塌落危险。

基台有植被生长，砌体表面有风化现象。

角楼主体

角楼主体由基座、墙体、中门、屋顶组成。角楼转角部分塌落。残存构件存在破碎、断裂、塌落、错位等现象。

基座：1层砂岩组成，转角部分基座塌落。

屋顶：屋顶部分塌落严重，部分构件错位、向下倾斜；裂缝多处，最宽裂缝约55mm。

中门：现存两石门，分别位于东、北两立面。

北门：石门板为一整块石材，门板破碎严重，裂缝用淤泥填塞。

东门：石门板为三块石材组成，门板歪闪，北侧门框缺失，南侧门框与门板间裂缝约10～40mm。

墙体：墙体石构件间存在多处裂缝，角楼主体外侧转角处墙体塌落、缺失，现存东、北两面墙体分离，有塌落危险；内侧转角处墙体与回廊墙体明显分离。

地面：砂岩地面，转角部位堆积沙土；地面上残存4块塌落构件。

（2）石构件残损状况

二层台东北角及角楼普遍存在构件破碎、断裂、塌落、错位、缺失等现象。

基台：破损构件主要分布于此，从建筑外观看，断裂构件约15块，多集中于6～13层转角处；破碎构件约50块，多集中于12～13层、4～7层；1块构件错位，位于第二层转角处。

角楼主体：屋顶破碎构件约2块，错位构件1块，墙体破碎构件约17块，错位构件1块，断裂构件2块。

6. 二层台东南角及角楼

修复施工前建筑保存状况

东南角楼部分构件破碎、断裂、塌落、错位，现存多处裂缝，裂缝多为垂直裂缝，裂缝宽度在10～65mm范围之内；部分裂缝纵向贯通。在转角处，部分角砾岩基台以及上部部分角楼主体塌落，现有砖与混凝土的加固措施。东立面角楼墙体与东廊东墙分离。

在基台的裂缝处，随处可见生长了草本植物；且转角处有明显的雨水冲刷与腐蚀的迹象。

二层台东南角

二层台底层台基仅一层，材质为砂岩。角部石块有不均匀沉降，台基内侧石块沉降多，而外侧沉降少，除此之外，石材整体保存状况良好。

基台：自下而上1～5层为角砾岩，整体状况良好，无缺失和断裂等缺陷。自6～12层，转角部分石块塌落、断裂，现有红砖及混凝土支撑构件维持上部结构的平衡。基台转角现残存部分转角处构件多处断裂、破碎、错位。断裂构件约17块，多集中于自上而下1～8层转角处，裂缝宽约20～55mm；破碎构件约50块，多集中于自上而下1～7层。

角楼主体

角楼主体由基座、墙体、中门、屋顶组成。角楼转角部分塌落。残存构件存在破碎、断裂、塌落、错位等现象。

屋顶：上部屋顶部分塌落严重，部分构件错位；多块构件破碎。裂缝多处，最宽处约65mm。

中门：现存两门，分别位于东、南两立面。南门：石门板为一整块石材，门板破碎严重，裂缝用淤泥填塞；东门：石门板为三块石材组成，门板歪闪，北侧门框缺失，南侧门框与门板间裂缝约10～40mm。

墙体：墙体石构件间存在多处裂缝，角楼主体现存东、南两面墙体分离。破碎构件多块；个别构件断裂。

7. 二层台西北角及角楼

修复施工前保存状况

转角部分坍塌严重，两侧回廊有不同程度的残坏、塌毁现象。90年代，柬埔寨APSARA局曾在北立面做一木框架支撑上部角楼，现保存至今。

（1）结构残损现状

二层台西北角及角楼现存多处裂缝，裂缝多为垂直裂缝，裂缝宽约为10～60mm；部分裂缝纵向贯通，使角楼构件有塌落危险。

北立面现存一木结构框架支撑。

基台：4～13层的转角部分塌落，现残存部分转角处构件多处断裂、破碎、错位。基台上部转角部分塌落，现用红砖补砌（转角部分9～13层）。

基台有植被生长，砌体表面有风化现象。

角楼主体

角楼主体角楼转角部分塌落。残存构件存在破碎、断裂、塌落、错位等现象。

基座：1层砂岩组成，转角部分基座塌落。

屋顶：屋顶部分塌落严重，部分构件错位、向下倾斜；裂缝多处，裂缝最宽处约60mm。

中门：现存两门，分别位于西、北两立面。

北门：石门板为两块石材拼成，西侧门框缺失。

西门：石门板为三块石材组成，北侧门框缺失；西门北侧转角部分墙体缺失。

墙体：墙体石构件间存在多处裂缝，角楼主体外侧转角处墙体塌落，现存东、北两面墙体分离，且都有外倾现象，北侧墙体外倾较为严重，倾斜角度约6.41°，有塌落危险；内侧转角处墙体与回廊墙体明显分离。

地面：砂岩地面，转角部位堆积沙土；地面上残存3块塌落构件。

（2）石构件残损现状

二层台西北角及角楼普遍存在构件破碎、断裂、塌落、错位、缺失等现象。

基台：破损构件主要分布于此，从建筑外观看，断裂构件约10块，多集中于8～10层转角处；破碎构件约40块，多集中于4～13层。

角楼主体：屋顶破碎构件约5块，错位构件3块；墙体破碎构件约10块，错位构件约2块。

8. 二层台西南角及角楼

修复施工前保存状况

西南角楼部分上部角楼主体结构保存较为完好，存在构件破碎、断裂、塌落、错位，现存多处裂缝，裂缝多为垂直裂缝，裂缝宽约为10～50mm；部分裂缝纵向贯通。台基转角部分塌落，且存在草本植物。

基台

自下而上1～5层为角砾岩，整体状况良好，基本无缺失和断裂等缺陷，转角处有明显的雨水冲刷腐蚀的痕迹，从痕迹可以看出雨水冲刷的方向。自6～13层，转角部分石块塌落或者断裂严重，且无临时加固措施。台基转角现残存部分转角处构件基本处于断裂、破碎、错位等状态，多集中于自上而下1～9层转角处，裂缝宽度在20～55mm的范围之内；破碎构件约30块，多集中于自上而下1～7层。

角楼建筑

角楼主体由基座、墙体、中门、屋顶组成。角楼转角部分塌落。残存构件存在破碎、断裂、错位等现象。

屋顶：上部屋顶部分塌落严重，部分构件错位，破碎构件约2块，错位构件1块。裂缝5处，最宽处约55mm。

中门：现存两个中门，分别位于西、南两立面。两个中门都基本保持完好状态，构件无明显病害（破碎、断裂、裂缝等）现象。

墙体：墙体石构件间存在多处裂缝，在部分裂缝处可见草本植物，除此之外，结构保存较为完好。

9. 南、北内长厅

修复施工前保存状况

北内长厅及南内长厅位于茶胶寺二层台东侧回廊以内。北内长厅前廊只保留南门，中间柱和梁及以上结构全部坍塌，除正厅与后厅之间上部的山花保留外，其余山花全部坍塌，后室的窗上以钢混柱支撑断裂的窗梁。

南内长厅屋顶全部塌落，墙体有多处开裂，且墙和柱有多处出现不均匀沉降和结构体倾斜，但整体稳定性尚好。正厅南北两侧门上部的山花各保留一半结构，其余山花全部倒塌。

（1）结构残损状况

南北长厅现存多处裂缝，部分构件出现倾斜。

北内长厅：

前廊：门框东西两侧墙体残损严重，廊柱都已断裂。

正厅：两侧墙体存在结构裂缝，南侧入口处壁柱向南倾斜，出现较大裂缝。

后室：西墙存在结构裂缝，窗框构件多断裂。

地面：砂岩地面，有沙土淤积；地面上残存塌落构件。

南内长厅：

前廊：门框东西两侧墙体残损严重，廊柱都已断裂。

正厅：两侧墙体存在结构裂缝。

后室：东、西、南侧墙体存在结构裂缝。

地面：砂岩地面，有沙土淤积；地面上残存塌落构件。

屋顶：北内长厅除正室北侧山花保存完整外，其余屋顶不存；南内长厅保留部分山花构件，其余屋顶部分不存。

（2）石构件残损状况

北内长厅普遍存在构件破碎、断裂、错位、缺失等现象。

窗框断裂构件 1 块，窗框破碎构件 1 块；其余破碎构件 4 块。

南内长厅普遍存在构件破碎、断裂、错位、缺失等现象。

破碎构件 12 块，断裂构件 3 块，花柱断裂 2 块，窗框断裂 2 块。

10. 南藏经阁

修复施工前建筑保存状况

（1）结构残损现状

南藏经阁的基台、墙体、檐口的角部都出现了明显的开裂和侧闪。上层屋顶已经完全不存在，角部普遍高度越高损坏越严重。

（2）石构件残损状况

南藏经阁普遍存在构件破碎、断裂、塌落、错位、缺失等现象。

破损构件主要在墙体上，从建筑外观看，断裂构件约 65 块，多集中于转角处；破碎构件约 53 块，亦多集中于转角。

11. 北藏经阁

修复施工前建筑保存状况

（1）结构残损状况

北藏经阁的基台、墙体、檐口的角部都出现了明显的开裂和侧闪。上层屋顶已经完全不存在，角部普遍高度越高损坏越严重。北藏经阁东山墙歪闪严重，有铁质构件加固。

（2）石构件残损状况

北藏经阁普遍存在构件破碎、断裂、塌落、错位、缺失等现象。其破损构件主要在墙体上，从建筑外观看，断裂构件约 32 块，多集中于转角处；破碎构件约 71 块，亦多集中于转角。

12. 回廊

修复施工前建筑保存状况

（1）回廊残损状况

南回廊西段屋顶全部倒塌，回廊外侧保存七扇窗，南侧剩余七扇窗；西回廊南段屋顶全部倒塌，其余保存较好；西回廊北段保存状况同西南回廊；北回廊西段外墙残存八扇窗，靠北内门一侧窗严重变形，以钢筋混凝土支撑，内部地面及内窗靠北内门一侧全部塌毁，内窗只保留西侧的二扇；北回廊东段屋顶全部坍塌，外侧十扇窗、内侧八扇窗全部倒塌，有两扇内窗倾斜变形，处于危险状态。基座保存尚好。东回廊北段外墙北侧靠角楼处塌毁一扇窗，余者较好，内侧窗中有三扇倒塌、基座亦损毁；东回廊南段外墙靠东南角楼的两扇窗和内侧两扇窗倒塌，其余保存较好。南回廊东段屋顶全部坍塌，除靠东南角楼第三扇窗塌毁一半，其余屋檐以下、包括基座部分均保存较好。

（2）石构件残损状况

各回廊普遍存在构件破碎、断裂、塌落、错位、缺失等现象，尤其构件缺失特别严重。

图 3-40　东内塔门结构变形病害典型现状

图 3-41　南内塔门结构变形病害典型现状

图 3-42　西内塔门结构变形病害典型现状

图 3-43　北内塔门结构变形病害典型现状

图 3-44　南藏经阁结构变形病害典型现状

图 3-45　北藏经阁结构变形病害典型现状

图 3-46　南内长厅结构变形病害典型现状

图 3-47　北内长厅结构变形病害典型现状

图 3-48　回廊局部结构变形病害典型现状

图 3-49　西北角楼结构变形病害典型现状

图 3-50　西南角楼结构变形病害典型现状

图 3-51　东南角楼结构变形病害典型现状

图 3-52　东北角楼结构变形病害典型现状

（四）三至五层基台及其顶部五塔结构病害现状

1. 三至五层基台结构病害现状

第三层基台角部出现严重的石构件塌落的现象，但整体相对于第四、五层基台较轻，角部塌落范围两侧的尚存结构出现了石构件错位、破碎、断裂等现象，而且内部角砾岩外露，裂缝发育，裂缝宽度大致约为 10 ~ 50mm。

第四层基台角部明显向外向下倾斜，角部石构件塌落比较严重，内部红色角砾岩外露，多处石块断裂、破碎错位等，存在着失稳危险。台体表面有石块脱落，长有植被，大面积风化。

第五层基台角部石构件塌落最为严重，角部塌落范围两侧的尚存结构多条裂缝发育，多为垂直裂缝，裂缝宽约为 10 ~ 60mm；上层台的东南角有整体向外倾斜的趋势，多数石块（外层砂岩、内层角砾岩）风化，并且脱落。除角部坍塌严重外，其余台体较为完整，无稳定性问题，无沉陷及外鼓现象。上层台地面多处被沙土覆盖。

三至五层基台四转角结构坍塌损坏情况统计见表 3-8。

表 3-8　三至五层基台四转角部位坍塌损坏情况统计表

须弥台转角	一层台	二层台	三层台	合计
须弥台东南角	10.08m^3	5.5m^3	16.2m^3	31.78m^3
须弥台西南角	8.16m^3	7.08m^3	8.45m^3	23.69m^3
须弥台东北角	18.00m^3	7.80m^3	4.32m^3	30.12m^3
须弥台西北角	7.70m^3	6.00m^3	3.96m^3	17.66m^3

2. 五塔

中央主塔：整体稳定性较好，三层基座局部转角构件缺失，但不影响其稳定性。塔身稳定部分区域出现结构裂缝，部分梁体受压断裂，石材有较严重的风化、破损现象。

东南角塔：基座基本稳定，南侧与东侧因基台坍塌而出现下沉现象，东廊和南廊分别与塔身脱离约3cm并向外倾斜。西外廊壁柱向外错动10cm，塔身部分构件被压裂。

西南角塔：整体稳定，顶部大量石构建塌落，基座上的石构件缺失较多，塔身整体稳定性较好，个别构件被压裂。

东北角塔、西北角塔：破坏状况同东南塔。

图3-53　中央主塔结构变形病害典型现状

图3-54　三至五层基台的高台阶结构变形病害典型现状

图3-55　东北角塔结构变形病害典型现状

图3-56　东南角塔结构变形病害典型现状

图 3-57　西南角塔结构变形病害典型现状

图 3-58　西北角塔结构变形病害典型现状

（五）建筑单体结构病害成因分析

1. 地基与基础变形破坏原因

（1）整体变形破坏原因

茶胶寺第一层台四个角部和四个塔门处有角部沉陷倾斜、追踪张裂等整体变形破坏现象，主要机制是地基压密沉降伴随墙体变形拉裂。即墙体和塔门在重力作用下，使所作用的地基土（主要是沙土垫层）发生压密，产生沉降使建筑本身石块之间发生变形拉裂。第一层和第二层台的顶面处有地面隆起的整体变形破坏现象，主要机制是充填基台的欠压密砂垫层在重力作用下产生塑性变形，由基础沉降引起基台周围表面土体发生隆起。

（2）局部变形破坏原因

基台局部变形破坏的主要原因有以下几方面：

①第一层基台东北角和东南角的角部坍塌属受沉陷倾斜控制的内推坍塌型，基台顶部砌筑的回廊建筑产生的水平荷载，导致沉陷倾斜的基台产生进一步的劣化，发生内推坍塌。第二层基台四个角部坍塌类型主要属荷载压剪型，四个角部上部分别承载着四个塔楼的荷载，由周萨神庙工程的岩石力学资料可知，红色角砾岩的抗压强度和抗拉强度比较低，在压剪和拉张作用下，角砾岩的强度难以承担上部荷载，造成角部坍塌。上部三层基台四个角部坍塌类型主要属重力坍塌型，该处基台石砌墙体断面形状成“『”型，重心靠上，在重力作用下易自上部发生石块临空倾覆。各级基台角部变形破坏是茶胶寺遗迹最为显著的破坏现象，其变形破坏的原因除上述分析的诸因素外，还可能由几种类型的复

合型造成的，风化作用、生物作用、人为破坏和排水失效也能劣化角部变形破坏的发育。

②应力集中：石块受整体变形破坏、上部荷载和自重等影响都会产生应力集中，导致建筑边角部和底部应力较大，造成块石断裂和剥落。

③水的作用：水对茶胶寺的破坏作用主要体现在两个方面，一是建筑排水失效，雨季水量丰富，积水造成墙体的沿开裂面的进一步劣化，并会冲蚀基台内部回填的沙土并被搬运，导致内部形成空洞，产生局部沉陷。在第一层基台顶部完成的ZK9钻孔轻便动力触探成果是印证这一现象最好的例证。该钻孔位置紧邻基台石砌墙体的内侧，轻便动力触探的击数明显低于其他位置的轻便动力触探的击数。二是渗水加剧岩石风化，这一现象在二层基台以上的三层基台最为发育，三层基台砌筑累计高度最高，且四周墙体局部上进行了雕刻，砂岩石砌墙体渗水现象明显，渗水造成砂岩表面干湿交替，加剧风化的程度。

④高大植被的生长对建筑的破坏，是造成吴哥古迹破坏的普遍因素。由于法国专家曾对茶胶寺进行了大规模地清理，对建筑体有害的植被已经被清除，目前在茶胶寺整个建筑体上未发现较大型的植被，但从基台转角处和许多塔门的基础部位能够看到曾经被树木破坏的痕迹。

⑤生物腐蚀造成岩石表面风化加剧。基台大部分石块表面生长苔藓，易引起表面剥落或沿节理面的崩解。

⑥动物掏蚀：基台有蚂蚁、蝎子、蜥蜴和蛇等出没，搬运掏蚀充填物，使内部形成空洞，产生局部沉陷。

2. 单体建筑的破坏原因

（1）基台的破坏是造成每座单体建筑破坏的主要原因

茶胶寺是典型的庙山结构类型，所有单体建筑均坐落在各层基台上，基台的变形破坏必然造成其上部各个建筑的破坏。二层基台四个角部的坍塌，致使其上部的角楼处于极度危险之中；基台内部沙土的流失造成地基承载力下降，使建筑的基础产生不均匀沉降，导致整体建筑出现结构变形、墙体倾斜、构件破损，以致建筑局部坍塌。

（2）各单体建筑自身的破坏原因

①从建筑地基下生长出的高大植被，破坏了基础结构并造成地基承载力下降，这与基台因内部植被的生长导致的破坏是一致的。

②因建筑变形导致各结构体受力关系发生变化，多数构件受集中应力作用造成剪切破坏，使其失去承载力，如门窗的过梁和部分墙体构件；建筑变形也导致一些纵向受力构件产生偏心受压，使中部断裂，如门窗的边框。

③部分较大型构件与下部构件的搭接面过小，如门楣和门过梁的搭接面只占门楣底部面积的1/4，另外3/4从梁探出，造成结构的不稳定，下部结构若出现变形，易使该构件以上结构整体倾覆。

④因水和生物的侵蚀而出现石材的风化，易导致构件承载力下降，造成上部结构处于危险之中。

⑤人为破坏也是造成建筑破坏的重要因素之一。

（六）茶胶寺建筑结构稳定性评估

1. 五层基台稳定性分析

结合前期茶胶寺岩土工程勘察工作，对茶胶寺五层基台进行数值分析计算，通过数值计算进行计算成果与变形破坏现象的耦合，进一步分析茶胶寺基台变形破坏特点，验证与确认变形破坏的原因，在此基础上对五层基台进行稳定性评价。

数值计算分析分为两部分，一部分为整体稳定性计算分析，另一部分为局部稳定性计算分析。整体稳定性计算分析主要进行简化的茶胶寺三层基台的三维数值计算。考察地基与基础的沉降与变形特征，考虑自重与渗流工况下的变形特点。结合现场变形破坏特点进行计算结果的分析，综合评价茶胶寺五层基台整体变形破坏机理及其稳定性。局部稳定性计算主要完成其中第三层~第五层基台角部的建模计算，分别考虑自重与渗流工况下的变形特点。最后结合现场变形破坏特点进行计算结果的分析，综合评价茶胶寺第三层~第五层基台角部变形破坏机理及其稳定性。

（1）整体模型

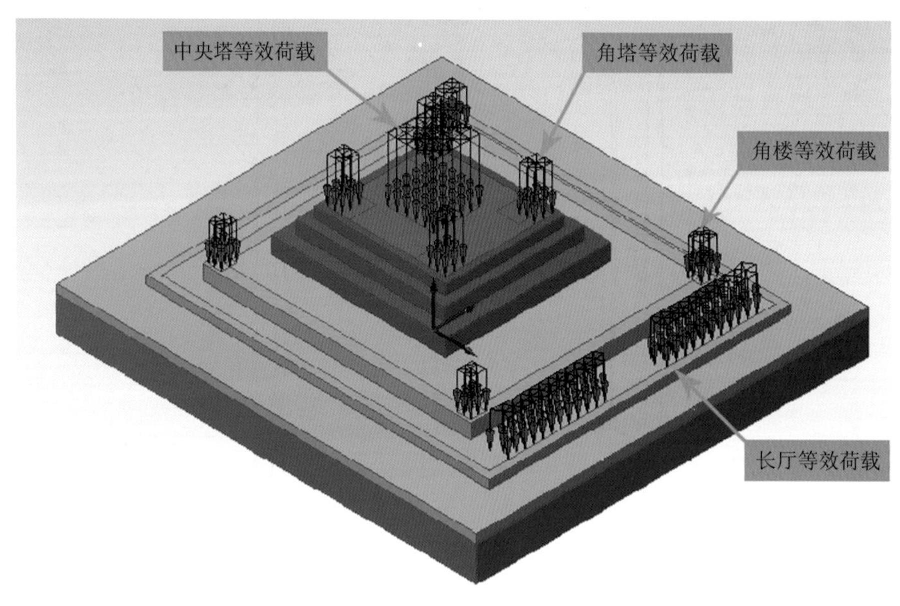

图 3-59　整体模型

（2）物理力学参数

表 3-9　岩土物理力学参数表

序号	代表色块	岩土名称	天然容重（kg/m³）	弹性模量（kPa）	黏聚力（kPa）	泊松比	内摩擦角（Pa）	体积模量（kPa）	剪切模量（kPa）	渗透系数（m/h）
1		地基（粉质土砂）	1900	4000	3.2	0.35	25	4444	1481	1.83E-02
2		填砂（细砂）	1800	3500	0	0.35	30	3888	1296	0.42
3		台阶（角砾岩）	2000	2.1E6	160	0.32	40	1.94E6	7.95E5	0.1
4		台阶（砂岩）	2400	5.0E6	160	0.27	40	3.62E6	1.96E6	0.1

说明：角砾岩和砂岩的黏聚力、内摩擦角、渗透系数的取值为块石干砌后形成结构体的综合取值。

（3）模型说明

模型主体按照结构物的真实尺寸建立，各层基台的建筑物按照其体积转化为压力载荷作用在基台表面。地基深度取值为地表下 16m，平面范围为第一层台阶外推 16m。计算单位采用 kN、m 制。地基底面和侧面向 X、Y、Z 三个方向约束。

图 3-60　单元划分模型

（4）单元划分

单元共划分为 74221 个，采用摩尔—库仑。

（5）重力场分析

图 3-61　重力场作用下的基础变位

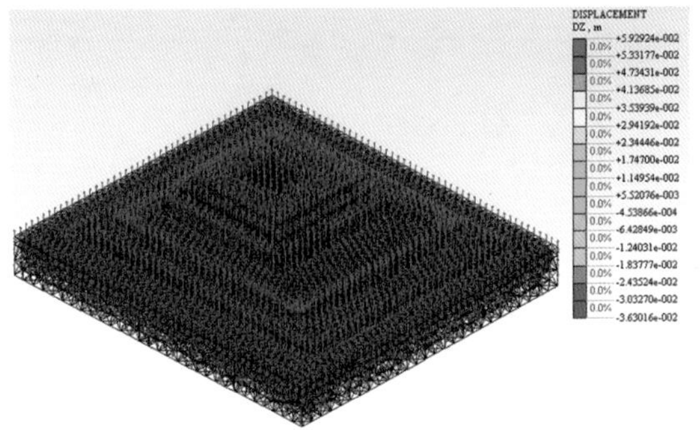

图 3-62　重力场作用下的基台变位矢量图

图 3-63　重力场作用下的竖向应力

图 3-64　重力场作用下的最大剪应变

小结：由图 3-61、图 3-62 可知，在自重作用下，五塔下部基台竖向产生一定的变形，五塔塔基下方土基向下沉降，塔基周边土基向上隆起。造成这一现象的原因在于：建筑基台内部由松散细砂填筑而成，其较大的泊松比在承受竖向压力的同时，不可避免产生横向变形，塔基周侧表面无覆盖压力，造成塔基周侧地表向上隆起。如果五塔下基台内部结构全部由块石砌筑而成，且埋入地下一定深度，块石砌体则会直接将上部荷载压力直接传入地下一定深度，其上土层的覆盖压力会消除或减弱塔基周侧土基的隆起现象。图 3-63 所揭示的竖向应力分布集中在中央塔的顶面、台阶和基座处，符合分布规律，其最大的竖向应力未超出石材的抗压强度，地基承载力满足要求。图 3-64 揭示的最大塑性剪应变发生在塔基第二层基台和周侧土基衔接的部位，每层基台的基础和周侧土基衔接的部位也有塑性剪应变发生，符合作用规律，说明该部位在建筑荷载的作用下，在历史上出现过内力重分布，说明该部位是受力集中区域和相对薄弱区域。

（6）渗流场分析

设置塔顶和地层表面 2m 的压力水头，模拟在持续降雨的条件下，场地渗流场的分布情况。计算结果如图 3-65、图 3-66 所示。

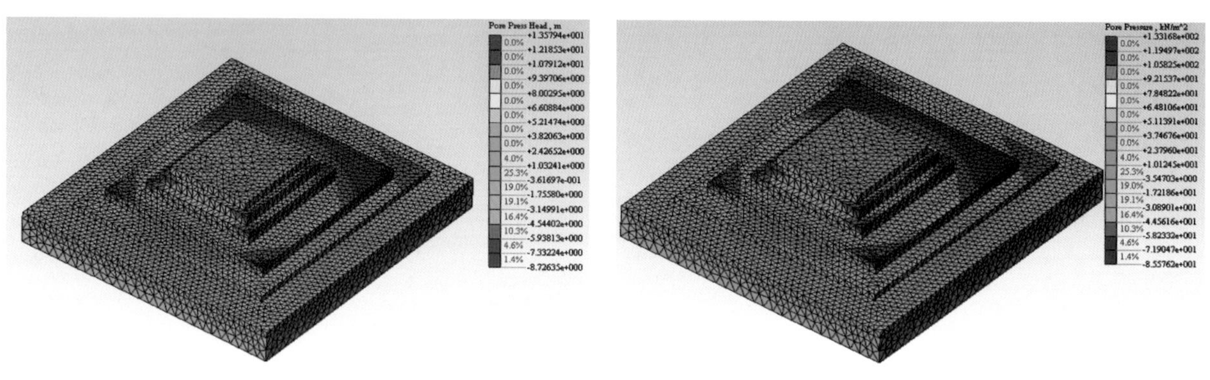

图 3-65　渗流场孔隙压力水头　　　　图 3-66　渗流场孔隙压力

小结：由于五塔下部基台内部填料为细砂，外墙为干砌条石，细砂及条石缝隙均为渗透性较强的材料，在持续降雨的条件下，有条件形成渗流场，和重力场耦合在一起，共同对五塔下部基台的变形发挥作用。图 3-65、图 3-66 揭示了孔隙压力的分布规律，从上到下，从中心到外缘逐渐减弱。

（7）重力场和渗流场耦合

将渗流场的孔隙水压作为岩土结构的初始应力，和重力场、塔体等效载荷等耦合，分析耦合作用下五塔下部基台的变形情况。

由图 3-67 ~ 图 3-69 可以看出，考虑渗流场和重力场的耦合，塔基下部的竖向变形进一步增加，增加率在 14% 左右，五塔塔基底部的地基应力有所增加，增加率在 5% ~ 7%，从而说明了渗流场的存在增加了基台的变形和应力。

（8）整体稳定性评价

整体模型分重力载荷以及重力载荷和渗流耦合两种工况计算，计算结果和现场勘察情况吻合较好。

在重力载荷作用下，五塔塔基底部和回填细砂之间在历史上发生过塑性变形，导致塔基周侧土基隆起变形，塔基距离第二层基台最宽处，隆起变形最大。导致这一现象的根源在于塔基承受的竖向应

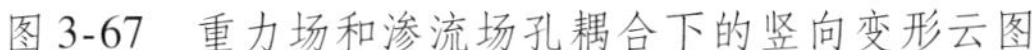

图3-67　重力场和渗流场孔耦合下的竖向变形云图

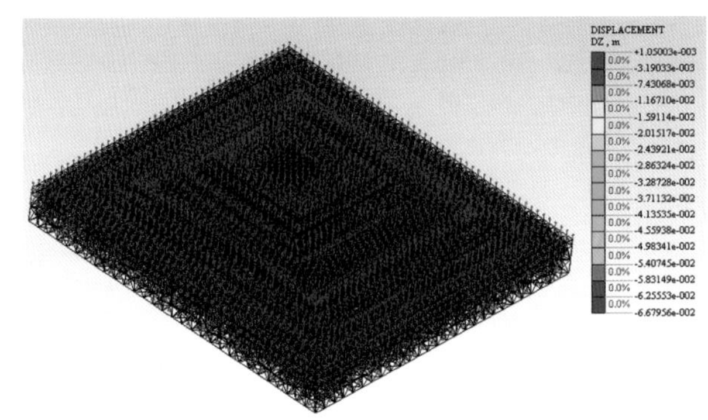

图3-68　重力场和渗流场孔耦合下的基台变形矢量图

图3-69　重力场和渗流场孔耦合作用下的竖向应力云图

力直接作用于二层基台的砂层上，砂层填料所具有的较大的泊松比，导致其承载后较大的横向变形，塔基外无覆盖土层进行压重而为自由表面，进而导致向上隆起。如果塔基基础有一定的埋深，则会削弱甚至消除这一现象。这种隆起的塑性变形发生在建筑的施工过程和工后一定时间范围内，经过内力重分布，达到新的平衡，到现在早已稳定。但应注意局部解体大修时，应尽量避免在局部出现地基内力重分布的发生。在重力场作用下，目前五塔底部基台承载力能满足要求。

在重力场和渗流场耦合作用下，塔基的竖向应力和变形均有进一步增大的趋势。对于以细砂作为填料的塔基结构而言，其渗流场的存在增加了结构的重力，是不利的影响因素。计算结果表明，考虑渗流的情况下，其竖向位移和竖向应力分别增加14%和5%～7%。

2. 各层基台角部稳定性计算分析

（1）一层基台稳定性计算分析

模型

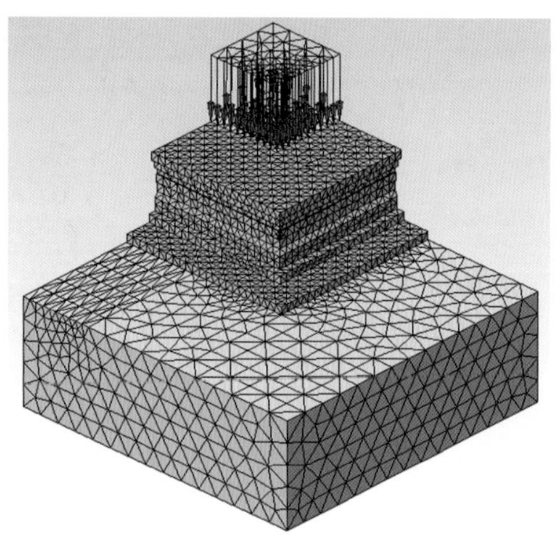

图 3-70　一层基台角部模型图

物理力学参数

表 3-10　岩土物理力学参数表

序号	代表色块	岩土名称	天然容重 (kg/m^3)	弹性模量 (kPa)	黏聚力 (kPa)	泊松比	内摩擦角 (Pa)	体积模量 (kPa)	剪切模量 (kPa)	渗透系数 (m/h)
1		填砂（细砂）	1800	3500	0	0.35	30	3888	1296	0.42
2		台阶（角砾岩）	2000	2.1E6	160	0.32	40	1.94E6	7.95E5	0.1

说明：角砾岩的黏聚力、内摩擦角、渗透系数取值为块石干砌后形成结构体的综合取值。

重力场和渗流场耦合计算

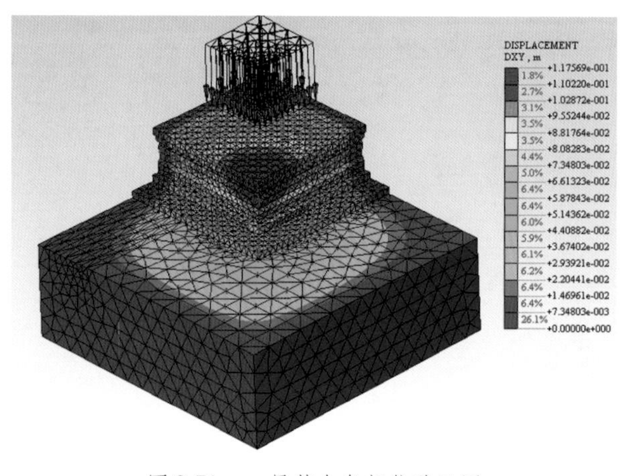

图 3-71　一层基台角部位移云图

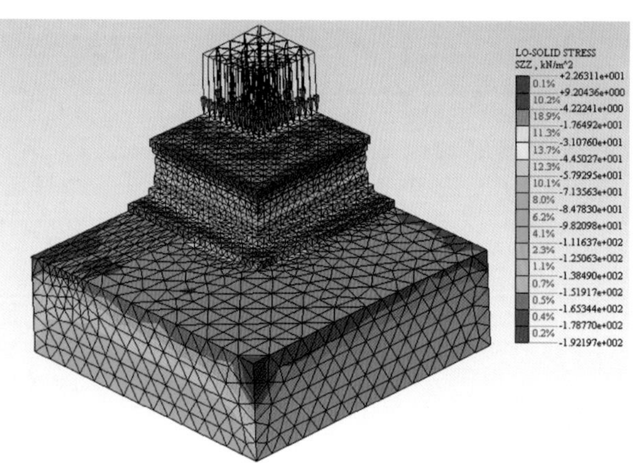

图 3-72　一层基台角部竖向应力云图

小结：由图 3-71 可知，在重力和渗流场作用下，角部的上部交角处平面变位最大，有向外被挤出的趋势，这和该部位后面的填砂在顶部荷载压力作用下产生侧胀变形有密切关系，正是填砂的较大泊松比和较低的弹性模量导致其在压力作用下发生较大的横向变形，横向变形受到角部墙体的约束，产生作用力，作用于角部墙体上，从而使角部墙体产生向外的运动趋势。这一点和现场勘察的结果较为吻合，现场从角部坍塌断面上，发现墙体有外倾位移现象。由图 3-72 可知，角部的下部收分最凹处为最大的应力集中处，为结构最薄弱的部分。

（2）二层基台稳定性计算分析

模型

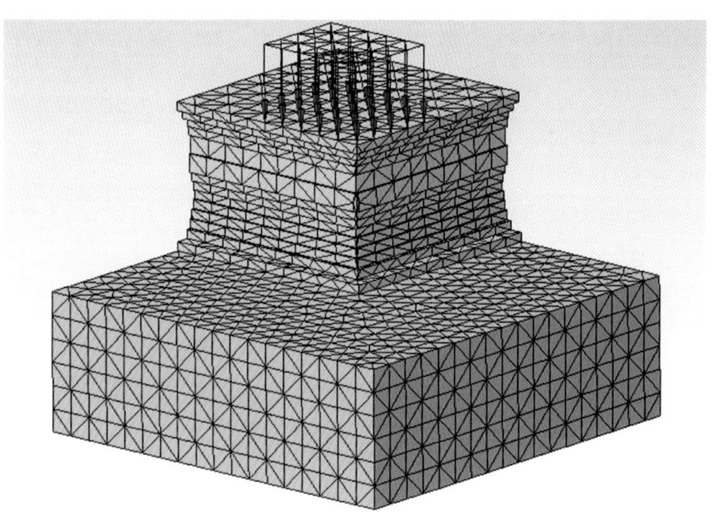

图 3-73　二层基台角部模型图

物理力学参数

表 3-11　岩土物理力学参数表

序号	代表色块	岩土名称	天然容重（kg/m^3）	弹性模量（kPa）	黏聚力（kPa）	泊松比	内摩擦角（Pa）	体积模量（kPa）	剪切模量（kPa）	渗透系数（m/h）
1		填砂（细砂）	1800	3500	0	0. 35	30	3888	1296	0. 42
2		填砂（细砂）	1800	3500	0	0. 35	30	3888	1296	0. 42
3		台阶（角砾岩）	2000	2. 1E6	160	0. 32	40	1. 94E6	7. 95E5	0. 1

说明：角砾岩的黏聚力、内摩擦角、渗透系数的取值为块石干砌后形成结构体的综合取值。

重力场和渗流场耦合计算

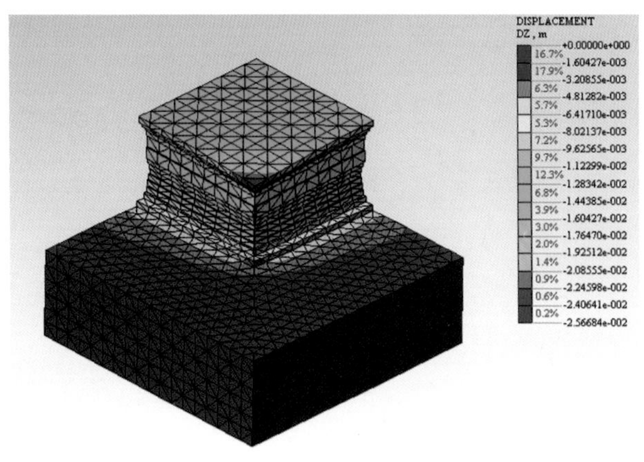

图 3-74　二层基台角部位移云图
（加顶部载荷）

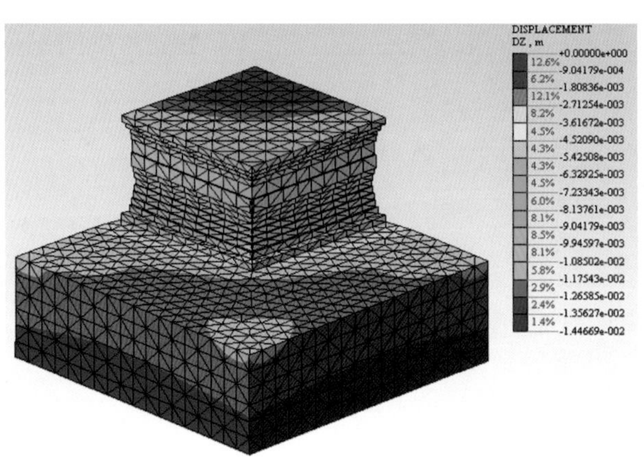

图 3-75　二层基台角部位移云图
（未加顶部载荷）

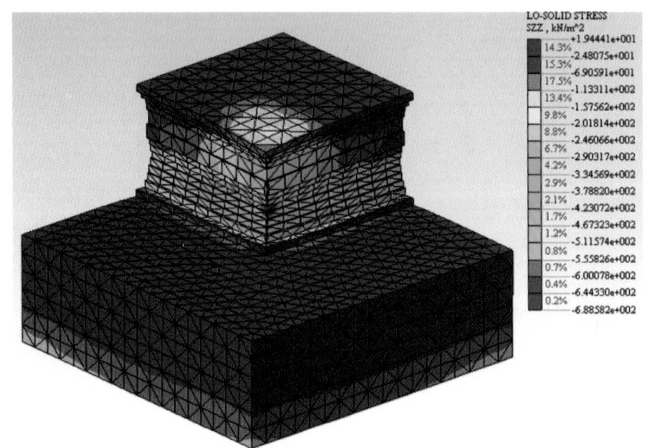

图 3-76　二层基台角部应力云图
（加顶部载荷）

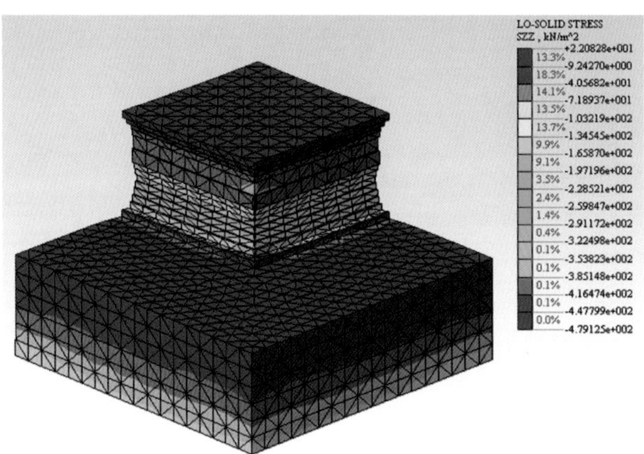

图 3-77　二层基台角部应力云图
（未加顶部载荷）

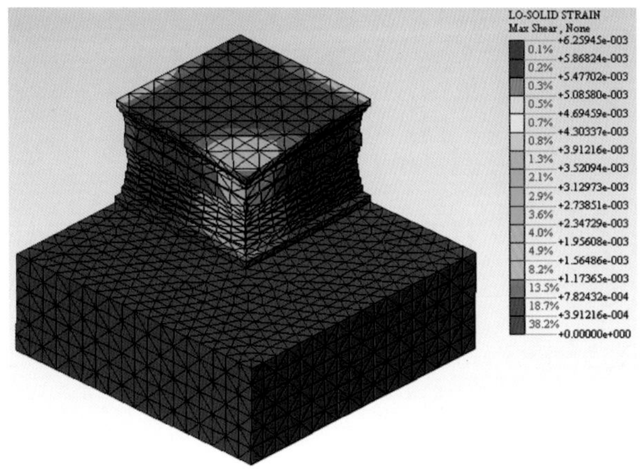

图 3-78　二层基台角部最大塑性剪应变云图（加顶部载荷）

小结：对比图 3-74、3-75 以及图 3-76、3-77 可知，顶部角楼载荷对角部的受力与变形有较大影响。在自重左右下，角部的受力是均匀的，施加顶部载荷后，角部的受力发生改变，在角部台阶向内收分最凹处的角线上出现应力集中（达 688KPa），并在该处产生最大的塑性剪应变。图 3-78 的塑性剪应变分布预示了角部最不利受力区域，呈四面体锥形分布。并指明了角部破坏的形式为压剪破坏。

（3）第三至五层基台稳定性计算分析

模型

图 3-79　第三至五层基台角部模型图

物理力学参数

表 3-12　岩土物理力学参数表

序号	代表色块	岩土名称	天然容重（kg/m^3）	弹性模量（kPa）	黏聚力（kPa）	泊松比	内摩擦角（Pa）	体积模量（kPa）	剪切模量（kPa）	渗透系数（m/h）
1		填砂（细砂）	1800	3500	0	0. 35	30	3888	1296	0. 42
2		台阶（角砾岩）	2000	2. 1E6	160	0. 32	40	1. 94E6	7. 95E5	0. 1
3		台阶（砂岩）	2400	5. 0E6	160	0. 27	40	3. 62E6	1. 96E6	0. 1

说明：角砾岩、砂岩黏聚力、内摩擦角、渗透系数取值为块石干砌后形成结构体的综合取值。

重力场和渗流场耦合计算

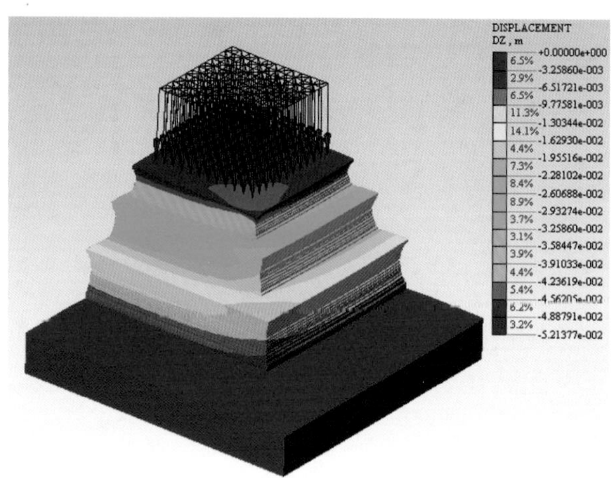

图 3-80　第三至五层基台角部竖向位移云图

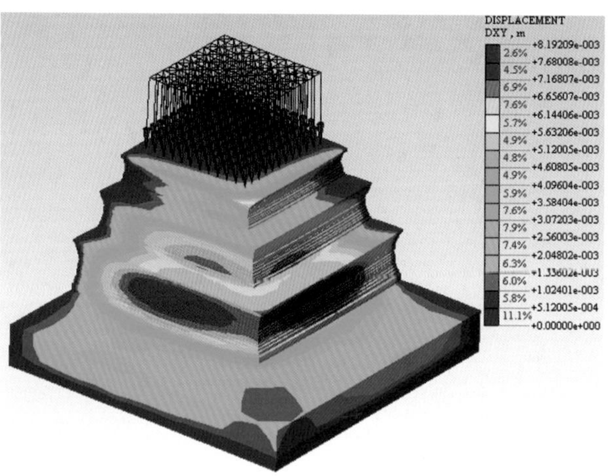

图 3-81　第三至五层基台角部水平位移云图

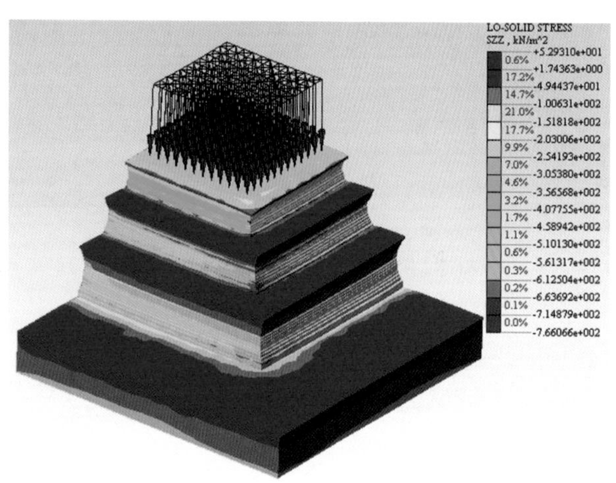

图 3-82　第三至五层基台角部竖向应力云图

小结：由图 3-80、3-81 可知，在顶部角塔载荷、自重、渗流的作用下，其整体位移以竖向位移为主，以水平向为辅。说明该部位承受竖向压力的材料以条石为主，如果承受竖向的压力材料为细砂，则会因其较大的泊松比，产生较大的水平向位移。由图 3-82 可知，三层基台的中下部均承受了较大的竖向应力，说明三层基台内凹形制减弱了基台的应力收分作用，从而使每层基台在最凹处承受较大的应力，同时在每层基台的角部的交汇处的中部最凹处产生应力集中。

（4）各层基台角部稳定性评价

第一至五层基台角部出现的局部破坏，有一个共性：角部的顶部均有建筑载荷，一层基台的角部对应围墙及长厅，二层基台对应荷载为角楼，第三至五层基台的角部荷载为顶部角塔。角部这些建筑载荷对角部的稳定产生了不利的影响。

一层基台对应的围墙及长厅荷载施加于基台后面的填砂上，在重力和渗流场作用下，角部的上部交角处平面变位最大，有向外被挤出的趋势，这和该部位后面的填砂在顶部荷载压力作用下产生侧胀变形有密切关系，正是填砂的较大泊松比和较低的弹性模量导致其在压力作用下发生较大的横向变形，横向变形受到角部墙体的约束，产生作用力，作用于角部墙体上，从而使角部墙体产生向外的运动趋势。和现场勘察的结果较为吻合，现场从角部坍塌断面上，发现墙体有外倾位移现象。角部的下部收分最凹处为最大的应力集中处，为结构最薄弱的部分。

二层基台角部对应的角楼建筑载荷直接作用于角部的砌石上，顶部角楼载荷的施加对角部的受力与变形有较大影响。在自重的左右下，角部的受力是均匀的，施加顶部载荷后，角部的受力发生改变，在角部基台向内收分最凹处的角线上出现应力集中，并在该处产生最大的塑性剪应变。塑性剪应变分布预示了角部最不利受力区域呈四面体锥形分布，并指明了角部破坏的形式为压剪破坏。

第三至五层基台角部对应顶部角塔载荷，在顶部载荷、自重、渗流的作用下，其整体位移以竖向位移为主，以水平向为辅。说明该部位承受竖向压力的材料以条石为主，如果承受竖向的压力材料为细砂，则会因其较大的泊松比，会产生较大的水平向位移。三层基台的中下部均承受了较大的竖向应力，说明三层基台内凹形制减弱了基台的应力收分作用，从而使每层基台在最凹处承受较大的应力，同时在每层基台的角部的交汇处的中部最凹处产生应力集中。

经过角部数值计算分析，角部的顶部载荷对角部受力影响较大，角部的上突中部凹的形制成为结构的竖向应力分布与扩散的不利因素。根据不同位置的角部建筑形制和荷载对应关系，各层基台的角部破坏可概括为以下三种情况：①一层基台角部为墙后填砂作用下的主动土压力失稳破坏，破坏形式为外墙倾斜、角部坍塌；②二层基台为角楼压力载荷下的局部压剪破坏，角部的外突内凹形制在竖向压力载荷作用下不能形成合理的分散传力路径，导致角部的上半部临空受压剪，进而导致坍塌；③第三至五层基台角部承受的角楼载荷较大，其基台收分较为明显，每层基台中下部承受了较大的竖向载荷，并在角部的交汇处的中部最凹处产生应力集中。每层基台上部由于建筑形制形成较大的临空面，该部分在自重和结构载荷共同作用下，发生坍塌破坏。

另外，各层基台角部的这种中部凹上下外凸的须弥座建筑形制，必然导致其上部的临空部分受到重力载荷的弯剪作用，呈上拉下压、竖向受剪的受力模式。在建筑收分时，每层石料的重心应保证位于下层石料的外边缘的内部，同时在临空部分的顶部应设置向后延伸的通长的石料作为压顶受拉的承力构件，否则顶部在受拉作用下，单纯依靠石材之间的摩擦不足以维持结构的稳定。而这种通长受力的石料在顶部荷载作用下，一旦断裂，将不可避免地导致结构的失稳。角部是这种砌石结构的交汇处，有两个临空面，需要内部稳定机制更为复杂，加之角部的顶部建筑载荷的作用，致使角部成为整个建筑受力的最薄弱的环节。

3. 典型单体建筑结构稳定性分析

采用国际上通用的大型有限元数值分析软件 ABAQUS，建立茶胶寺单体建筑整体结构三维有限元数值模型，考虑石块之间的摩擦接触，引入摩擦接触单元，分析结构自重作用下各单体建筑整体的内力分布与变形状况。结构分析的重点为修复设计角楼及塔门两类单体建筑，如图 3-83 所示。

单体建筑结构有限元数值分析的流程图如图 3-84 所示。

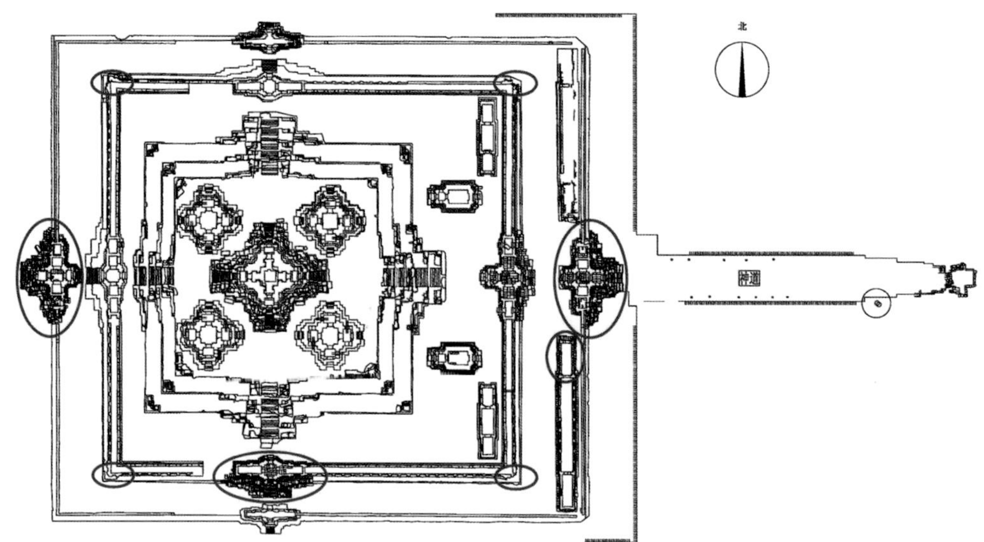

图 3-83　茶胶寺重点修复的八处位置

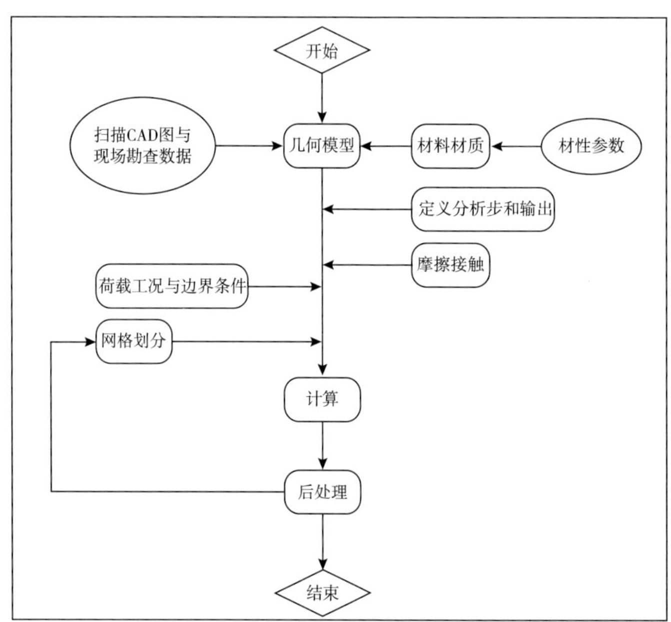

图 3-84　单体建筑结构有限元数值分析的流程图

（1）角楼结构有限元分析

以西南角楼为例，其他角楼的模拟结果相似。西南角楼整体结构三维有限元数值模型的建造流程如图 3-85 所示。

利用该数值模型得出西南角楼在重力荷载作用下的内力分布，表 3-13 列出了西南角楼各项应力的峰值，该表中的值远小于材料强度。可见，若地基无不均匀沉降，没有其他异常外力作用，西南角楼的结构是稳定的。

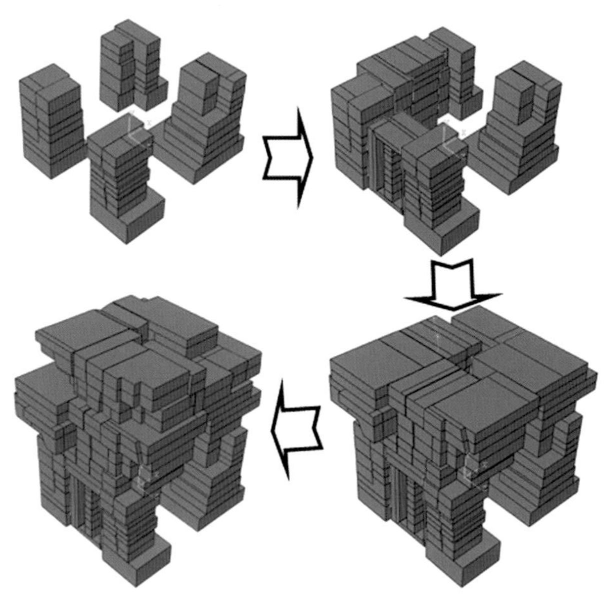

图 3-85 西南角楼建造流程

表 3-13 西南角楼应力峰值表

应力	应力峰值（MPa）	材料强度（MPa）
压应力	0. 4557	47
拉应力	0. 106	1. 2
剪应力	0. 1197	29

（2）塔门结构有限元分析

以东外塔门为例，其建模流程如图 3-86 所示。

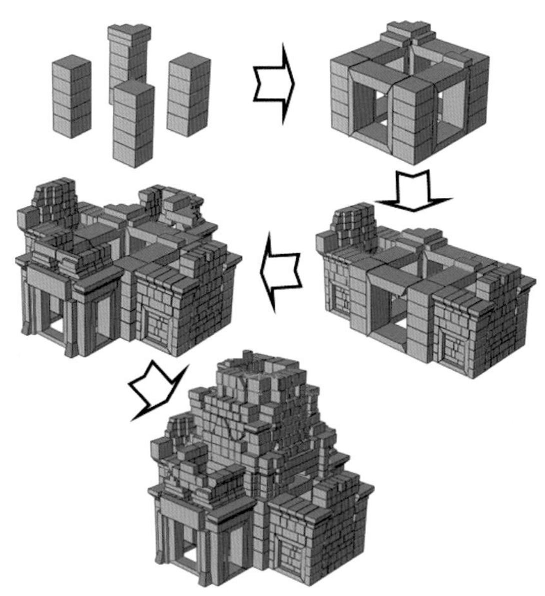

图 3-86 东塔门建造流程图

在不考虑基础不均匀沉降的前提下，有限元数值分析得到重力荷载作用下的各项应力，见表3-14。可以看出，应力峰值与材料强度相比，构件压、拉、剪应力均小于材料强度，只是拉应力峰值与拉应力破坏应力相比，结构有出现开裂的趋势。因此，在无其他破坏荷载作用下，东外塔门现基本处于稳定的状态，而局部受拉区域有潜在危险。

表3-14　东外塔门应力峰值表

应力	应力峰值（MPa）	材料强度（MPa）
压应力	1.072	47
拉应力	0.9553	1.2
剪应力	0.36	29

塔门主体结构高而笨重，与之相连的两侧拱廊与主体结构相比则要轻得多，整个塔门结构下的基台平台所受压力为中加大两边小，而且差异明显，各处沉降量随着所受压力不同而大小不一，不均匀性逐年递增，压缩至今，可以明显看出各处沉降的差异，基本呈一倒三角形，如图3-87、图3-88所示。

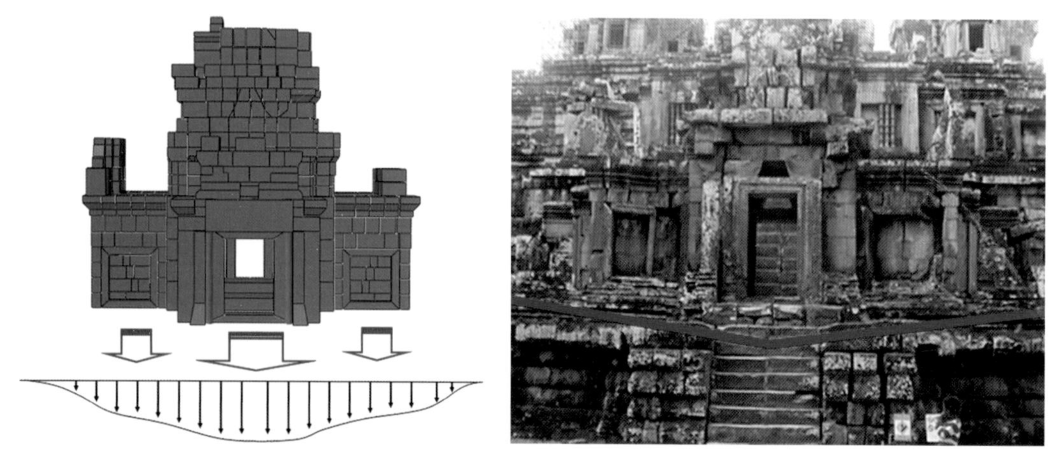

图3-87　东外塔门变形破坏特征

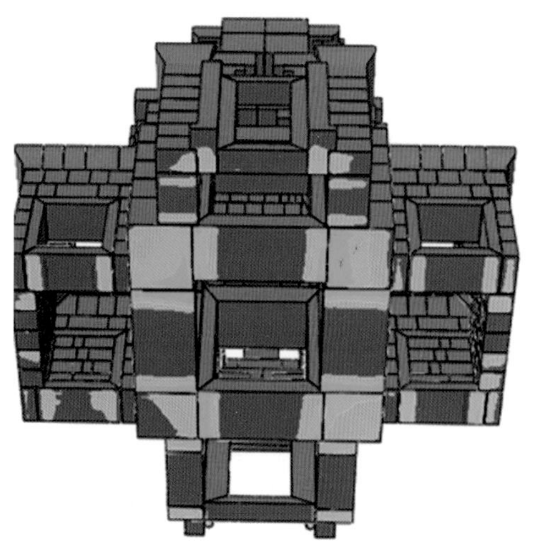

图3-88　东外塔门底层石块受力云图

东外塔门竖向应力云图如图 3-89 所示，由图可知，支撑上部结构自重的门、窗框的竖向构件竖向应力较大，这与该类构件的破坏现状一致。

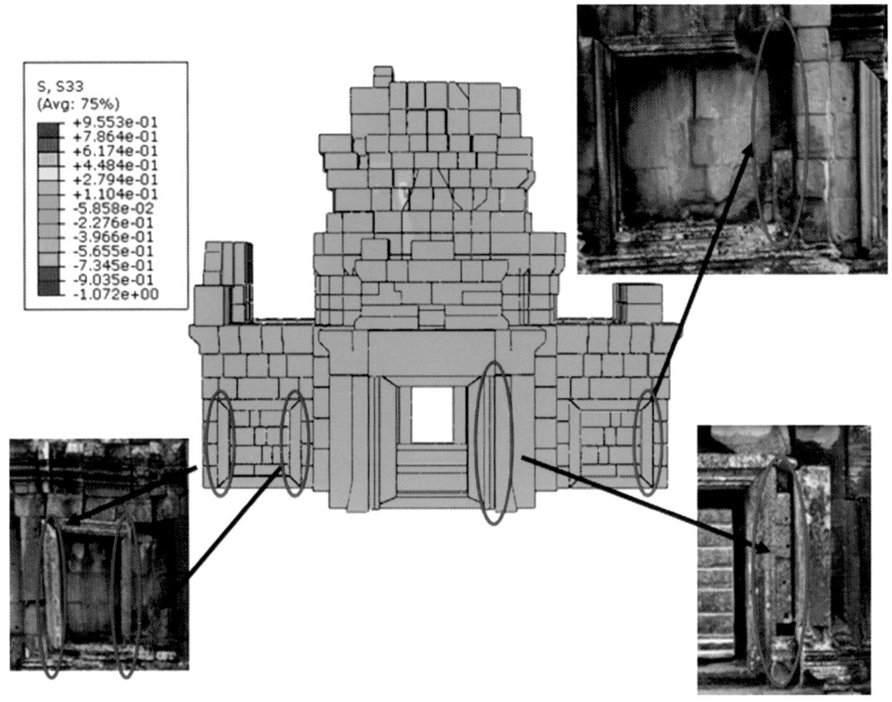

图 3-89　东外塔门竖向应力云图与破坏现状

塔门结构中门、窗构件是整体结构受力中的薄弱构件，由拉应力云图图 3-90、图 3-91 可知，门或窗框结构中横向构件处于受拉状态，而支撑上部构件的竖向构件则处于受压状态。

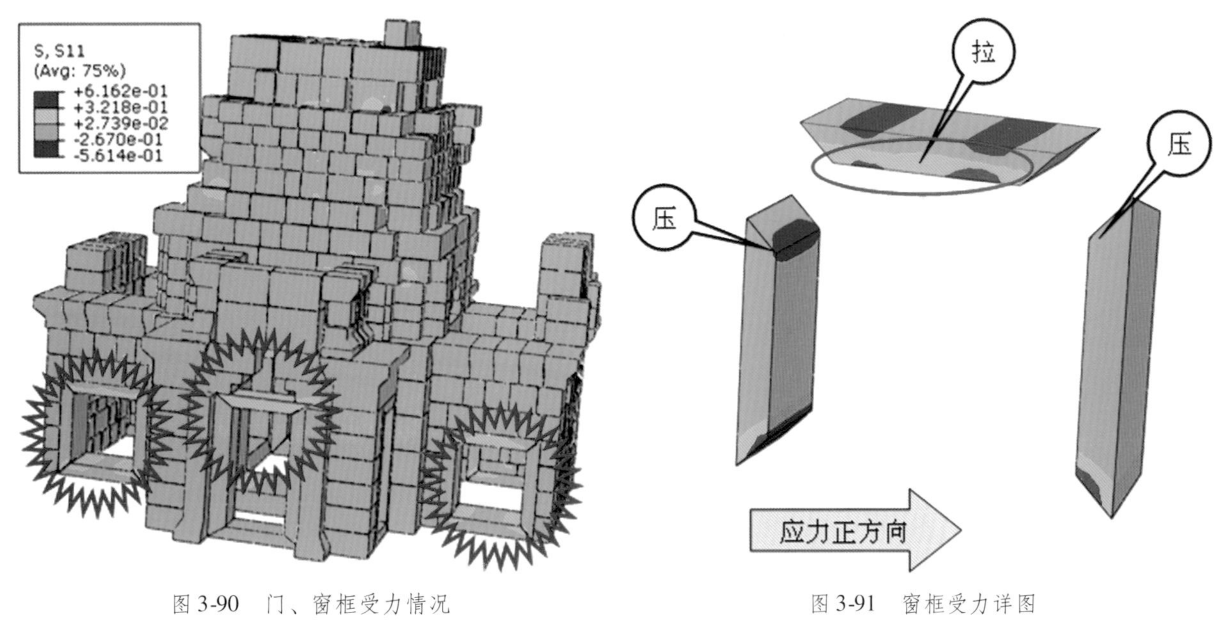

图 3-90　门、窗框受力情况

图 3-91　窗框受力详图

（3）结论与建议

在不考虑基础变形的前提下，茶胶寺各单体建筑结构自重下各应力（包括拉、压、剪应力）均小于材料强度，其中，压、剪安全富裕度相对较高。石材抗拉强度低，干燥时，砂岩抗拉强度约为1.2Mpa，而部分结构出现局部拉应力，受力部位安全富裕度相对不高。

第四章　修复工程设计

第一节　设计目的、依据及原则

一　设计目的

茶胶寺历经近千年的风雨，由于高温高湿的热带自然环境及建筑材料自身性能等原因，虽然主体建筑依然耸立，但各类塔门、长厅、回廊、藏经阁、基台、塔殿等的建筑结构已出现整体或局部的坍塌损毁，尚存建筑结构存在重大结构安全隐患。石构件表面也存在严重的风化剥落、雨水侵蚀、生物侵害等病害。以上病害的发育严重危及了茶胶寺的完整、长久的保存。修复工程设计的首要目的即是在对茶胶寺存在的各类病害成因分析及评估的基础上，针对各类病害进行修复设计，加固坍塌、修补残缺、恢复原有格局，增强古迹抵御自然灾害的能力，从而使这一伟大的建筑古迹消除各种威胁，得到科学、完善的保存与保护。

二　设计依据

1. 国际公约和宪章。

（1）《吴哥宪章》（Charter for Angkor Guidelines for the Safeguarding of the World Heritage Site of Angkor）。

（2）《保护世界文化和自然遗产公约》（法国巴黎，1972 年）。

（3）《国际古迹保护与修复宪章》（威尼斯宪章，1964 年）。

（4）《关于保护景观和遗址的风貌与特性的建议》（肯尼亚内罗毕，1962 年）。

2. 柬埔寨 APSARA 局批复文件。

3. 《柬埔寨吴哥古迹茶胶寺保护与修复工程总体研究报告》。

4. 《中国政府援助柬埔寨吴哥古迹保护（二期）茶胶寺保护修复工程总体计划》。

5. 国家文物局《关于援柬二期茶胶寺保护修复工程总体设计方案及工作计划的批复》。

6. 联合国教科文组织吴哥古迹保护国际协调委员会 ICC 专家组对《援柬二期茶胶寺保护修复工程总体研究报告》的批复意见。

7. 中华人民共和国有关法律、法规及有关规范、规程：

（1）《中华人民共和国文物保护法》。

（2）《文物保护工程管理办法》。

（3）《文物建筑工程质量评定标准》。

8. 柬埔寨 APSARA 局的有关规定。

9. 联合国教科文组织吴哥古迹保护协调委员会（ICC－ANGKOR）有关规定。

三 设计原则

以上述国际文化遗产领域相关理念、法规、宪章、准则等为依据，以我国文化遗产保护实践经验为借鉴，全面深入研究，制定具体的保护修复方案。修复设计过程中严格遵循以下原则：

1. 方案的制订与实施应以保存文物的原状、体现其真实性和完整性为原则。

2. 修复设计方案以“安全第一、抢险加固、排除险情，局部修复与全面修复相结合”的总体思路进行。

3. 各类病害的修复设计方案制定时，保持传统工艺与新技术、新材料应用的适当结合，新工艺、新材料的应用以具有实际操作的可逆性或可再处理性为原则，且不会引起建筑本体额外的病害或险情。

4. 对于结构稳定性病害，在保证结构稳定性的基础上，严格控制解体范围。

5. 残缺石构件尽量对塌落石构件进行寻配，除影响结构稳定性或影响上部结构无法回砌归安，并确定无法寻配到的，才能进行补配新的石构件，其他不再进行补配新的石构件。

6. 残损石构件能原位进行修复的尽量采取原位修复，避免对结构造成进一步的扰动。

7. 新补配石材的选择原则：补配石构件选取与原材质相同、外观颜色、结构特征相近石材。

第二节 建筑本体修复工程技术方案

一 基台保护修复技术方案

（一）基台塌毁结构的解体

由于各层基台损毁最严重的部位是四个转角处，因此在修复前应将塌毁的四个转角结构同其上部的建筑一起解体。每层基台的中间台阶处，其整体结构基本稳定，只有部分构件错位，因此不予解体。

（二）结构修复工程

1. 基台转角处

（1）归安被拆除的结构部分，对缺失的构件采用新石料按基台原形制补配，对破损的构件进行修补（一层和二层的基台为红色角砾岩石块砌筑，三至五层的基台外侧为砂岩石砌块砌筑、内侧为红色角砾岩石块砌筑）。

（2）不同层采取局部新补配石构件加长设计制作使其结构自身咬合或在每层石块上部开槽植入扒锔或碳纤维进行结构加固，来提高归安砌体的整体性。

（3）基台转角上部建筑结构按照单体建筑修复方法进行修缮，排水方式以采取地面面排的方式，将雨水沿回廊的缺损处排出。

2. 基台中央台阶

只对台阶两侧边台上错动的构件进行归安，局部缺失构件以同材性的石块补配，对破损的构件进行修补。

（三）二层基台转角及角楼修复方案

由于四个转角部位基台及角楼可视为同一建筑整体，基台角部的修复方案直接影响上部角楼的完整保存，角楼大部分修复工作解体后重构和塌落石构件的寻配归安。此处将上部角楼的修复一起纳入本部分章节，与基台修复方案进行一并叙述。因二层台四转角基台角楼发生病害类型、病害成因相同，选择其中典型的二层台西北角及角楼修复工程为例进行介绍说明：

1. 整体修复方案

由前期建筑结构病害现状调查可知，二层台四转角及角楼结构变形损坏病害主要由于在上部角楼荷载及自然风化因素影响下，基台角部角砾岩石构件损害导致角部结构塌落，进而引起上部角楼发生结构变形和塌落。因此，对于二层台四转角及角楼的整体修复方案包括：

（1）结构解体范围的确定

基台角部塌落范围周边现存石构件均为断裂破损石构件，且边界相邻局部石构件发生移位变形，现场勘查后，基台角部解体范围确定为现存塌落范围向两侧及内部解体 2 ~ 3 块发生移位的石构件，局部如超出解体范围存在变形较大的石构件可酌情增加解体数量，基台解体范围向下部逐渐减少，整体以最小干预为原则。

受基台解体范围影响及角楼结构变形塌落现状所致，上部角楼最终确定解体范围为残余部分全部解体。

考虑角楼与两侧回廊间关系，后期重构归安角楼部分石构件需综合考虑与其两侧相连接的回廊部分的修复方案。综合考虑后确定在修复二层台四转角及角楼部位时，与回廊部分修复相结合同时进行施工。

平面及立面解体范围详见设计图 4-1 ~ 4-3 及附图中各二层台四转角及角楼单体建筑修复设计图。

（2）基台角部塌落结构的重构

受角砾岩特性因素影响，原先塌落部分角砾岩石构件受自然风化因素影响，强度已经降低很大，且塌落石构件破碎严重，自身颗粒结构特征也导致残损石构件不适宜再进行修复使用。基台塌落部分主要选取新开采的、性质、结构特征相近的角砾岩石料进行补配归安。

（3）基台角部重构石构件间的结构加固

由于基台稳定性对于整体单体建筑的完整保存至关重要，在基台角部重构过程中，对角部新补配石构件进行结构加固。结构加固措施主要包括以下三种，可根据实际施工情况进行选取，见图 4-4 ~ 图 4-6 及附件中典型单体建筑修复设计图。

①碳纤维结构加固。

②扒锔结构加固。

③石构件自身咬合结构加固。

以上三种结构加固措施相关的施工工艺及要求详见“施工工法详述—结构加固”章节。

（4）上部角楼修复

二层台四转角上部角楼的修复措施主要包含建筑结构解体、残损石构件修复、解体石构件归安、塌落石构件寻配归安，具体措施详见各单体建筑修复设计图。

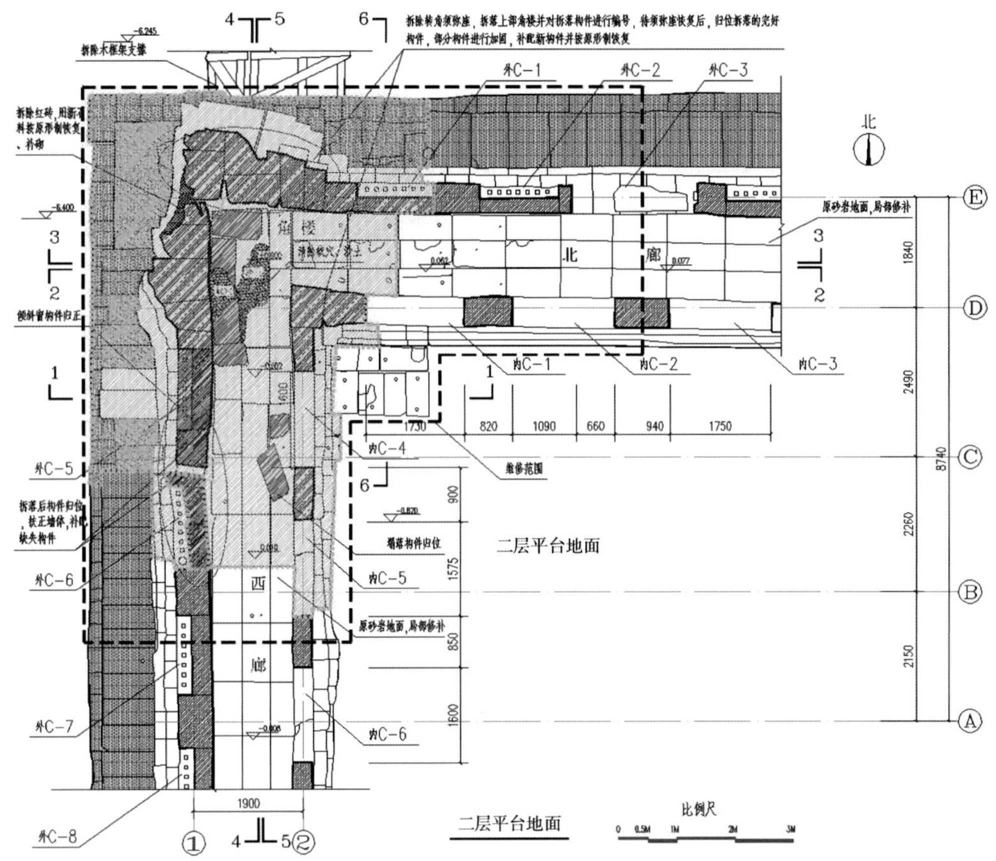

图 4-1　二层基台转角及角楼保护修复平面修复图（西北角楼为例）

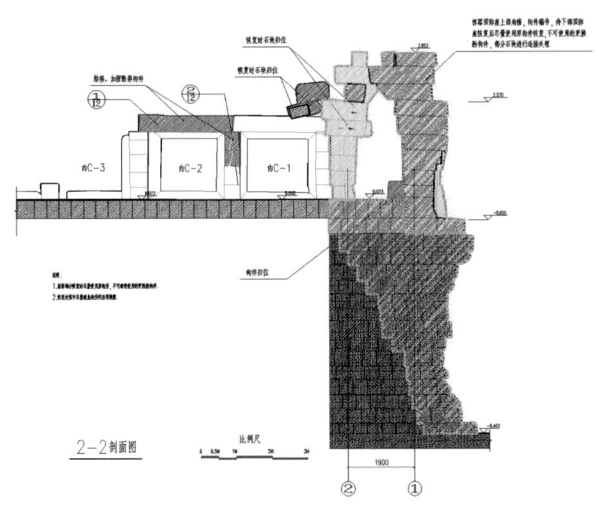

图 4-2　二层基台转角及角楼保护修复立面修复图（西北角楼为例）

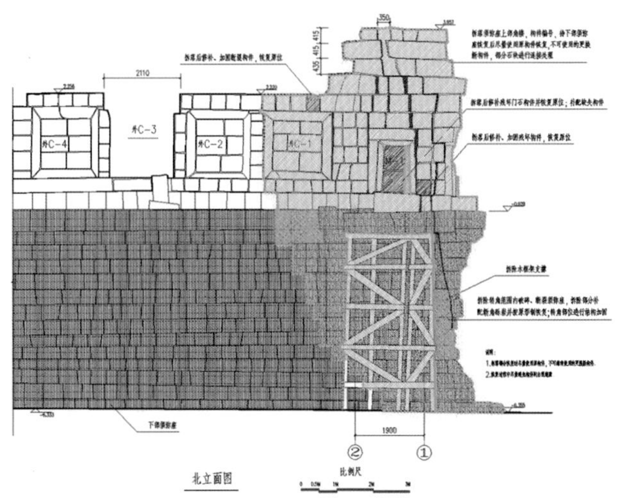

图 4-3　二层基台转角及角楼保护修复剖面修复图（西北角楼为例）

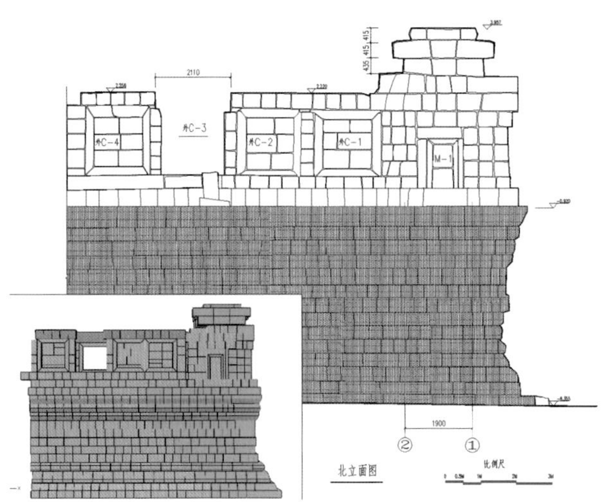

图 4-4　二层基台转角及角楼保护修复立面修复后效果图（西北角楼为例）

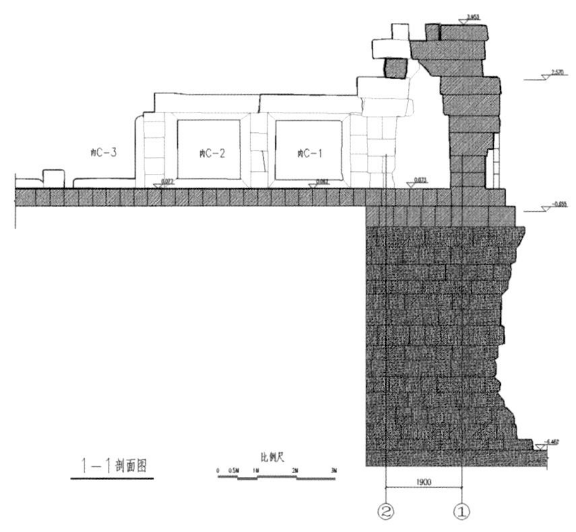

图 4-5　二层基台转角及角楼保护修复剖面修复后效果图（西北角楼为例）

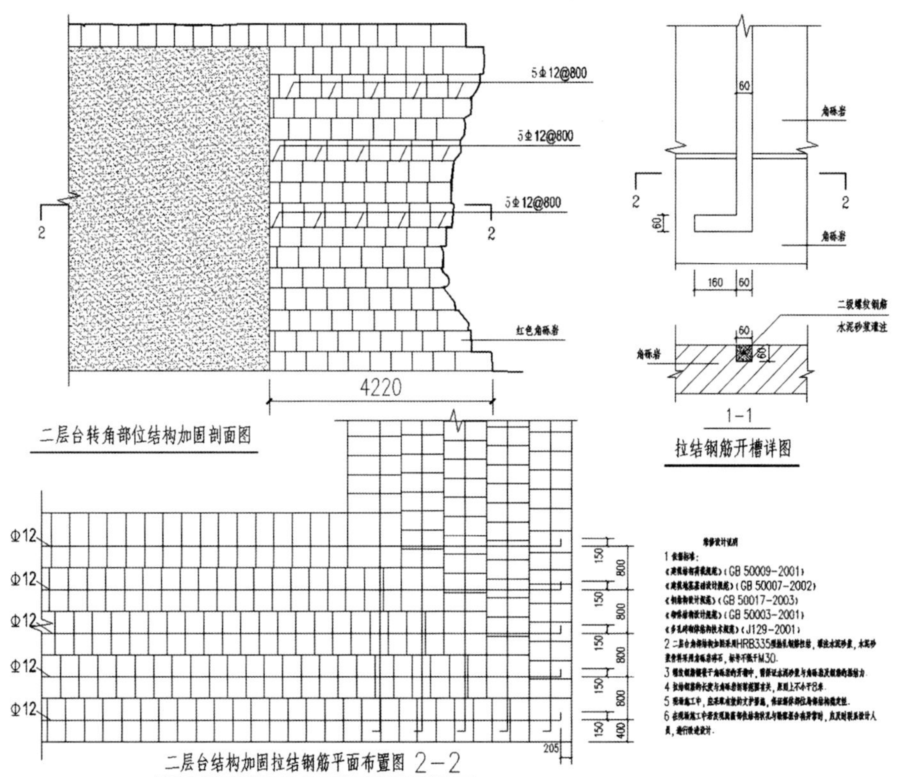

图 4-6　二层基台转角结构加固图（西北角为例）

（四）其他包含基台及转角损坏的单体建筑

此类修复方案相似的单体主要包含一层台围墙四转角及角部基台、三至五层须弥台四转角及角部基台，由于修复原则及措施相近，在此不一一赘述，修复施工方案详见附件中典型单体建筑的修复设计图。

二　典型单体建筑保护修复方案

（一）建筑结构的解体

对每座单体建筑的损坏严重部位实施局部解体，是从根本上解决建筑体存在的安全隐患、恢复和展示其原貌的重要步骤。确定每座建筑解体的部位，必须考虑到结构的破损程度和是否能够承受上部的荷载等条件，一般应将解体部位拆落至基础结构。结构解体前应对拆落构件逐一编号建档。

对于建筑结构解体体量大小，在遵循最小干预修复原则的基础上尽量做到少解体少干预。修复施工前需进行补充勘察，根据以下三种原则对发生变形损坏的结构采取相应的修复措施：

1. 由于基础沉降导致上部结构发生严重变形，并存在坍塌破坏的可能，修复解体至结构变形破坏部位进行重构不能解决结构继续发生变形破坏。

2. 建筑上部结构变形不是由于基础发生沉降变形所引起，结构发生严重变形损坏部位位于上部结构中，仅对变形结构进行微调，不对发生结构变形部分及其上部结构进行解体不能排除结构继续发生变形破坏的情况，需对结构变形部分及其上部结构进行解体修复。

3. 对于基础未发生严重沉降变形，仅由于结构中局部石构件损坏导致结构发生变形，且结构变形可通过对残损石构件进行原位加固及调整即可解决上部结构进一步发生变形破坏的情况，修复施工时，主要采取原位加固、局部调整的措施进行处理，不对上部结构进行大范围的解体修复。

（二）结构修复工程

1. 基础

基础结构保持不变，将清理出的回填土经过筛选后重新铺筑在基础内部，夯筑要求达到夯实系数大于等于0.95。

2. 室内地面

①在 ±0.000 以下设计深度，用原回填土筛选后夯实。

②铺设厚320mm红色角砾岩石垫层，每间屋中均以中央位置为基准找2%泛坡，在石块缝隙处用石灰砂浆灌缝，填实。

③在红色角砾岩石垫层上铺设厚与原地面尺寸相同的砂岩石块，砂岩石块表面要求平整，侧面应与相临石块贴紧，底侧可略有不平，以利水流。

3. 建筑主体结构

基础加固后归安解体结构的建筑主体构件，包括墙体、门窗、柱、山花等，在归安前应对构件进行清洗除去污垢，同时修补和粘接断裂和破损的石构件，归安石构件应按顺序逐层安装，对有条件拆落的不解体结构的断裂或破损石构件，应尽量取下进行修补。

4. 屋顶

茶胶寺各单体建筑屋顶构件多已无从寻找，本次修复不对屋顶结构进行修复。

5. 局部结构的加固措施

为提高局部结构的稳定性，防止个别石构件可能产生的倾覆，需采用钢结构拉结的方式进行加固。

（三）典型单体建筑修复设计

除以上含有基台的单体建筑外，其余典型单体建筑主要包括塔门、藏经阁、长厅、回廊四类。根据现场病害调查结果可知，四类单体建筑具有相近的病害发育类型，结构变形损坏成因主要是单体建筑局部基础不均匀沉降引起上部结构的变性破坏。结构变形破坏主要集中在建筑的结构转角与侧室或抱厦部位，局部石构件的残损破坏也引体了结构的变形破坏。

塔门、藏经阁、长厅、回廊类典型单体建筑修复设计方案主要包括前述结构解体、结构修复、局部结构加固措施。此仅选取同类同单体建筑，包含各修复施工方案措施的典型平、立、剖面进行示意说明（以下各单体建筑修复效果模型图建模未包含后期寻配补配石构件，仅作为前期效果展示，最终修复效果以现场实际修复中寻配归安后的效果为准）。

南内塔门平面修复设计图如图 4-7 所示，各立面修复设计图如图 4-8 ~ 图 4-10 所示，图 4-11、图 4-12 为南内塔门修复后效果图。

1. 南内塔门

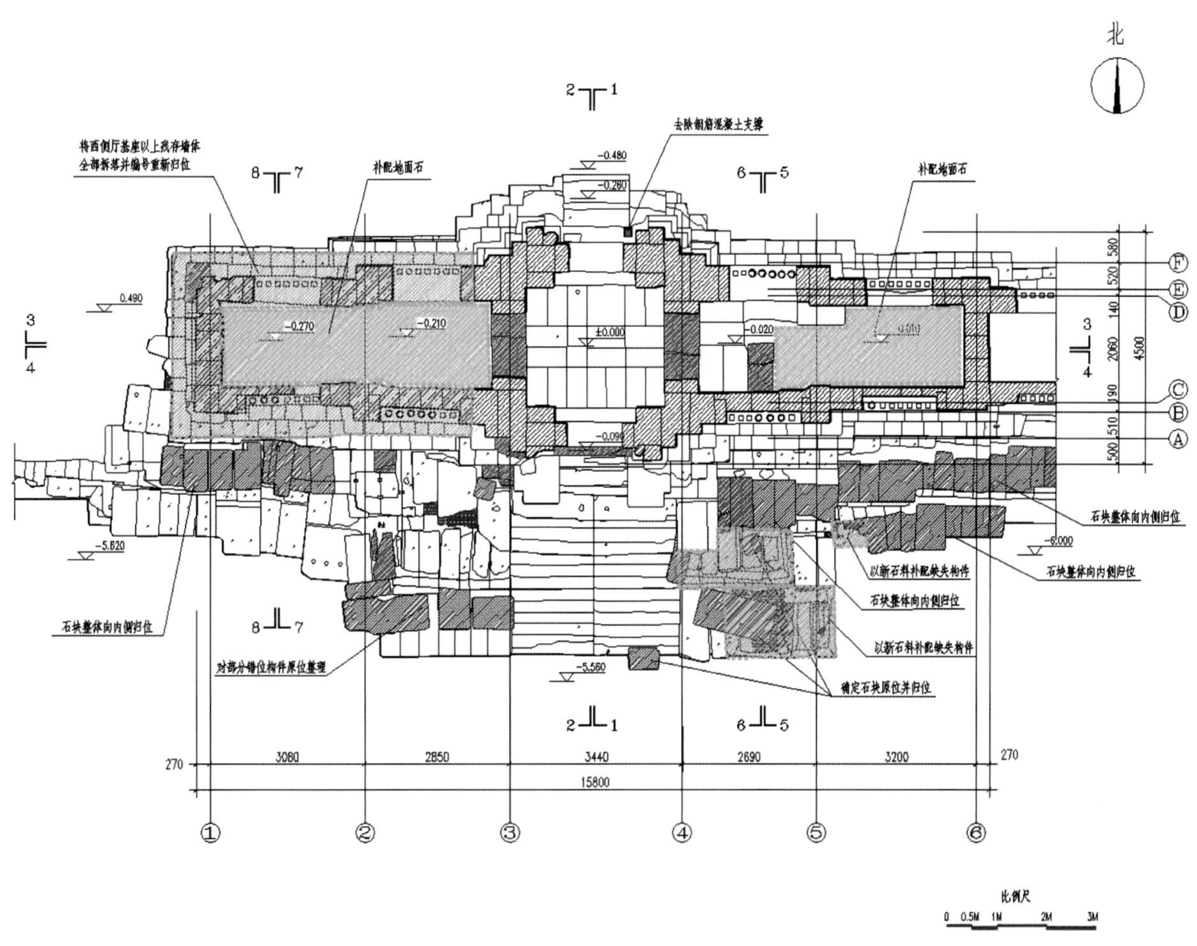

图 4-7　南内塔门平面修复设计图

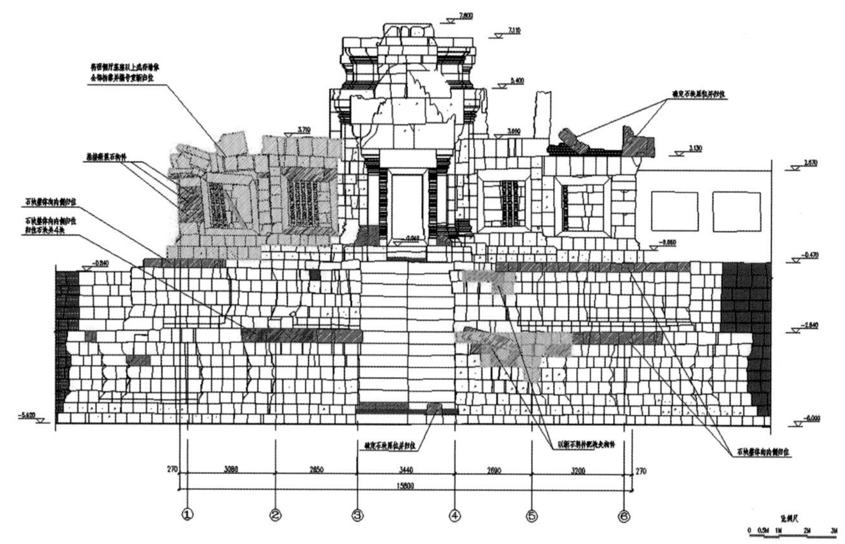

图 4-8　南内塔门南立面修复设计图

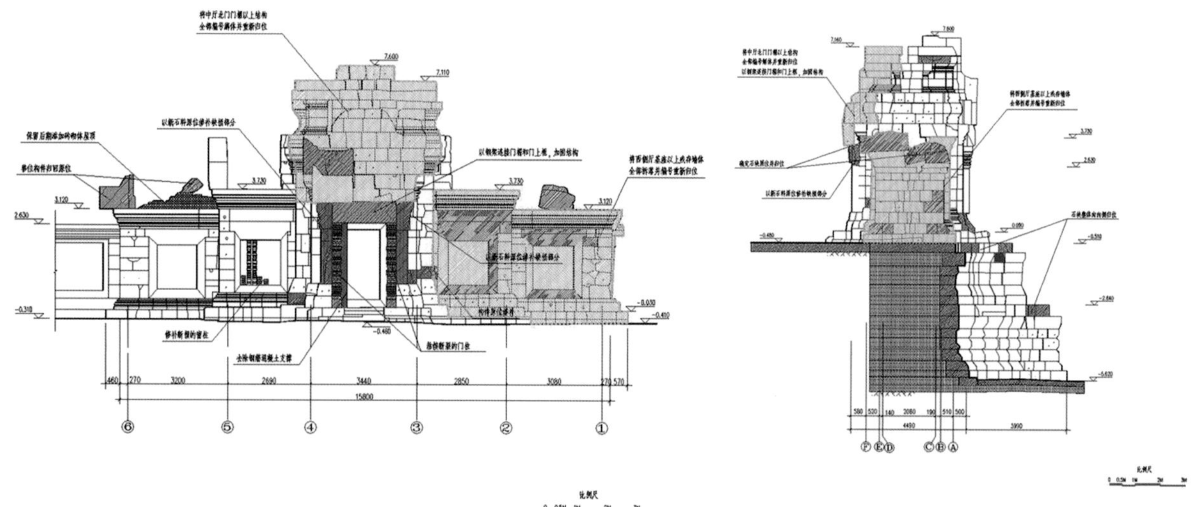

图 4-9　南内塔门北立面修复设计图

图 4-10　南内塔门西立面修复设计图

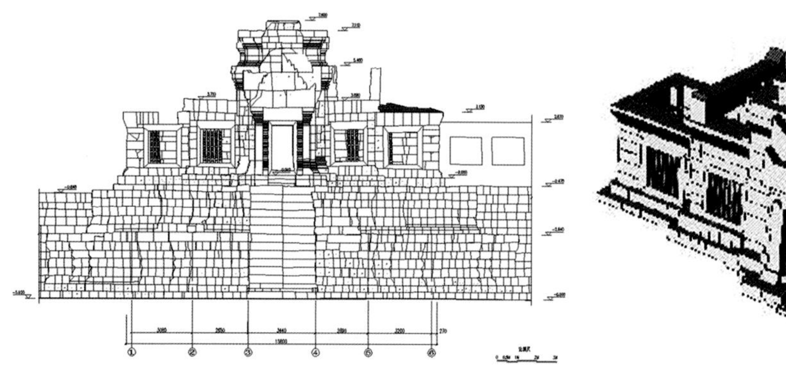

图 4-11　南内塔门南立面修复后效果图

图 4-12　南内塔门修复后效果三维模型图

2. 东外塔门

东外塔门平面修复设计图如图4-13所示，东立面、北立面修复设计图如图4-14、图4-15所示，修复效果图如图4-16、图4-17所示。

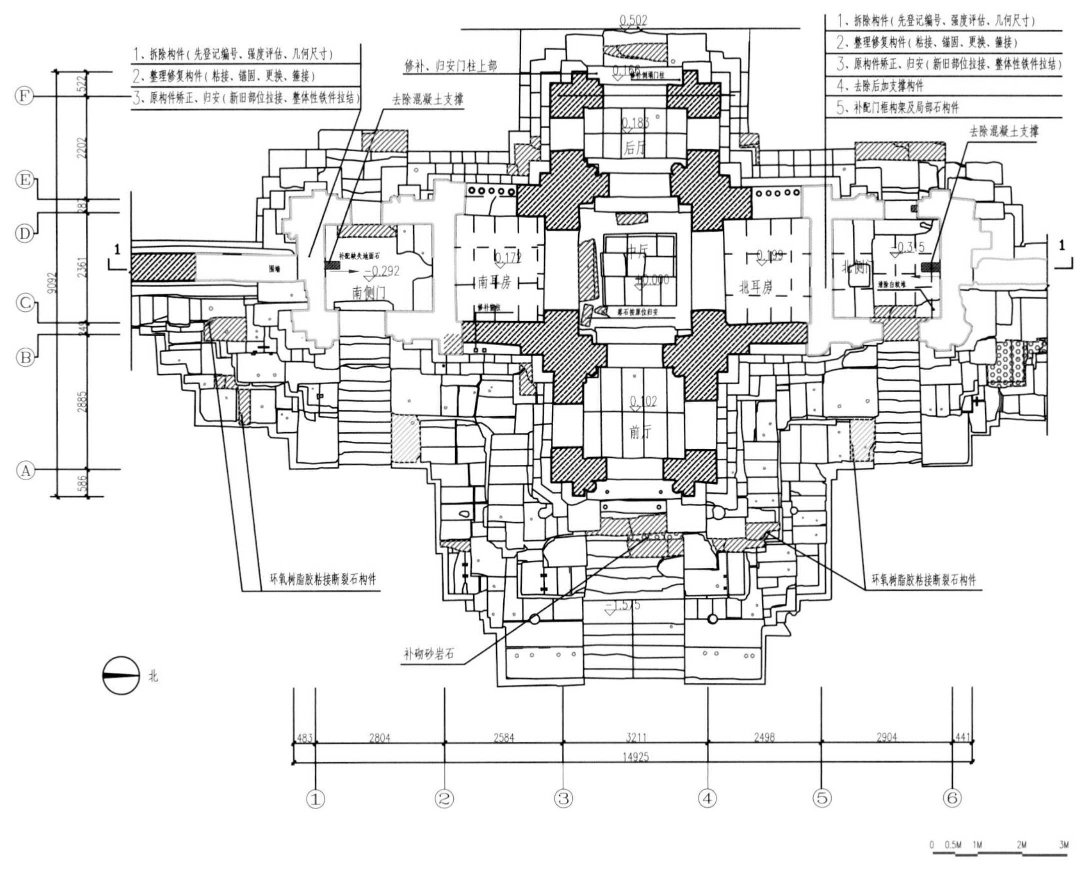

图4-13　东外塔门平面修复设计图

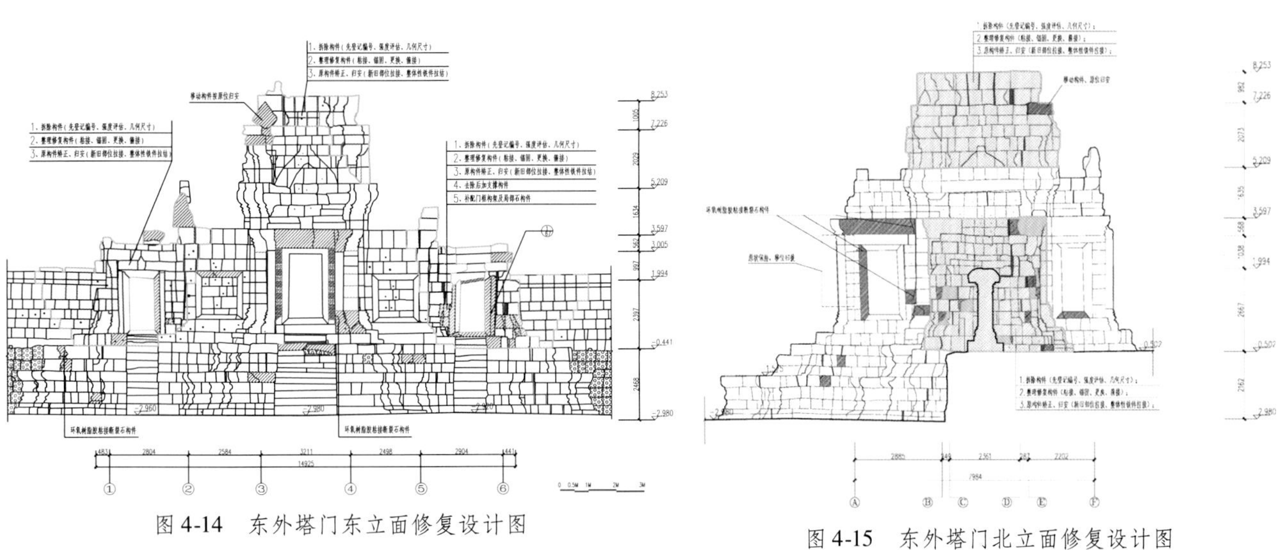

图4-14　东外塔门东立面修复设计图

图4-15　东外塔门北立面修复设计图

图 4-16　东外塔门东立面修复后效果图

图 4-17　东外塔门修复后效果三维模型图

3. 西外塔门

西外塔门平面修复设计图如图 4-18 所示，西立面、北立面修复设计图如图 4-19、图 4-20 所示，修复效果图如图 4-21、图 4-22 所示。

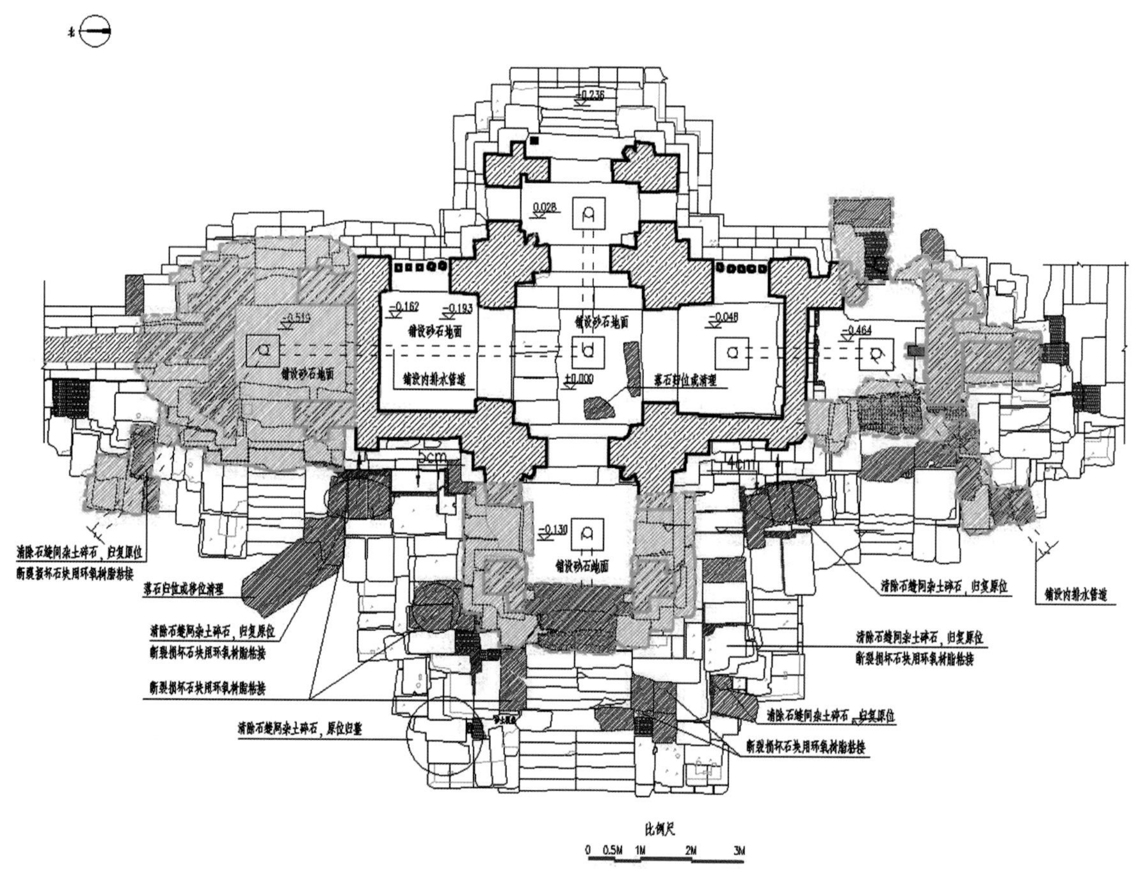

图 4-18　西外塔门平面修复设计图

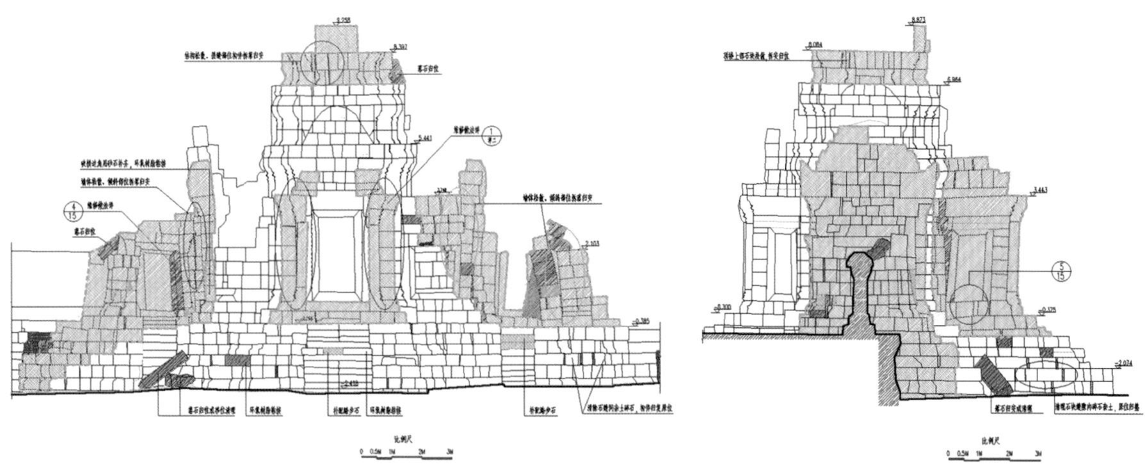

图 4-19　西外塔门西立面修复设计图　　图 4-20　西外塔门北立面修复设计图

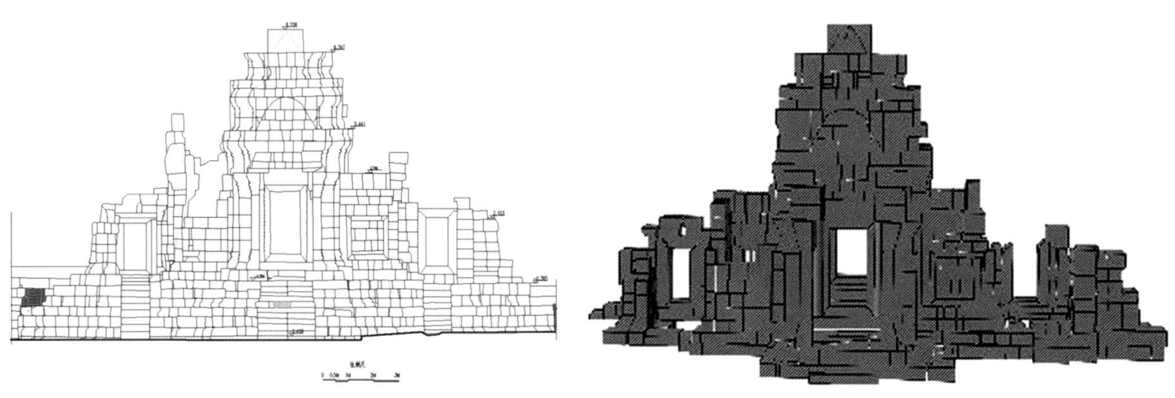

图 4-21　西外塔门西立面修复后效果图　　图 4-22　西外塔门修复后效果三维模型图

4. 南外长厅

南外长厅平面修复设计图如图 4-23 所示，西立面修复设计图如图 4-24 所示，修复效果图如图 4-25、图 4-26 所示。

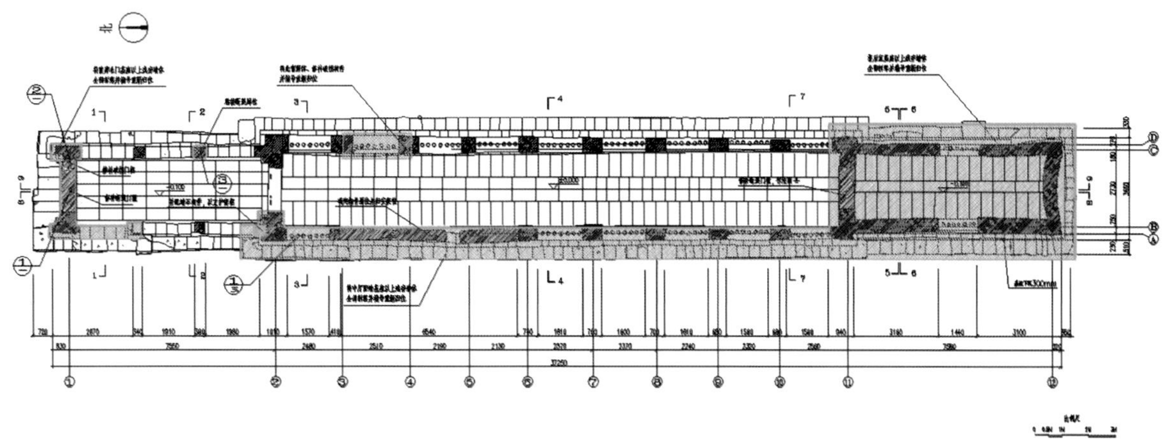

图 4-23　南外长厅平面修复设计图

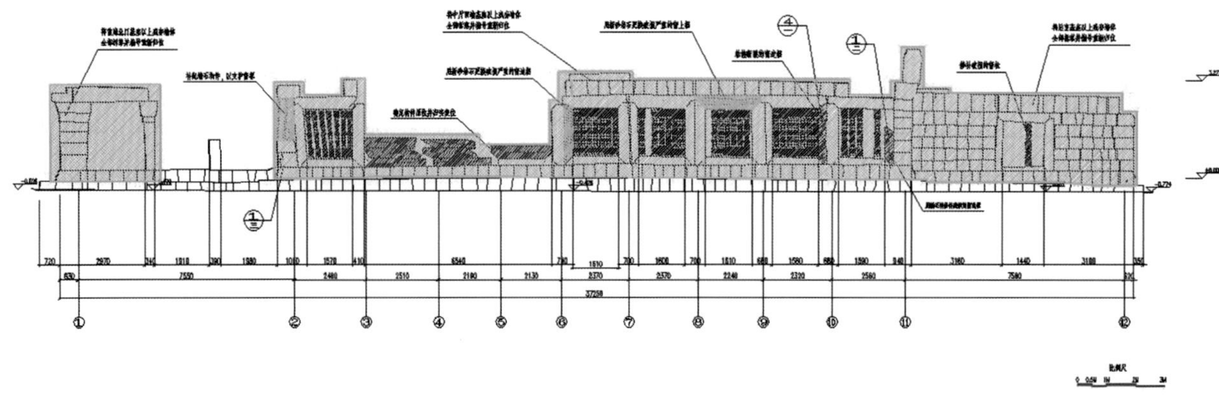

图 4-24　南外长厅西立面修复设计图

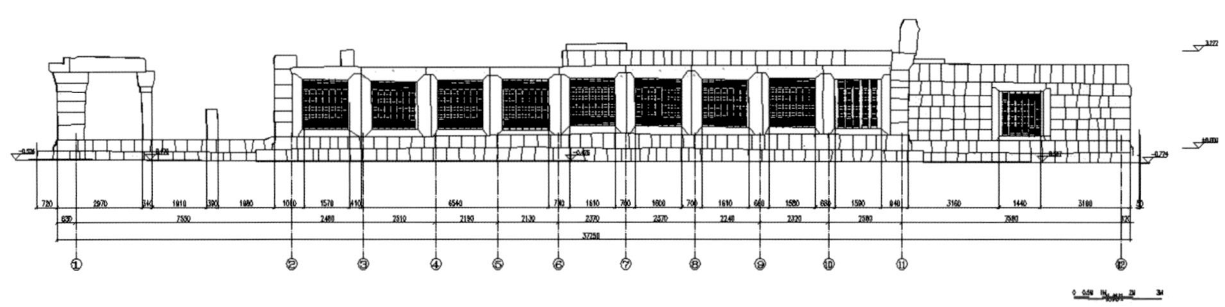

图 4-25　南外长厅西立面修复后效果图

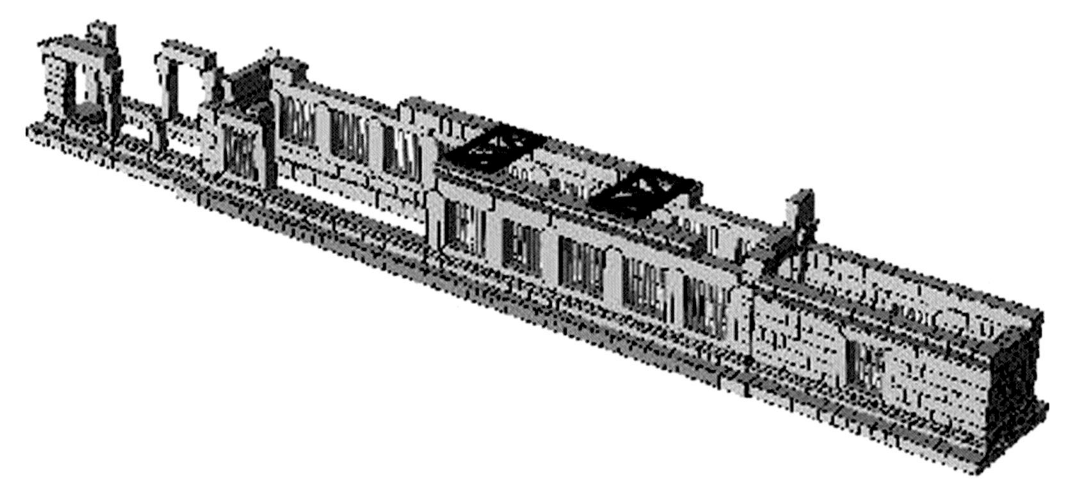

图 4-26　南外长厅修复后效果三维模型图

5. 南藏经阁

南藏经阁平面修复设计图如图 4-27 所示，各立面修复设计图如图 4-28 ~ 图 4-31 所示。

6. 北藏经阁

北藏经阁平面修复设计图如图 4-32 所示，各立面修复设计图如图 4-33 ~ 图 4-36 所示。

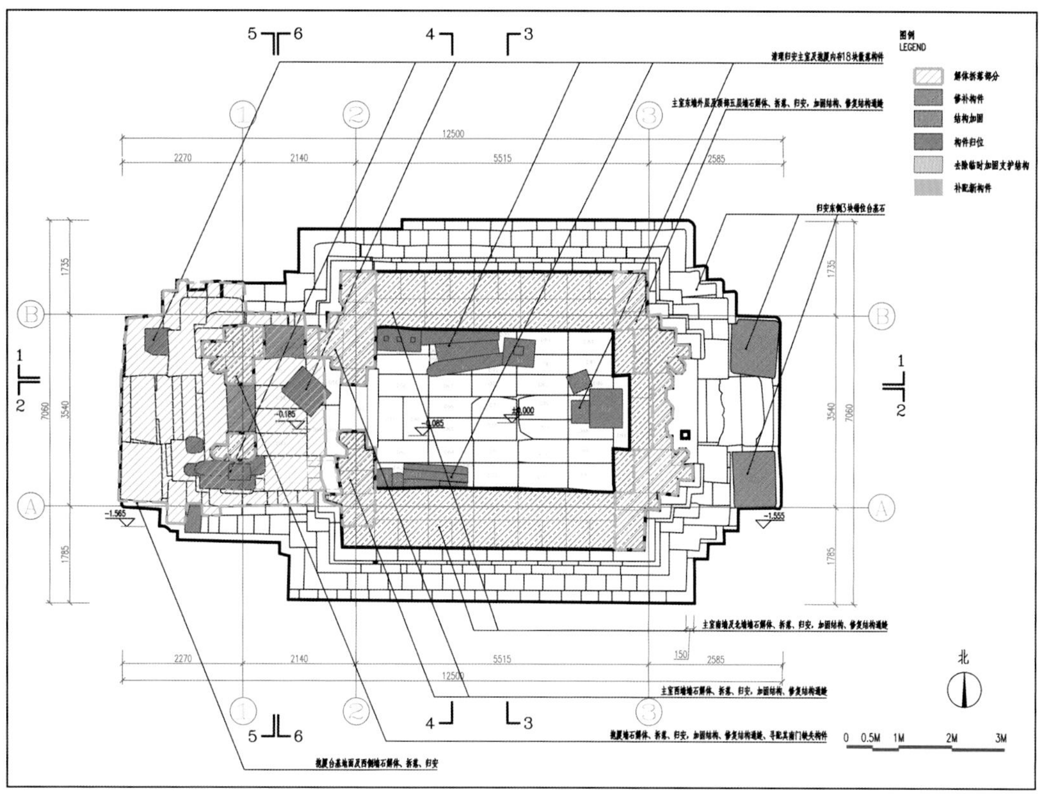

图4-27　南藏经阁平面修复设计图

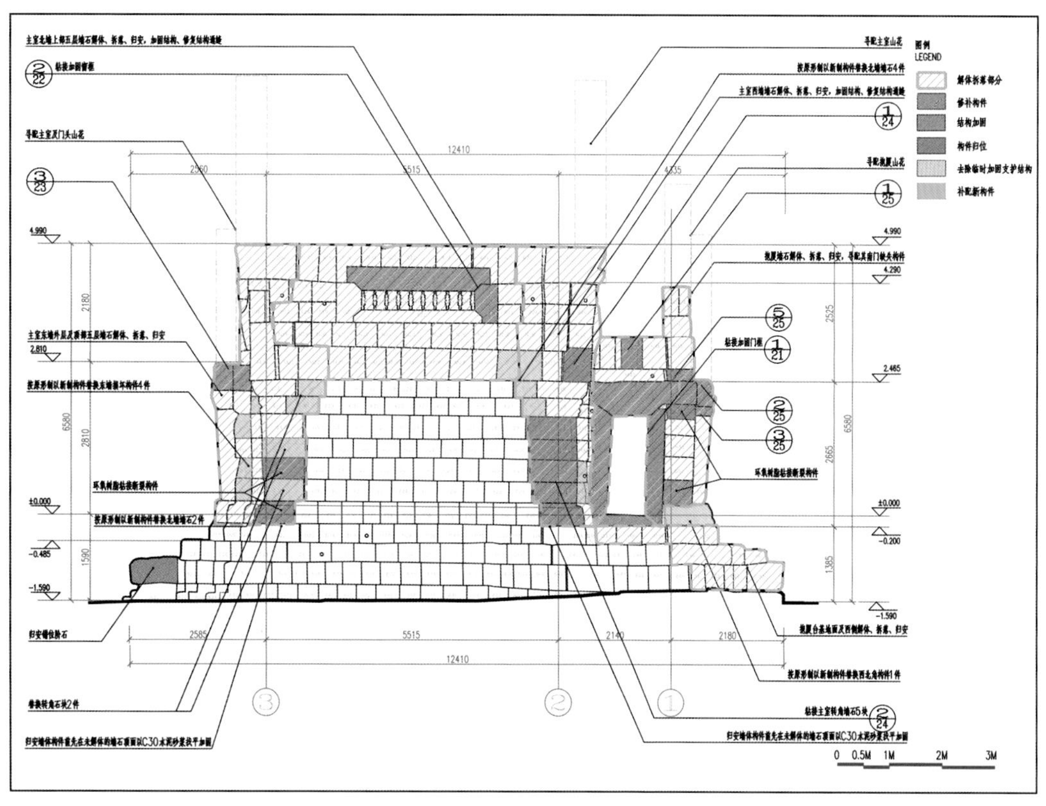

图4-28　南藏经阁北立面修复设计图

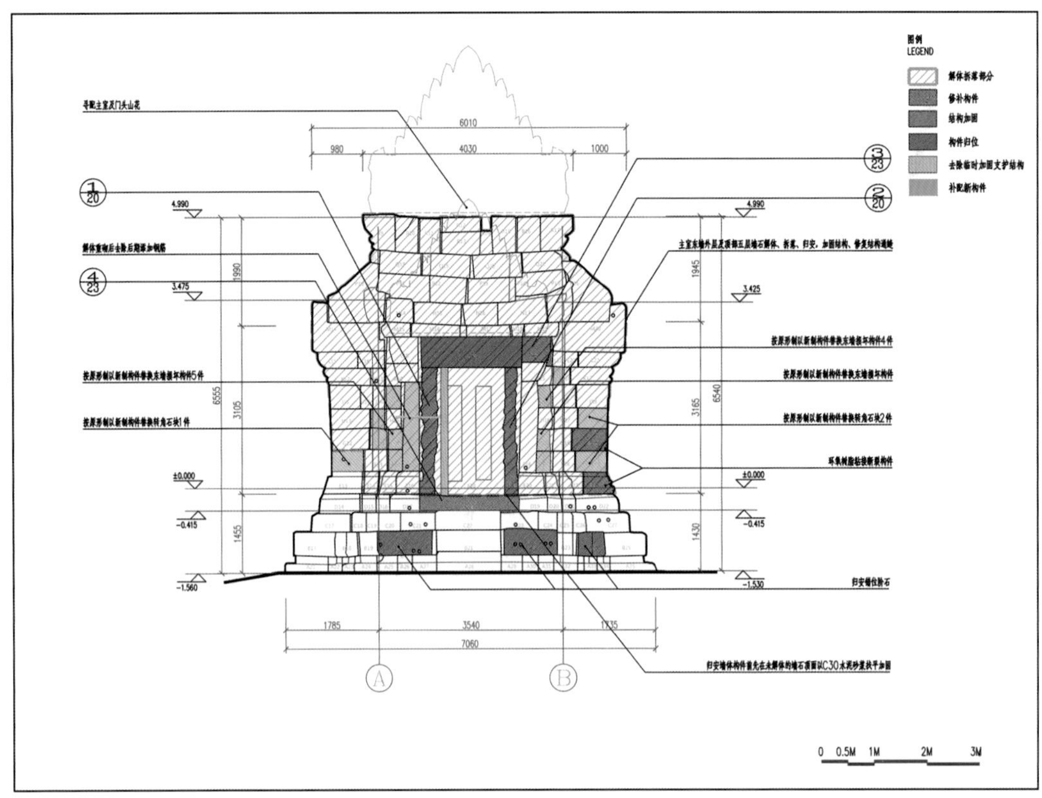

图 4-29　南藏经阁东立面修复设计图

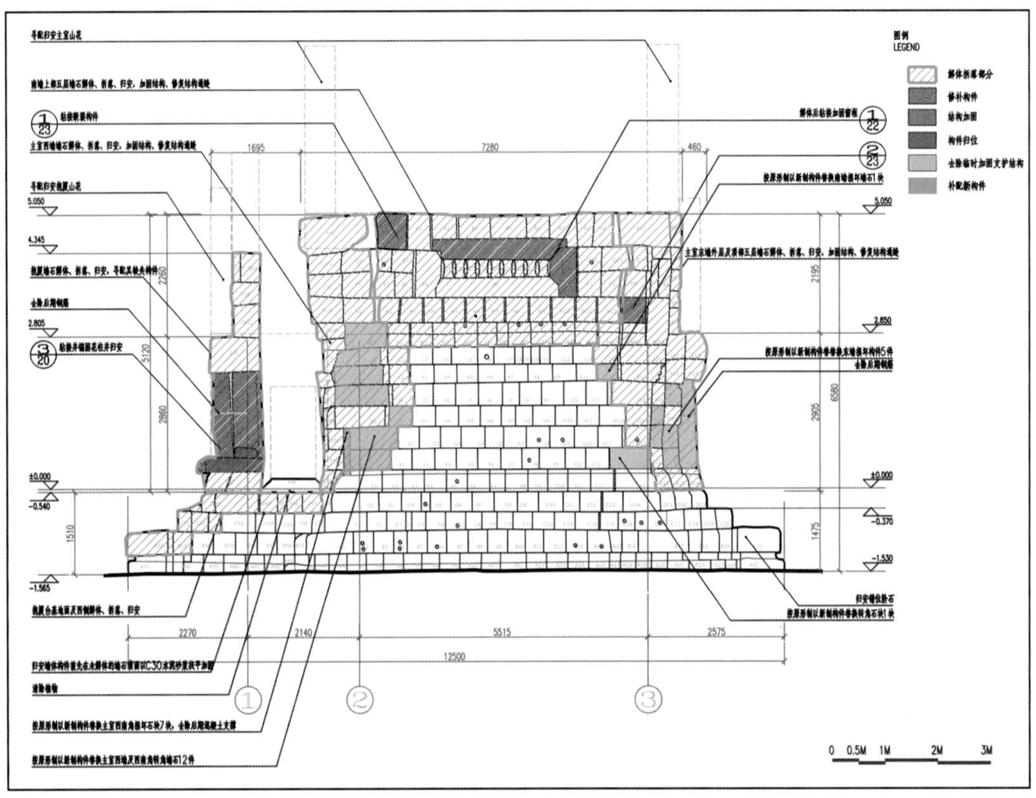

图 4-30　南藏经阁南立面修复设计图

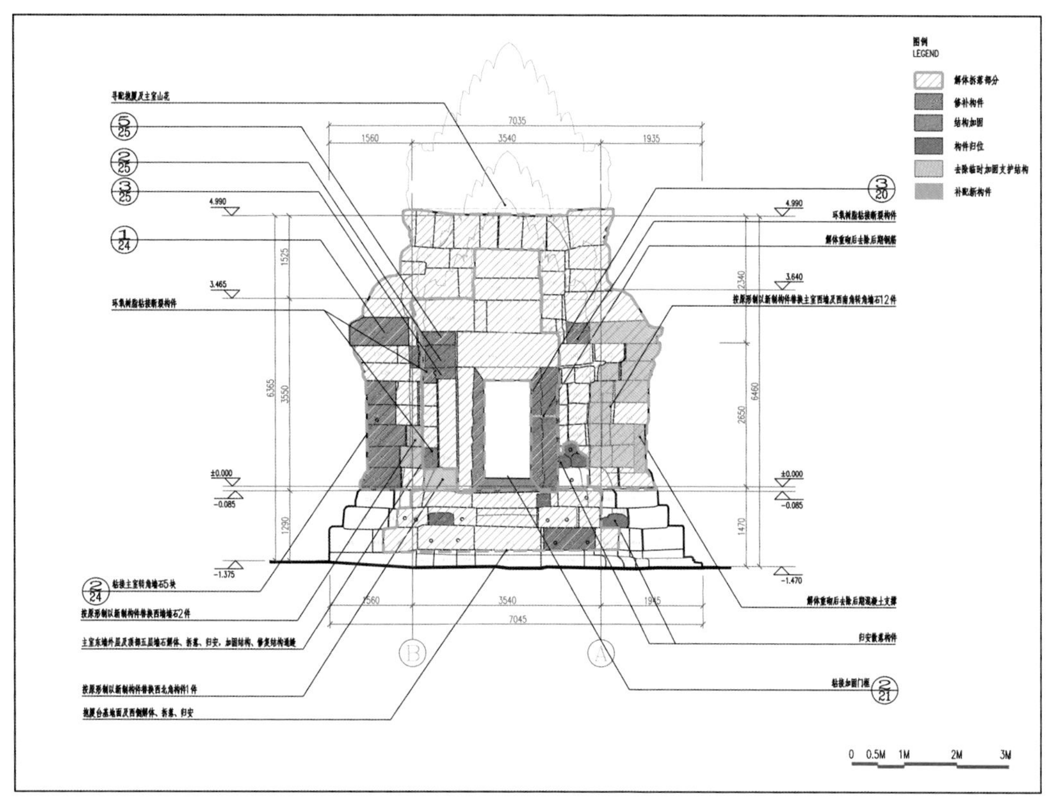

图 4-31 南藏经阁西立面修复设计图

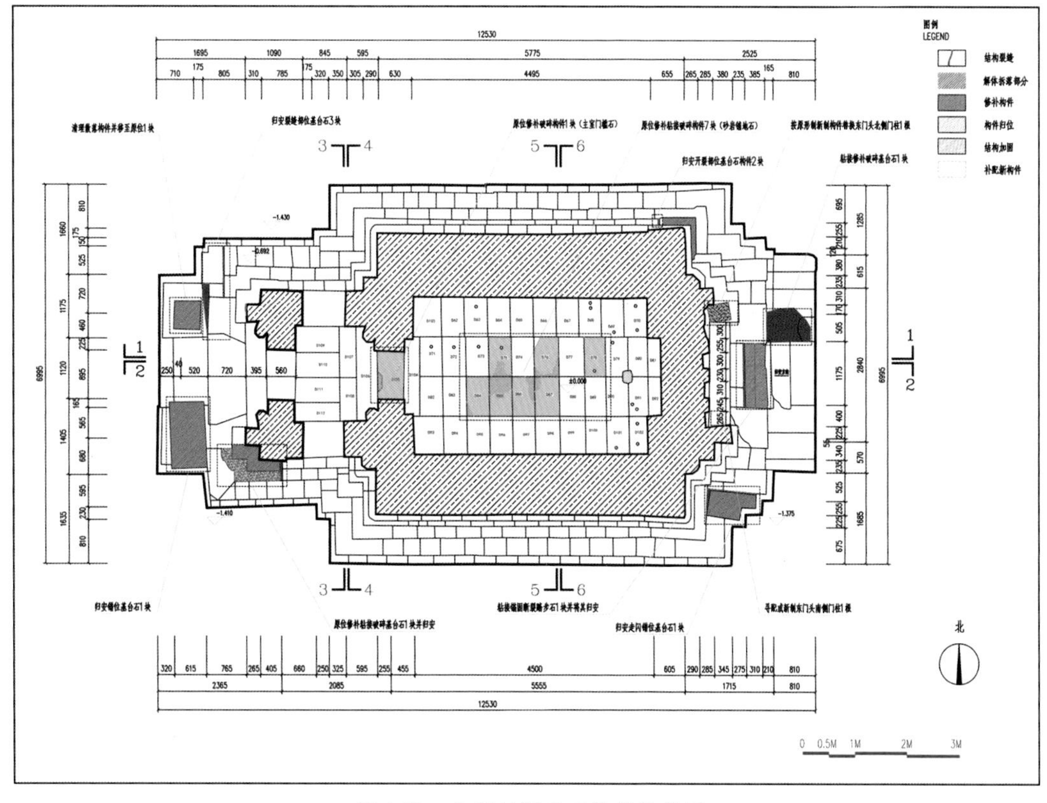

图 4-32 北藏经阁平面修复设计图

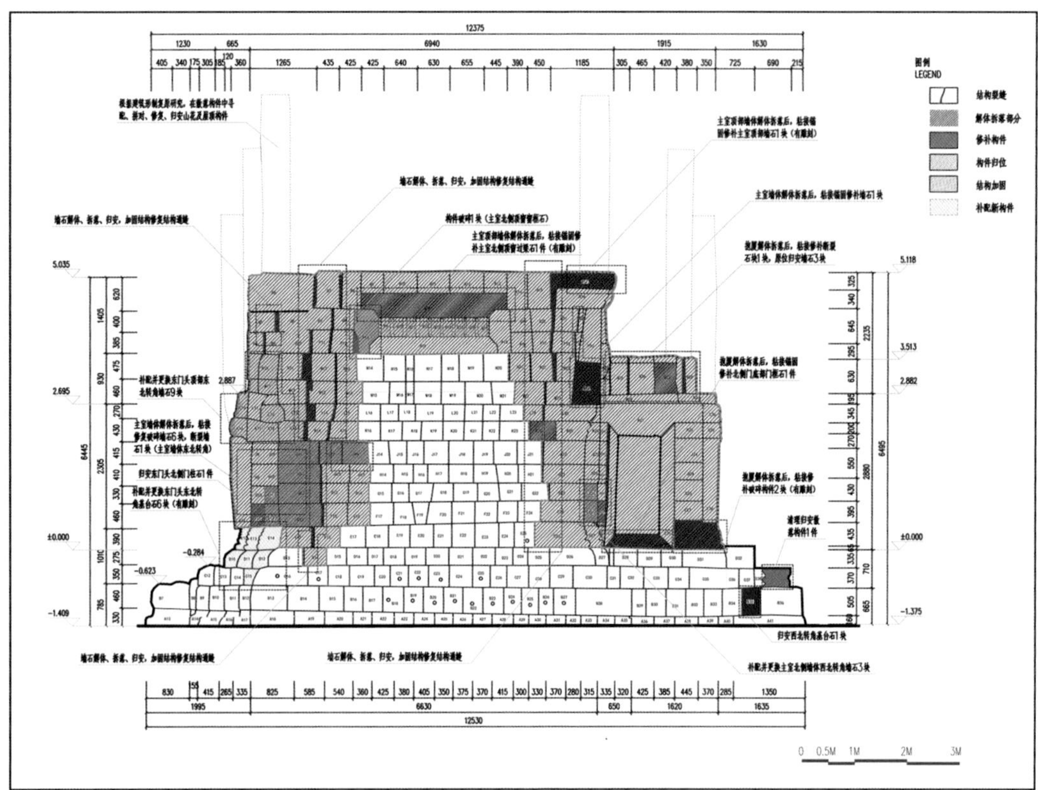

图 4-33　北藏经阁北立面修复设计图

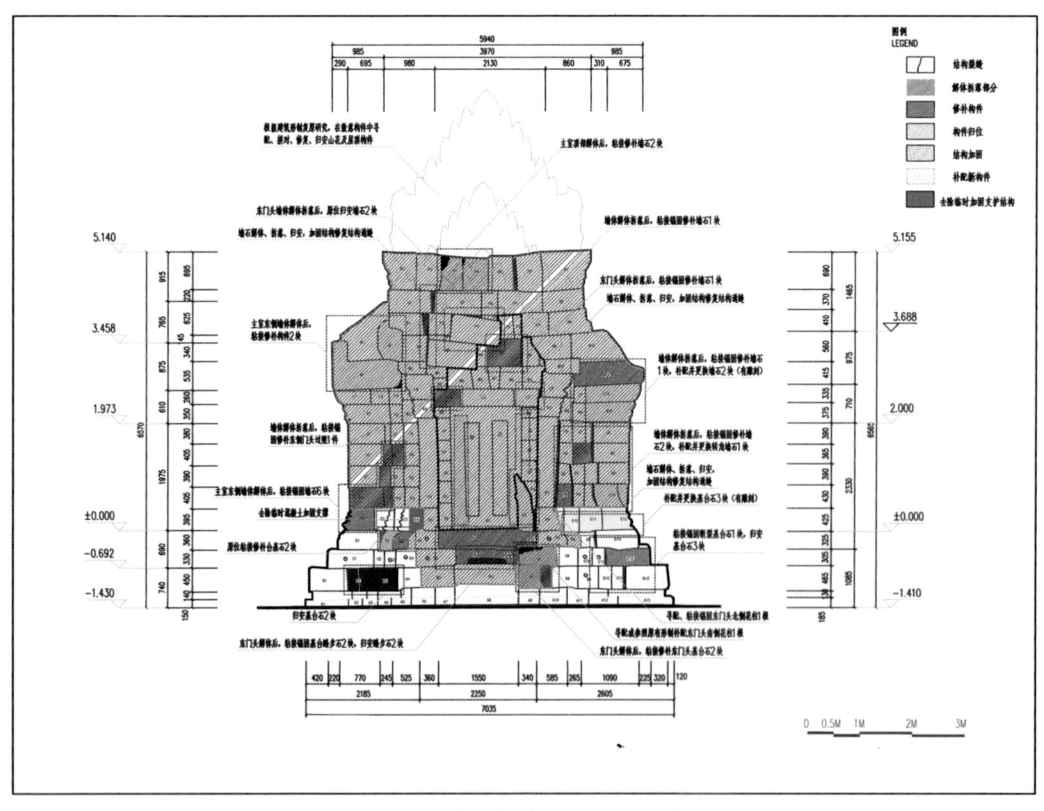

图 4-34　北藏经阁东立面修复设计图

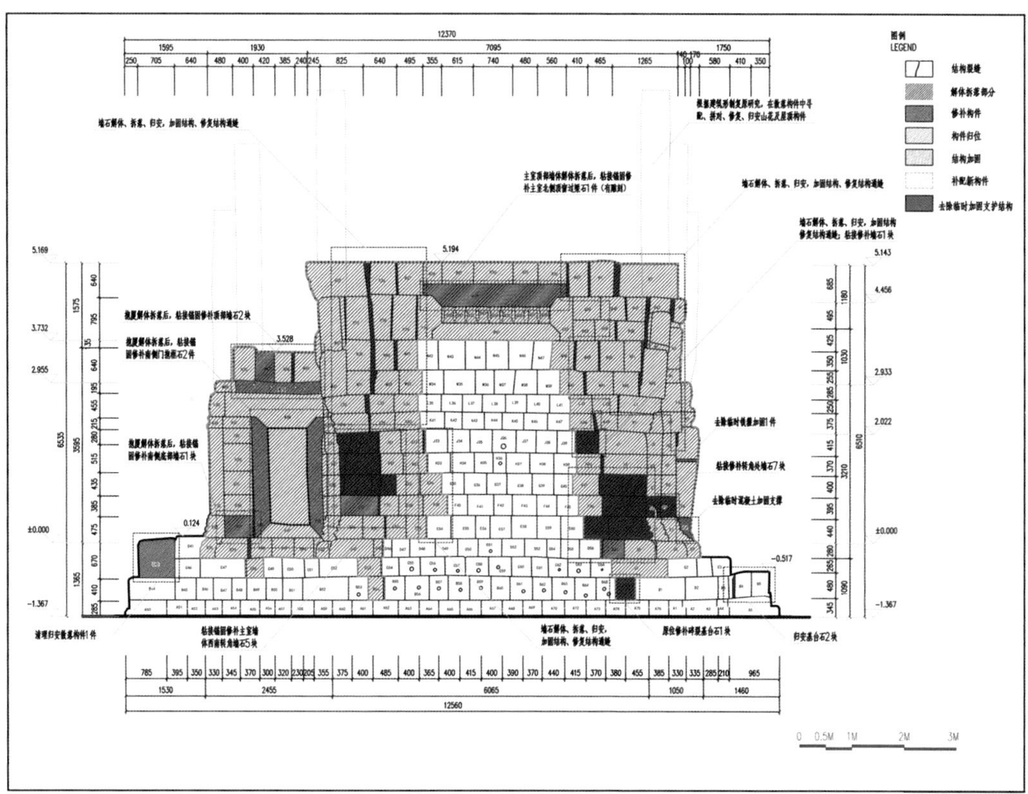

图 4-35　北藏经阁南立面修复设计图

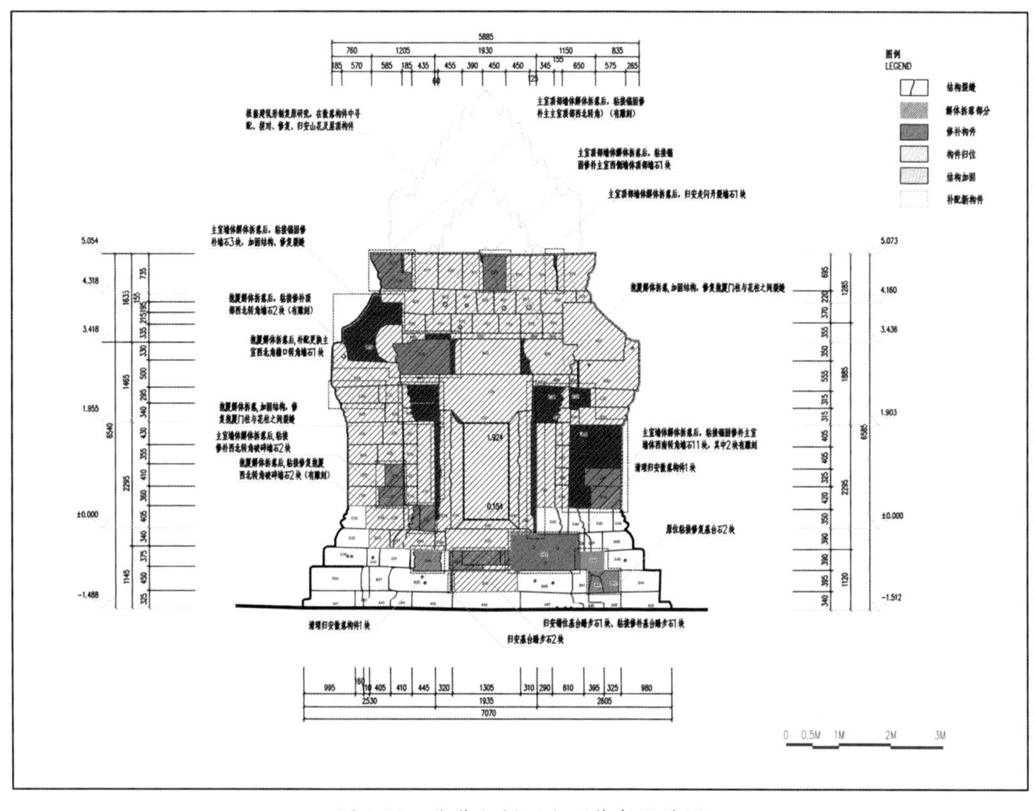

图 4-36　北藏经阁西立面修复设计图

三　石构件修复和加固技术

（一）墙体构件

对不受弯矩作用的破损墙体石构件，以环氧树脂粘接，缺失处以新石材加工补配，环氧树脂要求为无色、流动性较好的材料，粘接前要清理粘接面，需用新石料补配的构件，应将新石材的粘接面打凿成与旧构件破损面一致的形状，以保证粘接的效果，其粘接表面的误差不得超过5mm。

（二）对纵向受力构件的修补

纵向受力构件主要是指八边形门柱、门边框和窗边框等，修补方法如下：

1. 将构件两断裂面磨光，并在对接处各钻Φ16mm～Φ22mm、单侧深100～200mm的圆孔，若构件较宽（边长大于300mm），则可钻两处或以上数量的圆孔。

2. 以小于钻孔直径1～2mm（直径Φ14mm～Φ20mm），长198～398mm螺纹不锈钢穿于两断裂面圆孔中（根据实际钻孔孔径选择），并以环氧树脂灌入插孔中。

3. 在对接面以环氧树脂粘接，接缝处以修复砂浆封护。

（三）门、窗过梁的修补

门窗过梁为受弯构件，对其修复方法分为两步，第一步与窗边框修补方法相同即在构件中部植入螺纹钢筋，第二步要在过梁底部加受拉筋，以增强构件的抗弯强度，对边端极小的破损体只进行粘接，不插入钢筋。具体修补流程如下：

1. 将原构件缺损面打磨剖光，并在对接处中部各钻Φ20mm或Φ22mm、单侧深150～250mm的圆孔，若构件断面边长大于300mm，则可布设两处或以上数量的圆孔。

2. 断裂石料对接处以Φ18mm或Φ20mm、长298～498mm螺纹不锈钢连接。

3. 将环氧树脂胶灌入不锈钢连接部位，并均匀涂抹于断裂石料的对接面进行粘接。

4. 在接缝处以修复砂浆勾缝，封护接缝处以保护环氧树脂胶。

5. 在窗横梁底部开凿宽18～22mm，深25～45mm左右的方槽。

6. 用厚8mm、高40mm的扁钢板或直径Φ20mm螺纹不锈钢置入槽中，用环氧树脂拌砂岩石粉填满方槽。

7. 方槽表层抹修复砂浆封护。

石构件修复加固设计图如下图4-37所示。

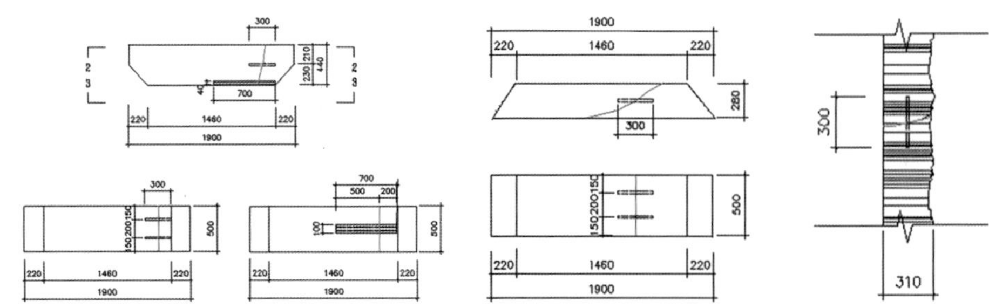

图4-37　石构件修复加固设计图

第五章　修复工程施工

第一节　建筑本体修复原则

茶胶寺的保护修复总体理念是：通过科学、有效的修复手段排除茶胶寺各部位存在的险情，借鉴国际和国内对石质文物的保护理念与方法，合理选择建筑解体、复位、原状加固和修补等手段，在加固修复中遵循不改变原状、最小干预、“四保持”、可逆性和可识别性、研究与修复并重、分阶段实施、有效保护有价值历史信息等修复原则，使得茶胶寺建筑本体的保护修复达到保持其真实性和完整性的总体要求，实现科学、安全、有效的得以保护。

1. 坚持最小干预的修复原则

文化遗产保护的最小干预原则实际上是对其真实性最好的保护。文化遗产的共性就是不可再生性，一旦遭到破坏将无法再生。不可再生性就决定了文化遗产的修复工程中要坚持最小干预原则，即在充分保护文化遗产的真实性和完整性的基础上，树立安全第一与最小干预的概念，采取最小干预的措施使文化遗产达到安全保存的境况。

茶胶寺的保护修复中始终坚持文物安全第一和最小干预的原则。茶胶寺的修复过程也是对文物修复理念和尺度把握的一个不断探索的过程。文物保护修复工作，是用人生几十年的短暂岁月去接触几千年历史积淀下来的技术和文化。每一个文物的保护修复工程，对于我们文物保护工作者来说都是新鲜的、独特的。具体到茶胶寺的保护与修复，从理念把握来说，大的方面仍然是坚持其真实性和完整性：所谓真实性并不是说要人为地再现什么，目前的现状也是一种真实；完整性则要体现出相对的完整，其一是现状的完整，其二是保证安全。

在茶胶寺实际修复施工中，对于能够原位修复残损石构件尽量原位修复，进而减少解体量；对于结构变形病害局部增设辅助加固设施，根据实际情况能减少解体达到解决问题的尽量不进行解体大修；对于坍塌、结构缺失病害，尽量寻配原塌落的石构件进行归安，除了影响茶胶寺结构安全的构件之外，原则上不补配新的石构件，以上修复方案充分体现了最小干预的原则，从而最大限度地体现茶胶寺原有的真实性和完整性。

2. 坚持“四保持”的修复原则

在保证“不改变文物原状”原则的基础上，坚持“四保持”的修复原则，即保持原来的建筑形制和艺术风格、保持原来的建筑结构、保持原来的建筑材料、保持原来的工艺技术，尽量体现建筑的历史原貌、历史风格和历史布局，在修复后外观达到“修旧如旧”，在保持原结构形式的基础上消除所存在的结构和安全隐患。

在茶胶寺修复施工中，尽量使用原始石构件、不增加新制顶部未建造完工部分，新补配石构件的表面及线脚特征参考周边石构件纹饰及线脚进行雕凿随形，以保持原始的建筑形制和艺术风格；对于坍塌损坏且必要补配的新石构件均采用相同材质的石材进行补配，由于茶胶寺角砾岩石料颗粒细小、颗粒间填充物含量小、外观颜色等性质具有特殊性，不同于吴哥遗址区其他寺庙建造所用石材，修复施工过程中，中国援柬吴哥古迹修复项目一期周萨神庙修复施工中所购买的角砾岩石料不再适用基台外部石料的选用。为达到更好修复效果，工作队亲赴采石矿区进行勘察选料，坚持选用性质相近的同材质石料，以便修复后体现建筑的历史原貌；解体后再归安、散落石构件寻配归安、补配石构件归安等重构施工，除局部石构件间进行扒锔结构加固外，均严格遵循了原始干砌的施工工艺技术。

3. 坚持可再处理性和可辨识性的修复原则

文化遗产保护修复的可再处理性和可辨识性是对文化遗产和对后人负责的一种态度，是避免后期鱼龙混杂、随心所欲的修复方式的重要体现。文化遗产保护修复的可再处理性和可辨识性原则也是保护文化遗产自身真实性的重要手段，文化遗产本体的建筑技术与工艺都是展示其自身价值的表现。任何一次修复都不可能与原始完全一致，保留某些差别是防止后期造成文化遗产价值偏失和错误而误导后人的一种方法。此外，文化遗产保护修复技术方法、保护材料等的应用是伴随科技的发展而不断完善、更新、进步的。当后期出现更好的修复保护方法或更适宜的保护材料时，有必要时可通过再处理恢复到保护修复前的状态。所以在茶胶寺的修复措施中坚持可再处理性和可辨性原则也是重中之重。

茶胶寺的修复过程中，为增加结构的安全性、稳定性以及游客人身安全性，局部增设了临时可逆的安全防护设施，防护措施可根据需要随时进行更换和拆除。

经过上千年的自然风化因素影响，茶胶寺二层台四转角角楼的下部及一层台围墙四转角下部的角砾岩基台角部损坏坍塌严重，并导致了上部各角楼及墙体结构的变形坍塌。由于损坏坍塌的原始角砾岩石构件强度降低等原因不能再使用，本次修复过程中，采用了新开采的同种材质、结构性质、颗粒及颜色特征相似的角砾岩进行了补配重构，但为区别原旧石构件且增加重构结构的稳定性，本次修复在新石材外观尺寸上，在保证与旧石构件同层厚度一致的基础上，新石构件的宽度及向内的长度上采用了加宽加长的处理方法，这样既达到了可辨识性要求，也达到了与原建筑风格特征相一致的要求，达到了预期的保护修复效果。此外，在以上修复重构部位，新补配的角砾岩石构件内部某表面上还雕刻了 CSA 字样，同样取得了标示、区别旧石构件以及可辨别性的目的。

4. 坚持研究与修复并重原则

由于文化遗产具有不可再生性，修复施工中任何一种措施的实施首先要对其实施后的效果和对文化遗产产生的影响有准确的预见性，避免对文化遗产自身造成人为的损害。因此，不成熟的措施和没有十足的把握均需首先进行相关的试验研究，试验评估确定措施的可行性后方可进行进一步的保护修复施工。

茶胶寺的保护与修复工程涉及建筑、考古、结构工程、岩土工程、保护材料与科学等众多领域，且修复施工前隐蔽部分情况尚不明确，保护与修复是一复杂的系统工程。在修复施工前期及施工过程中应做好充分的研究工作，使得研究成果为保护修复施工所用，提高保护修复工作质量与效果。

5. 坚持分阶段实施的修复原则

由于茶胶寺单体建筑较多，各单体建筑结构变形破坏成因及程度不同，单体建筑保护修复的轻重缓急也不尽相同。先对处于险情的部位抢险加固，再进行建筑修复，最后尽量将地面散落的构件归位。施工中先安排较为容易的项目，在取得经验后再进行推广。同时，合理的分区域施工，尽量不使大型施工机具重复安装。此外，在修复施工过程中茶胶寺仍需对游客开放，要根据工程的进度，调整施工场地与参观场地区域，严格划清和隔离参观通道，并制定严格的措施保证游客的安全。以上诸多因素要求修复施工的开展必须统筹计划、进行分阶段实施。

6. 坚持保护有价值历史信息的原则

茶胶寺各单体建筑将完全采用传统工艺手法进行保护修复，修复将严格遵循、保留原形制、原结构特征，尽可能采用原材料、原工艺，以最大程度保留原单体建筑的历史信息。

修复施工中，对解体修复建筑周边建筑搭建防护脚手架、对碑铭采用防护木箱进行保护、修复脚手架与建筑接触部位的防护等措施，均是为了使建筑、遗迹及其有价值的历史信息得到更好的保护。

第二节　修复项目特点

1. 本工程是中国援外文物保护项目，受到国家领导人的关注，并且项目所在地又是各个国家和国际组织在吴哥古迹保护行动的竞技场，研究的成果、施工的过程和工程的质量直接影响到国家的形象。因此，从勘察、研究，到施工组织、协调和管理；从材料设备标准档次的确定到全部物资的采购、包装、运输、保管和安装调试，贯穿整个工程，每一个环节都要严格控制，认真把关。同时，由于国情不同，该工程在现场管理、人员组织、劳动时间上都要遵循各国项目组在吴哥工作的通行做法。

2. 由于茶胶寺的基础以下部位在勘察过程中无法揭露，不能在勘察设计阶段完全掌握建筑隐蔽部位的病害状况和实施的工程量，同时无法掌握坍塌构件的确认结果。鉴于工程的特殊性，需要在施工过程中不断掌握未知情况，并在对古建筑深入认识过程中，及时调整工程方案，以达到最佳修复效果。

3. 本工程作为一项古建筑修缮项目，所修缮对象是世界文化遗产。在工程的实施过程中必须要做好施工记录，为将来的资料整理、建立档案和研究工作提供基础信息。

4. 本项目是一项对具有东南亚建筑风格的、超大规模石构建筑的修缮工程，既不同于国内的文物保护工程，也与援柬一期周萨神庙保护修复工程有所区别，无标准可循。工程质量和修复效果须接受国家文物局的监督和审查，也要满足柬埔寨吴哥保护管理局和联合国教科文组织吴哥保护协调委员会的要求。在施工中，除严格按照设计的要求外，还要吸取援柬一期周萨神庙保护工程和其他参与吴哥保护工作的国际组织所取得的经验和教训。

5. 由于当地是高温多雨地区，需要做好防高温、防雨的施工措施。该地区分雨季和旱季，在土方、基础工程施工应尽量避开雨期，如果无法避开雨季，要做好防雨措施，做好雨期施工的各项措施是确保工程质量的关键。

6. 施工场地狭小，同时在施工场区周围布满多年生高大树木，大型工程机具的使用极为困难，施工场区的布置也非常局促。因此，要尽量利用好有限的场地，而又不能造成施工、堆料、场内通道、临时建筑之间互相影响。

7. 在施工过程中，茶胶寺局部区域仍将对游客开放。要根据工程的进度，调整施工场地与参观场地区域，严格划清和隔离参观通道，并制定严格的措施保证游客的安全。

第三节 项目的管理及组织实施

一 项目组织及措施

针对本工程的特点，项目部从项目管理团队建设及现场施工作业班组管理两方面入手，采取以下具体的措施来确保本工程在施工质量、工期进度等诸方面充分适应和满足甲方的要求。

（一）项目管理团队建设

为使工程的施工质量达到真正高水准，并且能够保证工期要求，中国文化遗产研究院充分发挥自身优势，从全院范围挑选管理人员、设计工程师，组建一个强大的项目管理团队。

1. 援柬二期茶胶寺保护修复项目领导小组

根据需要，中国文化遗产研究院成立“援柬二期茶胶寺保护工程项目领导小组”（以下简称“领导小组”）。

援柬二期茶胶寺保护修复项目领导小组由刘曙光院长任组长，副院长许言、副院长侯卫东、文物保护工程与规划所所长乔云飞组成。“领导小组”全面负责茶胶寺保护修复工程，主要对项目进行总体部署、统筹管理与指导。具体任务职责为：

（1）审查项目的年度计划。

（2）审查项目的经费计划和预算执行。

（3）监督工程的实施，督促项目的进度。

（4）审定项目各主要机构及人员的设置。

（5）组织对项目的日常检查和年度考核。

（6）协调院内各相关部门在人员、经费和后勤等方面，配合援柬工程的工作。

（7）对其他重大事项进行决策。

领导小组下设“援柬二期茶胶寺保护工程领导小组办公室”（以下简称“援柬办”）、院预算财务处两机构。

2. 援柬二期茶胶寺保护修复工程领导小组办公室

援柬办在领导小组的领导下开展相关工作，是茶胶寺保护修复工程的具体实施机构，承担和组织相关勘察设计、学术研究、施工组织、现场管理、设备购置、对外交往和宣传等，并协调与柬方有关机构和中国驻柬使馆经商处在本工程实施过程中的相关工作。援柬办下设现场施工与管理部、协调与研究部、财务与保障部，各部职责分工如下。

（1）施工与管理部：负责茶胶寺保护修复工程现场施工组织、工地安全、设备管理、材料采购等工作。工程组编制至少3人，由熟悉古建筑修缮施工经验和现代施工企业管理经验的工程技术人员组成，具有较强的事业心和责任感、具备现场施工组织经验、有较强独立工作能力，同时具有高、中级专业技术职称（外聘具有施工项目经理资质人员1名，院内选派年轻专业技术人员1名，柬埔寨当地专业技术人员1名，以上均为现场常驻人员）。

（2）研究与协调部：工作是配合茶胶寺修复工程，开展相关研究任务，负责施工现场的资料档案，施工文档及图纸、影像记录，负责现场施工图纸的绘制。负责按茶胶寺保护修复工程年度工作计划完成测绘、勘察、设计等工作。开展茶胶寺保护修复技术、吴哥古迹保护等相关领域的科学研究，组织学术活动。研究组编制 3 人（由院内选派专业技术人员或外聘具有建筑、考古、保护技术等专业背景、硕士研究生学历以上的研究人员 2 名，聘请当地技术人员一名）。

（3）财务与保障部：负责茶胶寺保护修复工程的各项经费支出和现场资金管理，包括与施工相关的人员费、设备费和材料费的支出，工作人员生活、办公、交通和补贴费的支出等；负责与院财务管理部门的接洽，办理与项目经费的报销等相关事宜，并协助预算财务处编写施工预决算、填报各种财务报表；负责办理商务部有关财务管理的业务；同时也是援柬办的秘书机构，负责日常的资料管理、文件报批、设备购置、会议接待等服务性工作；协调与柬方有关机构和中国驻柬使馆经商处在本工程实施过程中的相关工作。财务与保障组编制 4 人（具有财会专业资质人员 1 名，具有施工企业造价工程师资格 1 名，具有经验的文秘专业人员 1 名，后勤管理人员 1 名）。

项目组组织机构如图 5-1 所示。

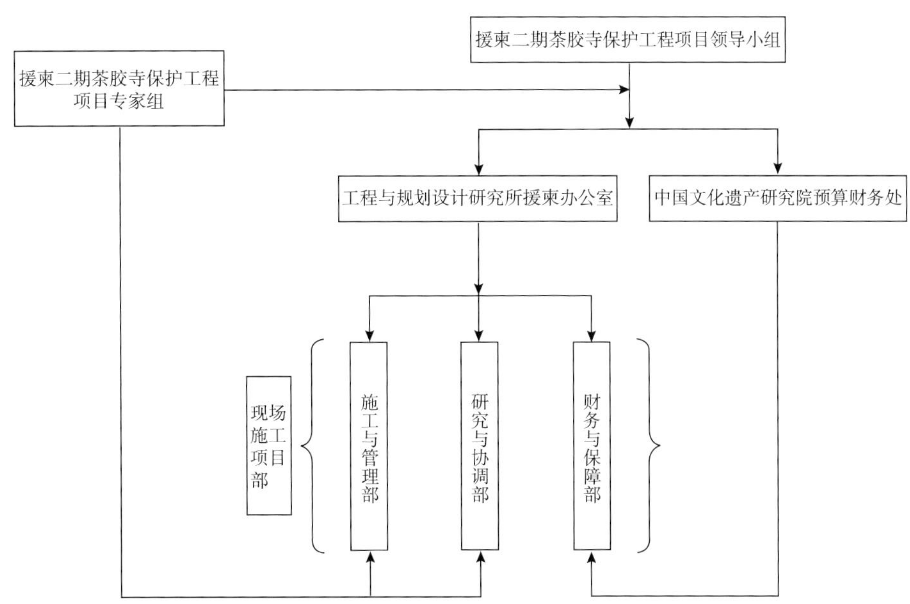

图 5-1　援柬二期茶胶寺保护修复项目组组织机构

（二）施工作业班组管理

文物建筑修缮是一个手工技术要求较高的工作，要使工程质量达到优良工程的质量标准，与施工人员的专业技能素质有着密切的关系，因此我们将充分发挥本院在援柬第一期周萨神庙保护修复中的优势，以在援柬一期周萨神庙保护工程，或在吴哥地区工作的其他国际组织工作过，具有一定工作经验的工人优先，精选高素质的施工作业人员，招聘了包括石工、木工、安装工、机具操作工、机械车辆操作驾驶员等不同的工种，并根据工作需要不定期招聘了从事简单工作的短期工人。前期根据现场入职培训结果及个人特长划分不同班组，以此来保证本工程的质量、进度需要。

现场招聘柬方施工工人 70～110 名，根据工作内容安排，将施工现场劳务人员分为脚手架搭建组、构件吊装解体及归位组、石构件修复组、石料切割组、机动分配组（机动分配到脚手架搭建组、石构件吊装归位等其他组）、机械操作及修复管理组六大组别，总体分专业技术骨干及普通施工人员两类；另外工地现场还聘用两名保卫人员，负责施工工地现场日常人员及设备安全保卫工作。现场劳务人员分工见下表5-1。

表5-1 现场劳务人员分工情况统计表

序号	工种类别	工种人数	
		技术人员数	普通技工人数
1	施工组组长	2+5（各小组组长）	0
2	脚手架搭建组	2	5~12
2	构件吊装解体及归位组	12（6个小组）	23~42
3	石构件修复组	2	3
4	石料切割组	2	3
5	机动分配组	2	2~16
6	机械操作及修复管理组	6	1
2	安全警卫员	2	

二 质量保证及措施

（一）质量保证体系

根据项目组组织机构构成特征，援柬二期茶胶寺保护修复项目形成领导小组统筹管理，现场以现场施工负责人、监理为首的质量监督保证体系，实行领导小组、现场施工项目部、施工监理三级质量管理。

实行管理人员岗位责任制，明确现场施工管理项目部内各成员责任、进行了详细任务分工。

（二）质量保证措施

1. 组织管理措施

（1）根据中国国家文物局有关建筑工程质量检验评定标准和质量保证标准，以及联合国教科文组织吴哥保护协调委员会（ICC－ANGKOR）和柬埔寨APSARA局有关规定，建立健全质量保证体系，开工后各部门管理人员全部到位，不能出现空岗现象，确保施工质量处于受控状态。

（2）落实质量职责，各部门管理人员明确自己的职责、工作范围、工作内容、工作权限及所应达到的工作标准。

（3）针对本工程具体情况组织项目部全体管理人员讨论学习，使管理人员明白在本岗位上对上级、下级和相关的各工种各部门之间所负的责任、应做的工作，理顺内部工作关系。

（4）定期对管理工作进行自检、互检、评比，把管理工作质量进行量化打分，通过自检找出不足，填补管理漏洞，加以改进，使管理工作经常保持在良好的运转状态中。

（5）建立相应的检查评比奖罚制度，促进积极因素，克服消极因素。

（6）现场施工人员认真接受国家文物局、中国文化遗产研究院、监理单位、质检单位以及联合国教科文组织吴哥保护协调委员会（ICC－ANGKOR）和柬埔寨 APSARA 局的监督检查，重大问题与有关单位协商解决。

（7）建立质量管理和检查机构，建立健全各级人员质量责任制，施工中进行全员质量管理和施工全过程质量管理并建立质量控制点。

（8）加强技术质量管理，认真贯彻各项技术管理制度，开工前要落实各级人员岗位责任制，开展全面质量管理活动。

2. 技术管理措施

（1）组织全体管理人员认真熟悉图纸，深刻、全面领会设计意图，施工过程中认真做好图纸会审和设计交底及与施工组长间的施工技术交底工作。按照设计要求进行详细的技术、安全书面交底和现场口头交底以保证在施工当中操作人员对施工的项目部位、质量、工期及与其他工序搭接相互配合等各项要求和施工工艺有一个深刻的认识，以增强施工的科学性、自学性，克服盲目性。

（2）对施工技术人员进行岗前业务和专业技术方面的培训，使施工中各技术工种达到应有的专业技能，达标后方能进入各自工作岗位。结合修复施工中的技术交底工作，在每道工序施工前，组织施工人员学习该工序施工工艺，明确质量要求。

图 5-2　施工人员岗前专业技术培训

图 5-3　施工过程中施工技术交底

（3）各分部、分项工程根据现场修复实际情况编制细部施工方案中的详细施工方法、质量要求。

（4）认真做好隐、预检、质评及技术资料归档工作，以及照片、影像资料的收集。

（5）坚持“样板制”，工程中各分项工程均要求先做出样板，技术负责人、监理验收同意后，展开全面施工。

（6）坚持质量分析会制度，对每天检查出施工中发生的不达标处及时改正，分析其产生原因，制定整改措施。为防止潜在的不达标施工项目发生，消除其原因制定预防措施。

3. 物资采购质量保证措施

（1）物资采购时，必须向监理工程师提供厂家的简介、产品性能报告、质量标准等资料，经监理工程师验证合格后方可采购，考虑柬埔寨物资供应市场特殊情况，部分物资的证明材料无法收集齐全，根据具体情况与监理工程师协商做好情况说明。

（2）采购部门须提供产品的合格证、试（检）验报告，并且与材料同时进场，确保合格物资入场，杜绝采购不合格或无证物资。

（3）物资进场时，质检员和材料员执行材料进场检验制度，由检验员作好记录，须复试材料应根据实验计划进场前取样复试，复试结果未出即进场材料不得发放使用。

4. 施工前期控制

（1）现场对各项修复施工操作人员进行技能培训后评定能达到规定的要求时，方可上岗操作。

（2）确认使用的机械设备能满足施工需要，并处于良好状态。

（3）对使用的物资材料经检验合格后方可使用。

5. 施工过程中质量控制

根据该项目的修复施工内容，对目标计划中的分部、分项工程及其修复施工进行质量检查监督的过程及完工验收质量控制。如：修复施工过程中建立监理旁站制度等。

三　施工进度保证及措施

（一）保证工期的组织措施

为确保本工程进度，成立高效精干的项目管理部，全面进行包括工期管理在内的各项施工管理。形成由领导小组、援柬办及现场施工管理项目部构成的三级工期管理组织机构。为促进项目按计划顺利进行，现场施工管理项目部定期举办专题例会制度。

1. 定期召开施工生产协调会议，会议由现场负责人主持，项目部主管生产的负责人参加。主要检查计划的执行情况，提出存在的问题，分析原因，研究对策，采取措施。

2. 工程进度分析。计划管理人员定期进行进度分析，掌握指标的完成情况是否影响总目标。劳动力和机械设备的投入是否满足施工进度的要求，通过分析、总结经验、暴露问题、找出原因、制定措施，确保进度计划的顺利进行。

3. 针对在穿插施工时，确保必须在规定的时间内完成相应的施工任务，否则影响下道工序的施工计划。

（二）工期管理方法

1. 进度计划编制

根据工程总进度计划和分阶段进度计划，确定控制节点，提出分阶段计划控制目标。以整个工程为对象，综合考虑各方面的情况，对施工过程做出战略性部署，确定主要施工阶段的开始时间及关键结点、工序，明确施工主攻方向。

2. 分级计划控制

在进度计划体制上，实行分级计划控制，分三级进度控制计划编制。项目的进度管理是一个综合的系统工程，涵盖了技术、资源、质量检验、安全检查等多方面的因素，因此根据总控工期、阶段工期和分项工程的工程量制定相应的各种派生计划，是进度管理的重要组成部分，按照最迟完成或最迟准备的插入时间原则，制定各类派生保障计划，做到施工有条不紊、有章可循。

3. 施工进度监测

进度监测将依照的标准包括：工作完成比例，工作持续时间，相应于计划的实物工程量完成比例，用它们实际完成量的累计百分比与计划的应完成量的累计百分比，进行比较。

施工员、材料员每日上报劳动力人数与机械使用情况，每周呈交进度报告，同时要求现场机电工程师跟进现场进度。

跟踪检查施工实际进度，进度计划管理人员监督检查工程进展，得出实际与计划进度相一致、超前或拖后的情况。

4. 进度计划调整

在进度监测过程中，一旦发现实际进度与计划进度不符，即有偏差时，项目组施工管理人员必须认真寻找产生进度偏差的原因，分析该偏差对后续工作和对总工期的影响。因地制宜及时调整施工计划，并采取必要的措施以确保进度目标实现。

5. 计划协调管理

实施动态控制进度，协调现场参与修复施工的各小组的进度安排，及时采取措施，保证总进度及节点、目标的实现，主持每周一次的工程管理协调例会，及时协调、平衡和调整工程进度，确保工程按期完成。

（三）工期管理保证措施

1. 进度计划编制

（1）严格依据合同总工期进行修复施工。

（2）总进度计划以整个保护修复工程为对象，综合考虑各方面的情况，对施工过程做出战略性的部署，确定主要施工阶段（变形移位结构的解体、残损石构件修复、塌落石构件寻配、石构件归安、分部分项工程验收等）的开始时间及关键工序，明确施工的主攻方向。

（3）根据总进度计划要求，编制所施工专业的分部、分项工程进度计划，在工序的安排上服从施工总进度计划的要求和规定，时间上保障留有余地，确保施工总目标（合同工期）的实现。

（4）编制进度计划时必须很严谨地分析和考虑工作之间的逻辑关系。

2. 施工进度计划的组织管理

对修复施工进度进行科学合理的管理，按照施工组织设计方案、施工进度计划要求，编制优化施工网格进度计划、月度计划，按照项目进度控制目标要求，对照实际进度、客观条件进行分析、调整，不断完善管理、合理调整每月计划，使之符合施工网格进度计划。当实际进度拖后时，在保证质量的前提下，增加投入，采取措施，使实际进度与计划进度相一致，确保工程质量、进度。搞好柬方、设计、施工、监理间的配合，定期召开协调会议，对修复施工进度中遇到和发现的一些问题，及时研究协调。修复施工进度实行周末检查，每周召开一次项目组内部的例会，通过例会制度落实每天进度，实行动态管理，随时调整计划，及时确定对策，使进度计划确实能指导生产并真正付诸实施。

修复施工进度计划管理流程如图5-4所示。

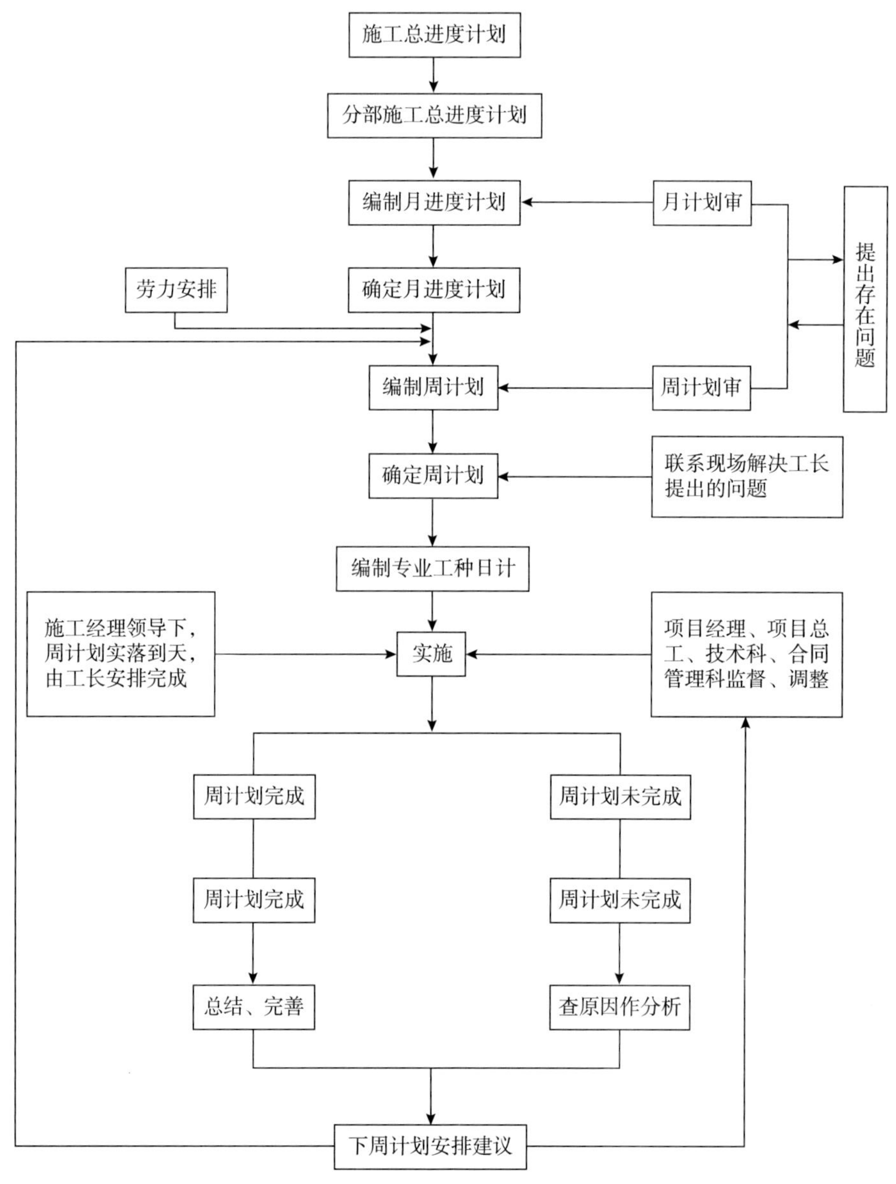

图5-4 施工总进度计划组织管理流程

3. 进度控制措施

（1）推行全面计划管理，控制工程进度，建立主要形象进度控制点，跟踪技术和动态管理方法。做到日保周，周保月，坚持月平衡、周调度，确保总进度计划实施。

（2）认真做好施工中的计划统筹、协助与控制。严格坚持落实每周工地施工协调会制度，作好每日工程进度安排，确保各项计划落实。建立主要的工程形象进度控制点，围绕总进度计划，编制月、周施工进度计划，作到各分部分项工程的实际进度按计划要求进行；根据前期完成情况，对当期计划和后期计划、总计划进行重新调整和部署。

4. 交叉施工管理

（1）主体结构解体、归安修复施工过程中，插入塌落石构件寻配拼对、残损石构件修复、缺失石构件制作等分步施工，以加快工程施工进度。根据施工图纸及施工条件设想可能的交叉工作有以下内容：

①变形移位石构件及结构的解体与残损石构件修复的交叉。

②解体石构件的拼对归安与塌落石构件的寻配及缺失石构件的补配的交叉。

③主体修复施工阶段，解体、归安工作与脚手架的搭建、拆除工作的交叉。

④总体修复施工进度中，各分项单体建筑间修复工作间的衔接及交叉。

（2）现场施工管理项目部由专职人员负责对现场工作环境进行时时跟踪，预见与现场观察相结合，一旦发现具备交叉施工条件，立即在最短时间内安排资源组织施工。

5. 协调管理

（1）强化项目部内部管理人员效率与协调，增强与现场各施工小组组长间的联系与沟通，合理调度、布置好各阶段工作任务，共同完成工期总目标。

（2）创造和保持施工现场各方面各专业之间的良好的人际关系，使现场各方认清其间的相互依赖和相互制约的关系。

（3）加强对设计、监理的配合工作。密切配合一切设计工作，并提供合理化建议，共同消除对施工进度的影响。

（4）加强与柬方、监理方的合作与协调。

6. 提前确定样板

（1）在修复施工阶段就对修复材料、做法进行认定，选定材料，确定样板。

（2）每道工序施工之前，先进行样板施工。提前确定样板，细化设计，减少施工期间技术问题的影响。

7. 总平面管理

加强总平面管理，特别是机械停放，材料堆放等不得占用施工道路，不得影响其他设备、物资的进场和就位，实现施工现场秩序化。根据各阶段修复单体、施工设备使用等不同阶段的特点和需求设计分阶段现场平面布置图，各阶段的现场平面布置图和物资采购、资源配备等辅助计划相配合，对现场进行宏观调控，即使在施工紧张的情况下，也保持现场秩序井然，保障施工进度计划的有序实施。

8. 优化工序组织

（1）施工项目管理部针对本工程特点，组织调配了一批具有综合性工程施工组织经验的工程技术人员参与了本项目的施工组织协调管理工作，充分利用现场的空间和时间，组织协调参与施工各专业的立体交叉施工。以计划为龙头，采用计算机管理，对现场各作业面、各工种的施工进展、质量、安全、文明施工和立体交叉作业的情况进行全面的监控，为竣工赢得合理必要的时间。

（2）按工序、工种进行大流水：并根据工作面的大小和工程量的多少及时调配技术力量和人力，确保按施工部署要求的工期完成各分部工程。

（3）项目部负责人、技术负责人和各专业负责人，紧密配合，科学协调各工种、工序的衔接，每天例会由项目施工现场负责人、技术负责人对各工种的施工进度、工序衔接进行协调。

9. 做好后勤保障工作

组织专人负责做好各项后勤服务工作，解除后顾之忧。及早组织备运开工初期所需的各种材料进场，周密组织好采购，加工订货，及时供应，做好随实际施工进度调整材料供应的工作，避免因材料问题造成窝工或停工。材料负责人根据施工例会部署及时调整材料供应计划。

尤其当分项分部项目修复施工发生变更后，可能带来诸多变化，如：人力、架木、材料、机具、临时用电、运输等，项目部各职能部门要通力协作，做好后勤保障工作，体现出项目部的团队精神。

设备进转场保障：及时按设备进度表进场设备，国内或需第三国购置产品更应及早订货，办理有关手续。各分部分项施工项目点根据进度安排做好施工设备的转移进场准备工作。

（四）选择优秀、熟练的修复施工人员

施工人员的素质是保证施工进度和质量的关键因素，我项目部优先选择长期合作，从事过类似文物修缮、有修缮施工经验的人员进行施工，确保工程按计划保质保量进行。

（五）采用先进及传统适用的施工机具

优选施工设备，设备在运行中加强维护和保养，确保设备的完好率。为施工工期提供保障。

项目组根据本工程修缮特点，修缮项目所在区内的位置和施工环境要求，随着工程的展开，使用先进的大型起重设备与传统适用相结合的方式以提高工效，加快施工进度。

塔吊

电动葫芦

40T 汽车吊

12T 汽车吊

3T 随车吊

手动葫芦

图 5-5　现场调配使用的现代及传统施工机具

（六）施工机械设备与现场情况的有效结合

现场进场主要施工机械包括：塔吊、40T 汽车吊、12T 汽车吊、3T 随车吊以及电动葫芦 4 台，根据场地特征及起重设备起吊能力，现场调配布设机械总体方案为：

1. 40T 汽车吊、12T 汽车吊、3T 随车吊布设于茶胶寺围墙外围铺设的施工通道上，主要对外围东外塔门、南外塔门、西外塔门、北外塔门、一层台围墙及其转角、南外长厅、北外长厅、二层台转角及角楼、二层台回廊进行修复施工。其中：40T 汽车吊主要应用于二层台的 3 处转角及角楼、二层台各段回廊的修复；12T 汽车吊主要应用于东外塔门、南外塔门、西外塔门、北外塔门 4 处塔门，南外长厅、北外长厅的修复；3T 随车吊主要应用于一层台围墙及其转角的修复、石料运输等工作。

2. 由于塔吊具备可拆卸、可移动性，塔吊主要布设于茶胶寺二层平台之上，应用于二层平台及上部须弥台转角、须弥台踏道等各点的修复施工。

3. 考虑塔吊工作效率相对不高、拆解移位时间及周期长等特征，为达到及提高施工进度，对二层台转角及角楼、二层台回廊、南北内长厅、南北藏经阁、须弥台转角等项目点根据进度计划安排结合

40T 汽车吊、电动葫芦等施工设备进行修复施工。

4. 在保证当前阶段施工计划、进度情况下，调动人力物力，就近对后期所需修复施工点进行施工，减少大型机械设备重复拆卸组装、移位情况的出现，推进项目整体施工进度。如下图，塔吊摆放于二层台西南角的位置后，主要进行二层台西南角及角楼、南内塔门、须弥台西南角、须弥台南踏道西侧基台、二层台西南角角楼两侧回廊等 5 处的修复施工工作；当完成以上点的修复施工后，塔吊解体、移位至二层台东南角，同时对须弥台东南角、须弥台南踏道东侧基台进行修复施工工作；塔吊移位至 3 点后，主要进行了须弥台东踏道两侧基台的修复施工工作。40T 汽车吊进行二层台其他转角及角楼修复施工时，同时分别对各角楼两侧的回廊进行了修复施工。在进行二层台东南角及角楼、二层台东北角及角楼的修复施工时，同期就近开展了南外长厅、北外长厅两处的修复施工工作。

5. 现代起重（汽车吊、塔吊、电动葫芦）与传统吊装（倒链）设备相结合，现代切割打磨与传统雕凿、打毛工具相辅助，提高修复施工进度。

6. 在整体工期计划、保证分阶段施工进度内，统筹管理、合理调配、布设各类型施工设备，使施工设备达到使用率与效率最高。

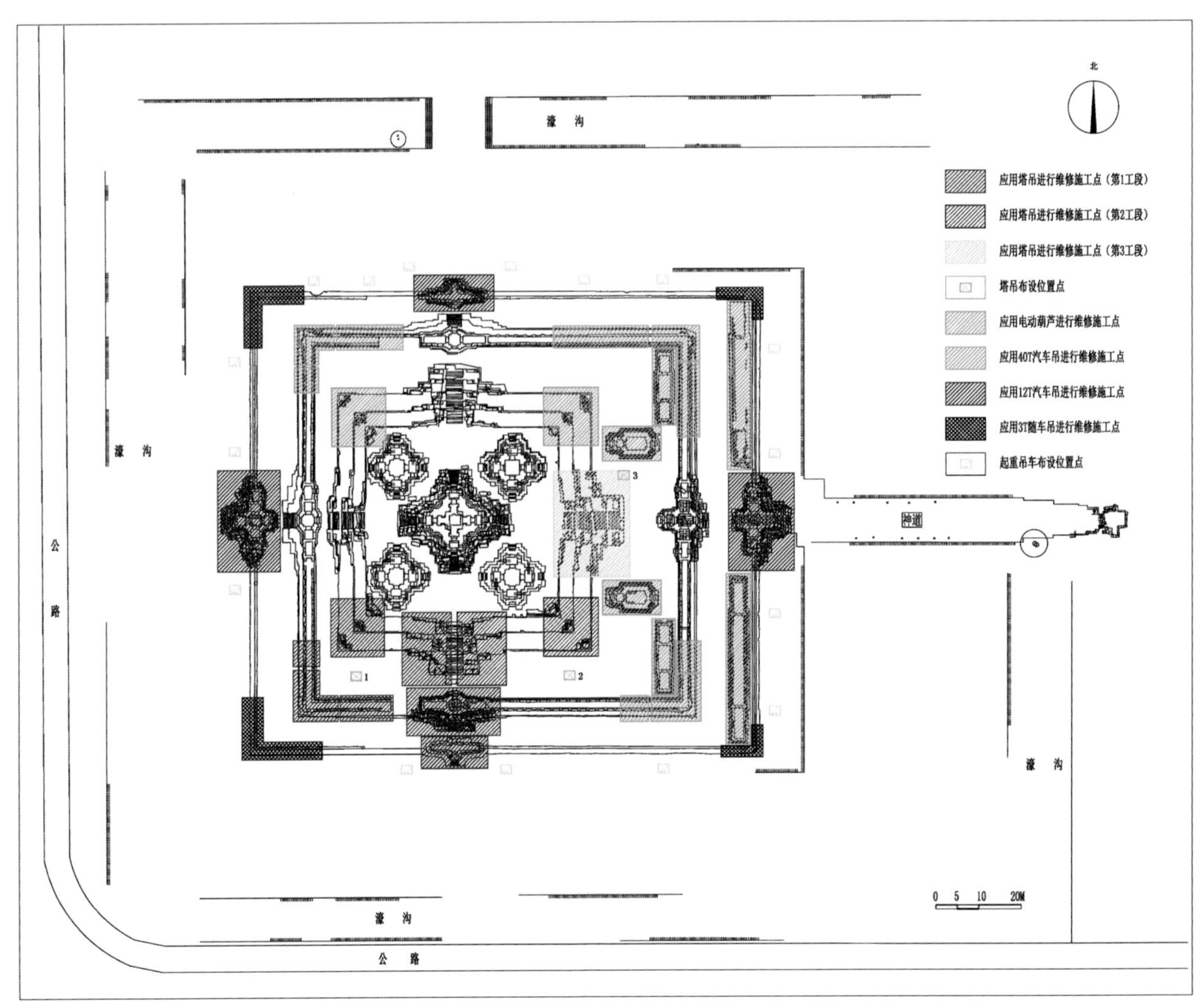

图 5-6　施工机械设备的合理布设

（七）项目勘察—设计—施工一体化总承包模式对施工进度的促进

勘察、设计、施工一体化可以通过三者的有效分工和合作，在工程的各个环节中形成交叉、互动、互补、优化的工作机制，进而达到缩短工期、确保工程质量、降低投资、提高工程项目技术含量等目的。对于施工进度的促进主要体现在以下几点：

1. 在国内现在实行的工程和施工建设管理体制中，勘察、设计和施工是分成三家的，相互不联系，理论与实践相互脱离，各自独立核算，各谋其利，这样的体制阻碍了工程建设行业的进步，也不符合现在的国际建筑市场发展趋势。实行勘察、设计、施工一体化的承包制度，有利于减少勘察、设计和施工三者之间矛盾，增加了之间的相互合作与支持。在勘察阶段设计人员即可参与其中，设计时可以更好地了解现场情况、明确设计的目的，使设计方案更具针对性、有效性。在设计工作时即组织一批高层次、既懂技术、又懂施工的专家参与设计，在设计阶段时会考虑到设计方案的可施工性，还可结合施工现场的施工人员等的实际情况，设计并采用先进的施工技术、施工工艺和施工方法，使设计更加合理，更具有可操作性，少犯错误、少遗漏、减少设计变更，进而提高了施工进度。

2. 一体化承包模式可实行“边设计边施工”，一部分设计图完成后就可以进行该部分的施工，同时还可以继续其他部分的设计，等待完成后再进行这一部分的施工，如此反复，可以提早完成工程。

3. 国内现行建筑施工体制多为先设计再施工的顺序，施工图纸设计达到要求，通过审核后才能招标而后进行施工。施工准备和材料与设备的订货方面都不能提前进行，往往延长了施工周期，施行一体化总承包后，施工材料准备、订货都可提前进行，这样大大缩短了建筑施工工程建设周期，极大提高了经济效益。

4. 由于设计方及施工方为同一单位，当发生设计错漏或变更时，能够迅速反映，做出协调及处理方法，矛盾处理效率提高，减少了协调时间。

第四节 项目实施前期准备

一 建筑本体修复内容及实施计划

中国文化遗产研究院计划援柬二期茶胶寺保护与修复工程自2010年11月开始，至2016年11月结束，为期6年，分年度执行，总体经费规模为4000万元人民币。分阶段修复计划及内容如下表5-2所示：

表5-2 工程项目分年度计划总表

序号	施工点名称	建筑面积	所属阶段	实施年度计划
1	南内塔门	145	第一阶段	2011.11～2013.03
2	二层台西南角及角楼	75		
3	二层台东南角及角楼	75		
4	二层台西北角及角楼	75		
5	二层台东北角及角楼	75		
6	东外塔门	170		

续表

<table>
<tr><th>序号</th><th>施工点名称</th><th>建筑面积</th><th>所属阶段</th><th>实施年度计划</th></tr>
<tr><td>7</td><td>须弥台东南转角</td><td>102</td><td rowspan="7">第二阶段</td><td rowspan="5">2013. 03 ~ 2014. 03</td></tr>
<tr><td>8</td><td>须弥台西南转角</td><td>102</td></tr>
<tr><td>9</td><td>须弥台东北转角</td><td>102</td></tr>
<tr><td>10</td><td>须弥台西北转角</td><td>102</td></tr>
<tr><td>11</td><td>须弥台踏道整修</td><td></td></tr>
<tr><td>12</td><td>北藏经阁</td><td>75</td><td rowspan="8">2014. 03 ~ 2015. 11</td></tr>
<tr><td>13</td><td>南藏经阁</td><td>75</td></tr>
<tr><td>14</td><td>南内长厅</td><td>76</td><td rowspan="9">第三阶段</td></tr>
<tr><td>15</td><td>北内长厅</td><td>76</td></tr>
<tr><td>16</td><td>二层台回廊</td><td>740</td></tr>
<tr><td>17</td><td>一层台围墙及转角</td><td>576m（长）</td></tr>
<tr><td>18</td><td>南外长厅</td><td>236</td></tr>
<tr><td>19</td><td>北外长厅</td><td>236</td></tr>
<tr><td>20</td><td>北外塔门</td><td>70</td><td rowspan="3">2015. 11 ~ 2016. 12</td></tr>
<tr><td>21</td><td>南外塔门</td><td>70</td></tr>
<tr><td>22</td><td>西外塔门</td><td>170</td></tr>
</table>

根据总体计划方案内容，项目组制定了分阶段的修复施工内容及计划：

第一阶段项目规模及修复施工内容

第一阶段保护修复内容主要包括南内塔门、东外塔门、二层台东北角及角楼、二层台西南角及角楼、二层台西北角及角楼、二层台东南角及角楼等 6 个项目。以上六处普遍存在坍塌、歪闪、构件破损、部分构件遗失等病害，危及到结构安全。

第二阶段项目规模及修复施工内容

茶胶寺保护修复工程第二阶段将修复南藏经阁、北藏经阁、须弥台东北角、须弥台西北角、须弥台东南角、须弥台西南角等 6 个项目，六处建筑本体结构均存在坍塌、歪闪、构件破损等病害。

第三阶段项目规模及修复施工内容

茶胶寺保护修复工程第三阶段将包括南内长厅、北内长厅、二层台回廊、须弥台踏道两侧基台、南外长厅、北外长厅、一层台围墙及转角、北外塔门的修复，南外塔门、西外塔门、庙山五塔排险与结构加固，藏经阁及长厅等排险支撑等共计 12 项。

根据修复方案，对以上三个阶段的 24 处单体建筑进行修复，对建筑局部变形移位部分进行解体、调整及重新归安，结构塌落、缺失部分进行寻配、补配。并对整体建筑基台和台阶砌石进行修补和规整。

建筑本体保护与修复总工期及分阶段工期进度要求：

（1）计划开工日期：2011 年 5 月 31 日。

（2）计划竣工日期：2016 年 11 月 30 日。

第一阶段本体修复工程施工期限：2011 年 5 月 31 日 ~2013 年 2 月 28 日。

第二阶段本体修复工程施工期限：2013 年 3 月 1 日 ~2014 年 8 月 31 日。

第三阶段本体修复工程施工期限：2014 年 9 月 1 日 ~2016 年 11 月 30 日。

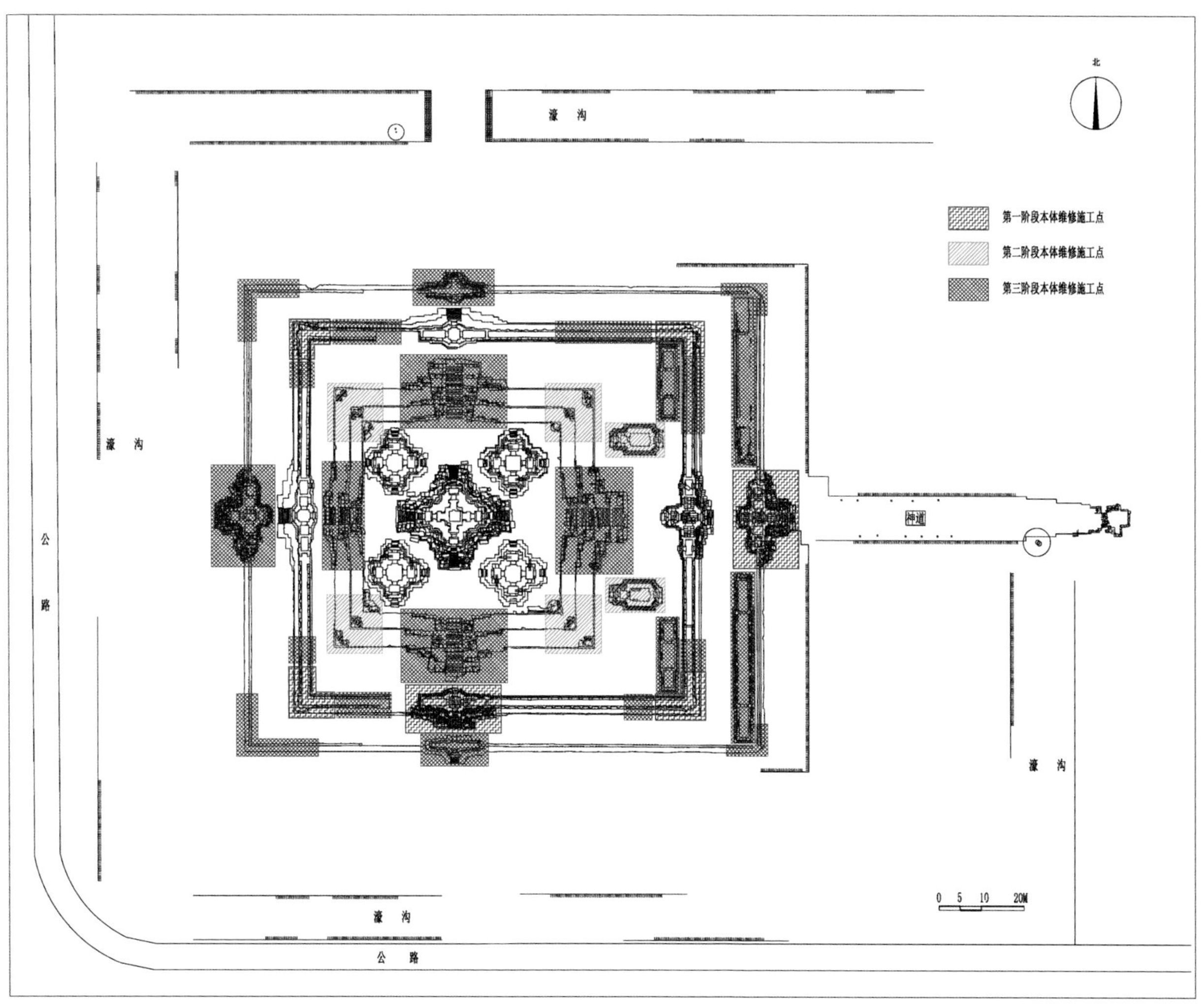

图 5-7　茶胶寺建筑本体各阶段保护修复施工点分布图

二　施工保障及防护措施

（一）市场调研及物资准备

由于此项目为我国援外保护修复项目，柬埔寨经济及工业发展相对国内落后，部分施工所需机械设备、工具、生产物资等在柬埔寨国内市场很难买到或相对国内市场价格昂贵，在修复施工前期首先对柬埔寨国内市场进行了物资调研及询价比价工作。确定施工所需机械设备、工具、生产物资等分为国内发运、当地采购及第三国转口三种方式进行购置。

根据柬埔寨市场调研成果，施工所需首批物资中的塔吊、电动葫芦及钢轨、叉车、錾子、脚手管、电缆、吊装用安全带、修复用粘接材料等采取国内采购发运。汽车吊、发电机、石料等援柬一期周萨神庙修复施工所保留下的可用物资转为援柬二期茶胶寺修复施工所用。冲击钻、手磨机、小的电动工具以及水泥、砂等市场货源充足易购的施工材料由柬方市场直接购置。后期施工中出现国内不便于购买运输、柬方市场缺乏物资可考虑第三国转口方式购置。

图 5-8 国内购置物资进场

石料的矿区勘查及购置

对于修复施工，影响其修复施工质量及其进度的至关因素为石料的购置问题，由于吴哥窟众多寺庙建造所选用的石料在物理特征上不尽相同，所以修复时需选择石料外观颗粒密度、颜色相近的石料。其中，特别是角砾岩石料，由于茶胶寺角砾岩石料相对于援柬一期周萨神庙建造选择的角砾岩石料颗粒间密度大，岩石风化后残留孔洞小且少，石料切割断面颜色不同，周萨神庙修复施工时所剩余的角砾岩石料不再适用于茶胶寺的修复施工时外露部分的石料的选择，仅能用于基台内部同种性质石料的填充之用。因此，现场修复施工项目部赴角砾岩矿区进行了实地踏勘、选样对比，并经与柬方 APSARA 局相关文物保护部门、施工监理三方共同努力遴选出了外观颜色、孔隙度相近，物理力学性质达标的石料，确定了开采矿区，办理相应手续，完成了所需石料的购置工作。

图 5-9 购置石料前矿区勘察及比选

（二）临时设施的搭建

由于茶胶寺保护修复项目的特殊性、复杂性及施工工期长等特点，现场临时设施的设置将直接影响工程施工进度和质量，搞好临时设施的修建和搭设布置工作，是保护修复项目正式开工前的关键。为了满足保护与修复施工之需要，保证有足够的临时设施供施工之用，拟建临时设施主要由现场办公用房、工人生活用房、生产用房（主要包括生产物资仓库、石料加工房、施工机械管理维修场用房）等构成。

1. 现场办公用房

根据现场实际情况，与柬方协商后于茶胶寺东外塔门东北角、北池与神道之间空地处修建现场办公用房，办公用房平面形状呈矩形状，长 12.00m，宽 9.00m，高 6.30m，采用脚手管及木材混合搭建：脚手管搭建屋顶桁架结构，屋顶顶部采用铁板铺盖，为与周边环境协调，屋顶顶部铺盖草垫；为减少对文物场区的破坏，办公用房基础购买市场上已浇筑成型的混凝墩建造；墩柱上部搭建木地板及办公用房主体。

办公用房主要由办公室及外层临时展设回廊两部分组成，集现场办公室、会议室及临时展设作用于一体，如图 5-10 所示。

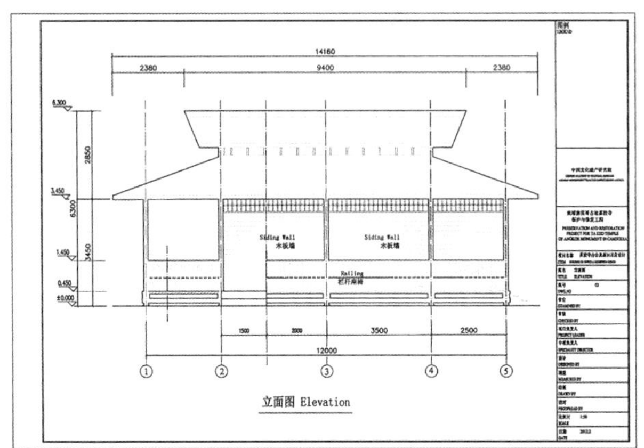

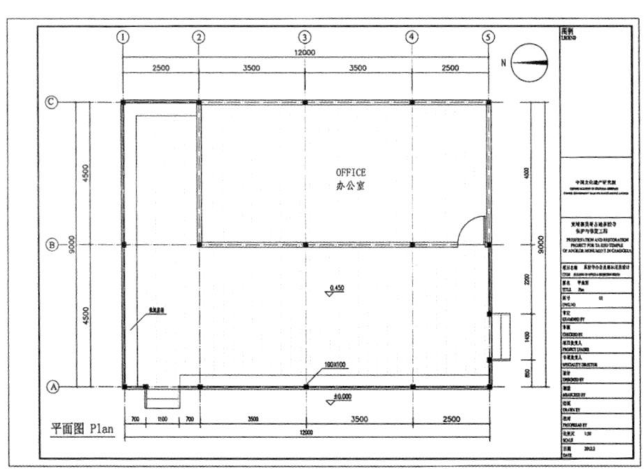

图 5-10　现场办公用房设计及建设

2. 施工人员生活用房

考虑修复项目施工工期长，施工场地距离施工工人家庭所在地较远，工人中午就餐及休息所需，现场采用木材搭建了简易临时就餐食堂及休息工棚。

3. 生产用房

施工现场生产类用房主要有：配电房、生产物资仓库、石料加工房、施工机械管理维修房、石料堆放场、钢筋加工场、木材加工场等。由于茶胶寺周边可用空闲场地较少。为了保证日常修复施工工作的方便及顺利进行且尽量不影响茶胶寺的参观视觉效果，充分利用好施工现场每一块可用的空地，项目部与柬方协商后将以上生产用房布置在游客很少到达的茶胶寺北侧围墙与壕沟之间的空地处。同样为减少对场地的破坏，生产用房同样均采用市场购置的混凝土墩作为基础，上部采用脚手管搭建主体桁架结构，生产用房墙体采用铁丝网及防雨布与外界隔离，屋顶采用铁板及草垫搭设。考虑发电机工作及石料加工用地的特殊性，两处地面铺设可辨识砂垫层后采用 C20 混凝土浇筑厚 100mm 混凝土地坪层进行了找平及硬化处理。

图 5-11　配电房及生产物资仓库

图 5-12　配电房

图 5-13　石料加工房、施工机械管理维修房

图 5-14　石料堆放场

（三）建立工地管理办法，明确岗位职责

根据本项目修复施工特点，为保证保护与修复的质量，按合同要求按时完成保护与修复任务。及时消除各类安全隐患，安全施工，不出现重大安全事故。加强管理宣传，不断扩大中国文化遗产保护

工作的影响，使现场的施工管理更加科学化、规范化以及制度化，项目组制定了施工现场管理办法，明确了项目组中各施工管理人员的岗位职责，并建立了施工现场安全管理制度及相应措施（安全用电管理制度以及大型起重设备的安全使用、雨季施工安全、消防安全保证等）。

1. 现场施工管理项目部的工作职责

（1）现场项目部负责茶胶寺修复保护中与柬埔寨方的协调；茶胶寺保护的科学研究；修复施工的组织、实施、安全管理等工作。

（2）制定、完善和认真执行现场施工管理的各种的规章制度，主要包括：岗位责任制、安全管理制度、工地消防制度、材料进出场制度、设备使用管理制度、人员管理制度、安全用电管理规定等。

（3）认真执行财政部《对外援助支出预算资金管理办法》和商务部《对外援助成套项目财务管理办法》、《对外援助成套项目财务管理办法》，中国文化遗产研究院《援助柬埔寨茶胶寺修复项目财务管理办法》。按审定的施工预算，强化经费和施工物资、设备的管理、使用。

（4）按设计，分阶段完成茶胶寺经审定的26个点的施工。

（5）保证修复质量，每一部位在施工完工时，应实施初检、终检两级质量检查。初检由施工管理部组织，检查后对发现的问题进行整改。终检由施工管理部提出，由甲方代表、监理、设计人员组成的检查小组进行。每次检查应有书面记录并存档。

（6）严格施工现场安全防护用具及施工机械设备的监督管理，不准使用没有安全保障、不合格的设备和材料。

（7）规范、完善施工资料、档案的收集和管理。资料的收集包括文字资料、影像资料、图纸资料、检验试验资料等部分。

（8）重视文物保护意识，安全意识的教育培训，不断提高修复参与人员的文物保护意识和安全质量并重的意识。

2. 施工及协调负责人岗位职责

项目部设立现场施工及协调负责人各一名，在中国文化遗产研究院院长和援柬工作项目总负责人的领导下，对茶胶寺保护修复的施工管理、技术工作、科研工作、协调工作，实行分工负责。施工及协调负责人下设技术负责人、施工员、质检员、安全员、材料员、工程资料员六大工程管理技术人员。各管理技术人员岗位职责详细规定如下。

现场施工负责人职责

（1）负责编制总体进度计划，各项施工方案及质量、安全的保证控制措施并组织实施。

（2）科学地组织施工，管理好进入施工现场的人、财、物。协调好与柬方、设计、监理单位等各方面的关系，及时解决施工中出现的问题，保证茶胶寺保护修复目标的实现。

（3）积极引导项目部技术人员进行技术研究，提高修复工程的科技含量。

（4）组织项目编制单位工程的施工组织设计与施工方案，并进行审批。组织编制施工项目的年度计划以及劳动力、材料（周转工具）、构配件、机具设备、资金等需用量计划。

（5）组织并会同项目部技术人员进行工程的图纸会审工作，技术核定工作。

（6）检查、督促项目部技术人员技术质量资料的整理工作，保证资料整理的真实性、及时性、完整性。

（7）解决保护修复中的技术问题。对疑难问题及时上报专家组，上报前提出初步的处理方案。

（8）对关键、特殊工序以及易产生质量问题的工序进行技术交底，作到事前预防、事中控制、事后监督。

（9）组织技术人员绘制竣工图。

（10）检查施工组织设计与技术交底的执行情况，对不符合要求的提出整改措施。

（11）负责对项目部工程技术人员的考核。

（12）负责工地的安全工作。

现场协调负责人职责

（1）负责协调和组织茶胶寺保护工程专项设计和研究工作，包括保护工程设计方案的编制、考古研究、石质文物保护和文物监测等。

（2）负责茶胶寺保护修复各类技术成果的编辑和出版。

（3）配合施工负责人的现场施工，协调设计方就施工中出现的技术问题进行沟通和洽商，并负责设计变更。

（4）负责各种技术资料的收集和汇总。

（5）负责与商务部国际经济合作事务局和国家文物局等工程组织单位的沟通与请示，组织和上报各类报审资料，以及商务往来。

（6）负责现场的国际交流，包括与柬各级政府、ICC－Angkor和各国际组织，在保护研究、工程设计和施工等各方面进行协调、沟通，负责组织中方人员参加吴哥保护国际会议。

（7）负责协助赴柬工作人员办理出入境、进出施工区域、货物进出关和保险办理及其他相关手续。

（8）负责我院援柬项目部在柬埔寨暹粒驻地的日常管理工作。

技术负责人岗位职责

（1）认真贯彻执行文物保护的法规、规程、规范、标准。

（2）组织项目部技术人员编制单位工程的施工组织设计与施工方案，并进行审批。

（3）组织并会同项目部技术人员进行工程的图纸会审工作，技术核定工作。

（4）负责安全质量书面技术交底等工作。检查、督促项目部技术人员技术质量资料的整理工作，保证资料整理的真实性、及时性、完整性。

（5）帮助项目部技术人员解决工程当中的技术问题，对一般技术问题及时作出处理。对重大技术问题及时上报项目负责人，获批准后，按批复意见组织实施。

（6）对关键、特殊工序以及易产生质量通病的工序，做到事前预防、事中控制、事后监督。

（7）组织项目部的技术人员学习、贯彻与文物保护工程有关的法规、国际宪章、标准、规范、规程等文件，不断提高业务水平。

（8）负责工程资料、竣工资料收集、整理、汇总、存档的审核和上报。

（9）组织项目部技术人员绘制竣工图。

（10）负责工程的验线工作，负责对每个部位的轴线、标高的核查。

（11）检查项目部施工组织设计与技术交底的执行情况，对不符合要求的提出整改意见、督促落实。

（12）协同施工员、质检员、材料员做好修复工程质量的控制。

（13）负责对项目部工程技术人员的考核。

施工员岗位职责

（1）在援柬项目部分管施工负责人的领导下开展工作。

（2）参加技术交底，熟悉施工图纸，绘制现场平面布置图，做好现场布置，清楚设计要求、质量要求、详细做法，组织施工人员按图施工。

（3）熟悉文物的构造特征与关键部位，熟悉施工现场的四周环境。

（4）参加图纸会审和工程进度计划的编制。

（5）负责本工程的定位、放线、抄平、沉降观测记录等。

（6）参加修复工程现场的勘查、测量、施工组织等工作。

（7）合理调配施工人员和施工设备、物资，科学组织修复施工，确保工程进度和质量。

（8）向施工人员下达施工任务及规定材料使用的范围，及时提出施工材料、设备的申购。

（9）如实写好施工日志，填好修复施工所需的各种表格，编写月报，上报施工进度、质量。

（10）及时申报分部、分项、阶段、隐蔽等工程的验收。

（11）负责施工工艺及操作规程，负责对新工人岗前技术培训。

（12）负责组织人员对施工现场内材料、设施、工具的搬运、储存、包装、防护、成品保护及交付前后的养护工作。

（13）落实文明工地实施方案。

（14）协助收集修复施工的有关资料。

（15）与工作队的各岗位人员团结合作，保证施工顺利进行。

（16）完成项目部领导交办的其他工作。

质检员岗位职责

（1）负责茶胶寺保护修复的质量检查。跟踪检查工程质量，不得发生漏检，对修复施工的质量负直接责任。

（2）按设计图纸、施工要求、施工组织设计、质量标准，检查和指导修复人员按质量标准进行操作。

（3）熟悉文物保护的法规、规范、标准、设计施工图和质量要求，严格把好每道工序的质量关，认真按质量管理规定和检验程序对工程进行检查。

（4）修复施工的质量责任：交工面积符合设计要求；分项工程质量的合格率为100%；整体修复质量验收合格。

（5）参加分部分项工程的质量等级核定，对自己负责检查的分部分项工程质量等级负责，做到验收前自检不合格，不得进入下一道工序。

（6）杜绝发生重大质量事故。

（7）发现重大质量事故隐患应立即停止施工，并及时报告分管领导进行处理。发生工程质量事故应及时汇报，并提出整改措施。

（8）及时制止施工人员违章操作、违反工序的行为。

（9）参加隐蔽工程的核查验收，不合格的不得在隐蔽工程资料上签字。检验隐蔽工程必须当场检查，当场记录，不得进行隐蔽记录后补。

（10）负责填写单位工程、分部、分项工程的质量技术资料及工程各项质量检查评定的记录、报表、保证质量检查资料齐全。

（11）完成项目部领导安排的其他工作。

安全员工作职责

（1）在施工组织和管理负责人的领导下，制定落实项目安全防范措施，是工程项目安全生产、文明施工的直接管理者和责任人。

（2）熟悉有关安全的法律、法规及安全操作规程，保证安全施工。

（3）每项工程必须按规定组织安全教育、安全技术交底以及安全措施的培训。

（4）认真做好安全记录，组织安全生产检查。

（5）对工程重点部位制定书面安全措施。

（6）发现重大安全隐患，应立即采取有效补救措施，并及时汇报，将隐患消灭在萌芽状态。

（7）做好新进工人的登记造册工作，管理和发放安全和劳保用品。

（8）做好项目安全防护、文明施工等工作。负责施工现场重要危险部位的警示、安全标语牌的制作和宣传工作。

（9）实行安全终止权，有权制止“违章作业”和纠正“违章指挥”。严格履行职责，杜绝事故发生。

（10）检查评定安全用品和劳动保护用品是否达标，处罚现场违章行为，组织机械设备安全评定，参与安全事故的调查、分析，提出安全整改意见。

（11）完成项目部领导交办的其他任务。

材料员岗位职责

（1）负责修复施工的材料采购和管理。

（2）掌握本修复工程的总计划及月、周计划，并编制工程材料供应计划。

（3）根据材料供应计划进行市场询价，货比三家，然后向项目主持人汇报。

（4）熟悉工程进度及市场情况，按计划进行采购，并满足质量进度要求。

（5）掌握材料的性能，质量要求，按检验批提供合格证给技术员。

（6）需要复检的材料，按检验批进行复检，并向技术员提供合格的复检单。

（7）掌握材料的地区价格信息及供货单位的情况。

（8）掌握材料的库存情况及时调整材料供应计划。

（9）及时掌握现场的工程变更情况，应对变更及时供应材料。

（10）严格材料入、出库手续。

（11）监督材料的使用情况，对材料浪费、损坏情况应及时制止，并对有关人员提出处罚意见。

（12）完成项目部领导交办的其他任务。

工程资料员岗位职责

（1）负责工程项目资料、图纸等档案的收集、管理

负责工程项目的所有图纸的接收、清点、登记、发放、归档、管理工作：在收到工程图纸并进行登记以后，按规定向有关单位和人员签发，由收件方签字确认；负责收存全部工程项目图纸，且每一项目应收存不少于两套正式图纸；竣工图采用散装方式折叠，按资料目录的顺序，对建筑平面图、立面图、剖面图、建筑详图、结构施工图等建筑工程图纸进行分类管理。

收集整理施工过程中所有技术变更、洽商记录、会议纪要等资料并归档：对每日收到的管理文件、技术文件进行分类、登录、归档；负责项目文件资料的登记、受控、分办、催办、签收、用印、传递、立卷、归档和销毁等工作；负责做好各类资料积累、整理、处理、保管和归档立卷等工作，注意保密的原则。来往文件资料收发应及时登记台账，视文件资料的内容和性质准确及时递交援柬工作队领导批阅，并及时送有关部门办理；确保设计变更、洽商的完整性，要求各方严格执行接收手续，所接收到的设计变更、洽商，须经各方签字确认，并加盖公章；设计变更（包括图纸会审纪要）原件存档。所收存的技术资料须为原件，无法取得原件的，详细备书，并加盖公章；作好信息收集、汇编工作，确保管理目标的全面实现。

（2）参加各分项修复工程的验收工作

负责备案资料的填写、会签、整理、报送、归档；负责工程备案管理，实现对竣工验收相关指标（包括质量资料审查记录、单位工程综合验收记录）作备案处理；对各修复部位的备案资料进行核查；严格遵守资料整编要求，符合分类方案、编码规则，资料份数应满足资料存档的需要。

检查施工资料的编制和管理，做到完整、及时，与工程进度同步。对已经形成的管理资料、技术资料、物资资料及验收资料，按施工顺序进行汇编整理，保证施工资料的真实性、完整性、有效性。

工程竣工后，负责将文件资料、工程资料立卷移交。文件材料移交与归档时，应有“归档文件材料交接表”，交接双方必须根据移交目录清点核对，履行签字手续。移交目录一式二份，双方各持一份。

保管工程技术人员移交的施工技术资料。包括：设备进场开箱资料；工程技术人员对施工组织设计及施工方案、技术交底记录、图纸会审记录、设计变更通知单、工程洽商记录等技术资料；工程技术人员对工作活动中形成的，经过办理完毕的，具有保存价值的文件材料；修复中进行鉴定验收时归档的科技文件材料；已竣工验收的工程项目的工程资料等。

（3）负责修复工程量的统计和资料借阅的管理工作

负责对施工部位、修复工程完成情况的资料汇总、申报。在平时统计资料基础上，编制整个项目当月进度统计报表和其他信息统计资料。编报的统计报表要按现场实际完成情况严格审查核对，不得多报、早报、重报、漏报。

负责向领导提供工程主要形象进度信息。向各专业技术人员了解工程进度、随时关注工程进展情

况，掌握可靠的工程信息。

作好资料借阅登记。不得擅自抽取、复制、涂改工程资料。

（4）负责修复项目的内业资料管理

汇总各种内业资料，及时准确的进行统计，登记。通过实时跟踪、反馈监督、信息查询、经验积累等多种方式，保证汇总的资料反映施工过程中的各种状态和责任，能够真实地再现施工时的情况。

对产生的资料进行及时的收集和整理，确保工程项目的顺利进行。有效地利用内业资料记录、参考、积累。

负责做好文件收发、归档工作。

负责工人的考勤管理。

负责对竣工工程档案整理、归档、保管。

（5）完成项目部领导交办的其他任务

（四）现场三通一平

1. 施工通道建设

为便于各修复点的保护与修复项目的顺利开展，根据柬方有效保护景区场地的要求，项目组首先围绕茶胶寺外围修建了施工通道476.20m，新建施工分别于西外塔门及外围壕沟西北角与景区道路相连通，便于施工材料的进出场及机械车辆的进出施工场地。

新建施工通道采用当地购买的红色黏土与砂石垫层修建而成，新建通道与原场地间铺设白色塑料布进行隔离，便于恢复清理场地的辨识。施工通道宽度5.00m，场地铺设塑料布层后铺设10～15cm厚砂石，表面铺设砂石垫层，砂石垫层顶部铺35～40cm厚红色黏土层碾平压实后铺设砾石层硬化，施工通道两侧种植草皮进行护坡处理，总计使用土方800m^3，砂100m^3。施工通道铺设时埋设PVC排水管使得施工通道与茶胶寺间围墙基台间积水顺利排出。

图5-15　施工通道铺设

2. 施工临时用电配置

根据保护修复施工内容，现场配备主要用电设备见表5-3所示：

表 5-3 修复施工使用主要施工机械表

序号	机械设备名称	数量	额定功率
1	石料切割机	1	10.00KW
2	塔吊	1	25.00KW
3	空压机	2	2.20KW
4	电动冲击钻	6	6.00KW
5	手持打磨机	8	9.00KW
6	电动葫芦	2	12KW

由于该工程地理位置特殊，位于景区深处，现场不能提供电源，解决施工现场所需用电需要配备发电机，根据修复施工内容，现场修建发电机专用机房，并配备了 3 台柴油发电机，功率分别为 50KW、24KW、10KW。

根据修复施工实际情况，以上设备不可能同时使用，最大利用约 70%，为 $64.20 \times 0.7 = 44.94$KW。照明加 10%，最大额定功率约为 49.44KW，由 $P = \sqrt{3} \times UI\cos\Phi$，功率因数 $\cos\Phi$ 按 0.8 计算，计算得 $I = 93.89$A，故总闸空气开关使用 100A，用电端漏电开关选 30mA 级。选用 $35mm^2$ 三相四线铜芯电缆的导线，其载流量为截面数的 3.5 倍，即 $35 \times 3.5 = 122.5$（A），满足配电要求。电缆敷设总长度 500m，敷设方式采用地埋与简易架空两种方式。

根据修复施工现场配电房及用电设备布置情况，配电房内一级配电箱引出导线沿茶胶寺一层围墙基台脚部埋地敷设。茶胶寺东外塔门与西外塔门南北两侧、紧临一层围墙基台总计布设 4 个二级配电箱。二级配电箱引出导线后将用电输送至各修复用电施工点，施工点附近各配备三级配电箱，二、三级配电箱间线路采用简易架空方式进行布设。总配电箱和开关箱中均安装漏电保护器，整体形成三级配电两级保护配电系统。所有配线均使用电缆线与标准配电箱连接，每级配电箱均独立控制。其他接地与接零、电器设置等严格按照《施工现场临时用电安全技术规范》（JGJ 46－2005）要求及标准执行。

图 5-16 供电线路敷设

3. 施工生产供水系统建设

供水主要为解决现场警卫人员生活及修复施工生产用水，由于施工场地无供水设施，现场需打井取水。供水设施设在工程管理区东北角，由水井、抽水机和水塔三部分组成。水井深度约45m，用电机、抽水机取水，水塔支架由脚手管钢管搭建，支架上安置的蓄水桶，水桶容量2000升、水塔高6.00m。

施工生产用水主要是石材切割，少量混凝土养护，消防安全用水，现场降尘用水，DN25水管即能够满足现场用水，茶胶寺外围供水管道浅埋于地表下，进入茶胶寺庙区水管采用PVC软管明敷，需要用水部位留取截门。

图5-17　施工现场供水设施建设

4. 修复施工场地清理平整及围挡

为便于修复施工顺利开展，施工机械设备、材料等的进出场，根据修复施工计划，首先对茶胶寺整体及各修复施工点的场地进行场地的清理平整，对各施工点场地周边散落的石构件进行移位、分类分区规整码放，并进行标示，以便后期塌落石构件的寻配。

根据施工现场分步进行、施工与参观同时进行的原则，为保障游客生命安全，对部分施工项目点进行围挡暂时封闭，随竣工随开放。

（五）施工现场安全管理措施及实施

为确保工程顺利进行，项目部本着“安全第一、预防为主”的方针，特制定了如下管理措施：

1. 施工现场严格执行建筑企业安全生产责任制制度，工程安全生产管理，坚持安全第一、预防为主的方针。现场建立协调统一的安全管理组织机构，按照施工进度和施工季节组织安全生产检查活动。

2. 现场修复施工过程中，禁止高空抛物。

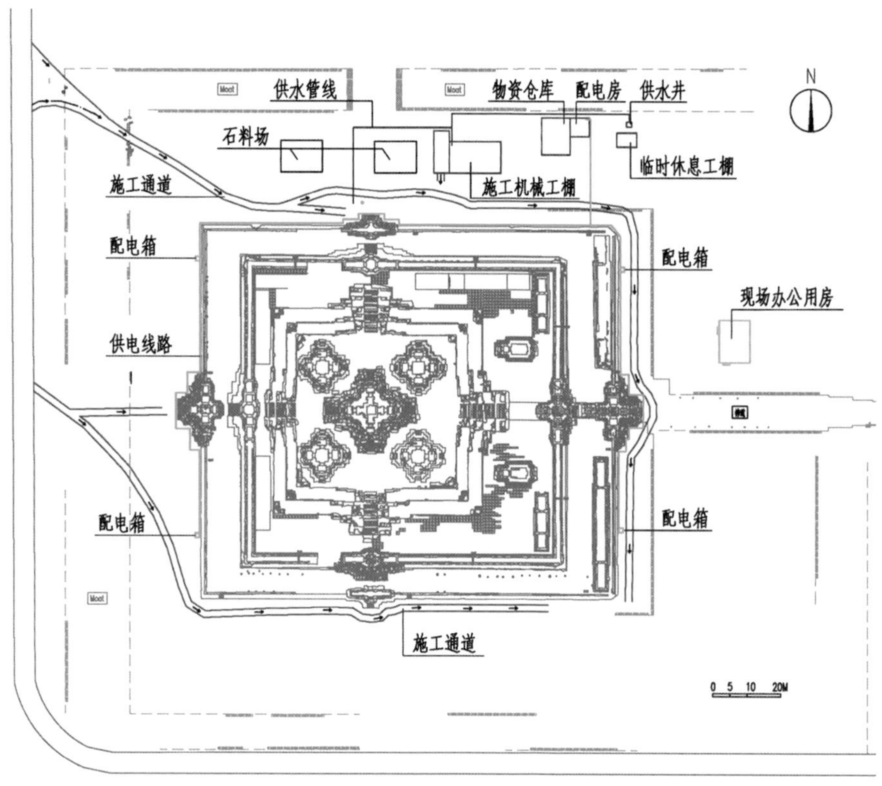

图 5-18 施工现场临设及施工通道、水电管线布设图

图 5-19 修复施工场地清理平整

图 5-20　施工区域围挡

3. 在分项工程施工时，项目部要对施工人员进行安全施工交底，要严格执行安全施工管理制度。

4. 脚手架应按规定支搭，脚手板必须固定铺严。脚手架各杆件连接牢固，作业面按要求设挡脚板及护身栏。

5. 脚手架搭建完毕以后，应由施工负责人和有关人员进行验收、鉴定，合格后方能使用。架子投入使用后，任何人不得拆改架子和挪动架子上脚手板，因施工需要改动，应经施工负责人批准，架子工负责操作。

6. 本项目建筑结构复杂，外观几何形状不规则，脚手架搭设难度大，脚手架难免有不到位情况，要求专业负责人定期进行安全检查、随发现、随整改，确保安全。脚手架各种防护到位，使任何物体不能坠落，并在必要位置设置明显标识，以提醒施工人员不放松安全意识。

7. 脚手架外围需悬挂安全网及警示牌，高空作业人员必须佩带安全带、安全绳等防护措施。

8. 现场临电工程必须按照中国建设部颁发的《现场临电安全技术规范》执行，专业人员负责管理，线路及供电设备安装后应进行验收，合格后才可送电使用。

图 5-21　高空作业人员佩戴安全带、安全绳

9. 用电施工，要按照（施工用电方案）组织，达到三级配电两级防护标准。各类配电箱、开关箱外观应完整、牢固，防雨、防尘，箱体应涂安全色彩，统一编号，箱内无杂物，停止使用的配电箱应切断电源。

10. 施工现场内各种机电设施均符合安全生产要求，除机械操作员以外，其他一切人员均不能接触机电设备。电气设备派专人管理操作。

11. 在使用吊车起吊运输前，要有安全交底。吊车起吊物品，必须设信号工指挥起吊，禁止无关工作人员靠近。吊臂下禁止站人。严格按照起重设备操作规程规定进行作业。

12. 认真做好进场前的安全教育并由安全负责人进行安全生产培训，并做到经常化、制度化，提高施工人员和管理人员的安全意识，对进场人员进行安全生产考核，佩戴统一标志的安全帽和施工证，方能上岗施工，进入现场的施工人员必须戴好安全帽，不准光脚、穿拖鞋和不利于脚部保护的鞋在工地工作等。

13. 每周进行一次施工机械、用电线路、消防设施等的安全检查，填写《施工安全检查记录表》存档，及时更换需更换的施工安全设施及用品。针对施工中所存在的安全隐患问题每月召开一次施工安全教育总结会。

图 5-22　施工安全教育总结会

14. 施工现场中各种可能产生安全隐患的设施、部位都必须设置防护设施和明显的警告标志。创造安全施工的环境，坚持以安全第一，预防为主为原则。

15. 管理人员及现场施工人员在施工过程中应及时劝阻游人勿靠近施工现场，劝阻不听的应立即报告驻工地的警察、工地保卫人员或工地现场负责人。

16. 工地现场聘用警察实行 24 小时值班的制度。

本项目是涉外项目，安全管理上不仅要遵循中国的各项规章制度，还要考虑工程所在国家的各项规章制度，确保不冲突。

（六）施工现场消防安全保证

1. 为提高施工人员的消防安全意识，遵循“预防为主，消防结合”的原则。实行逐级岗位责任制，达到横向到边，竖向到底，施工现场聘用了柬方警卫人员专人负责保卫与消防工作。

图5-23 场地悬挂布设安全施工警示牌

图 5-24 现场消防设施及标示

2. 茶胶寺现场施工区域用火要有严格的防范措施，并备了足够的消防器材，未经项目部警卫人员批准，不准在禁止吸烟的施工场所吸烟，不准动用火源。用火操作时规定必须警卫人员在现场看管，操作完毕对用火现场详细检查确认无死灰复燃的可能，方可离岗。

3. 以多种形式对参加施工人员进行了治安、保卫、消防安全岗前培训教育，使其做到了相应知识“应知应会”。提高了施工人员的思想觉悟、法制观念和防火安全意识。

4. 现场不定期督促提醒警卫消防负责人定期进行防火检查，加强昼夜防火的巡视工作和对施工现场定时检查，及时发现火险隐患问题并解决。

5. 设备、工具、施工材料的存放、保管，必须符合安全、防盗、防火要求。按规定执行化学易燃材料专库保管储存，易燃易爆物品，应单独存放，远离火源，保持通风。

6. 库房内配备干粉灭火器、消防水桶、消防砂池、铁锹等设施设备，并由专人管理并定期进行定期检查、维修、保养，做到了“布局合理、数量充足、标志明显、齐全配套、灵敏有效”。

涉外工程政治意义重大，一旦发生火灾，影响极大，敦促教育施工管理人员及施工人员要严格遵守制度，确保现场万无一失。

（七）施工场地的防雷及避雨

1. 雨季施工防雷

由于修复施工均需搭建脚手架，且搭建的脚手架高度均超过建筑物，雨季雷雨天气较多，为保证雨季施工作业安全，必须做防雷击措施。避雷针安设于中央主塔顶部，避雷针的接闪器选用 Φ16mm 圆钢，长度为 1.5m，其顶端车制成锥尖，表面热镀锌，10mm 圆钢做引线引至主塔地基处设置接地极，垂直接地极采用长度 1.5m 角钢制作，接地极间的距离为 5m，圆钢导线焊接接地极，接地极顶端要在地下 0.8m 以下，避雷设施布设如图 5-25 所示。

接地极选用角钢，其规格为 40mm × 40mm × 4mm，垂直接地极的长度为 2.5m；接地极之间的连接是通过规格为 40mm × 4mm 的扁钢焊接。焊接位置距接地极顶端 50mm，焊接采用搭接焊。扁钢搭接长度为宽度的 2 倍，且至少有 3 个棱边焊接。接地极间的距离为 5m。

2. 雨季施工防雨、避雨措施

因柬埔寨半年时间处于雨季，项目施工中需提前做好雨季施工措施，保证工程质量，特制定如下

图 5-25　避雷设施安装与布设

措施。

（1）预防措施

施工进场后，首先管理人员组织各个工种负责人及专业人员对施工现场和加工场地进行全面检查，重点为：

①对现场发电设备、取水泵房、电气线路、配电箱、设备、电线的接头，绝缘情况，设备老化情况，接地保护要进行详细检查。对临建所用电线线路配电箱等在敷设安装时就要采取防潮防水措施。

②对现场排水情况进行检查，对排水线路、沟、洞等进行疏通。

③注意天气情况变化，掌握天气情况，专人负责天气预报情况，提前掌握一周天气形势。每天将天气预报情况写在工地小黑板上，如遇异常天气情况要及时通知各个有关负责人，提前采取措施，做好准备。

（2）防雨措施

①建造屋顶封闭式临时建筑，作为库房、修复加固车间使用。怕淋怕湿的材料全部入库。来不及入库的材料，要及时苫盖。

②茶胶寺建筑为石结构建筑，整体来讲不怕雨淋。但对于基础来说，是薄弱环节，经过雨淋容易造成水土流失，影响基础的牢固性，故基础施工阶段，对基础整体搭设罩棚。

③现场材料应在雨季到来之前做好进料、存放的统一安排，避免因雨雪天气造成运输困难，因材料短缺造成窝工。

④雨后项目施工现场负责人应组织电工、架子工、安全员对施工现场的脚手架、用电设备和电缆线路等情况进行认真检查，发现隐患及时处理，并确认不存在不安全因素后再进行施工。

（3）雨季施工管理工作

①人员安排

用电设备及线路由现场电工负责，材料的苫盖由材料员负责，其他工种均由各专业负责人负责，以上人员必须在风雨前后及时对现场进行检查，各负其责，发现问题及时解决。

②物资准备，防雨用品见表5-4。

表5-4　雨季物资储备表

序号	材料名称	规格	单位	数量
1	防雨布	6m×8m/4m×6m	㎡	500
2	塑料布		㎡	800
3	应急灯	充电	个	2
4	雨衣、库、鞋		套	5

③施工材料管理：库房搭设做到防雨、防潮，设置合理。

④施工管理：各班组下班后应将施工机械拉闸断电，将配电箱锁好，收、盖好电动工具、机械。

（八）文明施工与环境保护措施

本工程为涉外项目，文明施工与环境保护尤为重要。涉外施工不仅要遵守本国有关文明施工与环境保护的各项要求，更要遵守项目所在地国家有关文明施工与环境保护的各项要求。

1. 文明施工管理措施

（1）现场健全环境保护管理制度，对施工现场进行巡视检查，发现问题及时解决或上报项目部。

（2）施工入口处设现场施工标牌、施工平面布置图、安全生产管理制度、消防保卫管理制度、场容卫生环保管理制度、现场文明施工管理制度。施工区域要有明确的禁止入内标识，标识语言使用中、柬、英三国语言，并用警戒线围栏，以避免游人不慎进入施工区域。对于误入游人，要礼貌对待，好言劝出现场。

（3）开工前按施工总平面布置图合理安排施工场地，保证施工现场内道路畅通、场区整洁、秩序井然。现场材料、料具码放应符合标准要求，材料要严格控制码放高度，各种料具要分规格码放整齐、稳固，做到一头齐、一条线，挂牌明示，并认真按照平面布置图存放材料。

（4）施工现场划分责任区、分区包干负责。砖、石和其他散料应随用随清，不留料底，在适当位置应采用防撒落措施。

（5）水泥、垃圾和其他易飞扬的细微颗粒散体材料，应严密遮盖，运输时要防止遗洒、飞扬，卸运时应采用有效措施。

（6）时刻教育施工人员知法守法，施工人员从事施工活动中要着装整齐，不许赤背、穿短裤、无袖背心、拖鞋进入施工区域。

（7）对施工区域内的现场，划分文明施工的责任区，各负其责，工地设置专用导向牌、警示牌，路线明确，道路无杂物，做到干净、整洁、干燥气候不扬尘，雨后无泥泞。

（8）减少噪声干扰，以免影响他人的正常工作，并为他人提供更优美的工作环境；使用噪声大的施工机械（电锯、电刨、切砖机等）要有防躁措施。

（9）讲文明，讲礼貌，讲社会公德，不随处便溺，规范自己的社会行为，文明用语，讲普通话。涉外工程，经常会有国际友人来访，要教育所有工人，时时刻刻注意自己的行为，树立文明施工的形象。

（10）节约用水用电，消灭长流水、长明灯，节约资源。

（11）车辆运输应严格遵守该国运输车辆交通管理规定和环保部门规定组织材料运输，运输车辆要保持车身整洁，车厢严密，不得遗洒污染道路，渣土车辆要用苫布遮盖以免发生扬尘现象，车辆出入口外50～100m范围内派专人巡视看管，因施工车辆造成的道路污染要随时清扫干净。

2. 环境保护管理措施

（1）项目经理及管理人员要按照有关管理部门环保工作的各项法规对施工人员进行环保知识教育。

（2）施工现场有专人负责施工区域的洒水，减少尘土的飞扬及清除垃圾。

（3）施工区域内的建筑垃圾要按规定进行消纳，及时清出场外，做到垃圾不在现场过夜，以保证现场施工用地干净整洁。确实来不及清运的要袋装存放在施工限定区域内，不影响环境。

（4）完工后要将施工现场清理干净。

三　技术资料的对接

（一）施工相关资料的编制及报审

2011年4月，受国家文物局、商务部国际经济合作事务局的委托，中国文化遗产研究院成立了茶胶寺保护修复工程总体设计项目组，组织技术骨干人员开展了茶胶寺保护修复工程总体设计方案的编制工作。

2011年10月完成总体设计方案上报国家文物局，并通过国家文物局审批。

2011年11月10日，中国文化遗产研究院完成了第一阶段六个点（南内塔门、东外塔门、二层台四个角及角楼）的施工图设计、施工组织设计，并通过了国家文物局的审批。

经商务部国际经济合作事务局批复同意，援柬二期茶胶寺修复施工（第一阶段）于2011年11月20日正式开工。

2012年11月，中国文化遗产研究院完成了第二阶段六个点（须弥台四个角、南藏经阁、北藏经阁）的施工图设计、施工组织设计，并通过了国家文物局的审批。

2013年7月，援建二期茶胶寺第一阶段各点的修复施工工作保质保量按期顺利完工。我院组织专家组对第一阶段各修复点进行了自检自验收工作，工作队根据验收组专家意见进行了整改，并相应完善了修复施工技术方法。

2013年8月，经向商务部国际经济合作事务局申请，援柬茶胶寺修复项目第二阶段工程开工报告得到批复，第二阶段工程于2014年8月1日正式开工。

2014年8月31日，中国文化遗产研究院按施工工期计划要求，保质保量按期完成了第二阶段的施工任务。

2014 年 5 月，中国文化遗产研究院对第三阶段后期各修复施工点进行了施工图及施工组织设计，于 2014 年 5 月 31 日通过国家文物局审批。经向商务部国际经济合作事务局申请，第三阶段建筑本体修复施工任务开工日期为 2014 年 9 月 5 日，目前正在进行中，计划于 2016 年 11 月 30 日结束。

（二）修复施工前设计资料的会审

为保证设计图纸等技术资料的质量，保障工程质量进度，修复施工前，项目部组织参加修复施工的技术人员、柬方派驻工地的代表、监理等相关人员对设计图纸等设计资料进行了会审工作，熟悉了修复施工图纸，检查了设计资料中是否存在错误、矛盾、交代不清楚、设计不合理等问题，将发现的问题解决在施工作业之前。

主要审核内容包括：

1. 修复施工图纸是否完整和齐全，施工图纸是否符合设计和施工的规程规范。

2. 修复施工图纸是否与其说明在内容上一致，施工图纸及其各组成部分间有无矛盾和错误或遗漏。

3. 设计图与其相关的结构图，在尺寸、坐标、标高和说明方面是否一致，技术要求是否明确。

4. 熟悉修复施工工艺流程和技术要求，掌握修复配套施工的先后次序和相互关系。

5. 掌握各修复点的建筑和结构的特点，修复需要采取的新技术等。

6. 复核主要节点做法是否明确。

7. 对于工程复杂、施工难度大和技术要求高的修复施工点，审查现有施工技术和管理水平能否满足工程质量和工期要求；目前施工能力达不到设计要求时，提出初步处理的意见。

第五节 修复施工技术措施

一 修复总体目标及要求

（一）总体目标

1. 通过结构加固和修复，消除茶胶寺结构安全隐患。

2. 通过补配归安缺失及散落的构件和材料，茶胶寺建筑形制达到相对完善的程度，使其真实性和完整性得到提升。

3. 通过修复完善茶胶寺总体形制，较为全面地反映茶胶寺的历史面貌和价值。

（二）修复施工要求

在严格遵守保护修复原则的基础上，精心组织施工。

1. 认真学习文物保护法，贯彻落实文物保护条例，加强文物意识、文明施工意识和公民道德意识。

2. 修复前，对原有建筑采取必要的保护措施，每一工序、工种施工前都必须在技术安全交底中，明确文物保护的具体防护措施。工序和分项工程交验时，必须对防护措施的执行情况做出确认。项目经理负责该项目的文物保护责任，各专业负责人负责各专业工种的文物保护责任。

3. 施工中以设计图纸和相关文件为依据，严格按图纸施工，如在修缮中发现与设计图纸及相关文件不符合立即暂停施工，做好现场原状的保护，通知中柬两方有关设计、甲方、监理和文物主管部门到场确认。

4. 在对原有文物建筑的修缮过程中，可能出现“不可预见”情况，一旦发生，不擅自行事，必须经设计、监理及甲方协商定案后，方可进行施工。

5. 选用的各种材料，须达到国家或主管部门颁发的产品标准，地方传统材料必须达到优良等级。对更换的石构件等要认真测量、记录。

6. 严格按设计修复方案确定的范围进行施工，不随意扩大或更改，绝不能在修缮施工中造成破坏性的修缮。

7. 各种石构件的粘接加固在正式粘接前，由操作工人按照原状和设计要求做出粘接样品（可以用新石料），经设计、监理和甲方认定工艺合格后，再正式修补，然后进行大面积施工。

8. 作好施工过程中的各种施工检验和记录（包括文字、图纸、照片），为甲方和文物管理部门留取完整的工程技术档案资料。

9. 提高文物意识，深刻理解文物修缮的重要意义，做到“保护性修缮”，使修缮后的茶胶寺遗址区建筑再现原有建筑的历史特点。

二　建筑本体修复总体措施

1. 对于结构主体保存较好，建筑形制大部完整，仅存在局部塌落、开裂等病害（如须弥台顶部五塔）的进行临时加固与排险支护。

2. 对于结构大部分保存，基本形制尚存，但结构存在较大倾斜、塌落及开裂，建筑构件缺失严重，屋顶塌落（如内外塔门，藏经阁等）的进行重点修复，其方法是将危险部分拆落、残损构件修复，构件重新归安，修复中应适当运用新技术。

3. 对于结构大部塌落，建筑形制残缺不全，构件大部遗失或散落周边，仅有部分墙体、梁、柱尚在原位（如内、外长厅，二层基台上的部分回廊等）进行现状修整，对无确凿依据的部分不予复原。

4. 对于崩塌的基台角部，选用原角砾岩基本相同的新石材进行修补，由于崩塌处相邻石块也有相当程度的碎裂或风化，应根据补砌需要剔除残损部分，以便补砌部分能与结构结合紧密；由于角部所受荷载和材料均会构成石材的破坏，在补砌前对石块进行碳纤维加固，具体做法见各分项设计。

5. 石构件修补：对断裂，碎裂、局部损坏的构件，根据情况进行修补，对断裂的进行锚固和粘接，对山花、梁枋、窗柱、檐口线脚等雕刻构件，应按照艺术品进行修复。

6. 对于散落在各部分的从建筑上部掉落的构件和石块，按照三类进行处理：

（1）特定构件，即只能用于特定部位的构件，如山花石、屋檐石、门窗、梁枋等构件，将其参照形式复原研究并进行拼对研究后归位，如有损坏，应先进行修补。

（2）保存和质量较好的普通石块，如墙体、屋顶、地面等处的整块料石，不一定有具体的部位，但可以按照其类型使用，可对其进行拼对和调配。

（3）破碎较严重，外形尺寸较差，材质较差，已不适合使用的残石，不再使用。

7. 对于20世纪五六十年代法国专家利用钢筋砼结构，以及20世纪90年代柬埔寨有关单位利用木框架对局部残损严重部位进行的临时加固支护，结合保护修复工程予以拆除。

三 总体部署及单体建筑修复施工流程控制

茶胶寺修复项目总体修复施工部署原则及流程为：

修复施工工作坚持整体排险支撑加固，而后进行单体修复施工，最后再进行细部完善的施工理念进行总体部署。施工中先安排较为容易的项目，在取得经验后再进行推广。同时，合理的分区域施工，尽量不使用大型施工机具重复安装。

结合本修复工程殿座之间的布局，相互关系和地形环境条件，合理运用人力、物力，相邻的单体建筑间最大程度地进行交叉流水修复施工，最大限度地减少仪器设备的转场搬运、为建筑本体修复施工赢取更多的时间，以便解决修复施工中遇到的疑难问题。合理调配组织第Ⅰ段、第Ⅱ段、第Ⅲ段中各项修复施工任务，保证整体工作任务的按期顺利完成。

茶胶寺单体建筑保护与修复施工流程总体分为三个阶段：（1）施工前准备阶段；（2）修复施工阶段；（3）检查验收阶段。

各阶段主要工作任务、流程如下图5-26所示。

拆除解体、归安重组的修复施工中拆除解体遵循“先高后低”，归安工程“由低到高”原则，做到先拆的后安装，后拆的先安装。根据修复部位的位置和高度，选择相应的起重机具，使机具设备得以合理和高效的使用。

四 茶胶寺建筑本体保护与修复工法详述

茶胶寺建筑本体的保护与修复施工主要包括：变形移位石构件解体、残损石构件粘接修复、新石构件补配加工、基础及基台重构、上部结构重构等五大主要工法。下文对五大修复施工工法技术要求及修复施工中资料的收集、修复施工过程中的地质、考古调查工作一一进行详述。

（一）变形移位石构件编号及解体拆落

1. 变形移位石构件编号

（1）解体拆落构件编号的依据

根据建筑构件的位置、材质、所在层数、序号（从右往左）以及图纸位置等进行解体构件编号。

（2）拆落构件编号要求

①对解体构件以从上到下的顺序进行编号，即建筑残存的最顶层石构件为编号第一层，最底层为编号最后一层。

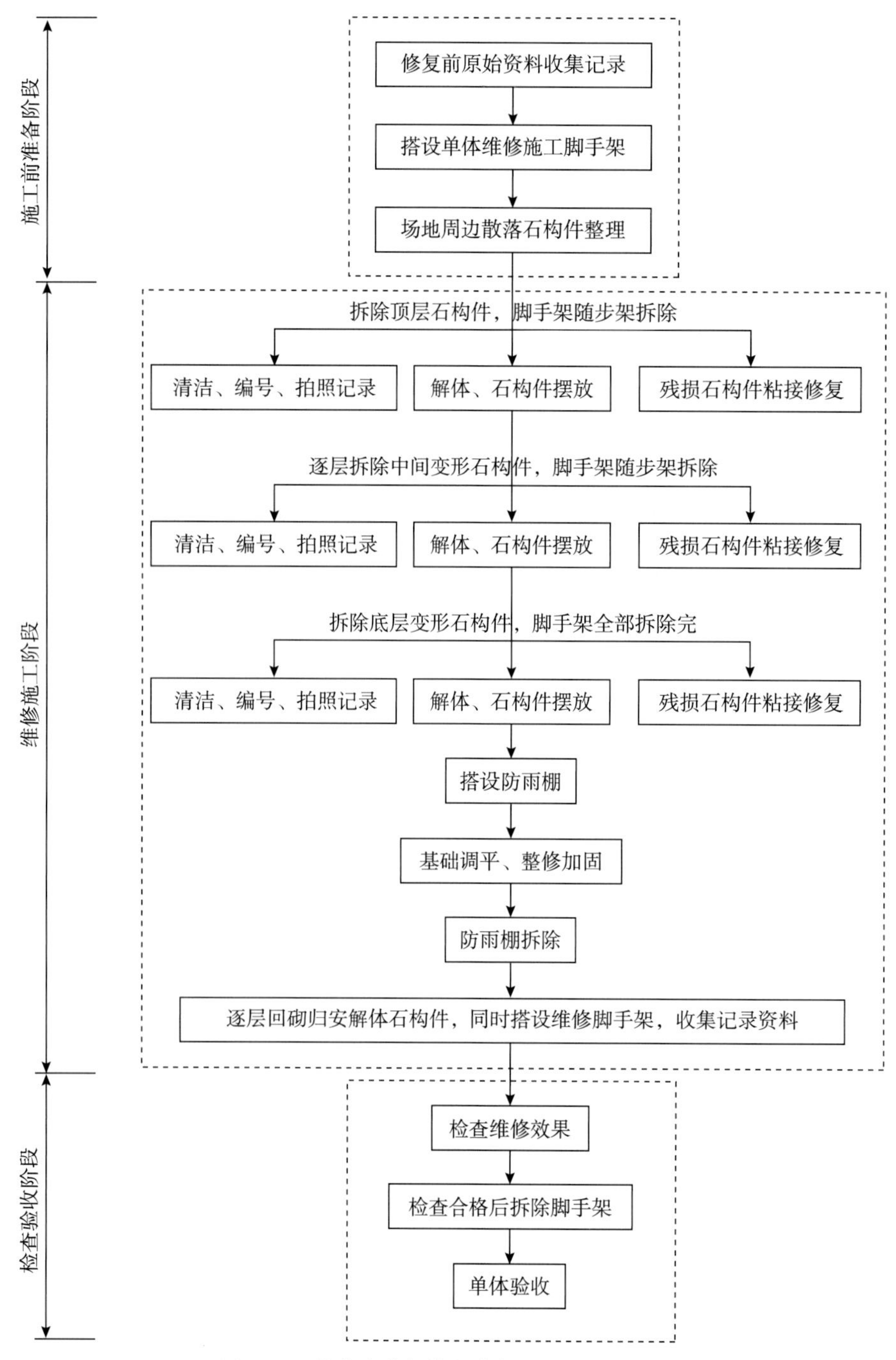

图 5-26　单体建筑保护与修复施工流程控制图

②在对构件编号前先绘制编号图，编号图要求准确描绘每层石构件的摆放形式，编号图中的石构件编号要与实际构件相对应。

③使用 5 号油画笔蘸白色油漆在解体石块顶面标识编号，在编号前应用塑料刷清除构件顶部污垢。

④编号后，对解体结构进行测量、拍照。

⑤现场工作结束后，将所有记录输入计算机中，并将实物数据存档。

(3) 编号方法

①编号规则：

解体石构件编号由5个数字或字母组成；

第1位表示建筑部位：P：建筑基台，B：建筑主体，R：建筑屋顶；

第2位表示材质：1：砂岩，0：角砾岩

第3位表示层数序号，自上至下：1. 2. 3. 4. . . . .

第4位表示同一层石块序号，自右至左：1. 2. 3. 4. . . .

②示例：

“P. 0. 3. 4. e”表示基台部分东立面第3层自右至左第4块角砾岩石块；

“B. 1. 6. 7. n”表示建筑主体部分南立面第6层自右向左第7块砂岩石块。

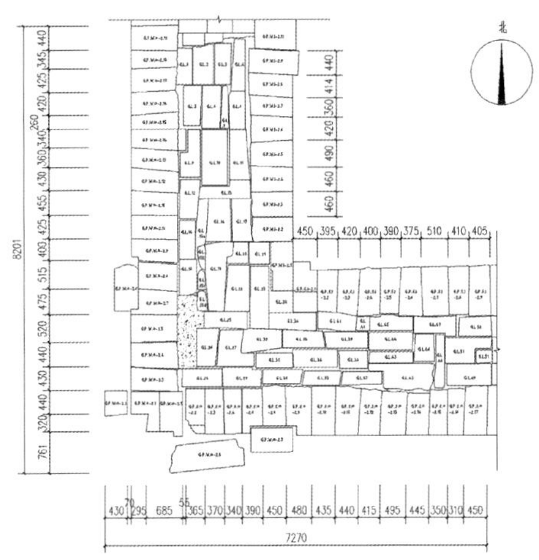

图5-27 变形移位石构件解体编号及成果图

2. 变形移位石构件拆落

(1) 拆落工程的原则

①以设计施工图为基准原则。

②汲取和借鉴援柬一期修复工程的成功经验的原则。

③遵照控制工程量，减少不必要干预的原则。

④施工图与施工现场不符时，以遵照实际为原则。

⑤慎重控制缺失部分复原和新料补配的原则。

(2) 构件拆落的基本方法

①拆落前准备工作

对歪斜、位移部位及周边相关构件采用脚手架进行原位支顶或扁钢进行维护，随解体拆落随加固防护，防止解体拆落过程中发生坍塌。

②构件拆除顺序

拆除中严格控制拆除范围，原则上自上而下进行拆除，但要先拆除易坍塌、不稳定部分，可根据具体情况，确定一次性拆除范围，原则上不要求一次统一拆除，如局部拆除量少，可随拆随修配，以

图 5-28 解体拆落施工前进行临时结构加固防护

保证修配的对应性。

石构件自上而下逐层拆除，每拆除一层完毕，资料组人员立即到位，对揭开的对下一层进行记录、编号、绘制现状图、拍摄图片及影像资料，准确记录构件的分块、位置和尺寸；在结构拆落过程中若发现异常填充物，则应判断其作用、由来，并检测填充物的成分和力学性质。

③构件拆除方法

a. 首先使欲拆除的石构件松动，使其与相邻构件分离。方法：可以使用撬棍，但应避免生搬硬撬，或搭设起重架子使用手拉葫芦，用吊装带挂住构件一角，轻轻抬起 3～5cm，逐渐使构件分离。注意动作不要太大，避免损坏构件棱角。

b. 构件分离后，用吊装带将石构件拴牢用吊车或手拉葫芦将石构件运至地面，场地允许停放吊车部位，使用吊车进行垂直运输；不满足吊车停放部位，使用手拉葫芦通过井字架进行垂直运输。

c. 地面水平运输汽车（随车吊）或双轮人力车运输，石块与车体之间要加垫棉被或毡垫等柔软物品，如一车多运，石块之间也必须加垫，石块与车及石块与石块之间严禁裸触。

d. 拆除过程要有图片或影像资料，每一层拆除完毕，及时通知资料组人员。

e. 构件逐层拆卸，按照图纸要求和现场实际情况拆卸完成。

图 5-29 变形移位石构件解体拆落施工

图 5-30 解体拆落过程中影像资料收集

（3）拆落构件的摆放

①按照平面图布置划定摆放区范围，进行标志牌标识。

②根据构件材质分区摆放。

③构件损坏严重，需要送修复加固室进行加固的要单独摆放，便于运输。

④构件摆放符合先拆的放中央，后拆的放四边的原则，便于回安。

图 5-31 石构件分区摆放

（二）残损石构件粘接修补

1. 粘接保护材料的选用

（1）AKEMI AKEPOX5010 环氧树脂

黏结剂选用 AKEMI AKEPOX5010 环氧树脂，该环氧树脂黏结剂主要为环氧树脂（组分 A）和环脂肪族聚胺（组分 B）双组分组成。该环氧树脂为凝胶状，不含溶剂，具有蠕变性好、固化时收缩小、耐候性好、适应性强、使用方便等特点，非常适合石材的粘接。

粘接材料基本特性：

①组分 A（环氧树脂）颜色为无色～乳白色，密度 1.17g/cm^3，组分 B（固化剂）颜色为无色～乳白色，密度 1.13g/cm^3。

②工作时间（黏结剂混合后可以操作的时间）

100g 组份 A＋50g 组份 B 的混合物

温度	工作时间
20℃	20～30 分钟
30℃	15～20 分钟
40℃	5～10 分钟

③2mm 胶层的硬化过程（肖氏硬度）

3 小时	4 小时	5 小时	6 小时	7 小时	8 小时	24 小时
—	30	51	67	74	76	81

④机械性质：

拉伸强度 DIN53455：30～40N/mm^2

弯曲强度 DIN53452：60～70N/mm^2

弹性模量：2500～3000N/mm^2

⑤吸水率：DIN53495 <0.5%

（2）凤凰牌环氧树脂 E44＋固化剂 T31

凤凰牌环氧树脂 E44 是一种重要的热固性树脂品种。尤其是因其具有优良的物理机械性能、电绝缘性能、耐化学腐蚀性能、耐热及粘接性能，用凤凰牌环氧树脂 E44 配制的环氧树脂胶黏剂素有“万能胶”之称，广泛应用于化工、轻工、水利、交通、机械、电子等领域。

表 5-5　环氧树脂 E44 技术指标

外观	浅黄色透明黏稠液体
环氧值	0.41～0.47
色泽（号）	≤2
软化点	12℃～20℃
黏度（25℃ mPa·S)	6～10

T31 固化剂的性能：

①是实际无毒等级化学品，无刺激性挥发气体散逸，能实现无毒施工。

②能在 0℃左右固化各种型号环氧树脂，获得综合性能优异的固化物。

③可用于湿度大于 80% 和在水下固化各种型号环氧树脂。

T31 固化剂技术指标：

①外观：透明的棕色黏稠液体。

②黏度：1.1～1.3Pa·s。

③比重：1.01～1.09/25℃。

④胺值：460～480mg/g。

⑤溶解性：易溶于乙醇、丙酮、二甲苯等溶剂，微溶于水。

经现场配比试验，凤凰牌环氧树脂 E44 与固化剂 T31 性能近似于同 AKEMI AKEPOX5010 环氧树脂，固化收缩率小（一般为 1% ~2%），工艺性、稳定性好，能达到同等效果，且便于购买，其他国家修复队也应用此黏结修复剂，石构件粘接修复加固中黏结剂采用凤凰牌环氧树脂 E44 与固化剂 T31，碳纤维结构加固时采用 AKEMI AKEPOX5010 环氧树脂作为黏结剂。

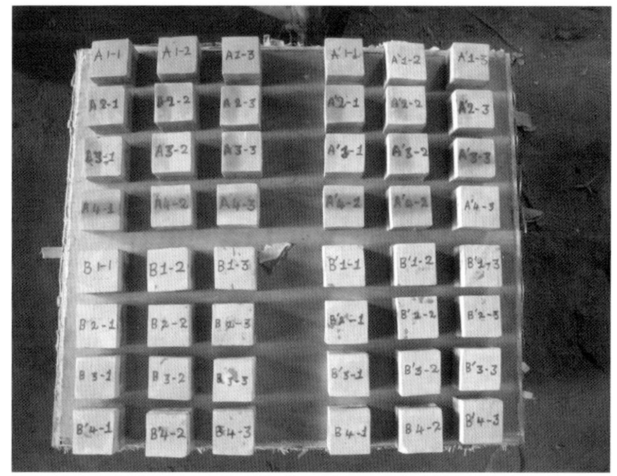

图 5-32　修复黏结剂选择对比试验

2. *砂岩石构件粘接基本流程*

（1）粘接面处理

可用钢丝刷清除粘接面的灰尘杂物，再使用爪凿打毛以增加表面的粗糙程度。如果附着黏土较为坚固或还附着有地衣藻类等微生物，可先使用尼龙毛刷蘸清水刷洗粘接面。待表面彻底干燥后再粘接。

（2）调配黏结剂

按照黏结剂使用注意事项及要求正确调配及使用黏结剂。AKEPOX5010 环氧树脂黏结剂调配比例为重量比组分 A：组分 B =2：1；凤凰牌环氧树脂 A：固化剂 B（T31）=4：1。使用前 A 与 B 组分须按比例完全混合均匀。

（3）黏结剂涂抹

将混合好的黏结剂均匀涂抹到两个断裂面上。涂抹黏结剂前可先用粉笔在粘接面事先画出涂抹区域，防止过多涂抹。据断裂面边缘 2 ~ 3cm 区域可留出不用涂抹，以免黏结剂在两个断裂面重合时溢出。涂抹的黏结剂厚度不宜大，1 ~ 2mm 即可，但要确保两个断裂面重合时其间的空隙内均能填充黏结剂。

（4）粘接

将两个断裂面接触，微调两个粘接面的相对位置，并使用水平尺检测粘接位置是否合适。调整完成后石块须静置至少 12 小时以便环氧树脂固化。在此期间防止雨淋。

（5）表面接缝处理

由于石块外边缘没有涂抹黏结剂，因此需要填补修复砂浆用来保护内部的环氧树脂不受阳光照射和雨水侵蚀。修复砂浆使用水泥和砂岩石粉调配而成。操作时使用宽窄合适的竹刀将修复砂浆填补在粘接缝隙内，修复砂浆外表面应低于缝隙两侧石构件表面 1 ~ 2mm。须在最初 2 ~ 3 天内喷洒少量水到修复好的砂浆表面以养护修复砂浆并防止在最初 2 ~ 3 天内太阳暴晒或持续雨淋到正在养护中的修复砂浆。

修复砂浆基本配方为（重量比）：

93% 干粉（普通波特兰水泥 25% + 砂岩石粉 75%） + 7% 聚醋酸乙烯乳液（固含量 50% ~ 65%） + 适量水

该修复砂浆参考了吴哥地区其他国家修复中所使用相似功能的材料，在周萨神庙石构件粘接修复中试验性地部分使用了该修复砂浆，使用效果良好，颜色质感和砂岩十分接近。经过近 8 年的观察，未出现开裂脱落或变色情况，也未出现其他副作用。

3. 不同情况的粘接处理

（1）非承重小构件

对于一些残破的非承重小构件，包括较大非承重构件上掉落的小残块可采用直接粘接的方式。其处理过程和粘接基本流程相同。但要特别注意残块在构件上位置的确定及粘接过程中的固定。

（2）非承重大构件

对于一些非承重或非受力大构件的断裂，必须在断裂面增加小锚杆的方式增加粘接强度。其处理流程如下：

①粘接面处理：参照粘接基本流程

②确定粘接位置

通过对比断裂面的匹配状况确定粘接位置，可用粉笔或记号笔标记。

③确定钻孔位置和方式

根据石构件的形状，大小和重量，确定锚杆的数量、直径和长度。钻孔位置据构件边缘应大于 5cm。钻孔位置应在两个断裂面上标记，并且能够重合。

④钻孔

使用电钻分别在两个断裂面上钻孔，孔的深度应根据构件的宽度、厚度现场具体确定，但孔底部据外表面距离不能小于 5cm。孔在其整个长度上应在两个断裂面重合时保持一条直线。孔径应大于锚杆直径 5 ~ 7mm。钻孔完毕后应仔细清除石粉残渣，必要时可用清水洗刷。但必须在完全干燥后才能进行粘接。

⑤配置黏结剂

按照黏结剂使用注意事项及要求正确调配及使用黏结剂。AKEPOX5010 环氧树脂黏结剂调配比例为重量比组分 A：组分 B =2：1，使用前须完全混合均匀。

⑥设置锚杆和粘接

使用不锈钢螺纹钢作为锚杆。先将混合好的黏结剂加入 15% ~20% 的石英粉（粒度 80 ~ 100 目），将其倒入两个孔内，并用适当直径、长度的锚杆在孔内充分搅拌使得黏结剂浸润孔内壁，将锚杆一头放入孔内，再在两个断裂面上涂抹黏结剂（不加石英粉），涂抹要求按照粘接基本流程进行。再将两个断裂面重合，并使锚杆另一端放置在另一边的孔内。

⑦位置调整和固定

当断裂面重合后微调两石块的位置，必要时使用水平尺测量构件的各个外表面是否在同一平面上。调整完成后保持位置不动至少 12 小时以上以保证黏结剂固化。在此期间防止雨淋。

⑧表面接缝处理

操作时使用宽窄合适的竹刀将修复砂浆填补在粘接缝隙内，修复砂浆外表面应低于缝隙两侧石构件表面 1 ~2mm。须在最初 2 ~3 天内喷洒少量水到修复好的砂浆表面以养护修复砂浆。防止在最初2 ~3 天内太阳暴晒或雨淋到正在养护中的修复砂浆。

（3）承重构件的结构粘接加固

这类构件通常是由于应力作用断裂的石梁或门楣处构件，由于需要承受较大的压应力和拉伸应力作用，在粘接加固过程中不仅需要在断裂面上设置锚杆，还要在石梁或门楣下表面加入 U 形不锈钢锚杆起到提高强度作用。具体操作流程为：

①粘接面处理：参照粘接基本流程。

②确定粘接位置：通过对比断裂面的匹配状况确定粘接位置，用粉笔标记。

③确定钻孔位置和方式：根据石构件的形状、大小和重量确定锚杆的数量、直径和长度。门楣截面积较大，可设置 2 ~3 根锚杆。钻孔位置据构件边缘应大于 5cm。钻孔位置应在两个断裂面上标记，并且能够重合。

④钻孔

使用电钻分别在两个断裂面上钻孔，孔的深度应根据构件的宽度，厚度现场具体确定，但孔底部据外表面距离不能小于 5cm。孔在其整个长度上应在两个断裂面重合时保持一条直线。如果钻两个孔，两个孔所在直线必须平行。孔径应大于锚杆直径 3 ~5mm，钻孔完毕后应用空压机仔细清除石粉残渣。

⑤配置黏结剂

按照黏结剂使用注意事项及要求正确调配及使用黏结剂。AKEPOX 5010 环氧树脂黏结剂调配比例为重量比组分 A：组分 B =2：1，使用前须完全混合均匀。

⑥设置锚杆和粘接

使用不锈钢螺纹钢作为锚杆。先将混合好的黏结剂加入 15% ~20% 的石英砂（粒度 80 ~ 100 目），将其倒入两个孔内，并用适当直径、适当长度的锚杆在孔内充分搅拌使得黏结剂浸润孔内壁。将锚杆一头放入孔内，再在两个断裂面上涂抹黏结剂（不加石英砂），涂抹要求按照粘接基本流程进行。再将两个断裂面重合，并使锚杆另一端放置在另一边的孔内。

⑦位置调整和固定

当断裂面重合后微调两石块的位置，必要时使用水平尺测量构件的各个外表面是否在同一平面上。调整完成后保持位置不动至少12小时以上以保证黏结剂固化。在此期间防止暴晒和雨淋。

⑧确定底部加固位置并开槽

在已经粘接好的构件底部中间位置开10～12cm深，宽度5cm的槽，长度根据构件大小在断裂两边延伸至少20cm，并在槽的两端打10cm深的孔。如果石梁或门楣较宽，根据现场情况可在底部开平行的两条槽。

⑨设置U形扒锔

扒锔长度和槽长度相等，两端各有10cm的直角弯曲。先将混合好的黏结剂加入15%～20%的石英砂（粒度80～100目），将其倒入两个孔及槽内，并用扒锔充分搅拌使得黏结剂浸润孔内壁及槽内壁。后将U形锚杆放入槽内，浸入环氧树脂黏结剂。环氧树脂黏结剂液面距石构件表面7～10mm左右。保持构件水平位置放置至少12小时，其间避免雨淋。

⑩表面接缝处理

粘接缝隙填补修复可按照粘接基本流程进行。设置U形扒锔的地方也需要铺修复砂浆以保护内部的黏结剂。首先使用爪凿将环氧树脂表面打出一些凹痕，增加表面的粗糙度。再使用修复砂浆一次填补厚5～7mm的一层，并保持砂浆表面低于石构件表面1～2mm。砂浆养护应严格按照粘接基本流程。

残损断裂面打毛处理

残损断裂面清洁干燥处理

涂抹黏结剂

断裂石构件拼对粘接

表面接缝处理

局部残损新补后线脚处理

残损石构件修复竣工图绘制

图 5-33　残损石构件粘接修复

锚孔定位施工

锚孔及断裂面清洁

锚孔施工后布筋、拼对试装

断裂面涂抹黏结剂

断裂部分粘接修复

图 5-34　残损石构件植筋修复过程

图 5-35 门窗承重横梁底面植筋加固施工过程

（三）石构件试装配及归安

1. 基础调平及整修

由前期调查研究可知，茶胶寺结构变形主要由两部分原因形成，一部分为结构局部石构件破坏引起结构变形，一部分为基础沉降变形引起上部结构产生变形破坏。前者由于局部石构件残损破坏引起的结构变形破坏的类型，按设计要求解体至设计要求范围，根据设计更换残损破坏的石构件，重新归安解体拆落石构件即可。

对于基础沉降引起上部结构变形的情况，修复施工工序主要包括以下步骤：上部变形移位结构解体→基础不均匀沉降变形测量→基础调平整修→解体拆落石构件重构归安。

根据修复施工建筑物的结构特征的不同，对于发生沉降变形的建筑采取不同的调平、回砌归安方法进行修复，总体上分为两类：对于角砾岩台基及须弥台角部，可采用“边回砌边调整校正”的方法；对于角楼、塔门、藏经阁等砂岩砌筑的部分，采取“校正基础后整体回砌”的方法。

受茶胶寺建筑结构及基础构造特征所限，由于不能解体至基础下部地基表面，对于发生不均匀沉降变形的基础，仅能进行局部的调平及整修。由于历经一千多年的沉降变形，目前整体已达到稳定。根据沉降变形程度，对发生沉降变形侧的结构进行解体后，基础表面铺设人工角砾岩或砂岩垫层进行调平及整修。人工角砾岩或砂岩垫层采用角砾岩或砂岩石粉混合环氧树脂胶进行配置，配置比例根据现场及室内试验确定。

基础不均匀沉降变形测量

人工角砾岩垫层基础找平

基础调平测量

基础调平归安完毕

图 5-36　基础调平及归安施工

2. 解体拆落石构件的回砌归安

（1）准备工作

①准备好起重工具：起重架、手拉葫芦、吊车。

②吊装前进行构件编号及摆放部位的二次核对，核对无误后方可进行吊装。

③按照原位归安原则，控制好成型后的外轮廓。

（2）构件吊装

①吊装方法同拆卸方法，由底层向上逐层安装，每吊装完一层通知资料组做好存档资料。

②对不可调整的大空挡，可用小块石填充，以保证其上部块石的稳定。

③对转角及承重部位构件的安装，要保证错缝处的搭接长度，如局部不合理，可考虑更换或其他补强措施。

④对于局部错位变形较小、无需进行拆落即可归位的错位构件采用支顶归位方式进行原位归安。

⑤对于自身错位变形较大、且相对周边构件也发生错位变形的构件需首先采用吊装等方式对主要构件起吊，在首先对周边构件进行归位后再对错位变形较大的构件进行归位。

图 5-37　解体石构件回砌归安

（四）塌落石构件寻配及试装配

在建筑主体正式拆落前，首先做好对建筑缺失部位的寻配、补配工作：

1. 将其周边散落堆放且有可能属于缺失部位的构件（石块），搬运至指定场地，按类型铺排后进行测量、编号、绘图。然后按照复原研究的成果进行尝试拼对组合。对损坏构件和石块进行修复。最后补充绘制施工图。

2. 按照补充设计进行安装，安装时应注意与原留存部位结合牢固。

图 5-38　塌落石构件的测绘、寻配

图 5-39　塌落石构件试装配

（五）新石构件补配加工

项目修复施工过程中有部分缺失的关键部件（石块）需要适当用新石料加工后替代。

1. 选石材

需要补配的石材主要分两类，当地砂岩及红色角砾岩。

砂岩主要选用当地新鲜完整的砂岩，强度不低于60MPa；角砾岩主要选用当地红色、新鲜完整的角砾岩，强度要求不低于30MPa。

2. 准备工作

（1）工具准备：大、小切割机，斧凿等石工工具。

（2）技术准备：

①确定补配石构件的数量、位置、形状、尺寸。

②补配构件关键部位使用三合板放出1：1样板。

3. 构件制作

（1）构件制作按照不改变文物原状原则进行补配。

（2）首先根据实测尺寸，使用大型石材切割机对荒料进行加工成半成品，半成品尺寸略大于成品尺寸。

（3）根据样板尺寸对半成品构件进行深加工，要求使用小型机械细加工，确保补配的构件与原有构件形状基本相同。

（4）料石要求加工面面平角方，使用前均应用人工錾凿打磨平整，不得残留机械加工痕迹。

图 5-40　石构件补配及细部线脚雕凿

（六）结构加固

为增加归安及补配石构件的稳定性，按照设计要求对归安及补配石构件进行结构加固。根据结构特征的不同，不同部位采取不同的结构加固方法。加固措施主要包括石构件自身结构加固，银锭榫、扒锔结构加固，碳纤维结构加固三大类。

1. 石构件自身结构加固

（1）方法适用部位

由于此方法主要依靠石构件自身尺寸的长短不同使得石构件间相互咬合，进而达到结构的自身稳定。要达到石构件的自身咬合，需满足以下特点：

①建筑结构自身包含互相垂直的两个面。

②结构发生坍塌部位位于两垂直面的相交的角部。

③多层坍塌，且向内具有一定深度。

④坍塌部位石构件大部分损坏丢失，需更换补配新石构件。

由以上特征要素可知，茶胶寺中发生结构严重坍塌的二层台基台角部、须弥台基台角部满足此类结构加固方法的应用。

（2）结构加固方案设计及实施

①按照设计要求首先清理坍塌的二层台基台角部或须弥台角部：向两侧及内部清理 1 ~ 2 块（层）长时间外露、风化严重的残损石构件。

②自下向上设计每层选择 1 ~ 2 块新补配的角砾岩或砂岩石作为加长石构件，其向内侧加工长度通长至内部所清理面或不低于 150cm。新补配的石构件自身强度满足要求，且不存在软弱结构面。

③上下相邻层的自身加长石构件的长度方向上在平面投影面上互相垂直，且后延一定长度。

④每层加长石构件以外的其他新补配石构件向内方向上可自然选择不等长，新补配石构件垒砌后可自然形成相互咬合结构，以达到增加结构稳定性目的。

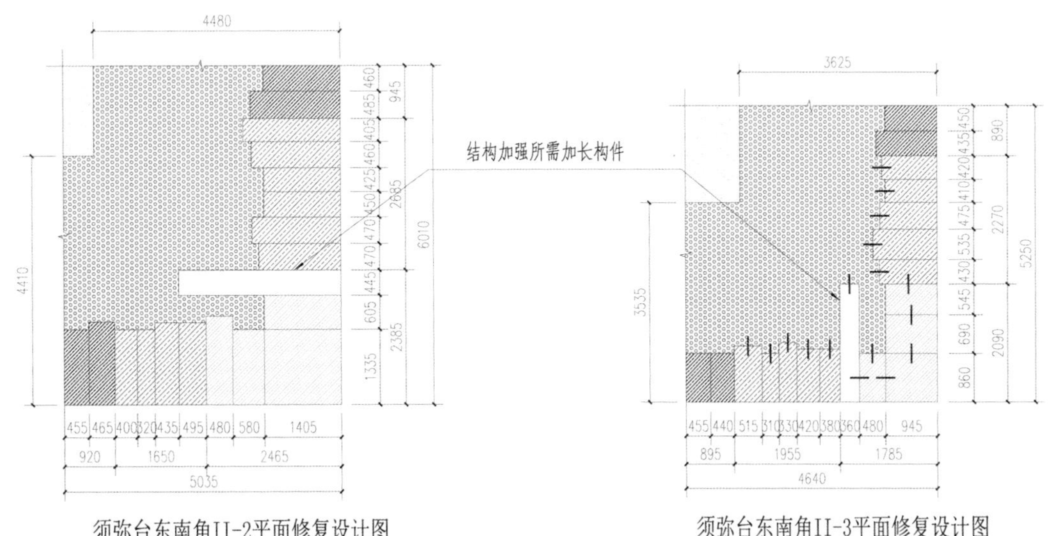

图 5-41　石构件自身结构加固方案设计及实施

图 5-42　寺庙建造之初的银锭榫结构加固

2. 扒锔、银锭榫结构加固

茶胶寺建造过程中，银锭榫结构加固方法为普遍采用的一种结构稳定性增强方法。寺庙建造之初此方法常被应用在单体建筑中结构较为重要的转角或对控制整体稳定性的关键部位的相邻石构件间。

在建筑结构重构过程中，在尽量维持原来结构加固方式的基础上，可适量对结构加固方式进行改造，由于紧邻银锭榫两侧的岩石部分在建筑结构发生变形时为主要受力点，出现应力集中现象，银锭榫槽边缘岩石较易发生残损破坏，进而使得结构加固失效，所以在变形结构重构修复施工时，可将银锭榫适量改为扒锔形式对归安的相邻石构件进行结构加固。扒锔中两侧垂直植入相邻石构件的长度可增加，进而增加相邻石构件的加固稳定程度。

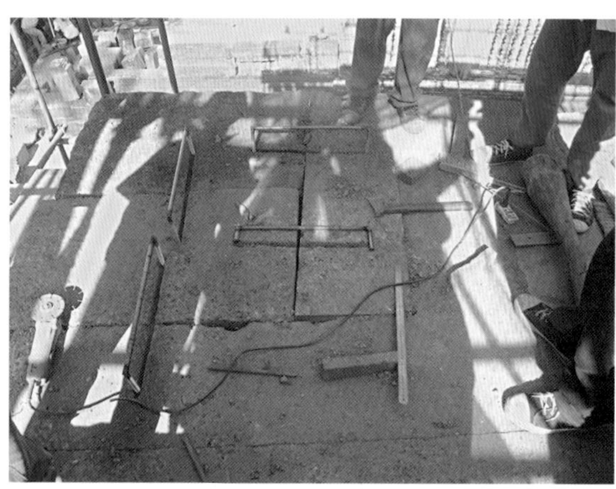

扒锔槽开凿及布筋

浇注环氧树脂胶

环氧树脂封护及表面做旧

图 5-43　石构件间采用扒锔进行基台结构加固施工

植筋槽开凿

布设锚拉钢筋

表面封护及做旧

图5-44　基台角部螺纹钢筋整体锚拉加固

3. 碳纤维结构加固

（1）施工准备

①明确需要碳纤维加固的构件。

②材料及主要机具

黏结剂：环氧树脂胶，进场时必须有合格证明书及试验报告。

碳纤维布：采用碳纤维布需出具出厂合格证。

主要机具：角磨机、吹风机、裁剪切割机等。

③作业条件

a. 粘贴碳纤维布所在部位影响施工的附属设施拆除。

b. 粘贴碳纤维布用的黏结剂和钢板准备完毕，并经检查合格。

c. 施工工具经过调试，试运转合格。

d. 工长根据施工方案对操作班组已进行全面施工技术交底。

（2）操作工艺

①工艺流程

构件基底处理→涂刷底胶→修补整平→粘贴碳纤维布→上部构件归位→防护处理

②构件基底处理：岩体构件表面用角磨机、砂轮（砂纸）等工具，去除构件表面的浮尘、泥污等杂质，构件基面要打磨平整，并在预布设位置凿磨宽8～10cm、深2mm的凹槽，然后用脱脂棉沾丙酮擦拭表面，用吹风机将岩体构件表面清理干净并保持干燥。

③环氧树脂黏结剂搅拌

根据配合比确定各种环氧树脂主辅剂用量，严格按照配合比进行配制，并应在现场进行临时配置，每次配胶量以一次用完为宜；环氧树脂黏结剂开始搅拌时，由施工单位主管技术部门、工长组织有关人员，对材料进行检查。

④涂刷底胶：黏结剂配制好后，用滚筒刷或毛刷将其均匀涂抹于砂岩构件表面布设位置，等胶固化后，再进行下一道工序。

⑤修补找平

对岩石构件表面凹陷部位应用刮刀嵌刮整平胶料填平，出现高度差的部位应用整平胶料填补，尽量减少高差。

⑥粘贴碳纤维布：按设计要求的尺寸裁剪碳纤维布。配制、搅拌粘贴胶料，然后用滚筒刷均匀涂抹于所粘贴部位，在搭接、拐角部位适当多涂抹一些。用特制光滑磙子在碳纤维布表面沿同一方向反复滚压至环氧树脂胶料渗出碳纤维布外表面，以去除气泡，使碳纤维布充分浸润胶料，在碳纤维的外表面均匀涂抹一层黏结胶料。

⑦固化：黏结剂在常温下固化，待粘接构件间黏结剂冲锋固化后方可碰触粘接构件。

（3）质量标准

①保证项目：

粘贴碳纤维布所用的环氧树脂黏结剂、碳纤维布等必须符合规范及有关规定，检查出厂合格证或试验报告是否符合质量要求；环氧树脂黏结剂的配合比、原材料计量、搅拌，必须符合施工规范规定。

②基本项目：碳纤维布的粘接的密实度应当保证，不得有空鼓等缺陷。

石构件表面布设碳纤维加固槽

石构件表面凹槽开凿及清洁

石构件表面凹槽基底坑洞修补

石构件表面凹槽涂刷底胶

表面碳纤维布铺设

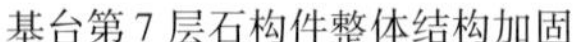

基台第7层石构件整体结构加固

基台第4层石构件整体结构加固

基台第1层石构件整体结构加固

图5-45　基台角部碳纤维结构加固施工

五　建筑本体修复施工中的调整与变更

受茶胶寺病害勘察时期现场工作条件及隐蔽结构不可预见性等因素影响，使得实际修复施工时，严格按照设计进行施工无法达到最终修复目的或无法进行施工，需对设计中个别修复施工方案或措施进行适当调整与变更，以便达到如期的修复目的。总结归纳施工过程中所需进行的调整与变更，整体包括变形移位结构修复解体范围的变更与建筑结构加固处理方案调整两大类。以下分别选取典型调整与变更实例进行阐述。

（一）建筑结构变形部分解体范围的调整变更

修复中涉及需进行此类调整与变更主要包括两种情况：

1. 单体建筑由于基础不均匀沉降变形所导致的上部结构变形损坏，由于病害成因分析不充分或由于设计者预料不足，设计解体范围过小，导致修复施工后不能完全解决问题。

存在此类情况的主要有南藏经阁、北藏经阁、东外塔门、南外塔门、西外塔门、北外塔门、南内塔门等几处典型单体建筑。设计中仅对上部局部变形破坏严重的局部结构进行解体，按设计进行修复施工后，由于结构变形成因为基础不均匀变形，新的修复调整部位与设计未解体部位不能完好衔接，修复效果及目的不能达到要求。

现以南藏经阁修复施工中设计变更为例进行阐释。

按设计要求，南藏经阁的石构件拆卸部位是抱厦及主室东墙体主体、主室南北墙体上部及近转角部分，而主室南北墙体中下部部分石构件不进行解体，最初设计解体范围如下图5-46所示。

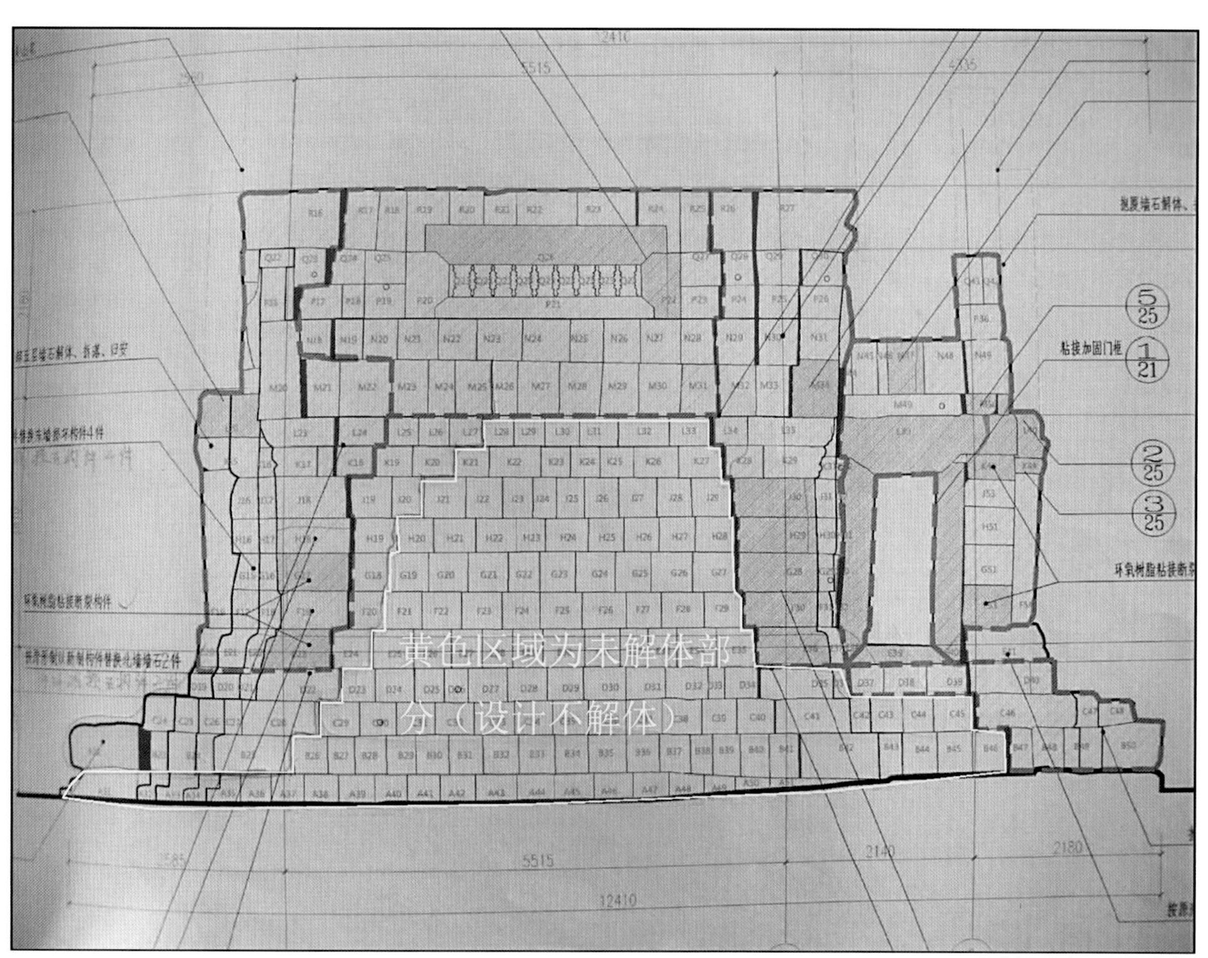

图5-46　南藏经阁北面墙体设计及实际解体范围
（设计黄色区域内部未解体，其他部位均解体）

严格按设计图纸进行修复施工后，解体重新归安部分整体与设计未解体拆解部分石构件间出现如下问题：

由于藏经阁早期基础不均匀沉降变形，导致南北墙体发生向藏经阁内部倾斜现象，并引起结构发生变形。按设计要求进行解体修复后，两侧角部解体部分基础经过调平，解体归安石构件相对未解体部分自下向上出现0.50～4.00cm外凸错缝，东部西部解体归安后现状如图5-47、图5-48所示，南藏经阁南面墙体差别相对小，归安后也存在0.50～1.50cm的外凸错缝，主要原因为中部墙体未解体部分石构件也发生了向内倾斜的变形。

图5-47　南藏经阁北面墙体西北角部按设计回砌归安后效果

图5-48　南藏经阁北面墙体东北角部按设计回砌归安后效果

工作队、甲方派驻现场代表、设计代表、监理四方现场进行了会商，并就下一步修复计划及构件解体拆卸问题提出了如下解决措施：

（1）为保证修复质量，经各方会商一致同意进行二次解体，增大主室南北两侧墙体中部解体拆卸量，解体范围分别扩大至下部基础，采取沉降大的内侧增加垫层整体调平基础不均匀沉降变形后再重新进行归安。

（2）南北两侧墙体原中部不解体部分解体至基础第二层顶面（基础第一层解体），根据两侧归安调平至基础第二层顶面的效果，中部不解体部分于第二层基础顶面沉降内倾部分做相应垫层调平处理。

（3）先对主室北侧墙体进行二次解体拆卸，调平基础重新归安，在方案实施效果达到要求后再对南藏经阁南侧墙体采取相同方法进行修复处理。

（4）尽可能地减少基础拆卸量以保证基础受到尽量少的扰动。

对原设计解体范围进行调整，重新进行修复后，南藏经阁的修复达到了较好的效果，顺利通过了验收。

北藏经阁、东外塔门南北旁厅、南外塔门整体、西外塔门南北旁厅、北外塔门整体、南内塔门西厅均出现此类似问题，经调整结构解体范围后均达到了较好的修复效果。

2. 对于建筑上部结构中局部石构件残损破坏导致的局部结构变形问题，按设计采取解体相应局部变形结构方案可达到修复目的。但由于建造时石构件间的相互咬合、叠砌关系，需将解体范围扩大至原设计中解体范围以外的相邻石构件，否则无法继续进行进一步的修复施工。

此类问题多出现在建造结构较为复杂的单体建筑中，如南内塔门中厅、二层台角楼及相邻回廊等单体建筑的修复。

（1）南内塔门中厅修复解体范围的调整

①中厅修复设计要求北门两侧的门柱是原位修补，去除东侧花柱边的支撑砼柱。但北门两侧的花柱已经折断，还存在下沉、倾斜变形等损坏，如不拆卸难以修复。经协商，需将北门顶部解体至入口门楣和两侧的花柱再进行下一步的修复施工计划。

②按设计要求，南内塔门中厅修复计划为中厅顶部整体拆至第六层，经实际现场勘察复核，由于构件相互叠压，北门入口顶部必须从第七层继续再向下拆，才能拆至北门门楣，为保证修复质量，经各方会商同意继续向下拆卸。

（2）二层台角楼及相邻回廊的修复（西南角为例）

按设计要求，二层台西南角的石构件拆卸部位是角楼，与角楼相连接的南廊、西廊和平台西南角的损坏部分。

设计规定的拆卸范围为：西回廊东墙（三间）上部、南回廊北墙（三间）上部、角楼、西南角平台第五层以上的局部。设计中对西回廊西墙、南回廊南墙、回廊地面均没有明确是否拆卸。如不拆卸，平台与角楼地面之间的碳纤维加固无法施工。经多方现场会商，进行了如下调整：

①拆卸角楼及西回廊、南回廊与角楼相连的三间。

②拆卸回廊的铺地石。

③由于西回廊的变形较大，已经拆卸的部分在回砌时难以和已经变形的衔接，在控制拆卸量的前提下，也适当增加拆卸范围。

④由于石构件存在错缝咬合，无法做到垂直拆卸，为保证安全，从回廊地面石开始，可以用退级方法拆卸，在保证平台稳定的基础上尽可能地减少拆卸量。

同样，东外塔门东抱厦北半部分、西外塔门西抱厦顶部、长厅墙体及出入口等部位，均进行了小量的结构解体范围调整，解体调整范围详见各单体建筑修复施工竣工图及相应的工程洽商与设计变更。

（二）建筑结构加固处理方案的调整与变更

修复施工中发生此类调整与变更的事例主要发生在二层台四转角及角楼的基台修复过程中。为了加强二层台四转角基台角部结构的整体稳定性，根据原始设计方案，基台角部加固方案计划从顶部角砾岩石层开始，向下每三层（间隔两层）在相应回砌层顶面铺设碳纤维进行拉结加固，其余回砌层石构件间采用小扒锔进行石构件间的拉结加固的方案。

由于施工时正值雨季，基台角砾岩含水量较大，无法达到碳纤维布施工的干燥要求，难以保证质量。为了保证修复施工质量及工期要求，根据修复施工期旱季雨季不同的气候特征，旱季修复施工时角部加固方案继续按原设计采用碳纤维进行加固，雨季修复施工时，拉结加固材料由碳纤维改为用螺纹不锈钢代替。其中二层台西南角及角楼按设计采用碳纤维及小扒锔进行了拉结加固，其余三处二层台转角及角楼基台角部采用埋设螺纹钢筋拉结锚杆的方式。二层台转角及角楼基台角部结构加固修复施工详见本章第五节结构加固部分，结构加固方案调整与变更详见各单体建筑的修复施工竣工图。

六　建筑本体修复施工过程中的考古调查

此部分工作主要伴随变形移位石构件解体及场地散落石构件清理、寻配、补配工作中进行。修复施工中，重要的考古调查发现主要有以下两处。

（一）东外塔门木质燕尾榫的发现

2013 年 3 月 29 日，在东外塔门北侧室与北过道之间的间墙自上向下第八层石构件解体过程中发现一木质燕尾榫设置于两相邻石构件间进行结构加固，发现时木质燕尾榫已糟朽，如图 5-49 所示。

图 5-49　修复施工中发现木质燕尾榫

（二）二层台须弥台东踏道附近湿婆神像的发现

1. 神像身体及头部的考古发现

自 2014 年 6 月开始，根据施工进展情况，工作队安排施工人员对第二层台东踏道东南角、南藏经阁北侧早期堆放的散落石构件进行清理铺排，以便寻配南藏经阁及东踏道两侧基台局部塌落缺失石构件。

2014 年 6 月 9 日，施工人员寻配发现东踏道第一层南侧基台下方堆放的一长 150 ~ 158cm、宽 68 ~ 70cm 的塌落石构件，经过测量比对得知此石构件为东踏道第一层（自下向上）南侧基台顶面外侧塌落缺失石构件，随即将石构件起吊归安至原位。石构件吊起移位后，发现原堆放石构件正下方的堆积土中掩埋有一头部缺失、身体断裂、两臂及脚部残缺的砂岩石神像身体，表面露于土表。随即对砂岩神像身体部分进行考古发掘，安排其他施工人员继续对此区域内附近堆放的散落石构件进行清理、铺排及寻配，并密切留意、发掘调查、寻配神像的头部等其他残缺部分，期望有进一步的发掘成果，以便对神像有一全面的了解、认识及判别。

图 5-50　施工清理现场发现一尊残损神像

图 5-51　砂岩石神像考古发掘

图 5-52　湿婆神像俯拍测绘

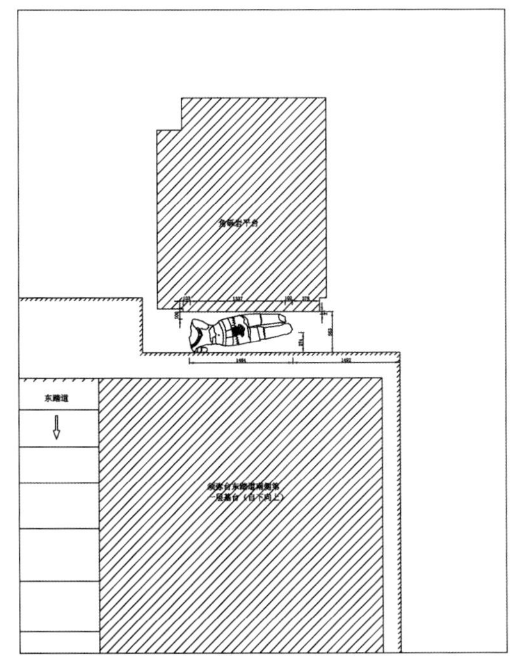

图 5-53　神像发现位置图

图 5-54　施工场地清理发现神像头部

2014年8月16日，东踏道东南角、南藏经阁北侧散落堆放的石构件即将清理、寻配及归安完毕。当清理至原石堆南侧边缘中间部位一杂土堆顶石构件时，移开石构件，在其下方杂土堆处发现一砂岩石神像头，神像头大部分掩埋于杂土中，仅局部露于杂土表面，施工队随即开展了对佛像头的考古发掘。

砂岩石神像头发掘完毕后与之前发现的砂岩石神像身体进行初步拼对，根据神像头颈部与神像身体的颈部残缺形状与大小、头部与身体比例关系、身体上雕刻的服饰花纹及头部雕刻形象拼对推测，所发现神像头部与身体为同一神像。

图5-55　神像身体与头部拼对

图5-56　湿婆神像身体部分保存现状

2. 湿婆神像保存现状及判定识别

经对二层台东踏道东南角、南藏经阁北侧发现的神像身体和头部的考古发掘，砂岩石神像身体位于须弥台东踏道南侧第一层基台（自下向上）基础边缘与基台东侧地面角砾岩小平台之间，现场测量知，须弥台东踏道南侧第一层基台（自下向上）基础边缘与基台东侧地面角砾岩小平台之间宽56.3cm，长250cm。神像头部发现于正对南藏经阁中部，距南藏经阁基础边缘以北260cm处。

现存神像身体特征如下：身体高147cm，肩宽50cm，胯宽38cm；脚踝下部双脚缺失，现存上部两腿圆柱状，直径自下向上10~18cm不等，右腿断裂成3段，中间断裂段宽约7cm，左腿断裂成2段；神像上半身自肚脐以上5.5cm处发生断裂；双臂自肩部断裂，两臂均缺失，仅残存局部手腕，残存手腕部分呈圆柱状，直径6~9cm，高10cm。神像身体部分自脚至头部北偏西30°正面向上平躺于此矩形空间内。

神像头部保存特征：整体来看，仅额头上部头顶边缘存在局部残损，神像头部其他部位保存均相对较为完整，颈部局部仅残留1cm左右，直径12cm左右；头部至发髻顶长度38cm，头部平均宽度22cm，发髻高度16~17cm，直径11~12cm；双耳耳垂部分少量残缺，右耳相对左耳保存完整。神像面容雕刻安详，嘴部、胡须及发髻线条雕刻细腻，额头中部第三只眼显著表明此神像为湿婆神像，此神像的发现加之旁边其坐骑神牛南迪及史料记载，为茶胶寺修建供奉湿婆神提供了更为翔实有力的证据材料。

图 5-57　湿婆神像头部发掘及测绘

七　修复施工过程中文物的保护

（一）文物建筑本体保护

1. 组织现场施工人员认真学习有关文物保护的法律法规，贯彻落实文物保护条例，加强文物意识、文明施工意识和道德意识。

2. 修缮前，对原有建筑采取必要的保护措施，对不需要拆除部位的石构件，加设防护装置（如加护板或搭建防护脚手架）。每一工序、工种施工前都在技术安全交底中，明确文物保护的具体防护措施。项目施工现场负责人对项目的文物保护负责，各专业负责人负各专业的文物保护责任。

3. 进入施工现场后，对修复施工周边一定范围内保留的石活构件，采取相应保护措施，用木板做可靠的防护。

4. 横杆与建筑物接触点用橡胶类材料，固定在横杆的顶端；竖杆底部以方木作为支垫，垫于竖杆底部，并保持与建筑体接触面的稳定。

图 5-58　修复施工过程中古建筑防护

5. 脚手架在运输及搭、拆过程中，必须重视文物本体的防护，邻近脚手架的其他文物要搭设护头棚、围栏，并挂警示牌，防止坠物及人为扰动。装、卸脚手架材料时对存放场地要做好有效的防护措施，搭、拆过程中要有具体的防护措施，避免对搭拆环境中的文物、成品造成损伤、磕碰。

6. 脚手管、扣件、脚手板倒运时，不得抛扔。

7. 建筑物墙身、地面、台基在解体拆除、归安、添配时，要根据具体情况采取相应的施工方法，各项工序施工时要小心仔细，尽可能减少对原墙或地面的碰损。

8. 石构件在拆卸前，要留有详细的照片或影视资料、文字记载、测量记录。

9. 石块拆除时，专业负责人必须现场指挥操作，不得蛮干。拆卸前要弄清石块与石块之间的相互关系，不得生搬硬撬。

10. 构件更换、添配、制作时，按原工艺制作、选用与原构件相同的材质，与原构件的形式相同、尺寸一致，不许擅加改变。

11. 拆除构件，统一编号，做到原拆原安。

12. 吊装石块要使用尼龙吊装带（或兜），严禁使用钢丝绳直接接触文物石块。

13. 使用车辆运输文物石块，车辆要铺垫棉被等柔软物品，严禁石块与车体直接接触，石块与石块之间也要加垫棉被等柔软物品，严禁石块之间裸触。

14. 石块拆卸过程中，需要滑行运输时，石块要打包装箱，然后用箱体滑移，严禁直接滑移石块。

15. 构件安装完毕，在粘接材料未达到实际要求时，施工人员不准蹬踏。运送材料的工具轻拿轻放，防止磕碰构件。建筑物本体上杂物要及时清除。

16. 施工范围内的石块转角部位，都应用木板封护，防止磕棱碰角。

17. 在文物建筑的修缮过程中，可能出现“不可预见”情况，一旦发生，不可擅自行事，必须经设计、监理及甲方协商定案后，方可进行施工。

18. 选用的各种材料，必须有出厂合格证和检测报告，并达到相应部门的产品标准，地方传统材料必须达到优良等级。对更换构件要认真测量、记录，必要时放大样，确保原样恢复。

19. 文物表面清洗为物理清洗，主材是清水，严禁掺加化学材料；使用草根刷子或塑料刷子，严禁使用金属刷子。

20. 严格按设计修复方案确定的范围进行施工，不得随意扩大或更改，更不能在修缮施工中造成破坏性的修缮。

（二）古树保护措施

茶胶寺有上千年历史，修缮景区内存有大量需要保护的古树，在施工中保护好这些活文物，对整体保护世界文化遗产的责任非常重大。

1. 施工范围内的古树，距树3m处搭设围挡，对古树加以保护。无法搭设围挡时，用木板在古树周围搭起栅栏，以示警示。

2. 运输范围内弯路较多，在运输较长材料时对拐弯半径内能涉及到的树木用草帘、木夹板将树干包起，并派人在此看守，以免在拐弯时伤害到古树。

3. 雨季做好围挡内的排水措施，由于部分古树所在位置低洼，不准将含有化学成分雨水排至古树附近，以免对古树造成伤害。

第六节 茶胶寺石刻保护修复现场试验研究

一 目标思路及技术路线

1. 根据前期研究成果，筛选出合适的渗透加固、填充修复和灌浆粘接修复的材料和工艺，为后续石刻保护提供材料和技术支持。

2. 通过保护修复措施的实施，提高其抵御自然因素和生物因素影响的能力，加强文物本体耐风化能力，有效缓解目前茶胶寺砂岩雕刻的剥落病害，延缓砂岩雕刻的劣化消失速度。

3. 砂岩石刻保护修复试验研究的技术路线如图5-59所示。

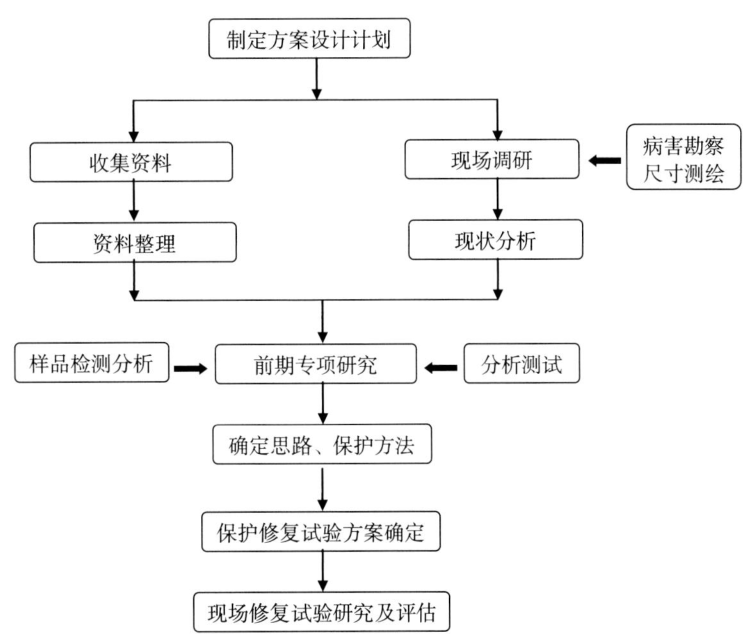

图5-59 茶胶寺砂岩石刻保护修复试验研究技术路线

二 砂岩雕刻保护修复实施工艺

根据茶胶寺砂岩雕刻的现存病害及原因分析，为避免雕刻信息因石质风化、剥落而不断损失，计划对影响石刻保存安全的表面剥离、空鼓、鳞片状开裂和浅表性裂隙采取抢救性保护措施。对于暂时不影响石刻安全的病害暂不处理。

在前期病害调研的过程中，与德国吴哥保护工作队（GACP）针对吴哥及茶胶寺的修复保护工作进行了调研与沟通，GACP已经在吴哥多座寺庙及茶胶寺须弥台雕刻区进行了试验研究工作，其所使用的修复材料与我们前期研究报告中所使用的保护材料属于同一类型，修复效果良好。结合与德国吴哥保护工作队的技术交流，制定了如下保护修复措施。

（一）严重风化部位的渗透加固措施

1. 表面渗透加固的基本要求

（1）选用的加固材料对砂岩雕刻的风化部位要有良好的渗透加固能力，至少应能渗透到未风化部分，而且加固后的力学剖面应平稳均匀，不在表面附近产生结壳现象。

（2）选用的加固材料对砂岩雕刻表面的一些重要物理特征不产生不良影响，不形成任何会破坏砂岩的含盐副产品；不能引起砂岩表面颜色的变化；对人无害、对环境无污染。

（3）耐久性：加固效果应该具有长期稳定的效果，有利于砂岩雕刻的长期保存。

（4）可重复操作性：选用的渗透加固材料，在将来的保护修复时，应具有可再处理性。

2. 表面渗透加固措施

根据前期试验的结果，硅酸乙酯及其低聚物有较好的加固效果，材料的渗透能力好，不影响砂岩雕刻外观，加固后不影响砂岩试样的透气性。为保证良好的加固效果，此类加固剂使用前需用乙醇进行稀释至80%的浓度。具体渗透加固措施如下：

（1）用去离子水和毛刷清理砂岩表面。

（2）待表面干燥后，滴注渗透加固保护材料，从下往上滴注渗透，保证不形成挂流。根据风化程度的不同分别采用不同浓度，进行1～3次施工。

（3）塑料布包覆，防水养护7天。

3. 注意事项

（1）砂岩表面清洗后应自然养护至少24小时，确保表面干燥后再滴注加固材料。

（2）滴注加固材料时应从下往上进行，避免加固材料在砂岩表面形成挂流。

（3）在进行再次滴注时，应与前一次涂刷间隔24小时以上，确保加固材料的充分吸收。

（4）加固完成后应用塑料布包覆养护7天，以确保养护环境的稳定，并避免与水接触。

（5）进行渗透加固保护时，应选择雨季到来之前进行。

（二）表面缺失补配修复措施

1. 补配修复工作的基本要求

（1）保持砂岩雕刻的历史真实性和艺术性：在对砂岩雕刻进行补配修复时必须对其艺术风格进行研究，确保修补后能体现雕刻的原有风貌，禁止凭主观想象去臆造或创造。

（2）最小干预原则：只在最有必要的部位进行补配修复，只要不影响雕刻的结构稳定性，尽可能多地保留原来形貌及结构，不得刻意修复砂岩雕刻的残缺。

（3）可辨识性：修复部位与原有部位应该可以识别，但也要进行协色处理，不能因为可识别的需要而破坏整体的观赏性和完整性，应该做到“远看一致、近观有别”。

（4）可再处理性：进行补配修复处理时，应考虑到可再处理性，即补配修复部位可以去除，而不影响和损坏砂岩雕刻本体材料，不影响以后再次补配修复处理。

（5）材质的协调与兼容性：补配修复所使用的材料必须是可重复操作的、与砂岩本体材料相兼容的材料。砂岩本体材料与补配砂浆在物理、化学等性能上必须是相近的，不能改变和破坏砂岩本体，不能对其造成新的破坏。

2. 补配修复措施

根据前期试验的结果，小面积缺失构件区域宜采用有机硅类砂浆进行补配修复。具体措施如下：

（1）表面清洗：用毛刷轻轻刷除表面的灰尘，然后用去离子水清理补配修复表面，自然风干。

（2）补配砂浆配制：补配砂浆的配制比例为硅酸乙酯类主剂: 80 目以下石质石粉: 固化剂 = 10 : 20 : 1。将硅酸乙酯类主剂、石粉和固化剂按比例加入混合容器内，立即进行搅拌，直至均匀为止即为补配砂浆。为了使固化后补配砂浆的外观与石质文物尽可能相近，石粉制作是选取质地与石质本体相同的新鲜长石砂岩石块进行粉碎，再经 80 目筛网过筛制得。

（3）补配修复：利用牙科工具将调制好的补配砂浆填入缺失部分，每次填入的补配砂浆的量要适宜，保证补配砂浆在修复施工的过程中不掉落至地上或污染其他石质文物区域，直至整个缺失部分都被填充完毕，最后采用牙科工具将修复区域表面修平整，颜色和质感要与周边石材一致或类似。要求修复完毕后的新补配面比原石质文物表面内凹 0.5cm 以示区别。

（4）养护 7 天。

3. 注意事项

（1）表面清洗后应自然养护 24 小时，待补配修复表面干燥后再进行后续操作。

（2）修复时应对需补配区域进行保护，防止砂浆对雕刻其他部位造成污染。

（3）配置砂浆时应尽量选择与雕刻本体相同材质的粉体。

（4）修复完成后的补配面应比原石质文物表面内凹 0.5cm，以示区别。

（5）修复完成后应用塑料布包覆养护 7 天，并防止与水接触。

（6）进行补配修复时，应选择雨季到来之前进行。

（三）表面剥离原位粘接措施

1. 粘接加固工作的基本要求

（1）选用的粘接材料需要有适当的黏性，粘接强度应小于等于砂岩本体强度。

（2）粘接材料要易去除，而又不会损伤砂岩雕刻粘接面。

（3）粘接部位要满足一定的美观要求，尽量与雕刻外观协调。

2. 表面剥离原味粘接措施

采用补配砂浆作为黏结剂，对表面剥离的石块进行原位粘接，具体措施如下：

（1）表面清洗：将剥落石块取下，采用软毛刷轻轻刷除石块表面和缺失凹槽内的灰尘和碎石粉，然后用去离子水对试验区域进行清洗，彻底清除试验区域表面的污染物，并自然风干。

（2）原位粘接：用牙科工具将适量调制好的补配修复砂浆均匀涂抹在剥离石块的剥离面和缺失凹槽内。涂抹时，保证补配砂浆在修复施工的过程中不污染其他石质文物区域，并能使剥离石块很好地归位。然后，将剥离石块归位放入缺失凹槽处压紧。最后采用牙科工具将修复区域边缘进行修补，修补边缝做成凹缝以与原边缝相区别。

（3）养护 7 天。

3. 注意事项

（1）剥落石块粘接面和试验区域清洗后应自然养护 24 小时，确保表面干燥后再进行后续操作。

（2）试验区域应进行保护，防止砂浆污染文物其他区域。

（3）勾缝时修补面应比表面凹 0.50cm，与原边缝区别。

（4）修复完成后应采用塑料布包覆养护 7 天，防止与水接触。

（5）在进行表面剥离粘接处理时，应选择雨季到来之前进行。

（四）空鼓灌浆修复措施

1. 灌浆修复应遵循的基本原则

（1）可辨识性：修复部位与原有部位可以识别，但也要进行协色处理，不能因为可识别的需要而破坏整体的观赏性和完整性，应该做到“远看一致、近观有别”。

（2）材质的协调与兼容性：灌浆修复所使用的材料必须是可重复操作的、与砂岩雕刻本体材料相兼容的材料。砂岩雕刻本体与灌浆材料在物理、化学等性能上必须是相近的，不能改变和破坏砂岩雕刻本体，不能对其造成新的破坏。

2. 空鼓灌浆修复措施

根据前期试验结果，空鼓区域将采用灌浆修复方法进行处理，具体步骤如下：

（1）表面清洗：采用洗耳球、软毛刷、牙科工具清除空鼓表面及内部的泥土、灰尘。

（2）修补边缘：将配制好的补配砂浆利用牙科工具先修补石质构件裂隙的边缘，在上边缘留出灌浆口，补配材料填入裂隙石质构件的深度在 2cm 以上，以防止在灌浆的过程中灌浆材料将修补的裂隙石质构件挤开而渗出。养护 3 小时以上。

（3）配制灌浆修复砂浆：灌浆砂浆是按硅酸乙酯类主剂: 120 目以下石质石粉: 固化剂 = 10 : 12 : 1 质量配比制得。将硅酸乙酯类主剂、石粉和固化剂装入混合容器内，立即进行搅拌，直至均匀。灌浆砂浆具有一定的流动性。石粉制作是选取质地与石质本体相同的新鲜长石砂岩石块进行粉碎，然后经 120 目筛网过筛制得。

（4）灌浆修复：采用牙科工具和注射器辅助灌浆材料充分填充到裂隙石质构件的内部，使灌浆材料充满石质构件。灌浆过程防止灌浆材料污染其他区域。自然养护一天。

（5）封堵灌浆口：待灌浆材料在石质构件内部固化后，采用补配砂浆封堵灌浆口。

（6）养护 7 天。

与补配砂浆相比，灌浆砂浆需要更好的流动性。因此，配比中选用更细的石粉并减少添加量。

3. 注意事项

（1）裂隙边缘修补后要养护 12H 以上，确保补配砂浆干燥后再进行灌浆操作。

（2）灌浆时要保证空鼓内部填满。

（3）灌浆完成后要养护一天，确保灌浆砂浆干燥后再封灌浆口。

（4）修复完成后要用塑料布包覆养护一周，防止与水接触。

（5）在进行空鼓灌浆修复时，应选择在雨季到来之前进行。

（五）浅层性裂隙修复措施

1. 浅层性裂隙修复工作基本要求

由于浅层性裂隙细小，且只存在于文物表面而未深入到石质构件内部，在修复时可遵循表面渗透加固的基本要求。

2. 浅层性裂隙修复措施

浅层性裂隙则采用滴注硅酸乙酯及其低聚物进行表面渗透加固；并在正硅酸乙酯主剂中添加少量细石粉进行裂隙填充加固。为保证加固效果，要求根据风化程度、不同裂隙宽度，采用不同浓度、不同石粉比例分别进行 1 ~3 次加固施工。

3. 注意事项

（1）砂岩表面清洗后应自然养护 24 小时，确保表面干燥后再滴注加固材料。

（2）滴注时应从下往上进行，避免加固材料在砂岩表面形成挂流。

（3）在进行再次滴注时，应与前一次涂刷间隔 24 小时以上，确保充分吸收。

（4）加固完成后应用塑料布包覆养护 7 天，避免与水接触，

（5）修复裂隙应在雨季到来之前进行。

（六）砂岩雕刻保护修复现场试验

石刻保护团队选择须弥台二层东立面南端的石质构件上进行现场试验。在与德国吴哥保护工作队（GACP）开展多次技术交流的基础上，现场进行了表面污染病害清洗试验、表面生物病害治理试验、石质构件局部归位粘接试验、石质构件空鼓病害填充和灌浆修补试验。

1. 表面污染病害清洗现场试验

清洗的目的是去除文物表面留存的各种影响文物美观及长久保存的污垢及病害产物，恢复文物的历史外观和美学价值，延长文物的寿命。石质文物的清洗方法按试剂的不同可分为水清洗法和化学清洗法。在 2000 年和 2001 年的吴哥保护大会上，保护工作者们已经对印度 1993 年对小吴哥实施的化学清洗给予了消极的评价，因为化学试剂很容易损坏石材，对文物造成保护性破坏。出于对茶胶寺石质文物的保护，现场试验采用去离子水和乙醇水溶液作为清洗剂，使用牙刷对典型表面污染与变色病害区域进行清洗。该方法可以直接去除石质有害锈，而不会在石质表面或内部留下任何有害残留物。

（1）试验工具和材料

软毛刷、硬毛刷、牙刷、一次性塑料杯、标签纸、棉线、剪刀、洗瓶、清洗材料 1（主要成分为水离子水）、清洗材料 2（乙醇: 水 =1∶2 溶液）。

（2）试验方法和实施过程

①无雕刻石质构件试验区域

表面污染与变色病害清洗现场试验区域位于须弥台二层东立面南端的右下侧墙基石砖石质构件。石质构件的材质为典型的长石砂岩，部分区域有花纹雕刻，表面具有一层黑色的污染物，主要为苔藓类植物的尸体，属于典型的表面污染与变色病害，宁远文庙露天的石质构件大多属于该类表面污染与变色病害；试验区域面积为 40 ×30cm，再采用竹签、棉线将试验区域分为 2 个小试验区域，尺寸大小分别为 20 ×30cm。将试验区左半部分区域标记为 1 －1，右半部分标记为 1 －2。

a. 试验区域拉线划分

b. 试验区域 1－1、1－2 拉线划分后

图 5-60 清洗试验区域的选点和小区域的划分

②试验区域的表面清洗

1－1 区原为雕刻区，因受长期风化左上角部分区域雕刻已剥落，形成半雕刻区。因此选取该区域为清洗区可以观察非雕刻区和雕刻区的清洗效果。1－2 区为雕刻区，雕刻保留较为完整。1－2 区不进行清洗处理作为空白对比。考虑到试验区域具有雕刻图案的特殊性，清洗的过程中不能破坏雕刻区域的图案，1－1 区采用机械清洗法：先用软毛刷轻轻地清除表面的灰尘及其他杂质，然后用牙刷在清洗材料 1 冲洗下进行刷洗两遍，再利用清洗材料 2 清洗表面还有残留的顽固污渍，彻底清除表面污染与变色物。由于试验部分区域属雕刻区，因此在清洗的过程中要注意不要损坏雕刻图案，清洗后恢复石质构件原来的形貌，保留原有石质构件文物的艺术价值、科学价值和历史价值。

a. 1－1 区清洗过程

b. 清洗后整体效果

图 5-61 试验区域清洗过程及清洗后的效果

（3）试验效果评估

通过对部分雕刻石质构件试验区域的现场清洗试验，我对比了该区域清洗前后效果。试验区域表面污染与变色物主要是附生苔藓生物的残留体，并且表面富积大量的灰尘等污染物。清洗后试验区域的表面污染与变色物彻底清除，且对试验区域表面的雕刻图案基本没有影响，因此采用去离子水初步清洗，然后根据污垢残留的情况采用清洗材料 2 进行进一步的清洗以彻底清除表面污染与变色物，该

清洗工艺对于雕刻区的石质构件文物清洗效果显著。

2. 表面生物病害治理现场试验

生物体在岩石表面的生长受生物种类、环境条件及岩石表面性质这三个因素的影响。因此，无论改变其中某一条件均会对生物生长产生影响。建立保护房、表面清洗、加固及防水处理均能在一定程度上防止生物破坏。除此之外，还可采取一定的生物防治措施，控制或避免生物在文物体上的生长，最常采用的是通过生物防治材料剂对石质文物表面进行防霉杀菌处理。本次现场试验采用硅氟型杀藻剂对试验区域进行处理，观察处理效果。然后，清除石质表面微生物再涂刷有机硅硅氟类抗藻剂，赋予处理表面抗藻性。检验所选试剂对岩石表面微生物的抑制效果，为将来的微生物防治做准备。

（1）试验工具和材料

软毛刷、一次性塑料杯、标签纸、美纹纸、剪刀、玻璃胶、复合杀藻剂（硅氟化学物溶液）、岩石抗藻保护液（有机硅氟溶液）。

（2）试验方法和实施过程

①表面苔藓生物治理试验区域

试验区域位于须弥台二层东立面南端的右侧凸出向南墙基石块石质构件。苔藓几乎占据了整块石构件。实验区内附生的苔藓种类较多，大部分苔藓为浅绿色，部分为白色，还有一些苔藓尸体附在石质表面上显黑色。试验区域尺寸大小为 24cm × 30cm。采用美纹纸、玻璃胶等将该试验区域等分为两个小试验区域，用上半部分标记为 1 - 1，下半部分标记为 1 - 2；每个小试验区域面积为 12cm × 30cm。

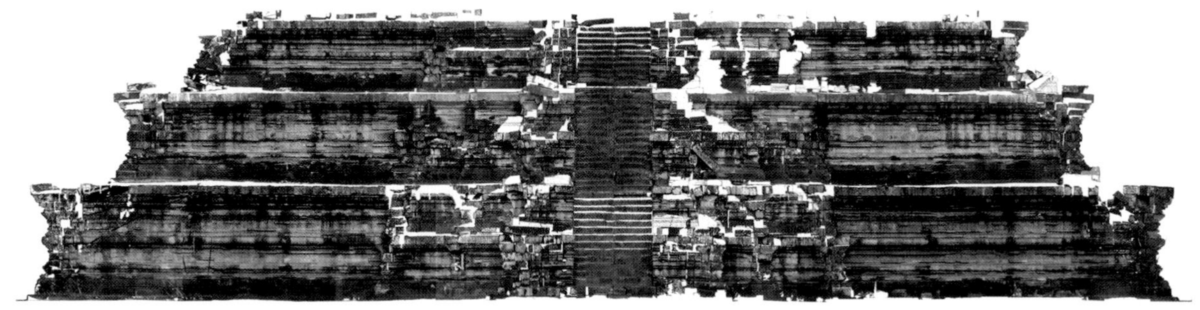

a. 清洗试验区位于须弥台位置

b. 对实验区进行划分

c. 试验划分结果

图 5-62　生物治理试验区域的选定及划分

②生物治理材料的实施

为了比较生物处理效果，小试验区域1－1作为空白，不涂刷任何生物治理材料。区域1－2进行杀藻试验，在表面用涂刷复合杀藻剂两遍（一遍涂刷完毕后10分钟后再进行第二遍涂刷）。杀藻剂总共使用量为15ml。杀藻剂涂刷完后，每隔24小时观察试验区域苔藓类植物的生长情况，并拍照记录试验区域的情况。生物治理材料治理实施48小时后，利用牙科工具清除试验区域1－2内已被杀死的苔藓植物，并用去离子水清洗干净。自然干燥后，对1－2区进行抗藻处理，防止藻类在区域内重新生长。在1－2区内，涂刷岩石抗藻保护液两遍，作为长期评估文物表面生物治理效果的试验区域。

a. 1－2区涂刷复合杀藻剂

b. 1－2区涂刷杀藻剂后效果

c. 1－2区涂刷杀藻剂24小时后

d. 1－2区清洗并涂刷岩石抗藻保护液后效果

图5-63　试验区域生物治理材料实施过程及实施后

（3）试验效果评估

通过对试验区域生物治理实施后不同时间段试验区域表面生物生长情况进行观察研究，发现岩石表面在涂刷复合杀藻剂后经过24小时后，表面生物开始死亡，表面颜色开始发黄。根据以往经验得知，涂刷杀藻剂经过72小时后大部分表面生物会彻底死亡。从1－2区涂刷杀藻剂24小时后的效果来看，复合杀藻剂对茶胶寺石质文物表面的藻类生物有较好的治理效果。在实验中，对石质构件表面的藻类生物进行杀灭后，清除表面残留物，然后再涂刷岩石抗藻保护液以防止文物表面生物再次生长。经过一定时间的观察，涂刷了抗藻液的区域并未发现藻类生物重新生长。但是，还需更长时间的观察才能对岩石抗藻保护液的使用效果作出评价。

3. *石质构件局部归位粘接现场试验*

采用有机硅—石粉复合粘接材料对石质文物已剥落的小石块进行归位粘接现场试验，并对试验结果进行评价。

（1）试验工具和材料

软毛刷、一次性塑料杯、标签纸、美纹纸、剪刀、硅酸乙酯及其低聚物、固化剂、牙刷、牙科工具、洗耳球、红外热成像仪。

（2）试验方法和实施过程

①试验区域选定及表面清洗

试验区域是位于须弥台二层东立面南端的石质构件。试验区域中有一石块已剥落，剥落部分的尺寸7cm×2cm×2cm，表面附有一层灰尘等黄色污染物。将剥落小石块取下，采用软毛刷轻轻刷除小石块表面和缺失凹槽内的灰尘和碎石粉，然后用清洗牙刷对试验区域进行清洗，彻底清除试验区域表面的污染物。

a. 试验区域远景

b. 试验区域近景

c. 取下剥落小石块

d. 对石块表面和缺失凹槽进行清洁

图5-64　石质构件局部归位粘接现场试验区域选点及前处理

②补配砂浆配制

补配砂浆的配制比例为硅酸乙酯类主剂：80目以下石质石粉：固化剂＝10∶20∶1。将硅酸乙酯类主剂、石粉和固化剂按比例加入混合容器内，立即进行搅拌，直至均匀为止即为补配砂浆。为了使固化后补配砂浆的外观与石质文物尽可能相近，石粉制作是选取质地与石质本体相同的新鲜长石砂岩石块进行粉碎，再经 80 目筛网过筛制得。

③试验区域修复实施

调制好的补配砂浆利用牙科工具均匀适量地涂抹在剥离石块的三个剥离面和缺失凹槽内。涂抹时，保证补配砂浆在修复施工的过程中不污染其他石质文物区域，并能使剥离石块很好地归位。然后，将剥离石块归位放入缺失凹槽处压紧。最后采用牙科工具将修复区域边缘修平整，大致和试验区域周围形貌一致。

④养护

对石质构件局部缺失修复试验区域修复施工完毕后进行养护。一天后，观察修复效果，并采用红外热成像仪进行拍照记录。

a. 石粉制作过程

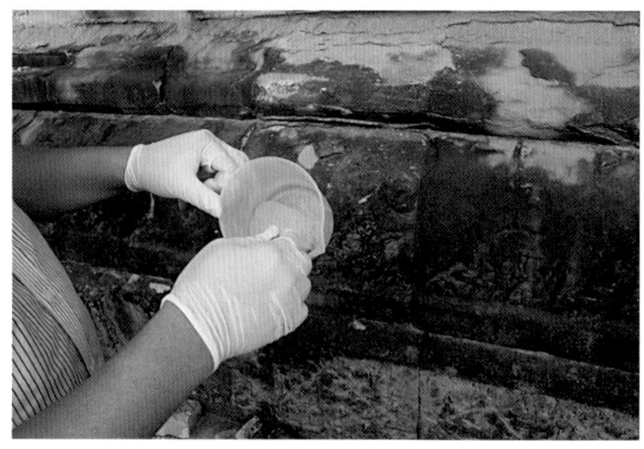
b. 粘接材料的配制

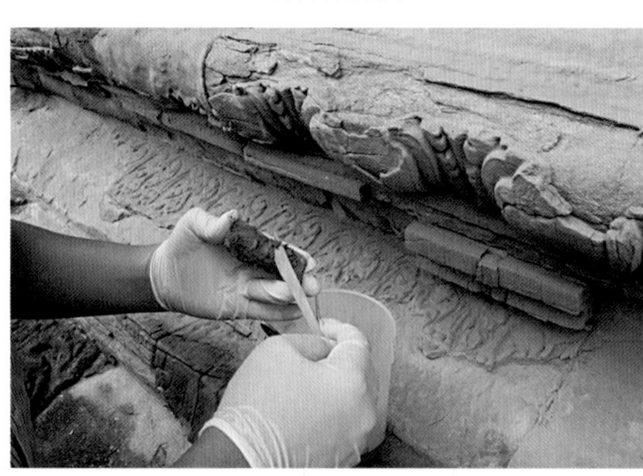
c. 1 –2 修复实施过程

d. 将剥离石块归位放入压实

e. 修整边缝

f. 剥离石块归位粘接后效果图

图 5-65　石质构件局部归位粘接试验修复实施过程

（3）试验效果评估

为了对石质构件局部归位粘接试验的效果评估，采用热红外成像仪对修补后的试验区域进行拍照记录，另外可从外观形貌方面对试验区域修复前后对比评价。

①红外热成像仪分析

采用红外热成像仪对养护后的归位粘接试验区进行拍照记录，观察粘接效果。由图5-66中养护后试验区域的红外热成像照片可见，归位粘接部位与右边的同一平面石质文物构件温度相同，该剥离石块的归位粘接效果良好，粘接空隙已全部用补配砂浆填满。

a. 红外热成像仪对养护后试验区域拍照　　b. 养护后试验区域红外热成像照片

图5-66　红外热成像仪对养护后归位粘接试验区拍照及照片

②外观形貌

a. 试验区域修复前

b. 试验区域修复后

图5-67　石质构件局部归位粘接试验区域修复前后对比照片

图5-67是石质构件局部缺失修复试验区域修复前后的对比照片。从外观形貌来看，石质构件局部归位粘接试验区域经过修复后，剥离部分已十分牢固地粘接到原来位置，大致恢复到发生剥离病害前的形貌。

4. 石质构件空鼓病害填充和灌浆修补现场试验

对石质文物的空鼓和断裂病害多采用填充修补或灌浆修补的方法来修复。灌浆材料有很多种，包括石灰水、氢氧化钡、环氧树脂、有机硅材料等。茶胶寺部分断裂区域采用环氧树脂进行灌浆修复。环氧树脂具有很高的机械强度，可在低温度下固化，收缩率低，但渗透性不好、耐候性差、易变色。本次现场试验采用石粉和硅丙乳液对茶胶寺石质构件空鼓位置进行灌浆封堵，防止流水浸湿，空鼓位置病害进一步恶化，引发剥落缺失等病害。

（1）空鼓填充修补现场试验过程

①试验工具和材料

软毛刷、一次性塑料杯、标签纸、美纹纸、剪刀、硅酸乙酯类主剂、固化剂、牙科工具、洗耳球、红外热成像仪。

②试验方法和实施过程

a. 试验区域的选定和前处理

试验区域为须弥台东面第二层靠南平台立面的右下侧墙基石砖石质构件，加固封护试验中的 B－2 区。该区为雕刻区，部分雕刻形成空鼓病害。空鼓病害区域较小，空鼓面积约 6cm^2，选择使用填充修补的办法进行修复。首先，采用洗耳球、软毛刷、牙科工具清除石质构件裂隙试验区域表面及内部的泥土、灰尘及其他杂物。

a. B－2 区位于加固封护试验区位置

b. 试验区域修复前

图 5-68　填充修补试验区域的选点

b. 配制补配砂浆

补配砂浆的配制方法与归位粘接试验中用到的砂浆相同。

c. 石质构件裂隙灌浆和修补实施

将调制好的补配砂浆利用牙科工具填入试验区域中的缺失部分进行修补实施，每次填入的补配砂浆的量要适宜，保证补配砂浆在修复施工的过程中不掉落至地上或污染其他石质文物区域，直至整个缺失部分都被填充完毕，最后采用牙科工具将修复区域表面修平整，大致和试验区域周围形貌一致。修补完成后，试验区域进行养护。

（2）空鼓灌浆修补现场试验过程

试验方法和实施过程

a. 试验区域的选定和前处理

该试验区域是位于须弥台二层东立面南端立面的石质构件，记为试验区域Ⅶ。试验区域为典型石

a. 填补过程

b. 填补修复后效果

图 5-69　雕刻区空鼓填充修补过程

质文物空鼓病害，并且表面出现鳞片状起翘与剥落的状况。空鼓尺寸约为 13cm × 10cm，面积较大，适合采用灌浆修复的方法进行修复。

为了确定试验区域的空鼓情况，采用红外热成像仪对试验区域进行拍照记录。由图 5-70 中的灌浆前红外热成像照片可见，试验区内空鼓部分的显示温度比周围石质构件要低，由此可确认该试验区域内空鼓范围。然后，采用洗耳球、软毛刷、牙科工具清除石质构件裂隙试验区域表面及内部的泥土、灰尘及其他杂物，清除完毕后用去离子水清洗两遍，彻底清除石质构件裂隙内部的杂物。

a. 试验区Ⅶ远景

b. 试验区Ⅶ近景

c. 试验区Ⅶ侧面

d. 试验区Ⅶ进行清洁

e. 采用红外热成像仪灌浆试验前拍照

f. 灌浆前红外成像照片

图 5-70　试验区域选点和前期处理

b. 配制补配砂浆和灌浆砂浆

补配砂浆的配制方法与归位粘接试验中所使用的砂浆相同。按硅酸乙酯类主剂: 120 目以下石质石粉: 固化剂 = 10∶12∶1 质量配比，将硅酸乙酯类主剂、石粉和固化剂装入混合容器内，立即进行搅拌，直至均匀为止，灌浆砂浆具有一定的流动性。石粉制作是选取质地与石质本体相同的新鲜长石砂岩石块进行粉碎，然后经 120 目筛网过筛制得。

c. 石质构件裂隙灌浆和修补施工

将配制好的补配砂浆利用牙科工具先修补石质构件裂隙的边缘，在上边缘留出灌浆口，修复材料填入裂隙石质构件的深度在 2cm 以上，以防止在灌浆的过程中灌浆材料将修补的裂隙石质构件挤开而渗出。在石质裂缝修补完毕保护 30 分钟后，开始实施灌浆。灌浆的过程中采用牙科工具辅助灌浆材料充分填充到裂隙石质构件的内部，使灌浆材料充满石质构件。灌浆施工完毕后至少 3 小时后待灌浆材料表面固化进行表面清理工作，防止灌浆材料污染其他区域。最后采用补配砂浆将灌浆裂隙进行修复。对试验区域灌浆修复和表面修复实施完毕后，养护一天。采用加固材料 1 对试验区进行滴注加固，使对试验区石质文物的修复效果最优化。养护一天后，采用红外热成像仪对试验区域进行拍照。

a. 砂浆修补

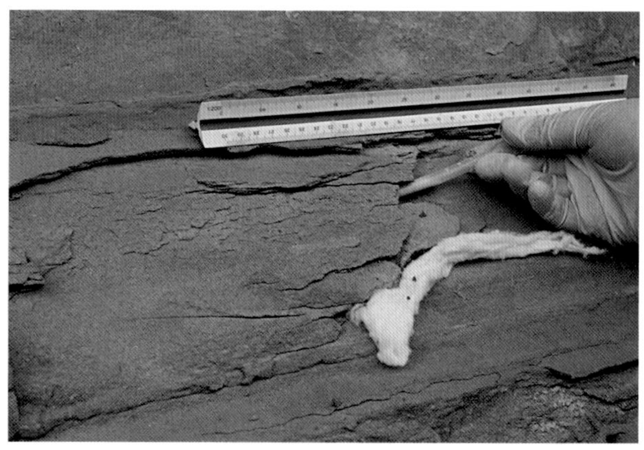

b. 灌入灌浆

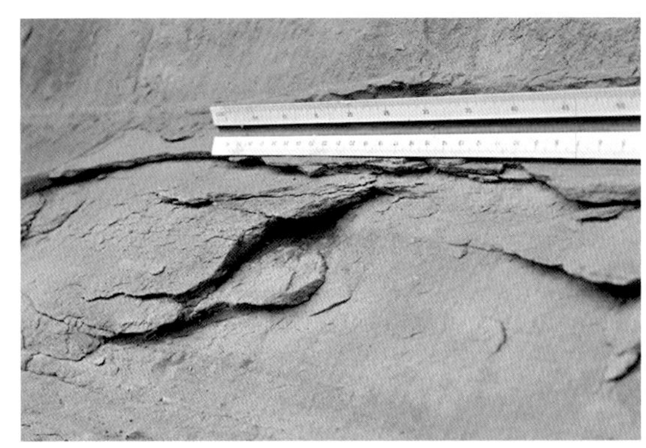

c. 灌浆修补后效果

d. 滴注加固

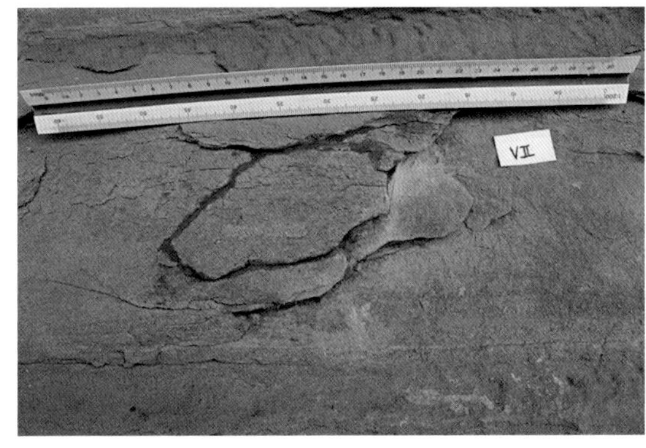

e. 滴注加固后效果

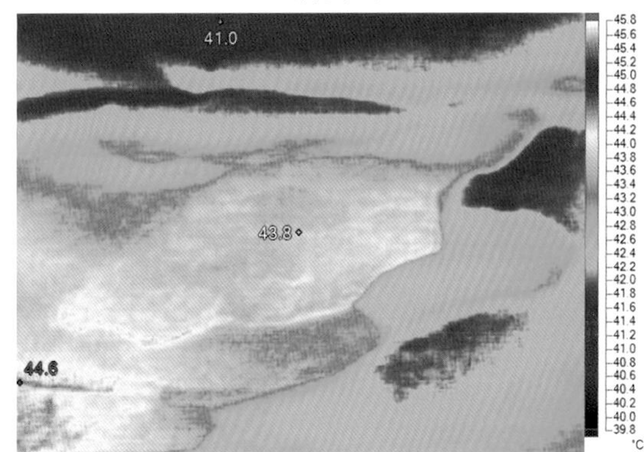

f. 养护后红外热成像照片

图 5-71 石质构件空鼓灌浆及修复过程

(3) 填充修补和灌浆修补试验效果评估

为了系统地评估石质构件空鼓病害填充和灌浆修补现场试验的效果，分别从修复前后的外观形貌和修复前后空鼓勘察两个方面进行评价。两个试验分别分析如下：

a. 填充修补试验效果评估

图 5-72 是雕刻区填充修补试验区修复前后的对比照片及修复后红外热成像照片。填充修补后，该雕刻区的空鼓部位已被修复砂岩充分填充。砂浆固化后与周围的石质构件并无色差，很好地恢复了雕刻区的原貌。在图 4－13 的修复后红外热成像照片中，原空鼓部位温度与周围雕刻区相同，说明补配砂浆已完全填满空隙，修复效果良好。

a. 填充修补试验区域修复前

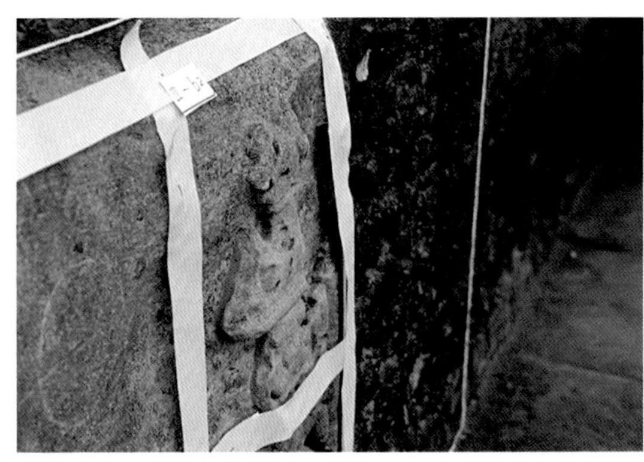

b. 填充修补试验区域修复后

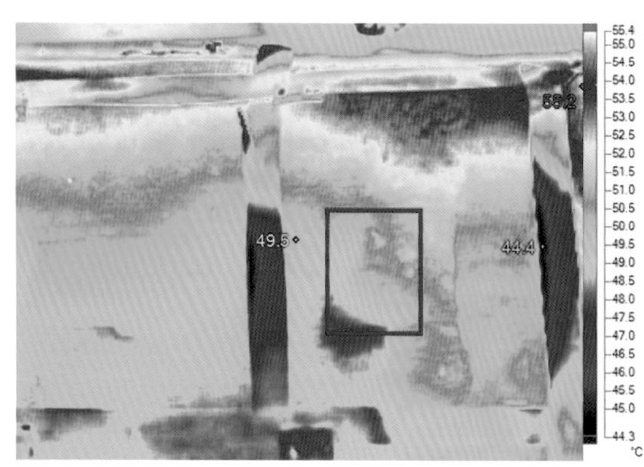

c. 填充修补后红外热成像照片

图 5-72　填充修补试验区修复前后对比照片及修补后红外热成像照片

b. 灌浆修补试验效果评估

图 5-73 是雕刻区填充修补试验区修复前后照片及红外热成像对比照片。灌浆修复后，灌浆材料充分填充石质构件裂隙的内部，并且具有较好的黏结性能，将石质构件裂隙的各部分连接到一块，防止石质构件裂隙病害进一步的发育。经过滴注加固后，试验区域内表面鳞片状起翘与剥落的状况也得到很好的治理。修复后在试验区表面上有一条色差较为明显的修补边缝。该条边缝是修补砂浆的痕迹，

a. 灌浆修补试验区域修复前

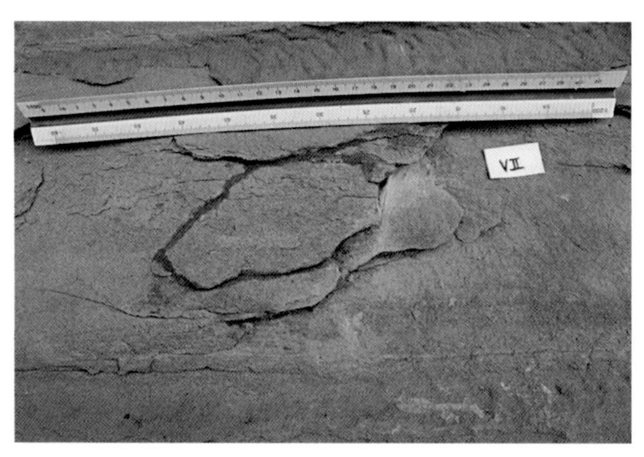

b. 灌浆修补试验区域修复后

c. 试验区修复前红外热成像照片

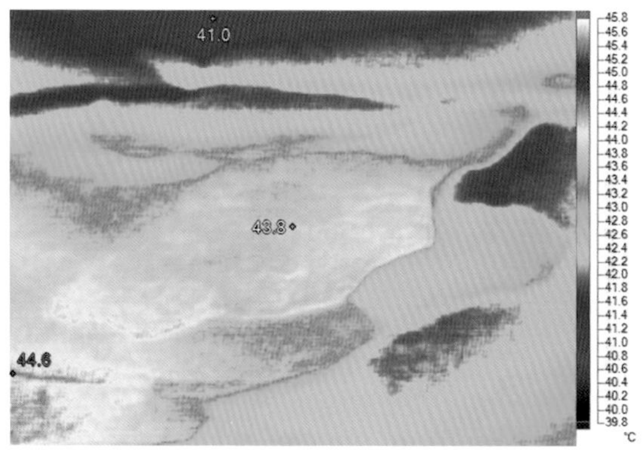

d. 试验区修复后红外热成像照片

图 5-73　灌浆修补试验区修复前后照片及红外热成像对比照片

主要是因为养护时间还不够，补配砂浆还没有彻底固化，因此相对于石质构件基岩来说，还存在一定的色差，随着养护时间的推移色差会越来越小。

对比修复前后的红外热成像照片可见，修复前试验区内空鼓位置的温度明显低于周围石质构件，说明了该区域的空鼓情况；修复后试验区域与周围石质构件无明显温差，因此可推断灌浆材料已充分将试验区内空隙填充，修复效果良好。

三　小结

在对茶胶寺砂岩雕刻的保存现状、保存环境及病害调查进行系统的前期研究的基础上，分析了病害产生的主要原因。现场取回石质样块及生物样本进行了实验室试验，并对现场取回的石质样块、风化样块进行材质分析测试，检测了石质样块的物理性质，对石质文物表面生物进行了鉴定。在参考借鉴了国内外石质文物保护的常用材料和施工工艺的基础上，结合以往石质文物保护的经验，现场选择典型的病害区域进行吸水率测定试验，表面清洁试验，表面生物病害治理试验，归位粘接试验，填充修补和灌浆修补试验。

经过病害统计分析得知，茶胶寺石质文物病害除了因岩石本身和建筑结构的特性决定外，还是环境因素中的水、温度、浮尘，以及生物因素共同作用的结果。其中，水是最为重要的外因，几乎所有石质病害都与水有关。水对石质文物有许多的破坏作用：机械冲刷导致强度降低，引起物理、化学和生物风化。雨水主要通过从石缝下渗的方式排出，这可能导致石质文物多种病害。其次是温度的影响，由于岩石表面昼夜温差较大，对岩石表面风化影响较大。另外微生物和浮尘也是茶胶寺石质文物病害的重要导致因素。

针对砂岩雕刻表面的污染病害，采用去离子水作为清洗剂进行清洗试验，取得了较好的效果。清洗后的试验区域恢复了原貌。微生物病害不但对文物表面造成污染，而且会分泌出一些有色酸性物质会引起石质构件基材的进一步腐蚀。石刻保护团队先采用复合杀藻剂进行杀藻处理，并在清除表面藻类尸体残留后涂刷有机硅氟类抗藻保护液防止藻类微生物重新生长。

茶胶寺砂岩雕刻由于种种原因造成局部剥落的病害，且愈发严重。针对此问题，选取典型区域采用有机硅补配砂浆对剥落石块进行了归位粘接试验，并取得了良好效果。

茶胶寺砂岩部分石刻区出现了空鼓病害，严重影响石刻的结构安全性。空鼓面积较小时，宜采用补配砂浆进行填充修补；空鼓面积较大时，需采用灌注砂浆进行灌浆修复。经过现场试验发现硅酸乙酯类主剂和石粉复配的灌浆砂浆对茶胶寺石质构件的空鼓病害可取得较好的修复效果。

第六章　建筑本体结构变形监测与防护

为了对各修复点修复后的建筑结构稳定性进行评估，对已经修复完工的二层台 4 个转角角部基台、北外长厅门口横梁、二层台南回廊窗户顶横梁石构件所存在的细小裂缝开展了变形监测工作，变形监测点布设图如图 6-1 ~ 图 6-6 所示。

南侧

东侧

图 6-1　二层台东南角及角楼基台变形监测点布设图

东侧

北侧

回廊内侧

图6-2 二层台东北角及角楼基台变形监测点布设图

北侧

西侧

图 6-3　二层台西北角及角楼基台变形监测点布设图

西侧

南侧

图 6-4　二层台西南角及角楼基台变形监测点布设图

图6-5　北外长厅门口横梁石构件变形监测点布设图

图6-6　二层台南回廊窗户顶横梁石构件变形监测点布设图

第一节　建筑本体结构变形监测

变形监测工作中，六处修复点总共布设有43个监测点，各监测点布置情况见表6-1：

表6-1　茶胶寺结构变形监测记录表

监测日期	监测点布设		变形监测记录		备　注
	监测部位	监测点号	应变片变形		
			有	无	
2014. 04. 07	二层台东南角及角楼基台	1#		√	南侧面
		2#		√	
		3#		√	
		4#		√	
		5#		√	
		6#		√	东侧面
		7#		√	
		8#		√	
		9#		√	
	二层台东北角及角楼基台	1#		√	东侧面
		2#		√	
		3#		√	
		4#		√	
		5#		√	
		6#		√	北侧面
		7#		√	
		8#		√	
		9#		√	
		10#		√	
		11#		√	角楼与南回廊交界处
		12#		√	
		13#		√	
	二层台西北角及角楼基台	1#		√	北侧面
		2#		√	
		3#		√	
		4#		√	
		5#		√	西侧面
		6#		√	
		7#		√	
		8#		√	

续表

<table>
<tr><th rowspan="3">监测日期</th><th colspan="2">监测点布设</th><th colspan="2">变形监测记录</th><th rowspan="3">备　注</th></tr>
<tr><th rowspan="2">监测部位</th><th rowspan="2">监测点号</th><th colspan="2">应变片变形</th></tr>
<tr><th>有</th><th>无</th></tr>
<tr><td rowspan="13">2014. 04. 07</td><td rowspan="10">二层台西南角及角楼基台</td><td>1#</td><td></td><td>√</td><td rowspan="4">西侧面</td></tr>
<tr><td>2#</td><td></td><td>√</td></tr>
<tr><td>3#</td><td></td><td>√</td></tr>
<tr><td>4#</td><td></td><td>√</td></tr>
<tr><td>5#</td><td></td><td>√</td><td rowspan="6">南侧面</td></tr>
<tr><td>6#</td><td></td><td>√</td></tr>
<tr><td>7#</td><td></td><td>√</td></tr>
<tr><td>8#</td><td></td><td>√</td></tr>
<tr><td>9#</td><td></td><td>√</td></tr>
<tr><td>10#</td><td></td><td>√</td></tr>
<tr><td rowspan="2">北外长厅南门过梁</td><td>1#</td><td></td><td>√</td><td>南侧</td></tr>
<tr><td>2#</td><td></td><td>√</td><td>底部</td></tr>
<tr><td>二层台南回廊窗户过梁</td><td>1#</td><td></td><td>√</td><td>底部</td></tr>
</table>

监测成果：

自开展监测工作至今，各监测点应变片均未发生变形，目前各修复施工点建筑结构处于稳定状态。

第二节　建筑本体结构加固与防护

根据茶胶寺修复设计方案，茶胶寺建筑本体结构加固主要采取了木结构支撑加固与可逆防护结构支撑加固两种措施。

一　木结构支撑加固措施

木结构支撑加固主要布设于塔门出入口、二层台四个转角基台、长厅门窗、南北藏经阁、二层台回廊窗体、庙山五塔出入门口等部位。按照木支撑加固措施布设前后可分为施工修复前排险支撑加固与修复竣工后结构支撑防护两种。按照措施保留时间长短可分为临时支撑加固与长期支撑加固两类。

各修复项目点修复施工前所进行的结构加固措施均属于前期排险支撑加固，为临时支撑加固措施，主要目的为对于存在变形结构破坏、破坏严重、存在坍塌险情的单体建筑在进行修复施工前采取预先的险情排除措施，保证各修复项目点在修复施工前不再发生进一步的结构变形破坏，为后期的修复施工争取更多时间。

修复施工竣工后在保护修复后的单体建筑的关键结构部位利用木结构进行进一步的加固防护属于长期支撑加固措施范畴。任何古遗址建筑的修复均不是一劳永逸的工作，本措施主要是对后期不可预见的突发影响因素作用于建筑结构进而引起变形破坏现象的一种预防，措施主要布设于单体建筑结构自身设计建造中的关键薄弱、易于发生变形的部位，包括前期保存完好、未发生变形破坏、未进行修复施工的部位。

按照总体修复方案要求，首先对存在坍塌危险的二层台西北角基台、南北藏经阁、二层台北回廊、庙山五塔中的东北角塔及东南角塔六处采取木结构支撑体系进行了支撑加固。

南藏经阁

北藏经阁

二层台西北角及角楼

二层台回廊

东北角塔

东南角塔

图 6-7　建筑单体修复前木结构支撑排险加固

此外，为减少建筑关键部位后期变形及提高建筑安全稳定性，在东外塔门、南内塔门、北外长厅、南外长厅四处修复施工竣工后的单体建筑中，对于门窗、出入口等结构关键部位分别进行了木结构支撑加固防护。

图 6-8　修复竣工后建筑单体局部木结构支撑加固防护

二　可逆结构支撑加固防护

可逆结构支撑加固防护体系主要布设于各建筑结构中存在山花、位于参观游览通道上的重要单体建筑。这是在此类单体建筑修复竣工后，为保障建筑本体的结构稳定性及游客人身安全，对寻配、归安的细高山花石进行的一种加固防护体系。

可逆防护加固体系首先采用花篮螺栓、Φ10mm 钢丝绳、长 200mm × 宽 40mm × 厚度 8mm 的扁钢夹板对预加固的山花顶部 2 层山花进行捆绑加固，然后采用花篮螺栓与钢丝绳或花篮螺栓与直径 20mm × 壁厚 3mm 的镀锌钢管对山花进行锚拉加固。

加固防护体系设计制作以可逆、可调节、可自由拆卸、组装为原则，两层山花间的钢丝绳环套采用可调节长短的花篮螺栓进行紧固，后部锚拉体系采用花篮螺栓与钢丝绳或与镀锌钢管结合进行锚拉体系的松紧调节。为体现修旧如旧的理念及保证体系的长效性，整个加固防护体系做好后，均采用调配的色调与石构件表面颜色相近的防锈漆对所有零部件表面进行防锈做旧处理。体系中铁件与石构件接触部位均采用胶垫进行保护。

由于东外塔门山花塌落为基础早期发生不均匀沉降，目前基础沉降已达稳定，本次修复本着最小干预的原则，设计仅对石构件变形破坏、结构变形严重、存在潜在失稳破坏的局部结构进行修复与调整，未进行整体拆落和基础的调整。塌落山花寻配归安后存在局部轻微外倾现象，为保证游客安全和增加建筑本体结构的稳定性，本次可逆加固防护措施首先选择东外塔门出入门口及南北侧室顶部的 6 处山花进行实施。其中，对于仅存在外倾倒塌破坏可能的东外塔门正门出入口顶部两山花采用钢丝绳与花篮螺栓相结合的锚拉方式进行加固；对于不存在明显倾斜的南北侧室顶部归安的山花石采取镀锌钢管与花篮螺栓相结合的锚拉方法来预防上部山花石向内侧或向外侧的倒塌破坏。

可逆加固防护体系及其加固设计如图 6-9 所示。

图 6-9　可逆加固防护体系的构件组成

加固防护施工

山花石加固效果

图 6-10　东外塔门正门入口顶部山花加固防护

山花石加固及加固体系防锈做旧处理

山花石加固效果

图 6-11　东外塔门正门出口顶部山花加固防护

南侧室顶部山花石防护加固施工

北侧室顶部山花石防护加固施工

图6-12　东外塔门南北侧室山花石加固防护

图6-13　东外塔门山花石整体加固防护效果

图 6-14　南藏经阁山花石加固防护

图 6-15　北藏经阁山花石整体加固防护

第七章　施工资料档案建设

茶胶寺修复项目工程资料是反映项目从立项、勘察设计、修复施工、竣工验收，以及监理、检验检测、质量验收等全过程中的各个环节的基本数据、测试、检查验收结果的原始记录，是工程质量的客观见证，也是评价修复施工过程中遵守法律法规和执行古建修复工程规范情况的真实记载。

由于文物古迹修复项目与新建土木工程类项目在施工作业、项目管理等方面存在诸多不同。为加强中国政府援助柬埔寨茶胶寺修复项目工程资料的规范化，保证资料收集汇总及竣工报告编制工作的顺利进行，茶胶寺修复施工项目的资料收集与整理主要根据《商务部经济合作局对外援助成套项目技术资料归档整理与移交办法》，参考北京市《文物建筑工程资料管理规程》、《山西南部早期建筑保护工程工程资料编制收集要求》两地方标准要求进行适当调整后整理汇编，并初步建立资料库。

第一节　修复项目工程资料收集流程及步骤

茶胶寺修复项目资料收集整理流程及步骤工作包括了现场施工资料的收集整理、汇总编制和工程报告编纂、出版三个步骤，具体流程如图 7-1 所示。

收集整理：指根据工程资料收集要求，阶段性地在工地现场及资料来源单位收集、核实、整理各参与单位的工程资料并交付收集、汇总单位审核的过程。茶胶寺修复项目需收集的资料来自于建设单位、勘察设计单位、施工单位、监理单位。

汇总编制：是指对收集整理单位收集的资料进行审核、汇总，并最终编制成成套的工程档案资料的过程。汇总编制最终形成的工程资料档案是工程竣工报告编写的主要依据。

工程报告编纂、出版：是指依托完整的工程资料档案编制竣工及工程总报告的过程。

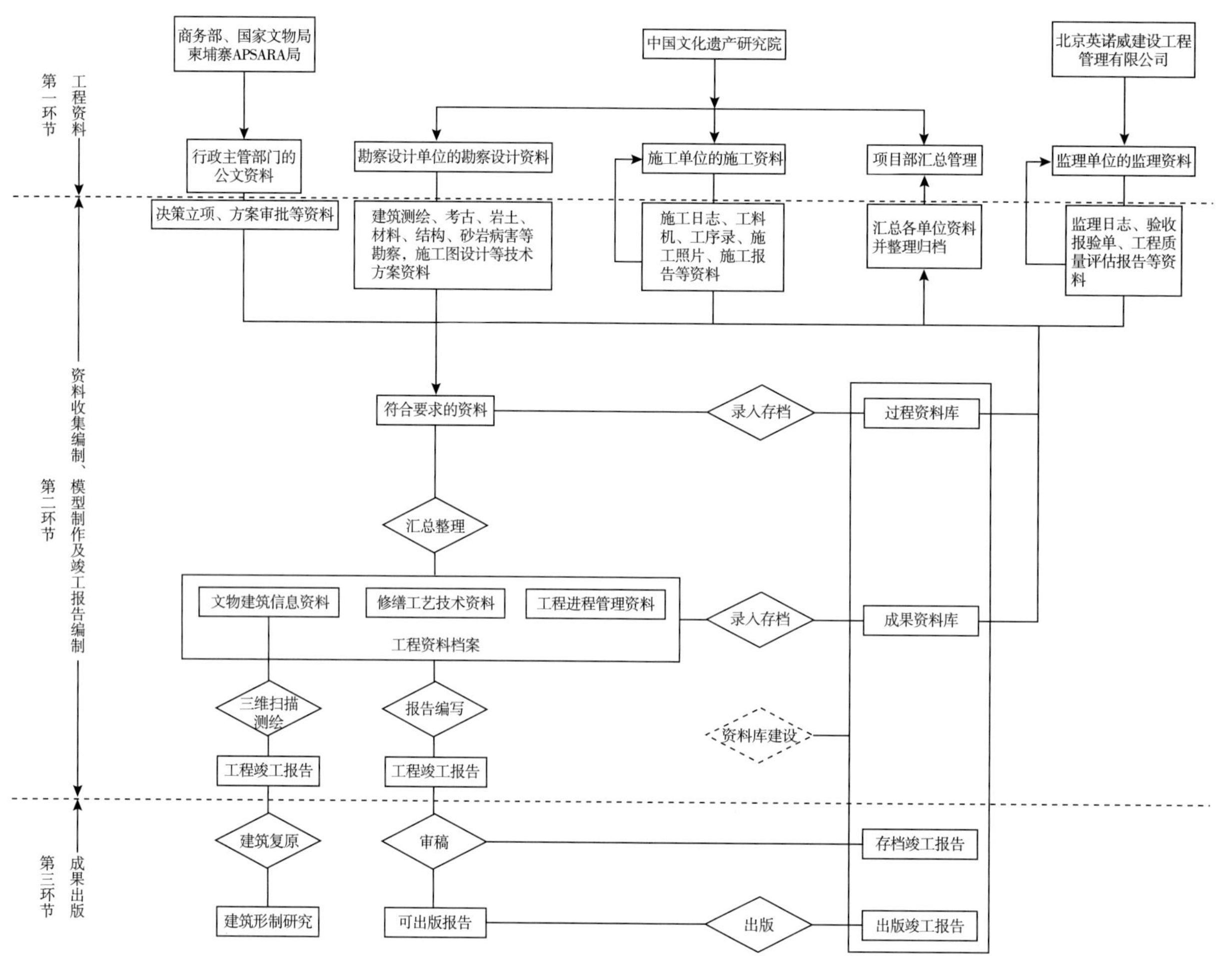

图 7-1 资料收集编制整理工作流程图

第二节 现场修复施工资料收集

一 施工资料收集的原则及思路

（一）施工资料收集的原则

1. 及时性

修复施工资料是对修复建筑物质量情况的真实反映，因此要求必须按照单体建筑物修复施工的进度及时收集。如施工方案、技术交底、设计变更等工作必须施工前进行，所以这些资料的收集就要更及时，更全面。其次就是记录资料，最基本的是施工日志，它记录了整个施工生产活动，如果记录不及时，很容易漏记和误记，资料的真实性将难以保证。

2. 真实性

真实性是施工项目中工程技术保证资料的灵魂所在，资料必须实事求是，客观准确，严防为了“取得较高的工程质量等级”而伪造、歪曲施工事实。特别是对于隐蔽工程，为了保证工程质量，修复施工中的预检、隐检资料更应该保证其真实性。

3. 准确性

准确性是资料收集整理人员做好工程技术保证资料的核心，工程资料的准确性直接反映了工程质量的可靠性。对工程技术的准确记载是后期查询、工程质量问题追责的重要依据。

4. 完整性

完整性是做好工程技术保证资料的基础，完整的资料是日后复原、修复等后续修复施工、研究等工作的有力证据。修复施工的基本资料应包括：立项相关的程序、审批等公文资料，施工资料，验收资料等。按专业基本包括：古建、岩土地质、测量、监测、检测、材料、机械、电工等等，无论缺少其中哪一部分，都会导致片面性，不能系统、全面地反映整个工程的质量情况。

（二）修复施工资料收集的基本思路

1. 以施工工序或阶段性工期为思路

如按施工工序为思路可分为：施工前准备阶段——变形移位结构解体——残损石构件修补——石构件归安——缺失石构件寻配补配；按阶段性工期为思路可分为：第一阶段、第二阶段、第三阶段。

2. 直接按照资料的分类收集资料

按照资料的分类收集资料在任何阶段都是非常有用的方法，无论是从头至尾跟踪一个工程还是半途接管一个项目，只要按照资料分类来逐项准备、收集材料，资料的完全性完全可以保证。

本项目资料收集整理首先以分阶段工期为基础，在分阶段工期基础上按照资料分类来进行收集整理、汇总。

二　修复施工收集资料的分类及内容

根据《商务部经济合作局对外援助成套项目技术资料归档整理与移交办法》，参考北京市地方标准《文物建筑工程资料管理规程》、《山西南部早期建筑保护工程资料编制收集要求》两地方标准撰写、收集、整理资料的要求，确定茶胶寺修复项目工程资料类别分类为A、B、C、D、E五大类：

A类：茶胶寺修复项目准备阶段的文件资料，属于项目前期立项、项目相关专项任务的报批等形成的文件。

B类：设计研究资料，包括项目修复施工前期的勘察、方案设计以及施工图设计及其他项目所涉及的各专项研究资料。

C类：施工资料，属于施工过程中关于修复施工管理、修复施工质量控制、施工质量检验验收和施工记录等形成的资料。

D类：为工程后期归档资料，属于项目竣工验收及以后形成的竣工验收资料、竣工图、竣工验收备案资料及其他归档资料。

E 类：监理资料，属于修复施工过程中监理单位形成的资料。

其中，现场修复施工资料是在北京市地方标准《文物建筑工程资料管理规程》的基础上进行修改而成，具体内容分为：施工管理资料（C1）、施工技术资料（C2）、施工记录（C5）、施工试验资料（C6）、过程验收资料（C7）、竣工验收资料（C8），共计六大类。对北京市地方标准中所不涉及的资料文件目录进行了删除，增补了子单位工程工序记录、施工简报、单体建筑修复施工工程量统计表、修复施工影像图片库等文件。各类所包含资料内容见下表 7-1，施工资料整理分类建立档案库如图 7-2 所示。

表 7-1　茶胶寺修复项目修复施工资料目录

序号	资料表格名称	表式	备注
1	工程概况表	（表 C1－1）	
2	施工组织设计（施工方案）审批表	（表 C1－2）	
3	施工日志	（表 C1－3）	
4	施工现场质量管理检查记录	（表 C1－4）	
5	子单位工程工序记录	（表 C1－5）	新增
6	音像、图片记录	（文件库 C1－6）	新增
7	工程技术文件报审表	（表 C1－11）	
8	施工进度计划报审表	（表 C1－13）	
9	工程物资进场报验表	（表 C1－14）	
10	工程动工报审表	（表 C1－15）	
11	施工安全检查记录	（表 C1－16）	
12	分项/分部工程施工报验表	（表 C1－17）	
13	（　）月工、料、机动态表	（表 C1－18）	
14	（　）月施工简报	（表 C1－19）	新增
15	单体建筑修复施工工程量统计表	（表 C1－20）	新增
16	单位工程竣工预验收报验表	（表 C1－25）	
17	图纸会审记录	（表 C2－1）	
18	设计交底记录	（表 C2－2）	
19	技术交底记录	（表 C2－3）	
20	工程变更洽商记录表	（表 C2－5）	
21	预检记录	（表 C5－4）	
22	隐蔽工程检查记录	（表 C5－5）	
23	施工试验记录（现场自用）	（表 C6－1）	
24	文物建筑__________子分部工程验收记录	（表 C7－1）	
25	文物建筑__________分部工程验收记录	（表 C7－2）	
26	文物建筑__________分项工程质量评定表	（表 C7－3）	新增

续表

序号	资料表格名称	表式	备注
27	文物建筑单位工程质量综合评定表	（表 C8－1）	
28	文物建筑工程质量保证资料核查表	（表 C8－2）	
29	文物建筑单位工程观感质量检查记录表	（表 C8－3）	
30	文物建筑工程单位工程验收记录	（表 C8－4）	
31	（ ）阶段工程验收申请表	（表 C8－5）	新增
32	（ ）阶段工程竣工报告	（表 C8－6）	新增
33	（ ）阶段修复施工竣工图	（表 C8－7）	新增

01技术文件及批复（AB立项设计研究资料）
02工程概况表（表C1-1）
03施工组织设计审批表（表C1-2）
04施工日志（表C1-3）
05施工现场质量管理检查记录（表C1-4）
06子单位工程工序记录（表C1-5）
07音像图片记录（表C1-6）
08工程技术文件报审表（表C1-11）
09施工进度计划报审表（C1-13）（ok）
10工程物资进场报验表（表C1-14）
11工程动工报审表（表C1-15）
12施工安全检查记录（表C1-16）
13 分项分部工程施工报验表（表C1-17）
14（）月份工、料、机动态表（表C1-18）
15（）月份施工简报（表C1-19）
16单体建筑维修施工工程量统计表（表C1-20）
17单位工程竣工预验收报验表（表C1-25）
18图纸会审记录（表C2-1）
19设计交底记录（表C2-2）
20技术交底记录（表C2-3）
21工程变更洽商记录表（表C2-5）
22预检记录（表C5-4）
23隐蔽工程检查记录（表C5-5）
24施工试验记录（表C6-1）
25 文物建筑子分部工程质量验收记录（表C7-1）
26文物建筑分部工程质量验收记录（表C7-2）
27文物建筑分项工程质量评定表（表C7-3）
28文物建筑单位工程质量综合评定表（表C8-1）
29文物建筑工程质量保证资料核查表（表 C8-2）
30文物建筑单位工程观感质量检查记录表（表C8-3）
31文物建筑工程单位工程验收记录（表C8-4）
32（）阶段工程验收申请表（表C8-5）
33（）阶段工程竣工报告（表C8-6）
34（）阶段维修施工竣工图（表C8-7）

图 7-2　资料收集整理建库

在所增加的施工类资料中，重点增加了施工工序记录和单体建筑修复施工工程量统计表两项。施工工序记录是将文物建筑的修缮进程划分为若干工序和步骤，针对这些工序和步骤进行详细和格式化记录的过程，目的是真实反映文物建筑修缮的实施进程，全面记录在实施进程中可以记录到的各项数据、工艺流程信息，将实施进程中涉及的各项工程资料有机组织起来。以南内门修复施工工序记录为例，工序记录表格如图 7-3～图 7-8 所示。

子工程名称：南内塔门维修　　　　表格编号：南内塔门 - A1

<table>
<tr><td colspan="2">工序</td><td colspan="4">维修脚手架搭建</td></tr>
<tr><td colspan="2">作业时间</td><td colspan="4">2012. 7. 19 ~ 2012. 7. 26</td></tr>
<tr><td rowspan="2">实施前</td><td>图纸索引</td><td></td><td>表格索引</td><td></td><td>照片索引</td></tr>
<tr><td colspan="2">茶胶寺南内门为岩土堆砌结构，部分石块保存较好，但都存在不同程度的错位，而顶部山花石块缺失散落比较严重，根据拟定施工方案，将对其进行解体维修。因此，计划脚手架为双排脚手架。</td><td colspan="2"> DSC07697</td><td>DSC07697
DSC07524
DSC07388</td></tr>
<tr><td rowspan="2">实施中</td><td>图纸索引</td><td></td><td>表格索引</td><td></td><td>照片索引</td></tr>
<tr><td colspan="2">由于茶胶寺南内门高度约为 8m，需要在双排脚手架上增加剪刀撑确保工作平台稳固。因而也通过设置斜撑，向外挑出支撑脚手架。将于离地面高度 8m 及 5m 处满铺脚手板。</td><td colspan="2"> DSC07785</td><td>DSC07785
DSC07775</td></tr>
<tr><td rowspan="2">实施后</td><td>图纸索引</td><td></td><td>表格索引</td><td></td><td>照片索引</td></tr>
<tr><td colspan="2">支搭完成的脚手架结构稳定，满足施工要求。</td><td colspan="2"> DSC08086</td><td>DSC08086
DSC08090
DSC08030</td></tr>
<tr><td colspan="2">施工相关资料</td><td colspan="2">监理相关资料</td><td colspan="2">文物及修缮技术信息资料</td></tr>
<tr><td colspan="2">010 南内门脚手架技术交底记录表
008 吊机操作技术交底</td><td colspan="2"></td><td colspan="2"></td></tr>
<tr><td colspan="2">资料员签字：</td><td colspan="2">监理工程师签字：</td><td colspan="2">资料审核人签字：</td></tr>
</table>

图 7-3　南内塔门修复脚手架搭建施工工序记录

子工程名称：南内塔门维修　　　　表格编号：南内塔门 - B1

<table>
<tr><td colspan="2">工序</td><td colspan="4">南内塔门解体拆卸</td></tr>
<tr><td colspan="2">作业时间</td><td colspan="4">2012. 7. 23 ~ 2012. 8. 15</td></tr>
<tr><td rowspan="2">实施前</td><td>图纸索引</td><td></td><td>表格索引</td><td></td><td>照片索引</td></tr>
<tr><td colspan="2">茶胶寺南内门为石砌结构建筑，根据拟定施工方案，将对其进行解体维修。解体前要将拆卸部位进行支顶、捆扎、防护，包括解体部位、与解体相接的部位。保证拆卸吊运的安全。</td><td colspan="2"> DSC07813</td><td>DSC07813</td></tr>
<tr><td rowspan="2">实施中</td><td>图纸索引</td><td></td><td>表格索引</td><td></td><td>照片索引</td></tr>
<tr><td colspan="2">解体过程中，注意观察和记录拆卸中的各种现象，收集具有研究价值的资料。拆卸的构件按层、按编号顺序码放。及时绘制施工的图纸和整理拆卸的资料，标注损坏不能使用的石构件。</td><td colspan="2"> DSC08410</td><td>DSC08410</td></tr>
<tr><td rowspan="2">实施后</td><td>图纸索引</td><td></td><td>表格索引</td><td></td><td>照片索引</td></tr>
<tr><td colspan="2">南内门拆卸完毕，满足施工要求。</td><td colspan="2"> DSC09227</td><td>DSC09227</td></tr>
<tr><td colspan="3">施工相关资料</td><td colspan="2">监理相关资料</td><td>文物及修缮技术信息资料</td></tr>
<tr><td colspan="3">009 南内门维修技术交底
02 南内门工程变更洽商记录
03 南内门工程变更洽商记录</td><td colspan="2"></td><td>中厅图纸
西厅图纸
各层航拍平面记录</td></tr>
<tr><td colspan="6">资料员签字：　　　　监理工程师签字：　　　　资料审核人签字：</td></tr>
</table>

图 7-4　南内塔门解体拆落施工工序记录

子工程名称：南内塔门维修　　　　表格编号：南内塔门－C1

<table>
<tr><td colspan="2">工序</td><td colspan="4">南内塔门石构件修补</td></tr>
<tr><td colspan="2">作业时间</td><td colspan="4">2012. 8. 27～2013. 1. 29</td></tr>
<tr><td rowspan="2">实施前</td><td>图纸索引</td><td></td><td>表格索引</td><td></td><td>照片索引</td></tr>
<tr><td colspan="2">茶胶寺南内门拆卸的构件主要为砂岩构件，按就近原则，于茶胶寺南面空地按层、按编号顺序码放。</td><td colspan="2"> DSC00814</td><td>DSC00814</td></tr>
<tr><td rowspan="2">实施中</td><td>图纸索引</td><td></td><td>表格索引</td><td></td><td>照片索引</td></tr>
<tr><td colspan="2">修补、加固损坏的石构件，需要粘接的构件按设计要求进行粘接试验。按拆卸相反的顺序重装石构件，严重损坏不能使用的石构件用同种石材加工后替换。</td><td colspan="2"> DSC00919</td><td>DSC00919
DSC00928</td></tr>
<tr><td rowspan="2">实施后</td><td>图纸索引</td><td></td><td>表格索引</td><td></td><td>照片索引</td></tr>
<tr><td colspan="2">南内门砂岩构件修复完毕，总共修复了 46 块构件，经检查，符合施工要求。</td><td colspan="2"> DSC00979</td><td>DSC00979
DSC00981</td></tr>
<tr><td colspan="2">施工相关资料</td><td colspan="2">监理相关资料</td><td colspan="2">文物及修缮技术信息资料</td></tr>
<tr><td colspan="2">009 南内门维修技术交底</td><td colspan="2"></td><td colspan="2">11. 石材加工记录</td></tr>
<tr><td colspan="2">资料员签字：</td><td colspan="2">监理工程师签字：</td><td colspan="2">资料审核人签字：</td></tr>
</table>

图 7-5　南内塔门石构件修补施工工序记录

子工程名称：南内塔门维修　　　　表格编号：南内塔门－D2

<table>
<tr><td colspan="2">工序</td><td colspan="4">南内塔门中厅与西厅回砌归安</td></tr>
<tr><td colspan="2">作业时间</td><td colspan="4">2012. 11. 21～2013. 5</td></tr>
<tr><td rowspan="2">实施前</td><td>图纸索引</td><td></td><td>表格索引</td><td></td><td>照片索引</td></tr>
<tr><td colspan="2">茶胶寺南内门中塔与西厅回砌按拆卸相反的顺序重装石构件，严重损坏不能使用的石构件用同种岩石加工后替换。重装时注意构件之间的缝隙，要严格控制缝隙的大小，应保持与拆卸记录的基本一致。</td><td colspan="2"> DSC03250</td><td>DSC03212
DSC03250
DSC09713</td></tr>
<tr><td rowspan="2">实施中</td><td>图纸索引</td><td></td><td>表格索引</td><td></td><td>照片索引</td></tr>
<tr><td colspan="2">归安后表面平整、线脚垂直。构件（石块）按照原位归安，控制好成型后的外轮廓。南内门基础经测量，存在不均匀沉降现象，回砌过程中先将基础对齐取平再继续回砌。</td><td colspan="2"> DSC08470</td><td>DSC08470
DSC03253</td></tr>
<tr><td rowspan="2">实施后</td><td>图纸索引</td><td></td><td>表格索引</td><td></td><td>照片索引</td></tr>
<tr><td colspan="2">南内门归安完毕，经检查，符合施工要求。</td><td colspan="2"> DSC08780</td><td>DSC08780
DSC08783</td></tr>
<tr><td colspan="2">施工相关资料</td><td colspan="2">监理相关资料</td><td colspan="2">文物及修缮技术信息资料</td></tr>
<tr><td colspan="2">009 南内门维修技术交底</td><td colspan="2"></td><td colspan="2"></td></tr>
<tr><td colspan="6">资料员签字：　　　　监理工程师签字：　　　　资料审核人签字：</td></tr>
</table>

图 7-6　南内塔门中厅与西厅回砌归安施工工序记录

子工程名称：南内塔门维修　　　　表格编号：南内塔门－D3

<table>
<tr><td colspan="2">工序</td><td colspan="4">南入口台阶两侧基台维修</td></tr>
<tr><td colspan="2">作业时间</td><td colspan="4">2012. 8. 27～2012. 11. 1</td></tr>
<tr><td rowspan="2">实施前</td><td>图纸索引</td><td></td><td>表格索引</td><td></td><td>照片索引</td></tr>
<tr><td colspan="2">茶胶寺南面台阶两侧外部构件为砂岩，内部构件为角砾岩。构件有一定程度的缺失，尤其是东侧下半部分缺失情况比较严重。因为基础沉降原因，导致出现有裂缝。</td><td colspan="2"> DSC05376</td><td>DSC05376
DSC05375
DSC00331</td></tr>
<tr><td rowspan="2">实施中</td><td>图纸索引</td><td></td><td>表格索引</td><td></td><td>照片索引</td></tr>
<tr><td colspan="2">归安后表面平整、线脚垂直。局部拆卸的构件（石块）按照原位归安，控制好成型后的外轮廓。裂缝部位，局部拆卸调整归位。缺失的石块于附近落石堆里寻配。</td><td colspan="2"> DSC01020</td><td>DSC01001
DSC00416
DSC00999
DSC01020</td></tr>
<tr><td rowspan="2">实施后</td><td>图纸索引</td><td></td><td>表格索引</td><td></td><td>照片索引</td></tr>
<tr><td colspan="2">二层平台西南角须弥座归安完毕，经检查，符合施工设计要求。</td><td colspan="2"> DSC09309</td><td>DSC09309
DSC09310
DSC01363
DSC01364</td></tr>
<tr><td colspan="2">施工相关资料</td><td colspan="2">监理相关资料</td><td colspan="2">文物及修缮技术信息资料</td></tr>
<tr><td colspan="2">009 南内门维修技术交底</td><td colspan="2"></td><td colspan="2"></td></tr>
<tr><td colspan="2">资料员签字：</td><td colspan="2">监理工程师签字：</td><td colspan="2">资料审核人签字：</td></tr>
</table>

图 7-7　南内塔门南入口台阶两侧基台修复施工工序记录

子工程名称：南内塔门维修　　　　　　　　　　　　　　　　　　　　表格编号：南内塔门－D1

工序	南内塔门维修				
作业时间	2012. 07 – 2013. 06				
实施前	图纸索引		表格索引		照片索引
	茶胶寺南内塔门为砂岩石砌筑，由于基础沉降，出现多处石构件移位，墙体局部出现裂缝，根据拟定施工方案，将对其进行解体维修。		 DSC07697		
实施中	图纸索引		表格索引		照片索引
	南内塔门的解体为自上而下逐层拆落，拆落前对所有石构件进行编号记录，对残损石构件进行修复和图纸绘制，拆落至基础，对基础进行调平加固后，原位归安拆落石构件，寻配补配缺失石构件。		 DSC09221		
实施后	图纸索引		表格索引		照片索引
	南内塔门施工完成，共完成石构件拆卸 418 件，归安 567 件，寻配构件 60 件，补配石构件 89 件，共修复残损石构件 72 件。		 IMG_ 8759		

施工相关资料	监理相关资料	文物及修缮技术信息资料
南内塔门维修技术交底 南内塔门石构件修补粘接技术交底 南内塔门石构件回砌技术交底		
资料员签字：	监理工程师签字：	资料审核人签字：

图 7-8　南内塔门修复施工工序记录

由于茶胶寺的基础以下部位在勘察过程中无法揭露，不能在勘察设计阶段完全掌握建筑隐蔽部位的病害状况和实施的工程量，同时无法掌握坍塌构件的确认结果，导致勘察、设计阶段变形移位石构件解体拆落、塌落石构件寻配、残损石构件修复的设计工程量与实际施工过程中存在一定的误差。所以现场施工一手资料的收集及整理至关重要。在单体建筑修复施工过程中，在原施工图设计基础上，对实际修复施工过程中相应三项的工程量进行准确统计并与施工图设计中所计划的工程量进行了对比分析，以期为后续同类修复工程的勘察设计中隐蔽工程量及寻配工程量的准确性提出、造价的核算等提供参考依据。故在原施工资料收集与整理的资料库中，增加了修复施工工程量统计表。根据茶胶寺建筑结构分类，并选取典型单体建筑中的解体拆落、寻配归安及残损石构件修复的设计和实际完工工程量进行统计，成果见表 7-2。

表 7-2　涉及隐蔽工程修复施工工程量统计表

修复典型单体建筑	所含隐蔽工程项目	统计单位标准	设计工程量	实际完成工程量/方量	工程量对比分析
南内塔门	变形移位等石构件解体拆落	件/m^3	280/84.48	418/111.16	1.50/1.32
	残损石构件修补	件	49	72	1.47
二层台西北角及角楼	散落构件铺排、寻配、拼对及试装	件	55	64	1.16
	变形移位等石构件解体拆落	件/m^3	252/66.5	385/133.40	1.53/2.01
	残损石构件修补	件	77	57	0.74
北藏经阁	变形移位等石构件解体拆落	件/m^3	422/53	991/107.30	2.35/2.02
	残损石构件修补	件	124	128	1.03
须弥台东南角	散落构件铺排、寻配、拼对及试装	件	120	135	1.13
	变形移位等石构件解体拆落	件/m^3	260/290.57	603/301.67	2.32/1.04
	残损石构件修补	件	36	169	4.69

根据建筑单体类型，选取南内塔门、二层台西北角及角楼、北藏经阁、须弥台东南角四处对典型单体建筑中的解体拆落、寻配归安及残损石构件修复等修复施工涉及到隐蔽工程量的设计和实际完工工程量进行对比统计分析可知：

对于塔门类建筑单体，由于隐蔽工程影响一般解体拆落实际完工工程量为设计工程量的 1.41 倍，实际完工残损石构件修复工程量约为设计工程量的 1.47 倍。

对于二层台基台及角楼类建筑，寻配石构件实际完工工程量为设计工程量的 1.16 倍，解体拆落工序中实际完工工程量为设计工程量的 1.77 倍，残损石构件修复实际完工工程量为设计工程量的 0.74 倍。

藏经阁类建筑，解体拆落工序中由于隐蔽工程影响一般实际完工工程量为设计工程量的 2.19 倍，残损石构件修复实际完工工程量约为设计工程量的 1.03 倍。

对于庙山上部三层须弥台基座，寻配石构件实际完工工程量为设计工程量的 1.13 倍，解体拆落工序中实际完工工程量为设计工程量的 1.68 倍，残损石构件修复实际完工工程量为设计工程量的 4.69 倍。

各单体建筑修复竣工前后对比图及竣工图详见所附图版。

第八章　总　结

如前所述，茶胶寺修复项目是中国援外文物保护项目，受到国家领导人及世界各地游客的关注，并且项目所在地又是各个国家和国际组织在吴哥古迹保护行动的竞技场，研究的成果、施工的过程和工程的质量直接影响到国家的形象。自项目之初的勘察设计到后期的施工组织、协调管理，中国文化遗产研究院对每一项任务、每一个环节都进行了严格控制、认真把关，前期研究及后期的修复施工均取得了可喜的成果，达到了预期的目的。

第一节　项目技术难点分析

1. 由于茶胶寺建筑整体格局属于庙山建筑，高耸的庙山基台为施工机械的布设及搬运移位带来了一定的困难，如不能合理规划施工组织将严重影响施工的顺利开展，延缓施工进度。如进行施工组织设计初期，设计采用了以茶胶寺庙山建筑布局特征为依据，由外向内逐层进行修复施工的组织设计，由于塔吊等大型施工机械的拆卸、组装及移位的不易性，导致前期施工进度缓慢。经后期对施工组织的合理调整，根据施工机械特征，合理调配，交叉分块施工，由内向外进行组织施工，加快了施工进度。此外现代起重设备与传统吊装设备的合理、有效结合，也大大推进了施工进度。

2. 施工场地狭小，同时在施工场区周围布满多年生高大树木，大型工程机具的使用极为困难，施工场区的布置也非常局促。因此，施工过程中要尽量利用好有限的场地，而又不能造成施工、堆料、场内通道、临时建筑之间互相影响，现场合理布设、组织施工成为有效推进工程进度的关键。

3. 在施工过程中，茶胶寺局部区域仍将对游客开放。要根据工程的进度，调整施工场地与参观场地区域，严格划清和隔离参观通道，并制定严格的措施保证游客的安全。

4. 由于茶胶寺的基础以下部位在勘察过程中无法揭露，不能在勘察设计阶段完全掌握建筑隐蔽部位的病害状况和实施的工程量，同时无法掌握坍塌构件的确认结果，需要在施工过程中不断掌握未知情况，及时调整工程方案，以达到最佳修复效果。因此，现场施工一手资料的收集及整理至关重要，在工程的实施过程中需要做好施工记录，做到现场施工资料的及时性、真实性、准确性、完整性。

5. 由于前期勘察、设计阶段隐蔽工程部分的工程量的不确定性，导致勘察、设计阶段所获得的工程量与实际施工过程中发生的工程量不可避免地存在一定的误差。此外，对于砖石类古建筑的修复，修复设计中设计工作量的统计单位不能仅采用一个量来进行统计和衡量，一个衡量标准不能反映实际工作量大小，例如，同样解体或归安一块石构件，其石构件大小直接影响修复施工中所耗费的人工、机械以及时间，影响修复施工的成本等等，所以设计中的设计工程量单位仅以件数一个衡量标准有失妥当，后期同类工程中，建议设计人员将单位工程量的衡量标准采用件、体积或面积等双标准来对工程量进行辅佐界定，使结果更符合实际，更能体现修复施工的成本。

6. 由于当地高温多雨地区，需要做好防高温、防雨的施工措施。该地区分雨季和旱季，在土方、基础工程施工只能尽量避开雨期，如果无法避开雨季，要做好防雨措施，做好雨期施工的各项措施是确保工程质量的关键。

第二节　项目的管理程序及组织实施

一　项目管理程序

茶胶寺修复项目是我国政府提供的无偿援助下，由商务部交由中国文化遗产研究院进行勘察、设计并承担施工的援助柬埔寨进行吴哥古迹修复的项目。项目的顺利开展是在中国商务部、驻柬大使馆经商处、国家文物局、柬埔寨 APSARA 局以及国际保护吴哥协调委员会等中柬职能管理部门间的互相协调和配合下完成的，中柬各职能管理部门的职能及任务分工如下：

中国商务部：负责与柬方签署意向书、对外换文等工作；负责管理项目可行性考察、专业考察和初步勘察等工作，负责审核考察人员资格和考察期限及考察主要内容等工作；负责管理项目详细勘察、初步设计、施工图设计的人员资格审核、实施时限和进度等工作；与我院签订项目总承包合同，对项目进行常规管理；办理项目的对内对外结算；对项目进行中期验收和竣工验收。

驻柬大使馆经商处：根据商务部指示，办理政府间有关事务；协助有关金融机构同柬方指定机构办理项目对外结算手续；审核项目开工、工程量、中期验收、竣工验收的申请；定期赴施工现场，对项目施工质量、进度进行监督，听取实施单位工作汇报；负责办理项目竣工移交事宜；指导施工企业做好文明施工，安全保卫等工作。

中国国家文物局：指导考察单位对可行性考察和专业考察人员选定工作，审核考察工作方案，审核可行性报告和立项建议书及投资估算等技术文件；指导勘察设计单位进行工程勘察设计工作，审核工程勘察文件和初步设计文件、施工图设计方案、项目概算和施工图预算等技术方案；全程指导和管理施工单位对项目的施工工作，定期检查施工现场，对重大施工技术问题进行协调解决，组织专家进行专题会议，监督和管理施工质量；联合商务部对项目进行中期验收和竣工验收。

柬埔寨 APSARA 局：负责与商务部签订相关政府间文件；与中方相关机构办理对外结算手续；与我院签订项目对外实施合同；对施工图设计、石刻保护、考古勘探、环境整治等技术方案进行审核；对项目的修复技术、方法、理念和对修复材料、工艺等技术问题与我院援柬工作队进行沟通与磋商；承担项目外方监理任务；监督项目对 ICC 会议建议的执行情况。

吴哥古迹保护与发展国际协调委员会（ICC – Angkor）：成立于 1993 年的 ICC – Angkor 作为国际协调机制的产物，协助 APSARA 局以会议和专家咨询的方式，对各国参加吴哥保护和研究的机构提供咨询和建议。其主要通过每年年中的技术会议和年底的全体会议对吴哥保护与开发的相关事项进行商讨和审议，并通过两个专家小组对各工作队开展的保护与开发项目进行技术评估与咨询。每次会议前一周内会对各国工作队半年来的工作情况及技术措施进行检查，针对上一次对项目检查提出来的意见执行情况例行检查。每次会议结束后会向各国工作队发送项目建议，对各国承担的项目的技术问题提出建议。

援柬茶胶寺修复项目管理程序如下图 8-1 所示。

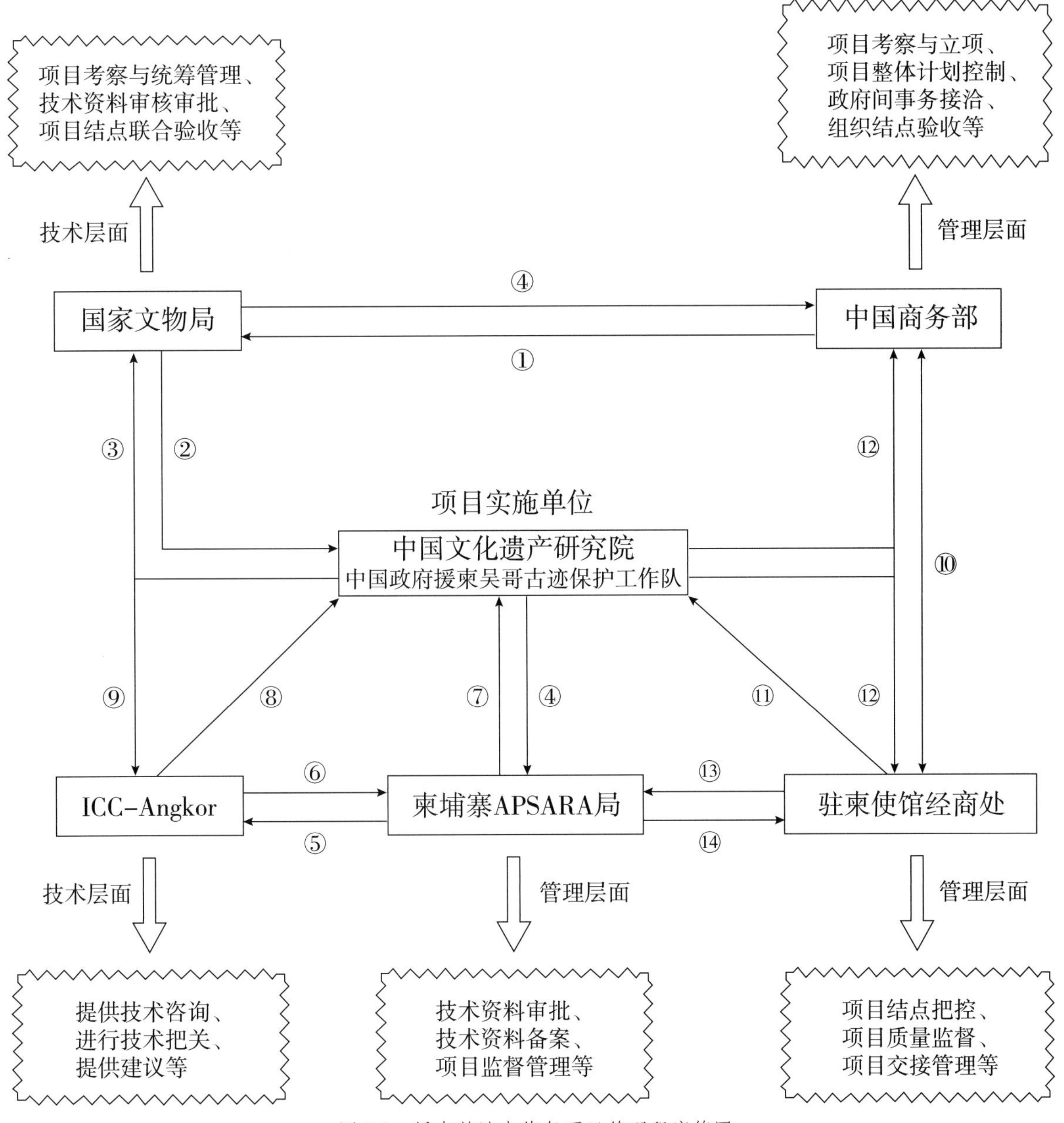

图 8-1 援柬茶胶寺修复项目管理程序简图

（注：图中数字编号顺序代表项目相关技术、管理事务办理程序及顺序）

二 项目组织实施

1. 充分利用前期研究，有效服务于修复施工

项目修复施工前期，分别针对茶胶寺的保存现状、病害发育情况开展了建筑测绘、考古调查、岩土工程勘察、建筑形制及复原研究等研究工作。茶胶寺遗址建筑的测绘为后期的病害调查记录、建筑

形制及复原研究、保护修复方案的设计提供了基础数据；茶胶寺遗址场区的岩土工程勘察摸清了遗址赋存的工程地质、水文地质条件及茶胶寺建造结构特征，分析了遗址区建筑结构变形破坏的成因，为后期的保护方案设计及修复施工打下了坚实基础；茶胶寺遗址区的无损探测技术的应用为后期考古发掘研究及茶胶寺庙山遗址建筑整体布局特征研究提供了便利及工作依据；茶胶寺建筑形制及其复原研究是茶胶寺建筑历史及基础考古研究的基础工作，也为后期的方案设计及修复施工中塌落石构件的寻配补配提供了参考依据；建筑石材性质的分析研究为石刻保护及后期修复施工石料的选购使用提供了科学标准；茶胶寺遗址砂岩表面及建筑结构病害现状的调查，病害成因分析及建筑结构稳定性分析评价为后期的修复方案设计及修复施工提供了科学依据。

取得的前期研究成果有效推动、促进了保护修复方案设计及施工的开展。

在对24处急需进行保护修复的单体建筑的详细勘察测绘以及前期研究的基础上，中国文化遗产研究院分阶段编制定完成了《茶胶寺保护修复工程总体方案》、《保护修复工程设计》以及《施工图设计》。设计针对单体建筑中所存在的不同种类病害分别进行了治理方案及施工工艺等的详细设计，主要包括变形移位石构件的解体拆落、残损石构件的修复、塌落丢失石构件的寻配补配以及石构件的回砌归安。

2. 项目管理实施EPC总承包模式，以及勘察—设计—施工一体化承包模式加快项目施工进度

与以往国内古建修复项目不同，根据文化援助项目自身及援外工程项目特点，茶胶寺修复项目采取了目前国际社会上流行的EPC总承包模式。即项目设计与施工合并委托一家单位执行，并合并委托一家管理公司负责设计监理与施工监理工作，以保证该项目过程周延、政策可控、对外效果好。较传统承包模式而言，EPC总承包模式具有以下优势：

（1）强调和充分发挥设计在整个项目保护修复过程中的主导作用，有利于文物保护的整体方案的不断优化。

（2）可有效克服设计、采购、施工相互制约和相互脱节的矛盾，有利于设计、采购、施工各阶段工作的合理衔接，有效地实现项目的进度、成本和质量控制符合项目承包合同约定，确保获得较好的效益。

（3）项目质量责任主体明确，有利于追究工程质量责任和确定工程质量责任的承担人。

（4）总体效益最大化。

在我国现在实行的工程和施工建设管理体制中，设计和施工是分成三家的，相互不联系，理论与实践相互脱离，各自独立核算，各谋其利，这样的体制阻碍了行业的发展，不符合现在的国际发展趋势。实行设计、施工一体化的承包制度，有利于设计者和施工者之间减少矛盾，增加相互合作与支持，有利于开源节流、降本增效，使工程项目实施达到总体效益最大化。

（5）设计—施工有机结合，缩短工期。

①实施设计—施工一体化承包制度后，可以通过设计、施工间的有效分工和合作，在工程的各个环节中形成交叉、互动、互补、优化的工作机制，可实行“边设计边施工”，一部分（阶段）设计图完成后就可以进行该部分（阶段）的施工，同时还可以继续其他部分（阶段）的设计，等待完成后再进行这一部分的施工，如此反复，可以提早完成工程，缩短了工期。

②实施设计—施工一体化承包制度后，设计人员自始至终参与其中，使设计方案更具针对性、有效性。在设计工作时即组织一批高层次，既懂技术，又懂施工的专家参与设计，在设计阶段时会考虑

到设计方案的可施工性，还可结合施工现场的施工人员等的实际情况，设计并采用先进的施工技术，施工工艺和施工方法，使设计更加合理，更具有可操作性，少犯错误、遗漏，减少设计变更，提高了施工进度，也缩短了项目实施工期。

③国内现行的建筑施工体制都是先设计再施工的顺序，施工图纸设计达到要求，通过审核后才能招标而后进行施工。施工准备和材料与设备的订货方面都不能提前进行，往往延长了施工的周期，施行一体化总承包后，施工材料的准备、订货都可提前进行，可大大缩短建筑施工工程建设周期，极大提高经济效益。

④实施设计—施工一体化承包制度后，由于设计方及施工方为同一单位，当发生设计错漏或变更时，能够迅速反映，做出协调及处理方法，矛盾处理效率提高，减少了协调时间。

茶胶寺修复项目实施设计—施工一体化承包模式后，设计、施工人员进行了有效的分工与合作，在项目实施过程中的各个环节中形成了交叉、互动、互补、优化的工作机制，分阶段边设计边施工，提前进行施工前准备工作，大大提高了建筑本体修复施工进度，缩短了茶胶寺修复项目施工工期。

在茶胶寺修复施工过程中，援柬吴哥古迹保护工作队坚持整体排险支撑加固，而后进行单体修复施工，最后再进行细部完善的施工理念进行总体部署。先安排较为容易的项目确定施工修复样板，在取得经验后再进行推广。同时，结合本修复工程殿座之间的布局，相互关系和地形环境条件，合理运用人力、物力，相邻的单体建筑间最大程度的进行交叉流水修复施工，最大限度的减少仪器设备的转场搬运。因地制宜、合理调配组织第Ⅰ段、第Ⅱ段、第Ⅲ段中各项修复施工任务，在时间紧张、任务繁重的情况下，使茶胶寺建筑本体修复施工任务得到了保质、按期的顺利完成，为后期援助项目施工工作的开展、项目施工管理积累了经验，提供了参考。

3. 传承中柬传统施工技术工艺，发挥现代科技成果作用，努力提高修复施工效率

在茶胶寺修复施工过程中，结合茶胶寺现场实际情况，应用了传统修复施工机械（倒链、斧凿），在传承中柬传统建造、修复等施工工艺（原材质、原形制、原工艺、原砌筑建造方式、钯钜结构加固、残损石构件粘接修复），茶胶寺修复后充分体现出了古高棉传统建筑艺术风格。此外，结合、充分发挥现代科技成果（碳纤维加固材料、石刻化保新型材料）的作用，提高了修复项目的施工效率以及古建筑的修复质量，达到了科学、有效保护茶胶寺的目的。

4. 合理调配组织施工，大力推进施工进展

根据现场施工场地高耸、狭小且局部高大树木生长，施工与旅游开放同时进行，大型工程机具的使用困难等特殊情况，合理调整施工组织方案，因地制宜，采取现代与传统施工机械相结合、合理调配，交叉分块施工，有效推进了施工进度，使得修复项目整体进度提前一年完工。

5. 借鉴国际与国内保护修复理念，最大限度保持建筑本体的真实性与完整性

茶胶寺建筑本体的保护与修复，自始至终严格遵循了安全第一、最小干预，保持原建筑形制与艺术风格、原建筑结构、原建筑材料、原工艺，尽量体现建筑历史原貌、历史风格与布局，保护有价值的历史信息，坚持可再处理性与可辨识性、“修旧如旧”等一系列保护修复原则，最大限度地保持了建筑本体的真实性与完整性，通过科学、有效的修复技术手段，排除建筑结构存在的安全隐患，同时借鉴了其他国家工作队研究与修复并重的保护修复原则，在大量科学研究的基础上，分阶段实施了有效的修复保护施工。

6. 吸取借鉴经验，完善资料整理归档

茶胶寺修复项目为我国一项援外古建筑修建项目，与国内外土木工程新建施工项目及国内古建筑修缮项目在施工管理及资料收集整理等方面的要求都存在诸多不同，无标准可循。本项目修复施工资料的收集及整理在满足和达到《商务部经济合作局对外援助成套项目技术资料归档整理与移交办法》的基础上，借鉴了北京市地方标准《文物建筑工程资料管理规程》、《山西南部早期建筑保护工程工程资料编制收集要求》两地方标准撰写、收集、整理资料的要求，吸取援柬一期周萨神庙保护工程所取得的经验和不足，建立完善了资料收集流程、施工资料收集要求和内容，为我国援外古建修复施工项目资料档案库的建立和完善提供了参考和基础信息。

7. 发挥国内文物保护专业优势，建立援助吴哥保护的中国模式

在茶胶寺保护修复过程中，工作队严格遵守通过科学、有效的手段排除茶胶寺各部位存在的险情，借鉴国际和国内对石质文物的保护理念与方法，合理选择建筑解体、复位、原状加固和修补等手段；在保护修复施工中严格遵守、践行了坚持文化遗产的真实性和完整性、最小干预，坚持保护现存实物的原状与历史信息、不改变文化遗产原状，坚持文化遗产修复的可逆性和可辨识，坚持试验先行，坚持研究与修复并重等五大原则。这些原则即有国际社会公认的保护理念，也有中国特色的文物修复原则，已逐渐形成了吴哥古迹保护的中国模式。如在保护修复过程中尽量在原有状态基础上进行补砌和修复，仅维持结构稳定和完整所必要的、缺失无可寻配到的石构件才进行新的添补配，尽量对散落的原始石构件进行寻配归位以保证茶胶寺建筑本体的真实性和完整性，维持了茶胶寺的原状。对茶胶寺建筑本体结构施加可逆的安全防护措施，既合理保护了建筑结构的安全性，又保证了文化遗产修复的可逆性和可辨识性等等。

吴哥保护的中国模式已逐步获得吴哥地区参与吴哥古迹保护的各国家工作队所认可。

第三节　修复施工过程中的展示与宣传

保护吴哥古迹国际行动是我国第一次正式参与的大规模的文化遗产保护国际合作。援柬周萨神庙、茶胶寺的保护修复项目的实施是我国对外文化交流的一个机遇，也是同柬埔寨和其他国家工作队进行文化遗产保护技术交流的一个平台，更是向世界展现我国文化遗产保护技术和能力以及研究水平的窗口。项目实施过程中关于研究、修复成果等的对外宣传与展示占有及其重要的地位，不仅可以对外展示我国在文化遗产保护领域的技术和研究水平，还可以对外传播、宣扬我国文化遗产保护修复理念。

茶胶寺保护修复项目的展示与宣传主要包括室内和施工现场的展示两部分。

一　研究成果的室内宣传与展示

茶胶寺保护修复项目实施以来，中国文化遗产研究院独自或联合国内外著名高校、科研单位等实施了多项有关茶胶寺保护修复的学术研究和科研项目，主要涉及建筑、考古、结构工程、岩土工程、保护科学等诸多学科，先后完成各类研究报告十七项之多，取得了丰富且重要的科研成果，为后期保

护修复工程技术方案的确定、确保工程顺利实施提供了重要研究基础与技术支撑。对于茶胶寺保护修复前期研究的内容和成果，项目修复施工期间主要采用展板的形式张贴悬挂于施工现场的办公室外墙壁，以方便各国专家学者和游客的了解，见图 8-2 所示。

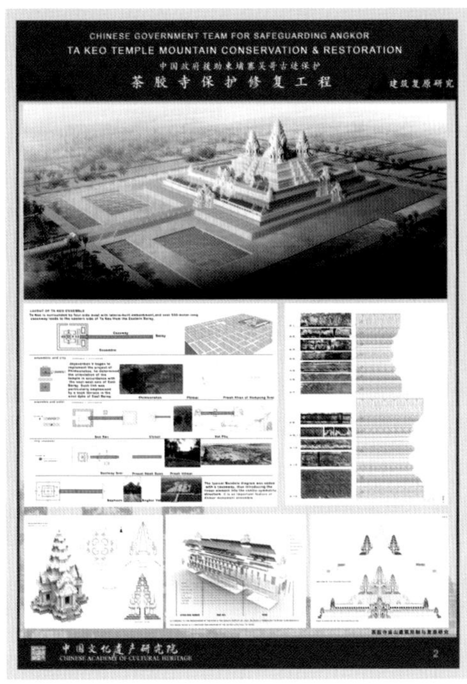

复原设计成果展示

岩土工程勘察研究成果展示

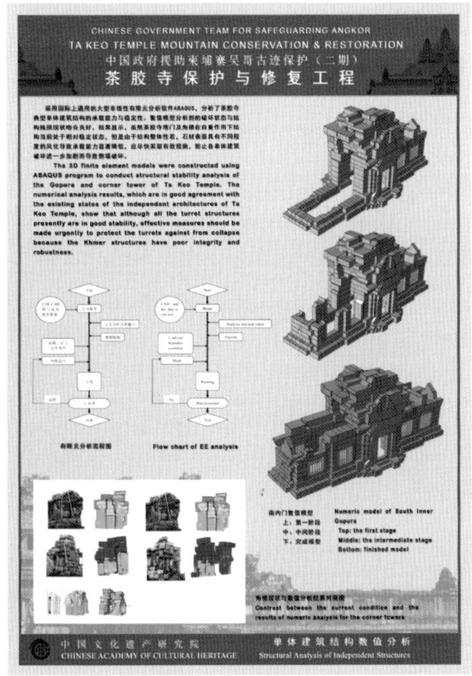

结构分析研究成果展示

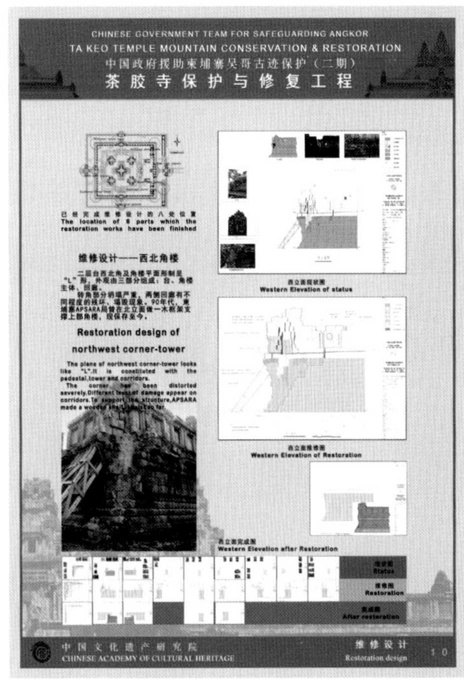

修复设计成果展示

现场研究成果展示

图 8-2　茶胶寺保护修复前期研究成果展示

项目接近修复施工尾声时，将配合柬埔寨 APSARA 局吴哥地区旅游管理规划，在茶胶寺以东，进入茶胶寺遗址途中，建造一处茶胶寺管理与展示中心，位置布设见图 8-3 所示。项目前期完成研究内

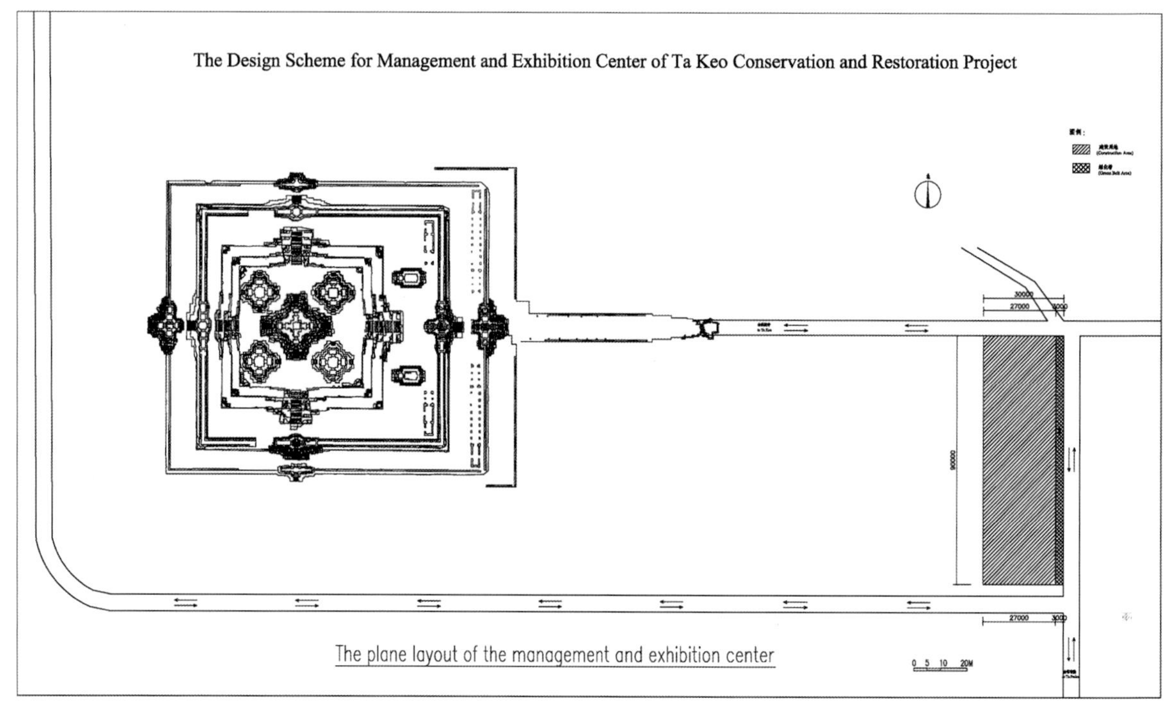

图 8-3　茶胶寺管理与展示中心位置图

容和成果将转移至管理与展示中心对外进行宣传与展示。茶胶寺管理与展示中心建造方案选址及布设总体原则如下：

1. 为达到对外宣传目的，茶胶寺管理与展示中心布设于游客参观茶胶寺必经通道附近，并对展厅、管理用房、厕所、商铺与停车场进行合理布局，提高展厅的参观率。

2. 茶胶寺管理与展示中心与参观道路间保留至少3m的绿化带。

3. 为保护选址区植被及绿化，将对管理与展示中心选址建设区内成年树木进行保护，避免对成年树木的砍伐。

4. 茶胶寺管理与展示中心建设前，先对预选址建设区进行考古勘探，在探明建设区不存在考古遗迹的情况下方可进行下一步测绘及建设施工工作。

5. 为保证游客参观视觉效果，茶胶寺管理与展示中心主要建筑布设于整个建设用地的西侧靠近茶胶寺，主体建筑不高于9m。

茶胶寺管理与展示中心初步设计见图8-4所示。

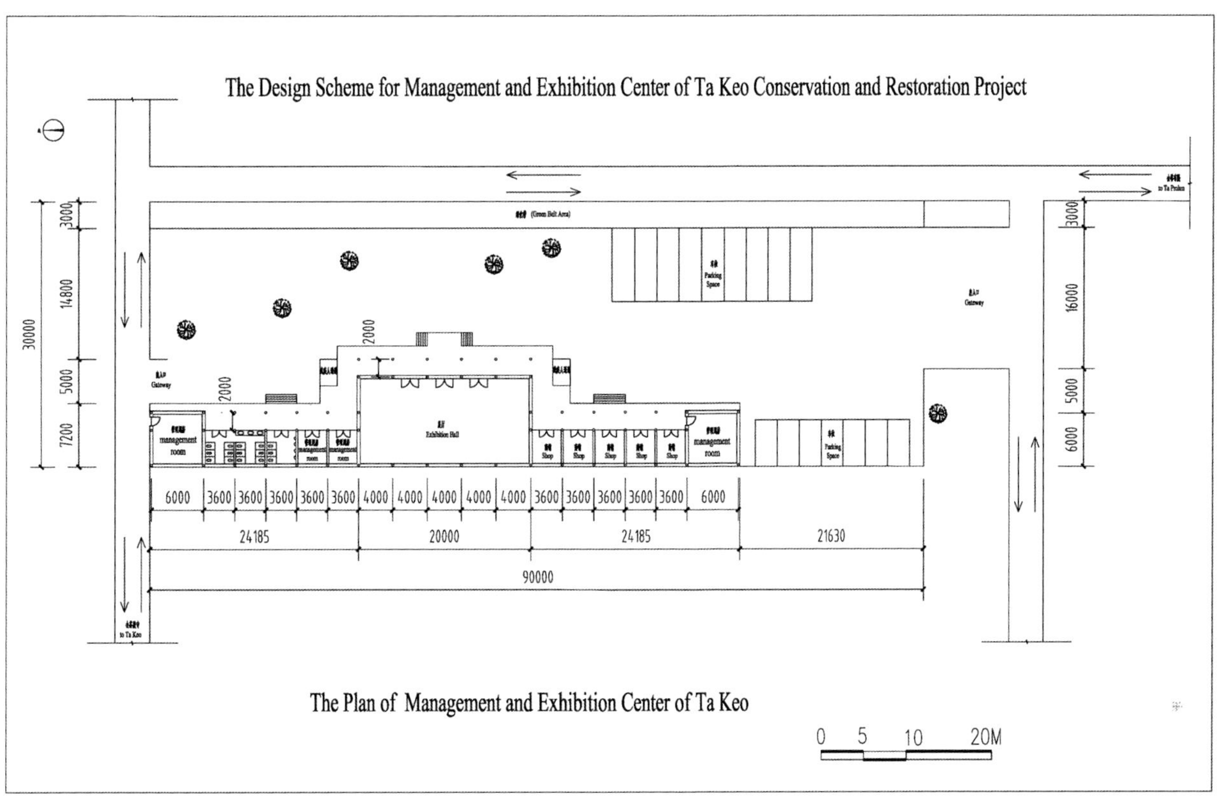

图8-4 茶胶寺管理与展示中心初步设计方案

二 修复施工的现场宣传与展示

修复施工现场宣传与展示主要内容包含茶胶寺保护修复项目介绍、建筑本体修复施工成果、考古发掘成果宣传展示、石刻保护研究宣传展示四部分，各部展示布设要求及情况如下：

1. 茶胶寺保护修复项目整体介绍

（1）茶胶寺保护修复项目介绍主要包含项目实施周期、援助国、受援国、援助国实施机构、柬方主管部门（APSARA局）、协调机构（联合国教科文组织）等内容。

（2）宣传展示板内容采用中、英、柬三种语言进行介绍。

（3）为便于长久保存及宣传展示，各建筑本体修复施工项目点的展示宣传板采用防雨、耐久材料设计制作。

（4）此宣传展示板为现场尺寸最大类，摆放于茶胶寺东、西、南、北4处外塔门门口附近显著位置。

图8-5　茶胶寺保护修复项目整体介绍展板

2. 茶胶寺建筑本体修复施工成果展示与宣传

（1）由于建筑本体修复项目分散且众多，根据实际情况，对每一建筑本体修复施工项目点分别进行展板介绍。

（2）为便于参观游客等人员的了解修复施工情况，并提高宣传效果，各施工项目点展板就近摆放于各项目点附近。

（3）为便于长久保存及宣传展示，各建筑本体修复施工项目点的展示宣传板采用防雨、耐久材料设计制作。

图8-6　茶胶寺建筑本体修复施工展示宣传板

（4）为便于参观游客等人员对修复施工情况的直观了解，展示宣传板以修复施工前、中、后三个不同阶段的典型施工照片展示为主，并辅以一定的修复施工情况的文字介绍。

3. 考古发掘成果宣传展示

（1）由于考古发掘研究工作完成后需对考古发掘坑进行回填保护，考古发掘成果展示主要采取考古发掘坑回填后地表进行标示，辅以考古发掘研究成果宣传展示板的方式进行宣传与展示。

（2）为便于游客的参观，宣传展示板分别布设于三处考古发掘坑附近靠近神道的显著位置。

（3）展示与宣传板内容采用图片和文字说明结合的方式设计，文字介绍采用中、英、柬三种语言书写。

4. 石刻保护研究宣传与展示

（1）由于石刻保护研究与修复周期时间较长，目前石刻保护研究与修复正处于施工中，主要研究与修复工作区主要集中在茶胶寺东侧须弥台二层台处，展示宣传主要布设于工作平台上。

（2）为提高宣传与展示效果，须弥台立面雕刻纹饰等比例打印于工作平台外围防护网上。

（3）暂时制作临时的石刻保护修复研究成果的展示宣传板，摆放于工作平台内部，或张贴悬挂于工作平台外围，待项目竣工后统一制作相应展板摆放于项目点附近进行展示与宣传。

图 8-7 石刻保护研究与修复工作平台

茶胶寺石质本体病害勘查与分析研究

茶胶寺石质本体病害勘察与分析研究以砂岩本体为保护研究对象，在详细的病害勘察统计/原始信息留存/病害分级评估等基础上，对剥离、空鼓、开裂等濒危局部区域，开展保护材料与工艺研究，为完成抢救性保护方案提供基础数据。

Investigation

The aim of investigation and analysis of sandstone decay is to protect the sandstone carving in Ta Keo. After sandstone decay statistics, the original information retaining and the classification evaluation of sandstone decay, the studies of conservation materials and processes were carried out to restore sandstone decays, such as scaling, blistering a. It provides basic data to complete the conservation scheme for salvage.

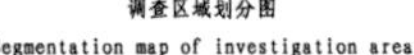

调查区域划分图
Segmentation map of investigation area

调查区域病害总分布图
Decay distribution map of investigation area

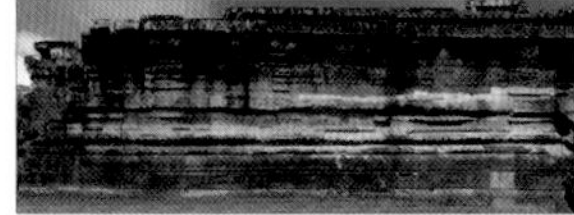

表面粉化病害分布图
Powdering distribution map

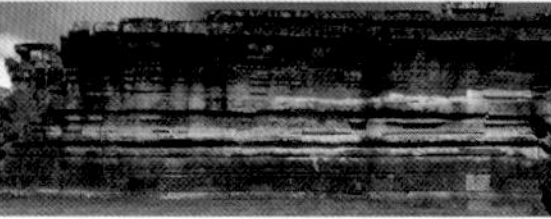

鳞片状起翘与剥落分布图
Splintering distribution map

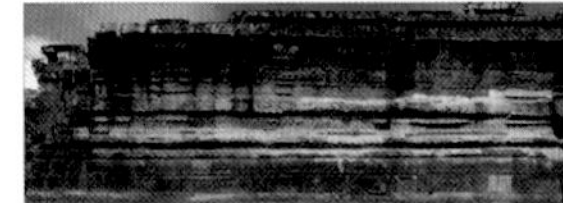

微生物病害分布图
microscopic organisms distribution map

表层片状剥落病害分布图
Delamination distribution map

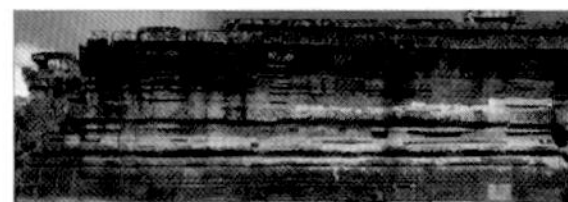

表面空鼓病害分布图
Blistering distribution map

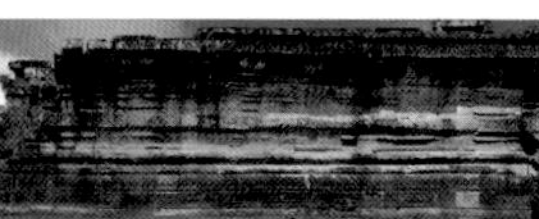

残缺病害分布图
Missing part distribution map

石刻保护研究成果展板（A）

茶胶寺石质本体分析测试与保护试验前期研究

采集砂岩表面岩石样品，开展岩石现状成分分析、表面微观结构、微生物藻类等测试，并现场检测内部空鼓、开裂剥落病害，为灌浆、填充粘接加固材料与工艺试验研究提供一定科学依据，为抢救性加固保护方案提供前期研究基础。

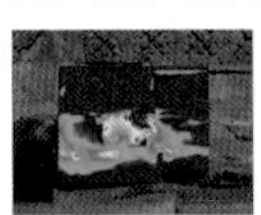

检测空鼓区域
Detection of blistering areas

检测开裂剥离区域面积
Detecting the area of crack

现场检测表面微生物藻类
Microscopic organisms examined and measured on the locale

样品名称	Si	Al	Ca	Fe	S	P	K	Ti	Sr	Mn	
岩石表面岩粉	43.19%	-	22.41%	18.46%	4.79%	4.28%	4.13%	1.88%	0.31%	0.31%	石英，钠长石，钙钠长石
长石玄武岩	62.08%	14.51%	3.04%	12.90%	1.31%	-	3.71%	1.07%	0.15%	0.26%	石英，钠长石，钙钠长石
长石砂岩	61.16%	-	6.23%	20.60%	1.76%	2.37%	5.37%	0.83%	0.23%	-	石英，钠长石，钙钠长石
角砾岩	23.13%	-	-	73.69%	0.87%	-	-	0.62%	-	0.13%	石英，针铁矿

岩石成分测试 Stone composition tests

岩石表面岩粉样X射线衍射图
X-ray diffraction curves of stone samples in Ta Keo

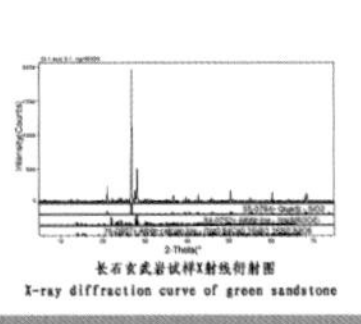

长石玄武岩试样X射线衍射图
X-ray diffraction curve of green sandstone

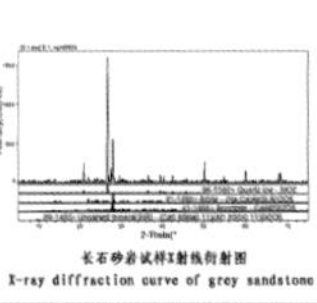

长石砂岩试样X射线衍射图
X-ray diffraction curve of grey sandstone

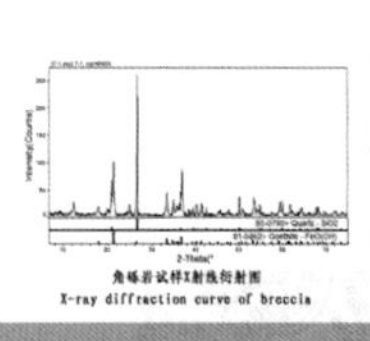
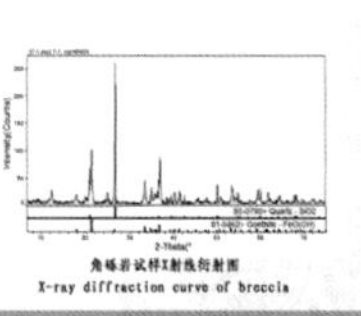

角砾岩试样X射线衍射图
X-ray diffraction curve of breccia

Preliminary study on the analysis and conservation experiment of sandstone in Ta Keo.

Collected sandstone samples. Then, a series of laboratory tests were carried out, including component analysis, microstructure observation, microbiological analysis, and so on. The field detection of stone decays was completed, such as blistering, crack and scaling, which provides the scientific basis for the studies of injecting and filling reinforcement materials and processes and a preliminary study basis for reinforce conservation scheme for salvage.

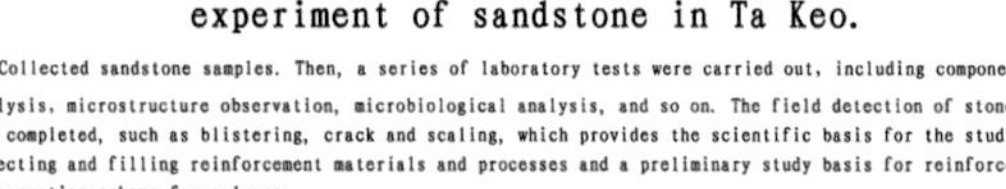

灌浆、填充粘接加固试验研究
Experimental studies of injection, filling and reinforcement

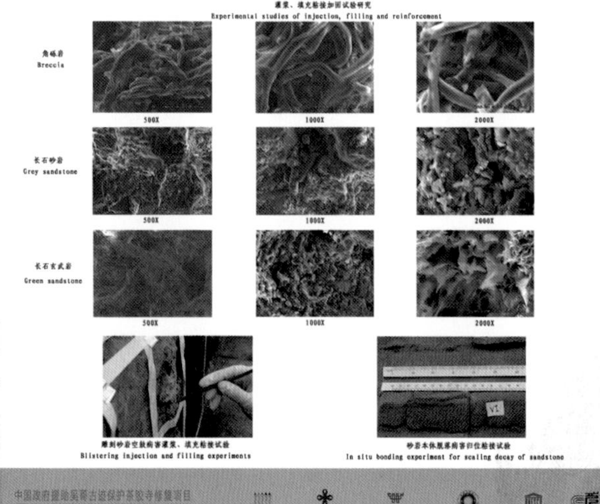

雕刻砂岩空鼓病害灌浆、填充粘接试验
Blistering injection and filling experiments

砂岩本体脱落病害归位粘接试验
In situ bonding experiment for scaling decay of sandstone

中国政府援助柬埔寨吴哥古迹保护茶胶寺修复项目
CHINA AID

石刻保护研究成果展板（B）

图 8-8　石刻保护研究的展示与宣传

第四节 项目实施过程中的国际合作与交流

一 吴哥古迹保护的国际交流与合作模式

1991年9月，时任柬埔寨国王的诺罗敦·西哈努克发出正式请求，呼吁联合国教科文组织保护吴哥古迹。随后，联合国教科文组织总干事费德里科·马约尔响应柬埔寨太皇呼吁，与国际社会一起正式启动拯救吴哥古迹行动，揭开了保护世界上最卓越的历史古迹群之一的国际行动的序幕。

1993年10月在东京召开第一次吴哥国际会议，赢得了国际社会多个成员国对保护吴哥古迹的支持，并决定成立联合国教科文吴哥古迹保护协调委员会（ICC－Angkor）。联合国教科文吴哥古迹保护协调委员会（ICC－Angkor）是一个由多个国家和组织机构为保护和发展吴哥古迹提供援助而组成的国际协调机构，主要负责对吴哥古迹保护、科学和发展项目的磋商、评估和跟踪。其下设两个特设专家组，为吴哥古迹的保护与管理提供技术支持，第一组负责保护工作，第二组负责可持续发展工作。

联合国教科文吴哥古迹保护协调委员会（ICC－Angkor）分别于每年的6月和12月召开两次会议，一次技术大会和一次全体年会。

全体年会通常于12月初举行，通常是大使和机构官员出席，同时也会邀请技术团队参加，议程并不涉及技术交流，主要针对总体政策方向、可用资金公告和吴哥新项目筹资事项。

每年6月初召开ICC技术大会，开展吴哥保护工作的团队均派技术代表参加，概述各团队的工作情况，并进行相关方面的技术研讨。ICC特设专家组成员为了了解各吴哥古迹保护工作团队所从事的保护工作的进展情况，在ICC会议举办前期特设专家组会对各团队实施的吴哥古迹保护工作进行现场考察及评估，并对上届ICC－Angkor技术大会中针对相应古迹保护形成建议的落实情况进行检查。

吴哥古迹的保护与管理工作自始至终是在联合国教科文组织协调下的国际性援助行动，发展至今，已形成了一种特有的吴哥古迹国际援助保护模式，被称为“吴哥模式”。这种保护与管理世界文化遗产的做法，是国际社会共同推动世界文化遗产研究与保护工作的集中体现。世界许多国家的政府和国际组织先后派出专家和安排资金参与了这项国际行动。

二 茶胶寺修复施工中的国际交流

（一）ICC－Angkor特设专家组现场考察及技术交流

中国政府援柬吴哥古迹保护工作队会在ICC特设专家组莅临现场进行检查时，对茶胶寺修复项目实施过程中所遇到的技术问题举办相关专题研讨会，并与专家进行交流探讨，来共同探讨解决所遇到的各种技术问题的方案和措施。在日常修复施工过程中，工作队还利用邮件建立了与ICC专家沟通的渠道，以求尽快解决在日常工作中所遇到的技术问题。

图 8-9　ICC－Angkor 特设专家组考察茶胶寺修复施工、进行技术交流

图 8-10　茶胶寺现场举办国际学术研讨会

自从正式启动拯救吴哥古迹国际行动以来，大约 20 多个国家及团体组织参与了吴哥古迹的保护与修复工作。在吴哥地区的各国吴哥保护工作队和团体组织具有丰富的实践经验，他们长期工作在吴哥地区，所取得的丰硕成果为茶胶寺保护工程项目的实施提供了重要借鉴。工作队通过多种形式，开展国际间的交流，用以丰富我们的视野、提高专业水平。

工作队与其他参与吴哥古迹保护修复的组织机构和团体间保持了不定期的互访，到各自的修复施工现场参观学习交流，并互相邀请参加各自举办的学术交流会，互相借鉴、积累古迹修复保护方面的经验，提高了古迹保护修复的技术水平。

（二）历次技术大会有关茶胶寺遗址保护的建议

1. 第 18 届 ICC－Angkor 技术大会建议（2011 年 6 月）

（1）鉴于茶胶寺庙山体量庞大、结构复杂以及部分构件残损塌毁严重，其范围有进一步扩大的趋势，因此 ICC 专家组建议完成一张茶胶寺庙山总体风险评估图，根据风险评估程度，在确保结构安全和经费安排方面，应优先考虑风险严重的部分，建议进一步评估严重失稳石块的稳定性、安全性及其风险程度。

图 8-11　工作队与 APSARA 局古迹保护人员现场进行技术交流

图 8-12　工作队成员参加其他工作团队学术研讨会及现场技术交流

（2）茶胶寺保护修复工程第一阶段东塔门项目，包括部分解体，部分现状加固。对于结构变形部位实施的临时支护支顶是非常必要的。由于安装墙体顶部山花的墙体很窄，可以尝试使用一些连接构件对山花与墙体进行连接，以确保山花与墙体的竖向固定。

（3）鉴于茶胶寺石刻风化严重且有劣化加速的趋势，ICC 专家组给出以下建议：

①对茶胶寺须弥台表面雕刻尤其是须弥台东侧由于温度变化而引起的问题应给予关注。应立即搭建临时防护设施来应对天气变化，以减少温度变化对已经损害严重的石质文物的影响。

②在吴哥石质文物保护方面，不同团队之间合作的工作模式和取得的丰富经验已经得到了广泛认可。

③茶胶寺须弥台檐口以下散落的石块应就近移至特定区域实施拼对和加固，并对其中某些角部的石块进行原位归安。

④作为吴哥古迹保护的惯例，无论是在茶胶寺还是在吴哥地区的其他古迹，ICC 专家组建议应吸收年轻的柬埔寨专家参与到石质文物保护的实际工作中。

2. 第 19 届 ICC – Angkor 技术大会建议（2012 年 6 月）

（1）鉴于情况的复杂性以及各种问题的相互关联性，应借召开下次 ICC 会议的时机组织一个专题研讨会。

（2）在专题研讨会上除研讨结构方面问题以处，还应包括与在工作上同样面对类似的石材破坏和病害机理的专业技术团队（国家的和国际的）探讨有关砂岩雕刻的破坏问题。

（3）应开展样品检测工作，以便对正在使用的中国材料和其他化学材料进行对比评估。

（4）同时，ICC 建议在损坏墙体上建一个临时保护设施，以减缓雕刻墙体上的温度变化和雨水的直接冲刷。

3. 第 20 届 ICC – Angkor 技术大会建议（2013 年 6 月）

（1）评估建筑本体受损结构的安全状况，确定优先等级，以确保足够的安全等级。

（2）继续与德国 GACP 工作组就石材保护、浮雕保护及文件编制工作展开合作。

（3）采用自动或人工系统监控墙角细小裂纹的变化，并将之与外部温度比较，证实裂纹变动的稳定性。

4. 第 21 届 ICC – Angkor 技术大会建议（2014 年 6 月）

（1）对茶胶寺的整个监测工作表示满意，监测工作可以更好地对可能出现的结构损坏的类型进行诊断。

（2）了解并注意到对之前考察中所指出的古迹各个部分的加固和修复工作的可喜进展。

（3）建议根据《吴哥宪章》的原则，并在最佳技术和财务状况下，对石刻装饰的保护工作尽可能地持续进行。

（4）为此，积极鼓励侯卫东教授带队的中国文化遗产研究院（CACH 工作队）和 Hans Leisen 教授带队的德国 GACP 保护工作队之间持续展开卓有成效的密切合作。

（5）建议中国文化遗产研究院联合柬埔寨王国 APSARA 局，对提供古迹的主通道进行研究，采用引向东侧的历史连接道路，并用双排砂岩界标在路面上突出显示，而不是采用目前从南侧引入的一条非常不便利的旁道。

三 施工中的国际合作与人员培养

沿袭国际援助吴哥古迹保护行动及中国援柬一期周萨神庙保护修复工程模式，中柬双方继续合作，在茶胶寺保护修复过程中，将培训柬方工程技术人员作为茶胶寺保护修复的重点工作之一。培训工作将在工程实施过程中同步进行，培训包括两个方面：一方面要培训柬方的保护工程技术人员和研究人员，这一部分人员将从 APSARA 局及从事古迹保护、考古的毕业大学生中选择；另一方面要培训当地的技术工人，在施工中培训他们石材加工与雕刻、构件安装和其他施工技术。

除建筑本体保护与修复方面与柬方 APSARA 局密切合作、培养古迹保护工程技术人员以外，工作队在石刻保护与研究方面与德国吴哥古迹保护工作队（GACP）的技术专家围绕茶胶寺须弥台砂岩雕刻保护修复进行了合作研究。在考古发掘研究领域与 APSARA 局吴哥遗址保护与考古部、金边皇家艺术大学考古系共同合作开展了2013年度、2014年度茶胶寺现场的考古发掘研究，合作取得成果详见各分项研究。

从中国政府援柬吴哥古迹保护修复项目的第一期周萨神庙的保护与修复工作开展之初，工作队就十分注重帮助柬埔寨培养自己的古迹保护与修复的技术力量。至今20多年以来，在周萨神庙与茶胶寺的保护与修复的各项施工工作中，为柬埔寨培养了一百多名当地的修复技术人员。周萨神庙修复竣工后，除目前继续参与二期茶胶寺的保护修复施工技术人员外，部分经过我们培养过的技术人员有的已经在别的国家工作队中成为技术骨干力量。

此外，对于我国参与施工和技术管理人员来讲，经过数年的现场施工及技术管理，实践中积累了丰富的经验，除了自身的专业知识外，诸多工作的涉猎，逐渐把自己培养成了技术过硬的多面手。同时，在与各个国家队间的技术交流当中在文物保护理念认识、语言学习与应用等诸多方面均有了很大的提高。

参考文献

［1］Claude Jacques. Angkor：Cites and Temples［M］. River Books Co. Ltd：BANGKOK. 2002：118 - 120.

［2］Michael D Coe. Angkor and the Khmer Civilization［M］. Thames&Hudson：London ：10.

［3］Claude Jacques. The Khmer Empire：Cities and Sanctuaries from the 5th to the 13th Century［M］. River Books Co. Ltd. BANGKOK. 2002：154.

［4］Claude Jacques. Angkor：Cites and Temples［M］. River Books Co. Ltd，BANGKOK. 2002：118.

［5］温玉清.《茶胶寺庙山建筑研究》［M］. 中国文物出版社. 2013. 09：P103 - 148.

［6］温玉清，吴聪，伍沙等.《茶胶寺建筑形制与复原研究》［R］. 中国文化遗产研究院，天津大学，2009：P11 - 85.

［7］张兵峰，张智慧.《柬埔寨吴哥窟茶胶寺地质雷达成果报告》［R］. 中国文化遗产研究院，北京中铁瑞威工程检测有限责任公司，2009. 11：P2 - 65.

［8］王林安，霍静思，王明等.《茶胶寺单体建筑整体结构三维有限元分析》［R］. 中国文化遗产研究院，湖南大学，2009. 12：P17 - 45.

［9］顾军，霍静思，王明等.《茶胶寺维修单体建筑三维实体数值模型图》［R］. 中国文化遗产研究院，湖南大学，2009. 12：P4 - 78.

［10］温玉清，吴聪，丁垚等.《柬埔寨吴哥古迹茶胶寺测绘成果集》（上、下）［R］. 中国文化遗产研究院，天津大学，2010. 01：P2 - 275.

［11］葛川，杨国兴，李兵等.《茶胶寺岩土工程勘察报告》［R］. 中国文化遗产研究院，北京特种工程设计研究院，2010. 01：P3 - 13.

［12］葛川，杨国兴，张立乾等.《茶胶寺地基与基础数值计算分析与评价报告》［R］. 中国文化遗产研究院，北京特种工程设计研究院，2010. 01：P4 - 12.

［13］侯卫东，顾军，温玉清等.《茶胶寺保护修复工程总体研究报告》［R］. 中国文化遗产研究院，2010. 06：P1 - 138。

［14］顾军，吴聪，张春彦等.《茶胶寺须弥坛测绘图》［R］. 中国文化遗产研究院，天津大学，2011. 03：P1 - 30.

［15］顾军，吴聪，伍沙等.《建筑信息模型在茶胶寺保护工程中的应用试点研究成果——以茶胶寺南外门为例》［R］. 中国文化遗产研究院，天津大学，2011. 03：P4 - 57.

［16］王林安，霍静思，王明等.《茶胶寺典型单体建筑结构危险性评估与加固技术研究》［R］. 中国文化遗产研究院，湖南大学，2011. 06：P3 - 69.

［17］顾军，杨国兴，孙崇华等.《柬埔寨茶胶寺文物保护工程图书馆地基基础调查及角砾岩抗拉强度

增强试验报告》[R]. 中国文化遗产研究院，北京特种工程设计研究院，2011.06：P6－13.

[18] 顾军，刘江，闫明等.《茶胶寺南内塔门维修工程设计》[R]. 中国文化遗产研究院，2011.03：P1－53.

[19] 闫明，顾军，刘江等.《茶胶寺东外塔门维修工程设计》[R]. 中国文化遗产研究院，2011.03：P1－56.

[20] 刘江，张秋艳，闫明等.《茶胶寺西外塔门维修工程设计》[R]. 中国文化遗产研究院，2011.03：P1－43.

[21] 顾军，闫明，温玉清等.《茶胶寺南外长厅维修工程设计》[R]. 中国文化遗产研究院，2011.03：P1－34.

[22] 张秋艳，顾军，刘江等.《茶胶寺二层台东北角及角楼维修工程设计》[R]. 中国文化遗产研究院，2011.03：P1－38.

[23] 闫明，温玉清，刘江等.《茶胶寺二层台西北角及角楼维修工程设计》[R]. 中国文化遗产研究院，2011.03：P1－38.

[24] 王林安，顾军，刘江等.《茶胶寺二层台东南角及角楼维修工程设计》[R]. 中国文化遗产研究院，2011.03：P1－26.

[25] 王林安，温玉清，闫明等.《茶胶寺二层台西南角及角楼维修工程设计》[R]. 中国文化遗产研究院，2011.03：P1－27.

[26] 侯卫东，顾军，温玉清等.《茶胶寺保护修复工程总体计划（2011－2018）》[R]. 中国文化遗产研究院，2011.10：P2－22.

[27] 侯卫东，温玉清，刘建辉等.《茶胶寺保护修复工程总体设计方案》[R]. 中国文化遗产研究院，2011.10：P5－32.

[28] 顾军，刘建辉.《茶胶寺保护修复工程总体设计方案（南内塔门）》[R]. 中国文化遗产研究院，2011.10：P1－49.

[29] 闫明，刘建辉.《茶胶寺保护修复工程总体设计方案（东外塔门）》[R]. 中国文化遗产研究院，2011.10：P1－43.

[30] 刘江，刘建辉.《茶胶寺保护修复工程总体设计方案（西外塔门）》[R]. 中国文化遗产研究院，2011.10：P1－43.

[31] 顾军，刘建辉.《茶胶寺保护修复工程总体设计方案（南外长厅）》[R]. 中国文化遗产研究院，2011.10：P1－32.

[32] 张秋艳，刘建辉，唐浩川.《茶胶寺保护修复工程总体设计方案（二层台东北角及角楼）》[R]. 中国文化遗产研究院，2011.10：P1－38.

[33] 温玉清，王林安，刘建辉.《茶胶寺保护修复工程总体设计方案（二层台东南角及角楼）》[R]. 中国文化遗产研究院，2011.10：P1－27.

[34] 张秋艳，刘建辉，赖祺彬.《茶胶寺保护修复工程总体设计方案（二层台西北角及角楼）》[R]. 中国文化遗产研究院，2011.10：P1－38.

[35] 于志飞，王林安，刘建辉.《茶胶寺保护修复工程总体设计方案（二层台西南角及角楼）》[R]. 中国文化遗产研究院，2011.10：P1－24.

[36] 温玉清，伍沙．《茶胶寺保护修复工程总体设计方案（北外塔门）》[R]．中国文化遗产研究院，2011.10：P1－32.
[37] 于志飞．《茶胶寺保护修复工程总体设计方案（南外塔门）》 [R]．中国文化遗产研究院，2011.10：P1－40.
[38] 温玉清，伍沙．《茶胶寺保护修复工程总体设计方案（北外长厅）》[R]．中国文化遗产研究院，2011.10：P1－29.
[39] 温玉清，伍沙．《茶胶寺保护修复工程总体设计方案（北内长厅、南内长厅）》[R]．中国文化遗产研究院，2011.10：P1－66.
[40] 温玉清，刘芳．《茶胶寺保护修复工程总体设计方案（南藏经阁）》[R]．中国文化遗产研究院，2011.10：P1－40.
[41] 温玉清，刘芳．《茶胶寺保护修复工程总体设计方案（北藏经阁）》[R]．中国文化遗产研究院，2011.10：P1－40.
[42] 温玉清，王巍．《茶胶寺保护修复工程总体设计方案（须弥台东南角、西南角）》[R]．中国文化遗产研究院，2011.10：P1－23.
[43] 闫明．《茶胶寺保护修复工程总体设计方案（须弥台东北角、西北角）》[R]．中国文化遗产研究院，2011.10：P1－59.
[44] 温玉清，刘芳，许新月．《茶胶寺保护修复工程总体设计方案（二层台回廊）》[R]．中国文化遗产研究院，2011.10：P1－100.
[45] 刘建辉，于志飞．《茶胶寺保护修复工程总体设计方案（一层台围墙及转角、须弥台踏道两侧整治、庙山场地环境整治）》[R]．中国文化遗产研究院，2011.10：P1－18.
[46] 胡源，赵磊．《茶胶寺保护修复工程总体设计方案（须弥台石刻保护专项）》[R]．中国文化遗产研究院，2011.10：P2－26.
[47] 温玉清，郭华瞻，赖祺彬，唐浩川．《茶胶寺保护修复工程总体设计方案（中国吴哥古迹保护研究中心建筑设计方案、茶胶寺保护修复工程管理与展示中心建筑设计方案）》[R] 中国文化遗产研究院，2011.10：P1－51.
[48] 顾军．《茶胶寺南内塔门保护修复工程施工图设计》 [R]．中国文化遗产研究院，2011.08：P1－70.
[49] 闫明．《茶胶寺东外塔门保护修复工程施工图设计》 [R]．中国文化遗产研究院，2011.08：P1－123.
[50] 张秋艳，袁毓杰，刘建辉等．《茶胶寺二层台东北角及角楼修复工程施工图设计》[R]．中国文化遗产研究院，2011.08：P1－53.
[51] 张秋艳，刘建辉，张念等．《茶胶寺二层台西北角及角楼修复工程施工图设计》[R]．中国文化遗产研究院，2011.08：P1－47.
[52] 温玉清，王林安．《茶胶寺二层台东南角及角楼修复工程施工图设计》[R]．中国文化遗产研究院，2011.08：P1－46.
[53] 于志飞，王林安．《茶胶寺二层台西南角及角楼修复工程施工图设计》[R]．中国文化遗产研究院，2011.08：P1－26.

[54] 顾军，王辉.《援柬吴哥古迹茶胶寺保护和修复工程施工组织设计》（第一阶段）[R]. 中国文化遗产研究院，2011.08：P1－67.
[55] 于志飞.《茶胶寺南藏经阁修复工程施工图设计》 [R]. 中国文化遗产研究院，2012.05：P1－52.
[56] 温玉清.《茶胶寺北藏经阁修复工程施工图设计》 [R]. 中国文化遗产研究院，2012.05：P1－50.
[57] 闫明.《茶胶寺须弥台东北角修复工程施工图设计》 [R]. 中国文化遗产研究院，2012.05：P1－51.
[58] 闫明.《茶胶寺须弥台西北角修复工程施工图设计》 [R]. 中国文化遗产研究院，2012.05：P1－51.
[59] 刘建辉.《茶胶寺须弥台东南角修复工程施工图设计》[R]. 中国文化遗产研究院，2012.05：P1－55.
[60] 张念，刘建辉.《茶胶寺须弥台西南角修复工程施工图设计》 [R]. 中国文化遗产研究院，2012.05：P1－56.
[61] 顾军，温玉清，刘建辉等.《援柬吴哥古迹茶胶寺保护和修复项目第二阶段施工组织设计》[R]. 中国文化遗产研究院，2012.09：P1－76.
[62] 永昕群.《茶胶寺一层台基围墙维修施工图设计》[R]. 中国文化遗产研究院，2014.04：P1－20.
[63] 闫明.《茶胶寺南内长厅维修施工图设计》[R]. 中国文化遗产研究院，2014.04：P1－31.
[64] 闫明.《茶胶寺北内长厅维修施工图设计》[R]. 中国文化遗产研究院，2014.04：P1－34.
[65] 温玉清.《茶胶寺南外长厅维修施工图设计》[R]. 中国文化遗产研究院，2014.04：P1－34.
[66] 于志飞.《茶胶寺北外长厅维修施工图设计》[R]. 中国文化遗产研究院，2014.04：P1－40.
[67] 永昕群.《茶胶寺西外塔门维修施工图设计》[R]. 中国文化遗产研究院，2014.04：P1－50.
[68] 于志飞.《茶胶寺南外塔门墙维修施工图设计》[R]. 中国文化遗产研究院，2014.04：P1－51.
[69] 温玉清.《茶胶寺北外塔门维修施工图设计》[R]. 中国文化遗产研究院，2014.04：P1－34.
[70] 颜华.《茶胶寺须弥台回廊维修施工图设计》[R]. 中国文化遗产研究院，2014.04：P1－126.
[71] 颜华.《茶胶寺须弥台踏道维修施工图设计》[R]. 中国文化遗产研究院，2014.04：P1－49.
[72] 于志飞.《茶胶寺藏经阁及长厅等排险支撑工程施工图设计》 [R]. 中国文化遗产研究院，2014.04：P1－17.
[73] 张念.《茶胶寺庙山五塔排险与结构加固工程施工图设计》 [R]. 中国文化遗产研究院，2014.04：P1－5.
[74] 温玉清，路明，刘建辉等.《援柬吴哥古迹茶胶寺保护和修复项目第三阶段施工组织设计》[R]. 中国文化遗产研究院，2014.04：P1－67.
[75] 世界遗产编辑部.吴哥复活纪——中国援柬文物保护二十周年 [J]. 世界遗产.2015 年 3 月刊，总第 40 期：P26－75.
[76] 李晨阳，瞿健文，卢光盛等.《列国志：柬埔寨》[M]. 社会科学文献出版社，2010.06：P23.

工程大事记

2004 年工程大事记

2004 年 3 月，时任国务院副总理的吴仪同志在访问柬埔寨期间，中柬两国政府签署了《中柬两国政府双边合作文件》，将“帮助柬埔寨修复周萨神庙以外的一处吴哥古迹，在周萨神庙修复工程完工后实施”作为中柬双边合作的第一项工作内容。

图 1　时任国务院副总理的吴仪同志视察我国援柬吴哥古迹保护修复项目

2005 年工程大事记

2005 年 8 月 1 日至 7 日，为落实吴仪副总理指示及两国协议，国家文物局派专家组赴柬埔寨进行援柬二期项目的考察选点工作。在实地考察并征求柬埔寨政府及 APSARA 局意见的基础上，初步选定茶胶寺作为中国政府援助柬埔寨吴哥古迹保护的二期项目。财政部从 2005 年至 2011 年每年拨付 150

万元，作为该项目的专项经费。

2006 年工程大事记

2006 年 4 月，时任总理温家宝访问柬埔寨期间，时任国家文物局局长单霁翔与 APSARA 局局长班那烈签署《中华人民共和国国家文物局与柬埔寨王国吴哥文物局关于加强文物保护合作的谅解备忘录》和《中华人民共和国国家文物局与柬埔寨王国吴哥文物局关于保护吴哥古迹二期项目的协议》，正式确认茶胶寺将作为援柬二期吴哥古迹保护项目。

图 2　时任总理温家宝与洪森首相主持中国援柬吴哥保护工程签字仪式

2008 年工程大事记

2008 年开始组织专业技术队伍，利用财政部每年提供的 150 万元专项资金，在国家文物局的具体指导下，对茶胶寺庙山建筑进行了较为全面的前期研究工作，主要涉及建筑、考古、结构工程、岩土工程、保护科学等诸多学科，先后完成多项研究报告，取得了重要的阶段性成果。

2009 年工程大事记

2009 年 12 月 21 日，时任中共中央政治局常委、国家副主席习近平访问柬埔寨，中柬两国政府就“中国政府援助柬埔寨吴哥古迹保护二期茶胶寺保护修复工程项目”签署正式换文，双方确认由中国政府提供 4000 万元人民币援助经费，用于吴哥古迹茶胶寺保护与修复工程。

图3　时任国家副主席习近平视察我国援柬吴哥古迹保护修复项目

图4　时任中国文化部部长蔡武与柬副首相宋安共同主持茶胶寺修复工程开工典礼

2010 年工程大事记

2010 年 3 月 3 日，柬埔寨 APSARA 局局长班那烈一行来访我院，就援助柬埔寨吴哥古迹二期茶胶寺保护修复工程事宜与我院进行商谈。

2010 年 11 月 27 日，在柬埔寨王国政府宋安副首相和时任中国文化部部长蔡武的共同主持下，成功举办了援柬二期茶胶寺保护工程的开工典礼。国家文物局副局长童明康、时任中国驻柬埔寨大使潘广学、柬埔寨文化艺术部部长亨柴、吴哥古迹管理局（APSARA）局长班纳烈、时任暹粒省省长苏皮润、联合国教科文组织副总干事班德林等参加仪式并为工程开工剪彩。近三千名柬埔寨各界人士和当地民众也出席了典礼。这标志着茶胶寺保护与修复工程经过多年的前期勘察与设计阶段后，工程实施阶段正式启动。根据修复施工内容及施工组织工作计划，茶胶寺保护修复工程共包括建筑本体保护修复工作（24 处）、环境整治、场地排水、须弥台石刻保护、考古研究、辅助设施建设等六项主要工作内容，共 8 年，分三个阶段实施。

2011 年工程大事记

2011 年 1 月 31 日，我院“援柬二期茶胶寺保护工程项目领导小组”正式成立，刘曙光院长任领导小组组长。

2011 年 2 月 20 日至 28 日，时任商务部副部长傅自应率领的商务部代表团对茶胶寺工地进行考察。

图 5　时任中国商务部副部长傅自应考察中国援柬吴哥古迹保护修复项目

2011 年 4 月 7 日，国家文物局召开茶胶寺保护修复工程专题会议，童明康副局长出席并发表重要讲话，指出援柬二期项目对我们是一个新的挑战，我们要明确目标，要得到柬方和 ICC 的认可，要通过这个项目体现出中国文物保护的理念和技术，要体现国家利益、外交利益、中柬友好，尽快完成总体保护设计方案，第一阶段要有实质性的准备和阶段性成果。会议原则同意工程经费审核意见，即第一阶段工程经费控制在 1000 万元人民币以内。

2011 年 4 月 11 日，商务部向我院下达关于请承担援柬埔寨茶胶寺修复项目实施任务通知书，将该项目交由我院承担。

2011 年 6 月 8 日至 9 日，联合国教科文组织吴哥估计保护与发展协调委员会（ICC - Angkor）技术大会在暹粒举行，会议围绕吴哥古迹保护与发展的议题展开交流。我院援柬工作队成员介绍了茶胶寺排水设计方案、中国吴哥古迹保护中心与茶胶寺管理与展示中心的设计方案、BIM 系统在保护工程中的应用。

2011 年 6 月 15 日至 23 日，国家文物局专家组一行 7 人，在刘曙光院长陪同下赴柬埔寨茶胶寺保护修复工程现场，对茶胶寺保护修复工程总体方案的编制工作进行现场指导。国家文物局专家组于 6 月 19 日在暹粒召开专题研讨会，针对茶胶寺保护修复工程中的主要修复技术与工程管理问题进行了专题讨论。

图 6　国家文物局专家组在暹粒召开技术研讨会

2011 年 7 月 13 日，我院与商务部国际经济合作事务局签订《中国政府援柬埔寨茶胶寺修复项目施工内部总承包合同及分年度（2011. 5 - 2013. 2）承包合同》，本项目合同总价为 4000 万人民币，第一阶段合同价款暂定为 1000 万元人民币。第一阶段工程范围仅为修复南内塔门、东外塔门、二层台东北角及角楼、二层台东南角及角楼、二层台西北角及角楼、二层台西南角及角楼 6 处，不含其他监测、研究等项目。

2011 年 8 月 5 日至 7 日，以时任财政部副部长张少春为团长的财政部代表团，在国家文物局顾玉才副局长、时任中国驻柬大使潘广学和刘曙光院长的陪同下考察茶胶寺。

2011 年 8 月 22 日我院与柬埔寨 APSARA 局签订《援柬埔寨茶胶寺修复项目对外实施合同》，合同金额为 3000 万元人民币。

2011 年 8 月，茶胶寺开工前现场准备工作分别完成对六处危险点的采取临时加固措施、划定和分隔施工区和参观区、搭建工料棚、在东侧建造参观步道、施工机具维护等工作。9 月 29 日，茶胶寺保护修复工程第一阶段施工图设计、施工图预算和施工组织设计最终稿完成，并与专家意见一同提交国

图 7　时任中国财政部副部长张少春考察我国援柬吴哥古迹保护项目

家文物局。10 月 30 日，援柬茶胶寺保护修复工程设计组编制完成茶胶寺保护修复工程总体设计方案，并报国家文物局。

2011 年 11 月 1 日，国家文物局文物保护与考古司在北京组织召开中国政府援助柬埔寨吴哥古迹保护（二期）茶胶寺保护修复工程总体设计方案及总体计划专家评审会。专家组一致认为：茶胶寺保护修复工程总体设计方案及总体计划的保护原则正确，技术勘察深入细致，残损病害分析准确，图纸规范完整，保护措施可行且针对性强，建议予以评审通过。

2011 年 11 月 8 日，茶胶寺保护工程第一阶段施工图设计和施工组织设计得到国家文物局的批复。

2011 年 11 月 9 日，商务部国际经济合作事务局对我院提交的开工报告给予批复，同意茶胶寺修复项目于 2011 年 11 月 20 日正式开工。

2012 年工程大事记

2012 年 1 月 4 日，我院组织相关专业人员经过 10 天的工作，完成茶胶寺排水设计详细勘察，对茶胶寺一层台和二层台顶的地面标高进行密集测量（50cm 间距），以及对典型地点进行探查。1 月 20 日，我院考古工作组完成了周萨神庙出土器物整理、茶胶寺神道东侧建筑址调查工作，同时茶胶寺北桥涵考古发掘工作取得初步成果。

2012 年 4 月 1 日下午，正在对柬埔寨进行友好访问的时任国家主席胡锦涛来到茶胶寺保护修复工程的工地现场，亲切看望参与茶胶寺保护修复工程的中方工作组技术人员。中国文化遗产研究院院长刘曙光向胡主席汇报了中国援助柬埔寨吴哥保护工程的情况。胡锦涛详细询问茶胶寺建筑损毁程度、修复方式、工程进展等情况，对技术人员和施工人员在工程难度大、施工环境艰苦情况下取得的工作成绩给予充分肯定，同时对中方技术人员的贡献表示赞赏。他表示："吴哥古迹是人类文明瑰宝，是柬埔寨人民的宝贵财富。两国政府把修复茶胶寺的艰巨任务交给你们，是极大的信任。希望你们克服困难，扎扎实实完成好修复工作。"并提出："这样一个修复项目，正好可以培养人才，还可以让人才有用武之地。”他鼓励现场技术人员：“希望同志们再接再厉，同柬埔寨同行加强沟通和协作，让柬埔寨人民创造的古代文明重新焕发光彩，让中柬友好发扬光大。”胡锦涛夫人刘永清，时任中共中央书记处书记、中央政策研究室主任王沪宁，时任国务委员戴秉国等陪同胡主席慰问我工程技术人员。

图8　时任国家主席胡锦涛视察我国援柬茶胶寺保护修复项目

图9　现场实施2011～2012年度茶胶寺考古发掘工作

图 10 时任中共政治局常委贺国强视察援柬茶胶寺保护修复项目

2012 年 4 月 24 日，我院考古人员前往茶胶寺现场实施 2011～2012 年度茶胶寺考古任务，开展了茶胶寺本体及其周边遗址踏查、壕沟北通道遗址的发掘和遗物标本的室内整理等工作，发掘面积 $150m^2$、整理采集、发掘遗物标本近 400 件。

2012 年 5 月 26 日下午，正在柬埔寨进行友好访问的全国人大副委员长路甬祥，先后视察了我院援柬一期项目周萨神庙和二期茶胶寺保护修复项目，听取了援柬工作队人员对项目的情况汇报，他对我院援柬一期周萨神庙的顺利竣工以及二期茶胶寺保护修复项目前期所取得的研究成果给予了充分肯定，并对正在进行的二期茶胶寺保护修复项目提出了宝贵意见。

2012 年 6 月 14 日上午，正在柬埔寨进行访问的时任中共中央政治局常委、中央纪律检查委员会书记贺国强同志率中国党政代表团专程前往我院承担的援柬茶胶寺保护修复项目施工现场视察，亲切看望慰问我院现场项目组的工程技术人员。在茶胶寺保护修复工程现场，贺国强同志认真听取了现场技术人员关于工程前期研究和目前施工进展的情况汇报，并兴致勃勃地深入施工现场，仔细询问茶胶寺建筑残损状况、修复技术、工程进度，以及我国文物保护领域援外项目的情况，对我院技术人员取得的工作成绩给予充分肯定，并做出重要指示。

2012 年 6 月 4 日，联合国教科文组织吴哥保护协调委员会（ICC）专家组到茶胶寺工地，听取援柬项目组的情况汇报，并与我院专家一同现场讨论茶胶寺保护工程的技术方法。6 日至 7 日，我院援柬工作队成员参加第 21 届联合国教科文组织吴哥保护协调委员会（ICC）技术年会，并向会议介绍了中国工作组的工作进展情况和本年度考古工作。

图 11　ICC 专家组考察茶胶寺保护修复项目（2012 年 6 月）

2012 年 9 月 7 日，国家文物局召开茶胶寺修复工程第二阶段施工图设计的专家评审会，会上专家组对我院提交的第二阶段施工图设计、施工组织设计和施工图预算进行了审查。施工图设计、施工组织设计通过了专家组评审，施工图预算由国家文物局办公室预算财务处进行审核。

2012 年 10 月 5 日至 9 日，由詹长法、李黎和胡源组成的工作组赴柬埔寨，开展茶胶寺石质文物保护专项调研工作。其间，工作组对茶胶寺石材风化情况进行了调查，并先后参观了 8 个外国工作队承担的吴哥保护工程施工现场，了解国际保护吴哥古迹石质文物的方法，为下一步制定茶胶寺石质文物保护方案确定了思路。

2012 年 11 月 29 日，时任全国人大常委会副委员长、中国红十字会会长华建敏，时任中国红十字会常务副会长赵白鸽等一行，在完成对柬埔寨红十字会的工作访问后，专程前往我院援柬项目工地进行了考察慰问，听取了援柬工作队人员对项目的情况汇报。对我院援柬二期茶胶寺保护修复项目目前所取得的研究成果给予了充分肯定，并对后期保护修复工作提出了宝贵意见。同时，他还详细了解了我院在柬工作人员的生活状况以及所面临的困难，勉励我院现场技术人员积极克服困难、再接再厉，为中柬人民的友谊添砖加瓦。

2012 年 12 月 2 日，联合国教科文组织 ICC - Angkor 专家组到茶胶寺工地进行实地考察，听取我院专家对援柬茶胶寺保护修复项目进展情况汇报，还与来自德国吴哥古迹保护工作队（GACP）、法国吴哥保护工作队（GEOLAB）的专家一同在现场讨论了茶胶寺砂岩石刻保护的情况。

2012 年 12 月 6 日至 7 日，第 19 届联合国教科文组织吴哥保护与发展协调委员会（ICC - Angkor）全体大会在柬埔寨暹粒市召开。会议有来自联合国教科文组织代表、柬埔寨各相关部委官员、各国驻柬使节或文化官员，以及承担吴哥古迹保护修复工作的专家学者等共二百余名代表参加。大会由法国和日本驻柬埔寨大使共同主持，柬埔寨王国政府第一副首相兼内阁办公厅大臣索安出席大会并发表讲话。我驻柬使馆一秘盛薇薇同志作为中国政府代表出席，我院副院长、总工程师侯卫东研究员和援柬

图 12　ICC 专家组考察茶胶寺保护修复项目（2012 年 12 月）

办温玉清副研究员代表中国吴哥保护工作队参加大会。

2012 年 12 月 8 日上午，正在柬埔寨进行访问的时任中共中央政治局委员、国务委员刘延东同志率中国政府代表团专程前往由我院承担的援柬茶胶寺保护修复项目施工现场视察，亲切看望慰问我院现场项目组的工程技术人员。在刘曙光院长的陪同下，刘延东同志在茶胶寺保护修复工程现场首先听取

图 13　时任中国国务委员刘延东视察我国援柬茶胶寺保护修复项目

了关于工程前期研究和当前施工进展的情况汇报，并深入施工现场察看，对我院技术人员所取得的工作成绩给予充分肯定。她指出，援柬茶胶寺保护修复不仅是一项重要的文物保护工程项目，同时更是一项重要的国际文化交流项目。希望同志们抓住茶胶寺文物保护工程实施的契机，加强与国际同行、以及柬埔寨有关方面的密切沟通和配合协作，深入开展有关柬埔寨吴哥古迹的历史、文化和艺术等方面的学术研究工作，提高自身的研究水平，编辑出版相关研究成果，为提升我国文化遗产保护的国际影响力做出积极贡献。

2012 年 12 月 21 日，正在柬埔寨进行友好访问的时任全国政协副主席王志珍视察我援柬吴哥保护项目。王副主席一行由潘广学大使陪同，先后来到周萨神庙和茶胶寺施工现场视察，援柬工作队人员汇报了我国援助柬埔寨吴哥保护工作的情况。

2013 年工程大事记

2013 年 1 月 22 日，正在柬埔寨进行友好访问的中国人民解放军副总参谋长戚建国中将，前往我援柬茶胶寺保护修复项目施工现场视察。戚建国中将听取了现场负责人的汇报，并勉励大家要做出成绩，以出色的工作完成肩负的使命。

2013 年 1 月 22 日至 27 日，我院副院长许言陪同国家文物局代表团到达暹粒，检查茶胶寺修复项目的施工情况。代表团成员包括国家文物局文物保护与考古司资源管理处处长刘洋、吉林省文物局局长金旭东、广东省文物局局长苏桂芬和厦门市文物局局长李云丽。代表团听取了茶胶寺修复工程现场负责人的汇报，检查了施工现场，讨论了今年的工作重点任务和亟待解决的问题。在检查工作间隙，代表团还分别到日本、法国、意大利、德国、印度等工作队的施工现场，了解其他国家和国际组织参与吴哥保护工作的情况。国家文物局代表团对茶胶寺施工现场的工作检查，以及提出的许多重要意见，将有力地促进项目组做好本年度的施工组织工作。

2013 年 2 月 6 日，童明康副局长主持召开局长办公会，听取我院关于茶胶寺项目进展情况的汇报，文物保护与考古司关强司长、资源管理处和文物保护处有关同志，中国文化遗产研究院院长刘曙光，院党委书记、副院长柴晓明，院总工程师、副院长侯卫东，副院长许言参加会议。童明康肯定了项目 2012 年所取得的成果，要求做好 2013 年的工作目标和工作计划。会议就茶胶寺项目 2013 年工作做出了明确的部署。

2013 年 3 月 5 日，中国文化遗产研究院与法国远东学院共同举办“考古与柬埔寨吴哥遗址——法国远东学院历史照片特展”的开幕式，并同时举办“吴哥古迹保护与研究论坛”。我院院长刘曙光、法国远东学院副院长帕斯卡·鲁耶出席开幕式并致辞。时任中国文化遗产研究院书记柴晓明主持开幕式。国家局文物保护与考古司关强司长参加开幕式，并会见了外国客人，并就中国政府援柬埔寨吴哥古迹保护的相关情况交换了意见。

2013 年 4 月 23 日，商务部直属机关党委副书记、机关纪委书记李兴乾和朱艳琳处长一行参观视察了茶胶寺施工工地，并对我院驻外现场工作人员进行了慰问。在听取了援柬工作队对工程项目及其目前施工进度等的详细讲解后，对各施工工点的施工进展情况逐一进行了考察，共同探讨了茶胶寺保护修复方法、施工中石构件修复及归安、施工中遇到的困难等问题，并勉励我援柬工作人员克服困难，为世界文化遗产保护事业做贡献，进一步增进中柬两国人民友谊。

2013 年 4 月 23 日，金边皇家艺术大学考古学院师生参观考察我援柬项目周萨神庙及茶胶寺考古工

图 14　我院与法国远东学院在北京共同举办“考古与柬埔寨吴哥遗址——法国远东学院历史照片特展”

地及其成果展，在工作队人员的详细讲解下，对我国援柬项目考古工作内容及其成果有了深入的了解。金边皇家艺术大学考古学院师生对我国援助柬埔寨吴哥古迹茶胶寺保护修复项目中后期的考古工作表现出了极大地兴趣，并希望其师生能有机会参与到后期考古施工的实地工作之中，丰富和提高其师生的理论及实践知识，增进中柬双方在考古领域的合作交流。

图 15　金边皇家艺术大学考古学院师生参观考察我援柬项目考古工地

2013年5月13日，我院援柬茶胶寺修复项目组在施工现场举办茶胶寺庙山须弥台砂岩石刻保护修复技术研讨会。中国和德国的文物保护修复专家共同针对如何保护修复茶胶寺庙山须弥台风化病害极为严重的砂岩雕刻，进行了现场技术交流与学术研讨，中德两国文物保护专家希望能够通过这种国际合作新模式的探索，寻求攻克茶胶寺庙山须弥台砂岩雕刻保护修复技术难题的解决之道。石刻保护专业人员对茶胶寺砂岩雕刻的保存现状、保存环境及病害调查进行了系统的前期研究，并在此基础上分析了病害产生的主要原因。对现场取回石质样块及生物样本进行了实验室试验，对现场取回的石质样块、风化样块进行材质分析测试，检测石质样块物理性质，对石质文物表面生物进行鉴定等。完成现场典型病害取样实验室理化性能指标分析测试。有针对性地对茶胶寺须弥台二层东立面南端石刻区域进行现场局部灌浆粘接、归位粘接、裂缝修补等抢救性加固试验，并相应开展保护效果评估，完成《茶胶寺石质文物保护试验研究报告》，为该试验区域进行抢救性危岩粘接加固提供实施依据。

图16 项目组现场举办茶胶寺庙山须弥台砂岩石刻保护修复技术研讨会

2013年5月16日，我院与柬埔寨吴哥古迹保护与发展管理局（APSARA Authority）、金边皇家艺术大学（RUFA）考古系联合组建茶胶寺考古队，经吴哥古迹保护与发展管理局批准，正式进场实施2013年度茶胶寺田野考古发掘工作。主要通过发掘了解东神道、东壕沟南段、南池等相邻遗迹分布范围和结构布局及其建造工艺，并局部解剖一处石构注水孔遗迹，探索茶胶寺庙山与吴哥时代水利系统的关联情况。

2013年6月25日，国家文物局童明康副局长率团在暹粒检查了我院援柬茶胶寺修复项目施工及考古发掘现场。童明康深入茶胶寺施工及考古发掘现场第一线，详细听取了我院项目组对修复工程、考古发掘、须弥台石刻保护等方面的情况汇报。在参加第37届世界遗产大会和视察援柬茶胶寺修复项

图 17　2013 年度茶胶寺田野考古发掘

图 18　国家文物局童明康副局长检查我院援柬茶胶寺保护修复项目

目期间，童明康分别与吴哥古迹保护管理与发展局局长班纳烈（BUN Narith）、副局长罗斯布拉（Ros Borath）、副局长森空（Seung Kong）举行了会谈，协商推进中国政府援助吴哥古迹保护工程。中柬双方都对茶胶寺修复项目近期所取得的进展给予了充分肯定，高度评价了我院承担的此项工程取得的重要成果，双方表示将进一步加强合作，共同做好茶胶寺修复项目。视察期间，代表团还前往法国、日本、印度、意大利等国承担的吴哥古迹保护项目进行实地考察，在吴哥古迹保护管理与发展局副局长森空（Seung Kong）的陪同下专程前往奔密列寺、周萨韦博寺等两处古迹进行了考察。

2013 年 7 月 26 日，我院与商务部国际经济合作事务局签订《援柬茶胶寺第二阶段修复项目第二阶段分年度（2013. 3 ~ 2014. 8）承包合同》。第二阶段工程范围包括修复南藏经阁、北藏经阁、须弥台东南角、须弥台西南角、须弥台东北角、须弥台西北角 6 处，并同时进行考古专项和须弥台石刻保护 2 项专项研究。

2013 年 8 月，石刻保护专业人员于现场开展综合性病害调研与勘察，完成病害统计表与病害分布图。完成《茶胶寺石质文物保护前期研究报告》。

2013 年 11 月 7 日，国家文物局委托北京中天华盛工程造价咨询有限责任公司对本项目进行第一阶段施工决算审计。依据审计结果，我院与商务部国际经济合作事务局于 2013 年 12 月 12 日，签订第一阶段补充合同，确定第一届合同总价 1000 万人民币。

图 19　我院现场召开茶胶寺修复项目国际学术研讨会

2013 年 11 月 30 日，我院在柬埔寨暹粒省吴哥古迹茶胶寺现场召开“中国政府援柬埔寨茶胶寺修复项目国际学术研讨会”。刘曙光院长、侯卫东副院长、文物保护工程与规划所所长乔云飞、中国政府援助吴哥古迹保护工作队副队长张宪文出席会议。柬埔寨王国吴哥及暹粒地区保护与管理局副局长罗斯布拉（Ros Brath）、吴哥公园遗址保护与考古管理部主任马崂（Mao Luo），联合国教科文组织 ICC - Angkor 特邀专家组 Giorgio CROCI、Pierre - André LABLAUDE 、Kenichiro HIDAKA 等嘉宾和专家应邀参加会议。ICC - Angkor 专家在会议及现场考察讨论中对工作队取得的成绩表示肯定和赞赏。罗斯布拉副局长对项目取得的成果表示满意，称赞中国工作队对吴哥古迹保护所做的贡献。

2013 年 12 月 3 日至 4 日，刘曙光院长和侯卫东副院长代表中国政府援助吴哥古迹保护工作队参加 ICC－Angkor 第 22 届技术大会和第 20 届全体大会。

图 20　国家文物局顾玉才副局长检查我院援柬茶胶寺保护修复项目

2013 年 12 月 4 日，正在柬埔寨暹粒参加国际会议的国家文物局顾玉才副局长在我院刘曙光院长陪同下到茶胶寺遗址检查工程进展情况。顾局长听取了我院援柬工作队人员的汇报，深入探方和施工现场，仔细询问了有关考古发掘和修复施工的技术、材料及施工组织等情况。他对考古发掘及工程进展情况表示满意，充分肯定了援柬工作队关于茶胶寺考古发掘、建筑修复的理念和原则，并特别叮嘱援柬工作队要确保施工安全和文物安全。希望援柬工作队通过茶胶寺工程，学习各国的成功做法和先进经验，积极深化国际合作，提高自身能力，在保护吴哥古迹的国际合作中锻炼成长。国家文物局外事联络司温大严处长陪同检查。

2013 年 12 月 6 日，中国关心下一代工作委员会主任顾秀莲一行对我院援柬一期修复施工完成的周萨神庙、正在实施修复施工的援柬二期茶胶寺修复项目工地进行了参观考察，详细了解了各援柬国家队文物古迹保护项目的概况、我国援柬一期周萨神庙与二期茶胶寺保护修复项目进展及修复施工方法等方面内容。

2013 年 12 月 11 日，商务部援外司王立贵、财政部行政政法司杨舟、商务部对外经济合作事务局雷鹏钦、质检总局检验监管司孙雨婷、中国国际工程咨询公司刘大平、吴瑞丰组成的检查组，对茶胶寺修复项目在建及已建项目开展专项评估，检查项目目标适当性和实现程度，对项目援外资金管理方式和援外物质质量监管方式及有效性进行调研。12 日，检查组在茶胶寺工地办公室会见柬埔寨吴哥及暹粒地区保护与管理局副局长罗斯布拉，了解柬方对项目实施方式、进度、质量、援助有效性的态度，听取柬方意见和建议。

图21 中国关工委主任顾秀莲考察我国援柬吴哥古迹保护修复项目

图22 商务部、财政部专家检查组考察我国援外茶胶寺保护修复项目

2013年12月15日，全国人大法工委主任李时适一行视察茶胶寺工地，李主任详细了解了工地修复情况，称赞援柬工作取得的成绩。

图23　全国人大法工委主任李时适考察我国援外茶胶寺保护修复项目

2014年工程大事记

2014年1月13至14日，正在柬埔寨暹粒参加国际考古会议的中国社会科学院考古研究所陈星灿副所长，北京大学考古文博学院张弛副院长、李水城教授，南京大学水涛教授，甘肃省考古研究所王辉所长、陕西省考古研究院王炜林院长等专家先后参观茶胶寺。援柬工作队人员详细介绍了茶胶寺考古发掘和修复施工技术、材料及施工组织等情况。

2014年1月15日，全国人大常委会办公厅人事局古小玉局长一行来到茶胶寺工地视察，古局长详细了解项目的修复情况。之后在我院援柬工作人员的陪同后前往周萨神庙参观。

2014年1月，石刻保护专业人员在茶胶寺石刻保护区微环境安装气象监测站，并开始定期采集动态气象环境数据，系统研究温度、湿度、雨量、紫外辐射等对岩体雕刻风化影响机理。在所开展石刻风化病害调研、实验室分析与测试、现场局部试验、本体病害测绘勘察记录以及病害初步成因分析、病害统计与分布图等前期研究的基础上，完成双语文字《茶胶寺砂岩雕刻病害评估与抢救性保护设计方案》与《茶胶寺须弥台二层东立面砂岩雕刻抢救性保护施工图》成果。

2014年2月16日上午，由国家财政部行政政法司司长耿红、外交部财务司司长李超等组成的代表团一行八人，到茶胶寺修复项目工地进行了考察，现场举办了座谈会。座谈会中，我院许言副院长向代表团介绍了我院援柬茶胶寺修复项目目前的修复施工进展情况、项目施工管理流程、施工经费使用及管理等情况。耿红司长还详细咨询了解了目前施工项目执行中存在的困难等情况。座谈会后，代

图24　全国人大常委会办公厅人事局古小玉局长考察我国援外茶胶寺保护修复项目

表团参观考察了茶胶寺修复施工现场及周萨神庙，称赞我院文物保护工作者为保护世界文化遗产做出了成绩，也为中柬两国人民的友谊做出了贡献，向工作队人员表达了敬意。

图25　国家财政部行政政法司司长耿红等考察我国援外茶胶寺保护修复项目

2014年2月26日，正在柬埔寨进行访问的中国中联部副部长陈凤翔一行到我院援柬一期修复施工完成的周萨神庙、正在实施修复施工的援柬二期茶胶寺修复项目工地进行了参观考察，我院援柬工作队人员为代表团详细介绍了我国援柬一期周萨神庙和正在修复施工的援柬二期茶胶寺保护修复项目的项目概况及保护修复施工方法。

图26 中联部副部长陈凤翔等考察我国援柬吴哥古迹保护修复项目

2014年3月15日，正在柬埔寨访问的解放军副总参谋长孙建国一行参观考察周萨神庙和茶胶寺，询问了许多有关吴哥古迹和文物保护的问题，详细了解了两修复项目修复施工的工作内容、技术措施等。

2014年3月30日我院与柬埔寨APSARA局签订《援柬埔寨茶胶寺修复项目对外实施补充合同》，合同金额为1000万元人民币。至此，援柬4000万人民币总额的对外合同分两次签署完毕。

2014年4月9日，ICC－Angkor专家组一行对茶胶寺保护修复工程进行考察调研，主要考察了2013年度ICC会议上关于茶胶寺保护修复的专家建议的落实情况。我院援柬工作队人员为专家组做了详细的汇报，汇报成果得到了ICC－Angkor专家组的一致肯定。

2014年4月14日，中国驻柬埔寨大使布建国一行参观考察茶胶寺，听取我院援柬工作队人员的详细介绍，详细了解援柬一期周萨神庙与二期茶胶寺保护修复项目进展及修复施工情况，并前往周萨神庙参观。

2014年5月11日，中央军委副主席许其亮一行到周萨神庙和茶胶寺修复项目工地进行了参观考察，许副主席在详细了解修复情况后，对我院文物保护工作者付出的努力表示赞赏，并鼓励现场工作人员再接再厉。

图 27　ICC 专家组考察我国援外茶胶寺保护修复项目（2014 年 4 月）

图 28　中国驻柬埔寨大使布建国一行考察我国援柬茶胶寺保护修复项目

2014 年 6 月 3 日下午，我院在柬埔寨暹粒省吴哥古迹茶胶寺现场召开“中国政府援柬埔寨茶胶寺修复项目专题讨论会”。APSARA 局吴哥旅游管理计划部（APSARA – TMP）、ICC – Angkor 特设专家组、德国保护工作队（GACP）、我院援柬工作队（CSA）相关人员出席会议。柬方及 ICC – Angkor 专家对茶胶寺修复工作的进展表示肯定和赞赏，对茶胶寺整个监测工作表示满意。德国保护工作队石刻保护专家 Hans Leisen 教授就茶胶寺石刻保护工作与我院专业人员进行了深入探讨。会后我方人员陪同柬方人员和专家参观茶胶寺工地。

图 29　我院茶胶寺施工现场召开茶胶寺修复项目专题讨论会

2014 年 6 月 4 日至 5 日，为期两天的第 23 届联合国教科文组织吴哥保护协调委员会（ICC）技术大会在暹粒举行，会议围绕吴哥保护工作展开交流，各国际机构和组织的代表向大会汇报工作进展情况，联合国专家围绕各修复点工作情况展开讨论。我院副院长、总工程师侯卫东代表中国政府援助吴哥古迹保护工作队在会上就援柬茶胶寺修复项目各项工作进行了介绍。

2014 年 7 月至 9 月，我院考古专业人员赴柬开展 2014 年度的考古发掘及研究工作。选择茶胶寺东外塔门外的庙山散水与东神道南侧北端交汇处和东神道南侧石砌筑台阶与南池之间这两处地点作为考古发掘对象，进一步为茶胶寺研究、设计、修缮、保护、展示提供神道、南池遗迹以及埋藏物的保存状况、结构范围、砌筑材质工艺的考古基础资料与数据。

2014 年 8 月 19 日，由柬埔寨吴哥古迹保护与发展管理局吴哥遗址考古管理部主任 Mr. Ly Vanna 带领日本上智大学亚洲研究中心、缅甸国立考古学院及泰国、老挝文物保护人员考察工地，参观了茶胶寺考古发掘现场。援柬工作队人员对施工过程中发现神像的过程和保护工作做了介绍。

2014 年 8 月 28 日，国家发改委副主任连维良一行参观茶胶寺，详细了解茶胶寺保护修复方法、施工中石构件修复及归安等问题，勉励我援柬工作人员加强研究，加强与柬方的交流与合作，增进对柬埔寨历史与文化的了解，为吴哥古迹的保护与研究不断贡献力量。

2014 年 9 月 9 日，我院与商务部国际经济合作事务局签订第三阶段承包合同。第三阶段工程范围包括修复南内长厅等 12 处，以及环境整治工程、排水工程、须弥台石刻保护专项、考古研究专项、辅助设施建设工程。

图 30　我院现场开展 2014 年度的茶胶寺考古发掘工作

图 31　吴哥遗址考古管理部主任率队考察茶胶寺现场考古发掘工作

2014 年 10 月 13 日至 17 日，国家文物局、商务部国际经济合作事务局组织专家一行 5 人对援柬埔寨茶胶寺修复项目进行了中期验收。验收组听取了我院项目组、柬埔寨 APSARA 局派驻现场代表、中方现场监理等人员关于工程情况的汇报，并对各修复点逐一进行了检查和质询，查阅了工程资料。验收组检查后认为，援柬茶胶寺修复项目按照与商务部国际经济合作事务局、柬埔寨 AP-

图 32　国家发改委副主任连维良一行考察我国援外茶胶寺保护修复项目

SARA 局签订的对内总承包合同、对外实施合同约定，按期完成了第一、二阶段约定的全部修复内容，项目施工按照设计图纸要求，坚持最小干预原则，施工技术措施合理，施工技术资料规范，符合相关国际文物保护公约，最大程度地保护了遗产的真实性和完整性。修复保护理念正确，工程管理规范，工程质量优良，工程资料齐全，达到了保护修复项目要求，同意该修复项目第一、二阶段共 12 处修复项目验收合格。

图 33　国家文物局、商务部国际经济合作事务局专家组对援柬埔寨茶胶寺修复项目进行中期验收

2014年11月4日上海国际问题研究院张海冰所长一行到我院援柬一期修复施工完成的周萨神庙、正在实施修复施工的援柬二期茶胶寺修复项目工地及柬埔寨吴哥古迹其他重要遗址进行了参观考察。

2014年11月16日至17日，文化部外联局赵海生局长等一行到我院援柬一期修复施工完成的周萨神庙、正在实施修复施工的援柬二期茶胶寺修复项目工地进行了参观考察。

2014年11月18日至20日，首都博物馆张贵余等一行到我院援柬一期修复施工完成的周萨神庙、正在实施修复施工的援柬二期茶胶寺修复项目工地及柬埔寨吴哥古迹其他重要遗址进行了参观考察。

2014年11月20日至21日，正在柬埔寨进行国事访问的文化部董伟副部长一行对我院援柬一期修复施工完成的周萨神庙、正在实施修复施工的援柬二期茶胶寺修复项目工地进行了参观考察，详细了解了各援柬国家队文物古迹保护项目的概况、我国援柬一期周萨神庙与二期茶胶寺保护修复项目进展及修复施工方法等方面内容。

图34　文化部董伟副部长一行考察我国援柬吴哥古迹保护修复项目

2014年12月4日，第21届联合国教科文组织吴哥保护与发展协调委员会（ICC－Angkor）全体大会在柬埔寨暹粒市召开。参加会议的有来自联合国教科文组织代表、柬埔寨各相关部委官员、各国驻柬使节或文化官员，以及承担吴哥古迹保护修复工作的专家学者等共二百余名代表参加。大会由法国和日本驻柬埔寨大使共同主持，柬埔寨王国政府第一副首相兼内阁办公厅大臣索安出席大会并发表讲话。我院副院长、总工程师侯卫东研究员和援柬办工程师刘建辉代表中国吴哥保护工作队参加大会。

2014年12月19日，正在柬埔寨进行友好访问的全国政协副主席陈晓光视察我援柬吴哥保护项目。陈晓光一行由李志工参赞陪同，先后来到周萨神庙和茶胶寺施工现场视察，我院援柬工作队常驻人员介绍了我国援助柬埔寨吴哥保护工作的情况。

2014年12月29日，文化部丁伟副部长一行到我院援柬一期修复施工完成的周萨神庙以及正在实施修复施工的援柬二期茶胶寺修复项目工地进行了参观考察，详细了解了我院援柬一期周萨神庙与二期茶胶寺保护修复项目进展及修复施工方法等方面内容。随后，丁伟副部长一行亲自前往我院援柬工作队驻地，亲切慰问援柬工作队中方工作人员。

图 35　全国政协副主席陈晓光视察我国援柬吴哥古迹保护修复项目

2015 年工程大事记

2015 年 3 月 10 日，许言副院长、乔云飞所长、刘建辉工程师与柬方 APSARA 局遗址保护与考古司的 Dr. LY Vanna 先生以及 APSARA 局派驻茶胶寺修复项目的柬方代表蔡树清先生现场对考古发掘探方的回填保护展示方案进行了探讨与交流。现场确定了采用沙土分层回填保护，地表对遗址边界做相应标示，同时配以展板对考古发掘和研究成果进行展示的方案。Dr. LY Vanna 先生现场表示同意发掘探方回填工作，目前已陆续开展保护棚拆除及遗址回填工作。

图 36　许言副院长与 APSARA 局遗址保护与考古司主任现场探讨考古发掘探方的回填保护展示方案

2015年3月11日，许言副院长、乔云飞所长与柬埔寨APSARA局副局长Mr. ROS Borath 、遗址与考古司Dr. LY Vanna在援柬工作队驻地围绕茶胶寺管理与展示中心建设相关问题进行了座谈、讨论。许言副院长首先向柬方介绍管理与展示中心的建设理念、选址、设计方案等。APSARA局Mr. ROS Borath副局长及Dr. LY Vanna先生对我方上述提出的建设理念、选址、设计方案等表示赞同和肯定。

图37　许言副院长、乔云飞所长会见柬方APSARA局副局长探讨茶胶寺管理与展示中心建设方案

2015年3月12日，许言副院长一行在援柬工作队驻地会见了法国援助吴哥古迹修复工作队代表Mr. Dominique Soutif先生及其夫人。许言副院长表达了此次会见法国工作队代表的目的：第一，促进

图38　许言副院长一行在援柬工作队驻地会见了法国援助吴哥古迹修复工作队代表

中法两国在吴哥世界遗产保护中的技术交流；第二，增进中法两国工作队间的友谊；第三，收集EFEO以及其他法国工作队、团体在吴哥本体保护、考古调查发掘等方面的成功案例资料，法国如何承担ICC联合主席的职责以及如何与其他各方合作的资料，以及如何有助于中国读者了解法国工作队的吴哥保护工作等方面的资料。Mr. Dominique Soutif先生表达了中法两国吴哥保护工作队间的技术交流以及增进双方间友谊的重要性。许言副院长对Mr. Dominique Soutif先生给予我们工作的支持和理解表示感谢，希望今后继续增进中法两国工作队间友谊，进一步加强两国工作队间技术交流。

目前，援柬工作队正按计划实施第三阶段的本体修复，并同时开展石刻保护、考古研究、环境整治、结构监测等各项工作。

实测图

茶胶寺修复工程实测图图例

现状病害调查图图例

- 红色角砾岩石块
- 砂岩石构件
- 结构裂缝
- 构件破碎
- 构件断裂
- 构件错位
- 钢筋混凝土临时支护
- 结构倾斜
- 基础沉陷
- 回填砂
- 泥土堆积

维修设计图图例

- 结构裂缝
- 解体拆落部分
- 修补构件
- 构件归位
- 结构加固
- 补配新构件
- 寻配构件
- 去除临时加固支护结构

修复竣工图图例

- 解体及归安范围
- 粘接修复石构件
- 寻配补配构件范围
- 补配、修补残损石构件
- 新增解体范围

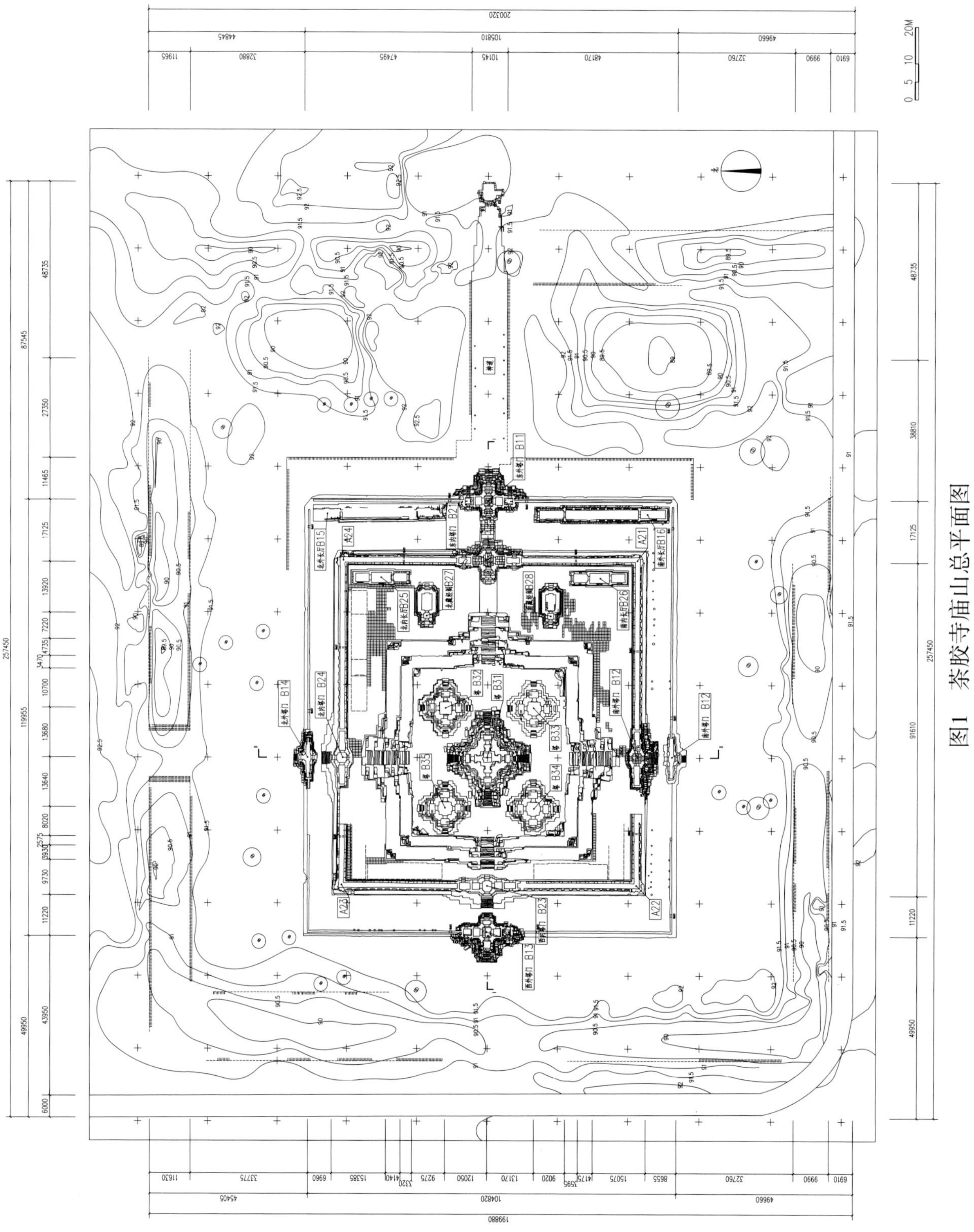

图1 茶胶寺庙山总平面图

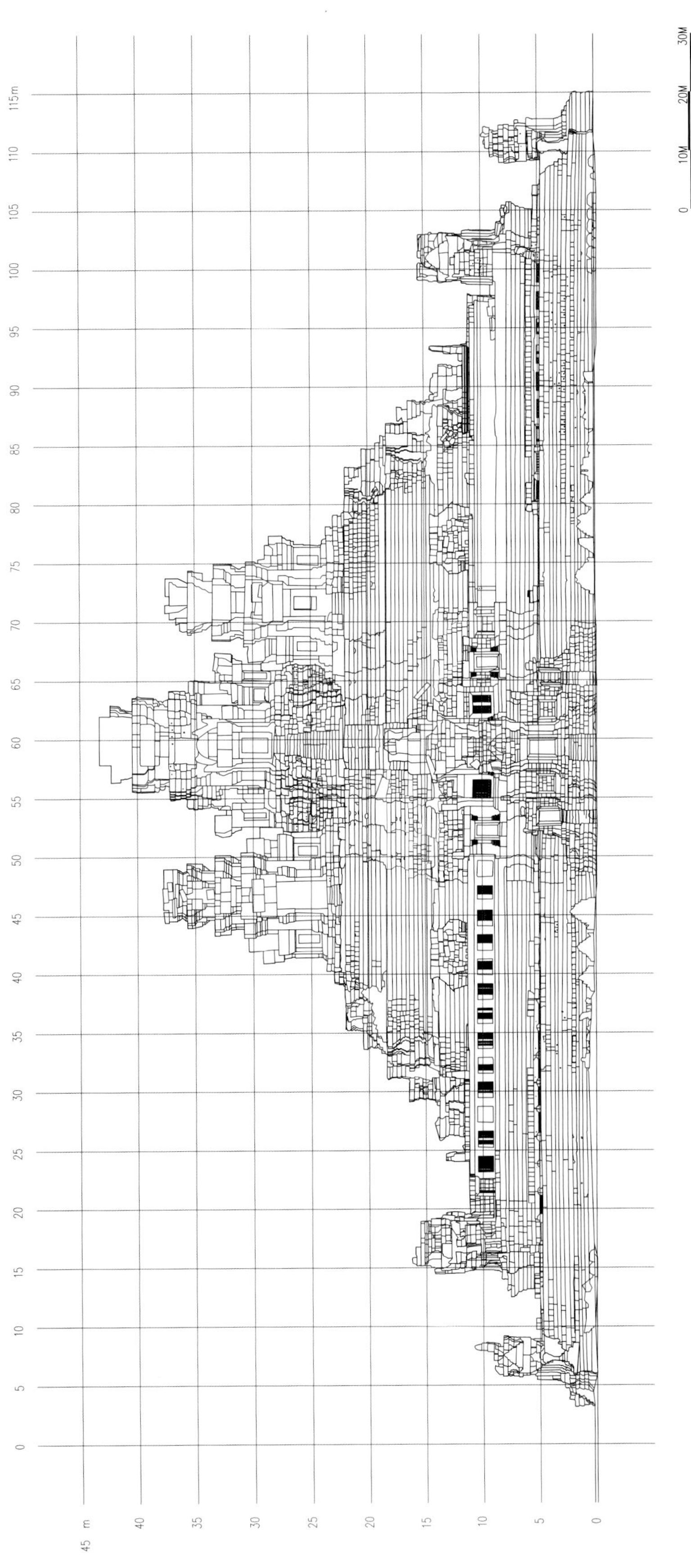

图2　茶胶寺庙山东立面图

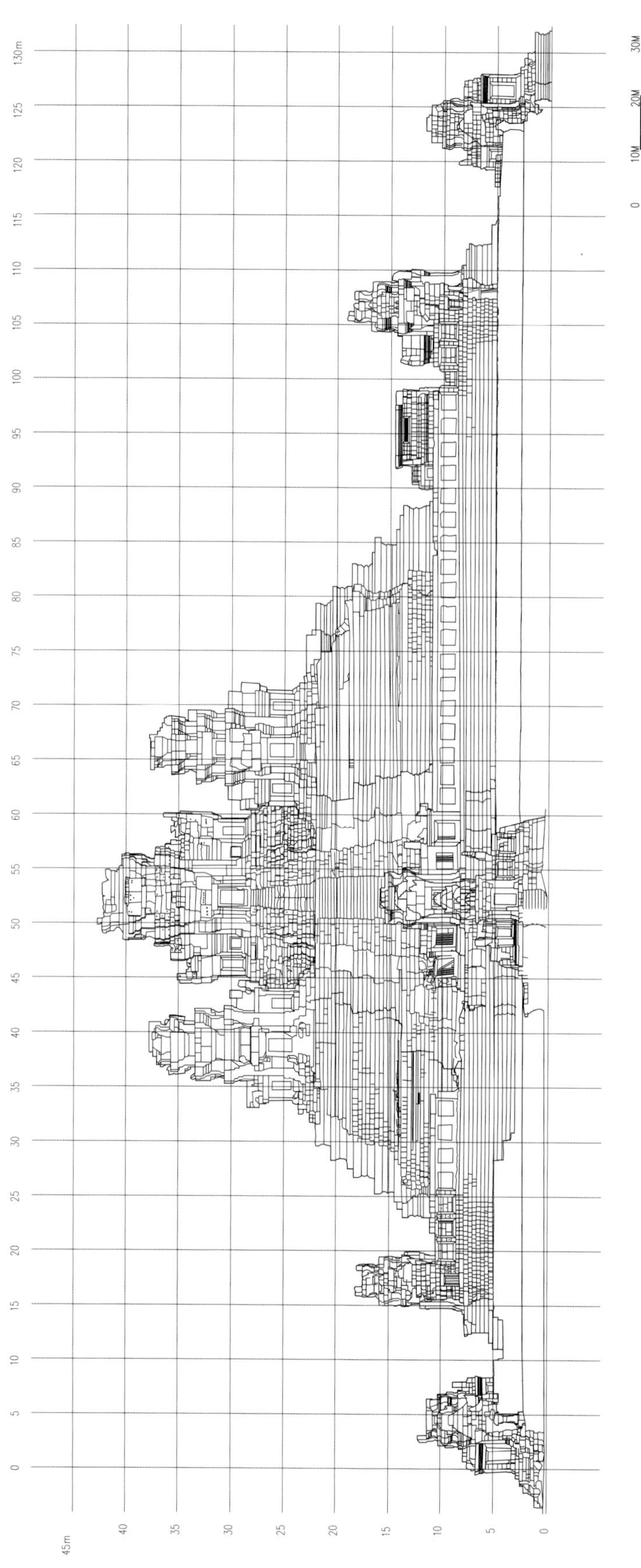

图3 茶胶寺庙山南立面图

图4　茶胶寺庙山西立面图

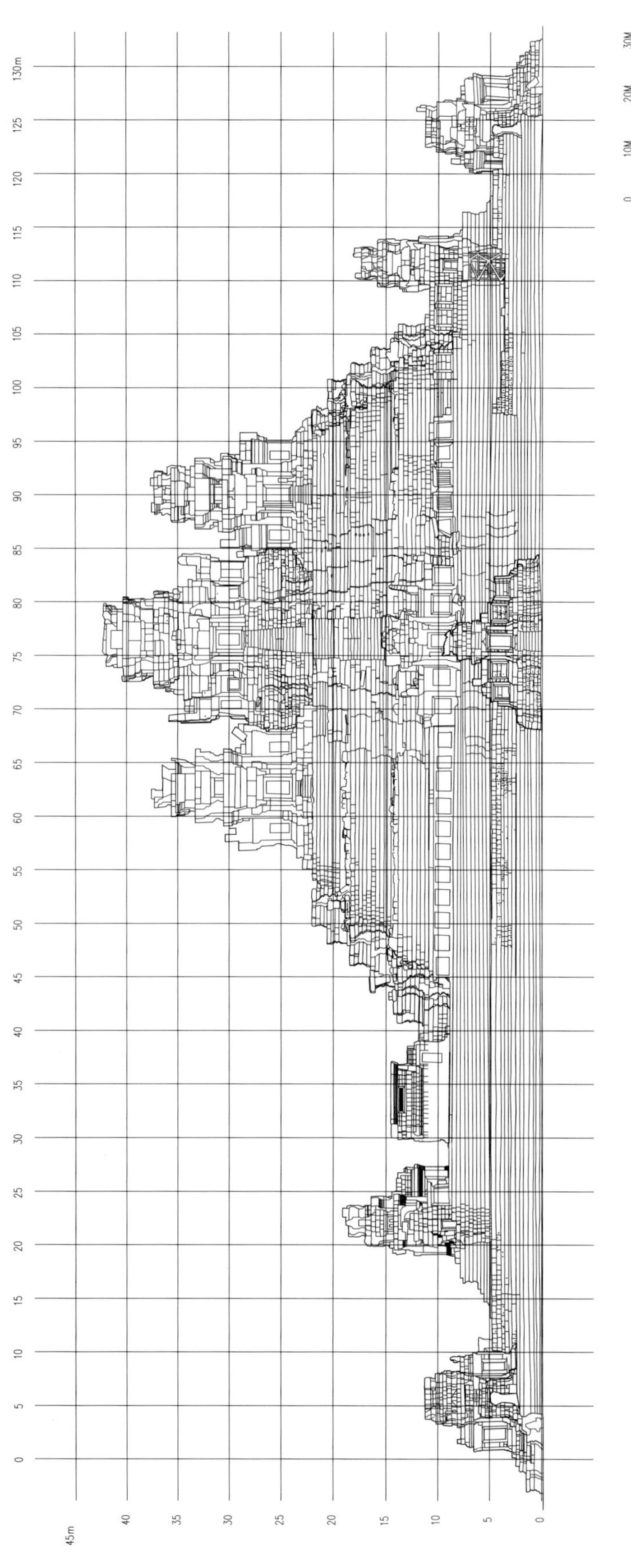

图5 茶胶寺庙山北立面图

图6 茶胶寺庙山1-1剖面图

图7 茶胶寺庙山2-2剖面图

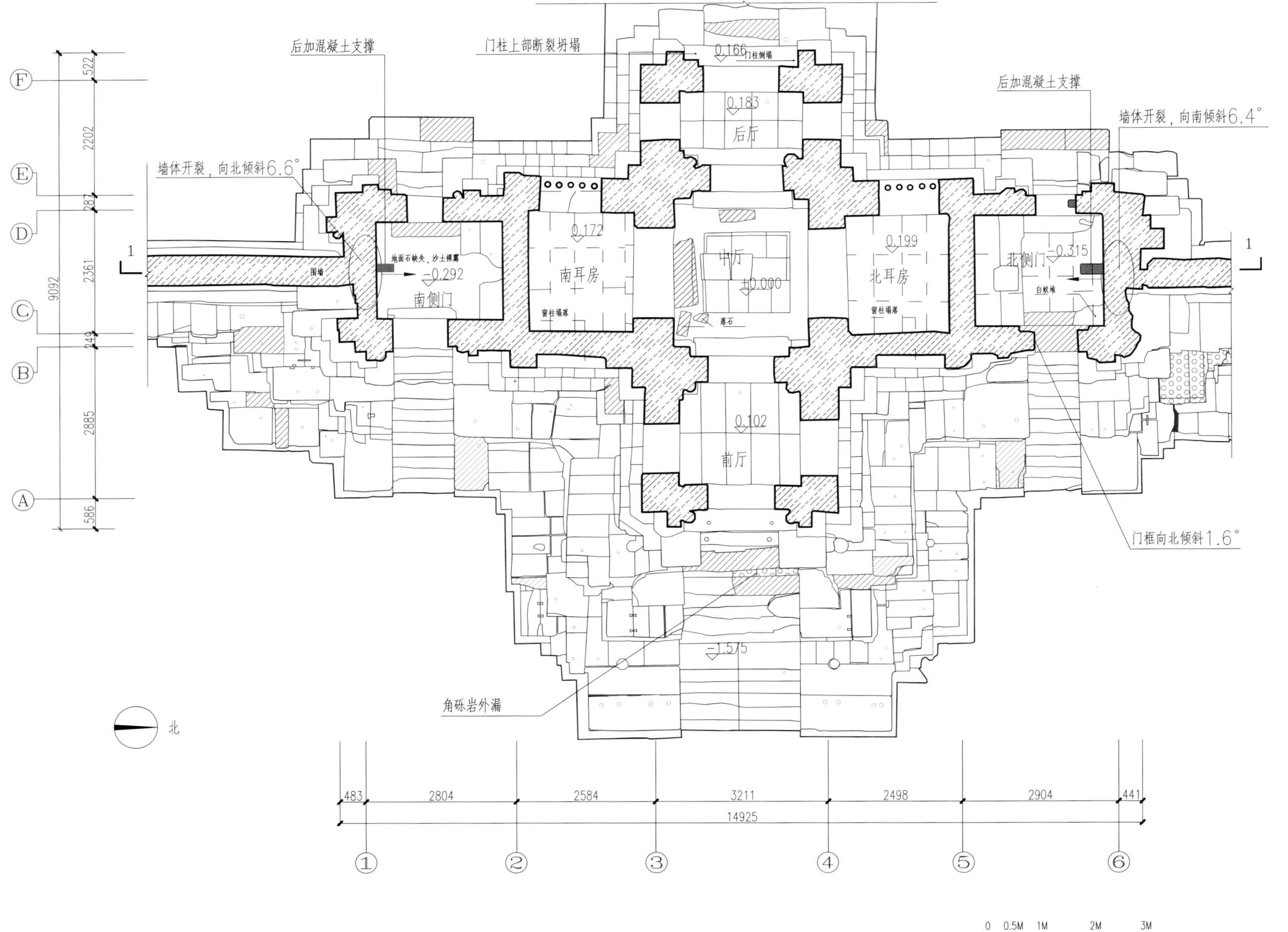

图8 东外塔门平面残损现状图

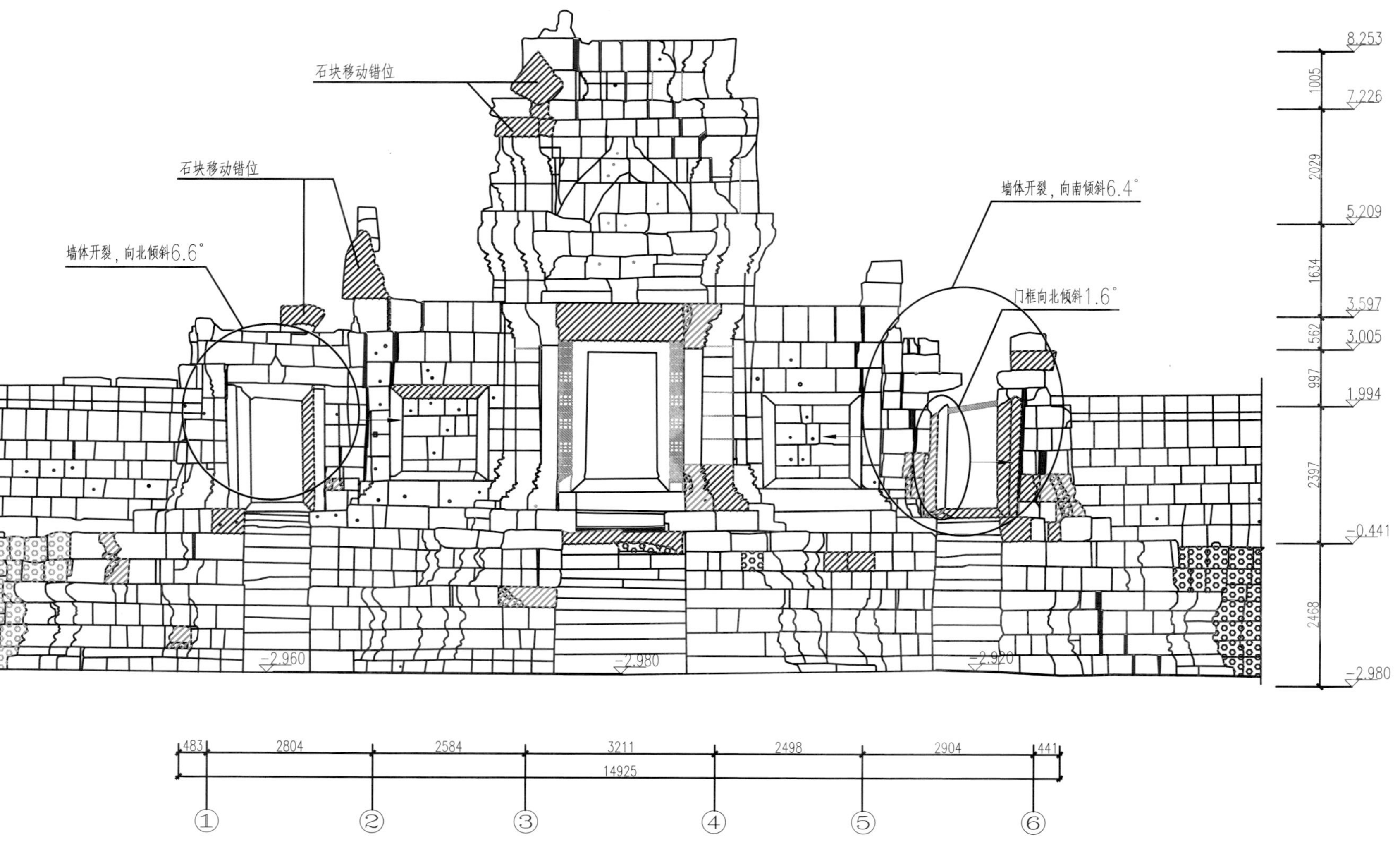

图9 东外塔门东立面残损现状图

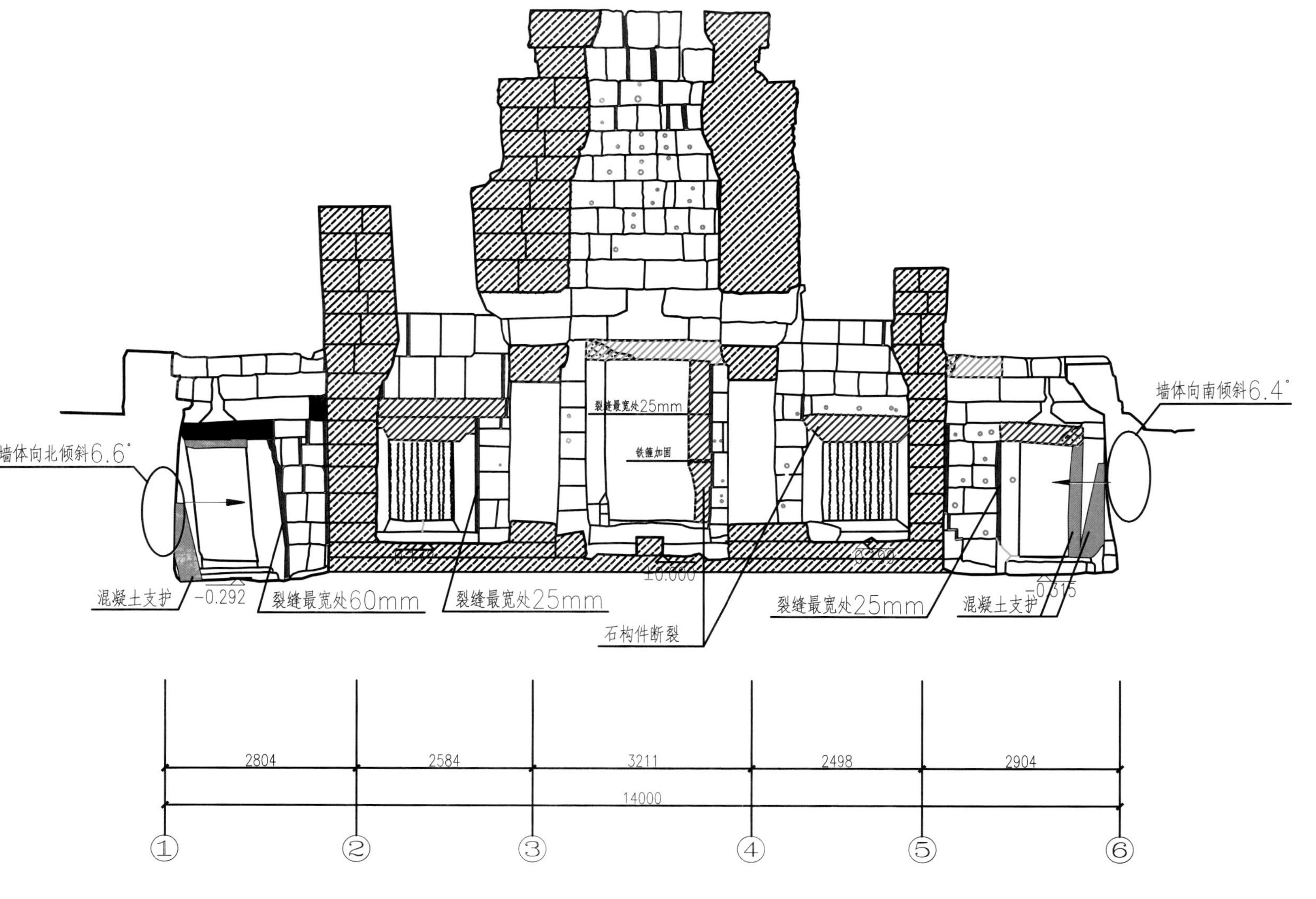

图10　东外塔门1-1剖面残损现状图

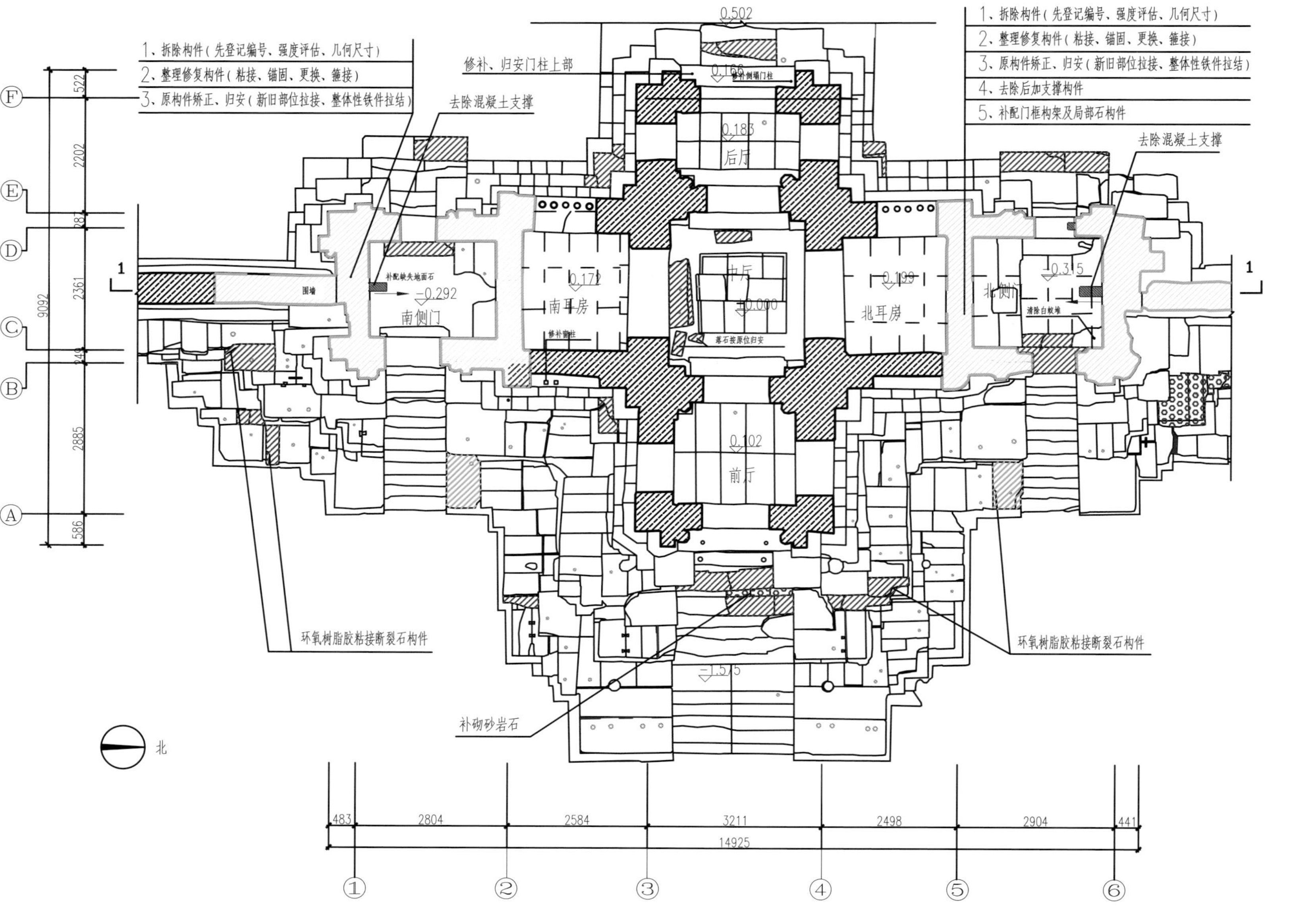

图11　东外塔门平面维修设计图

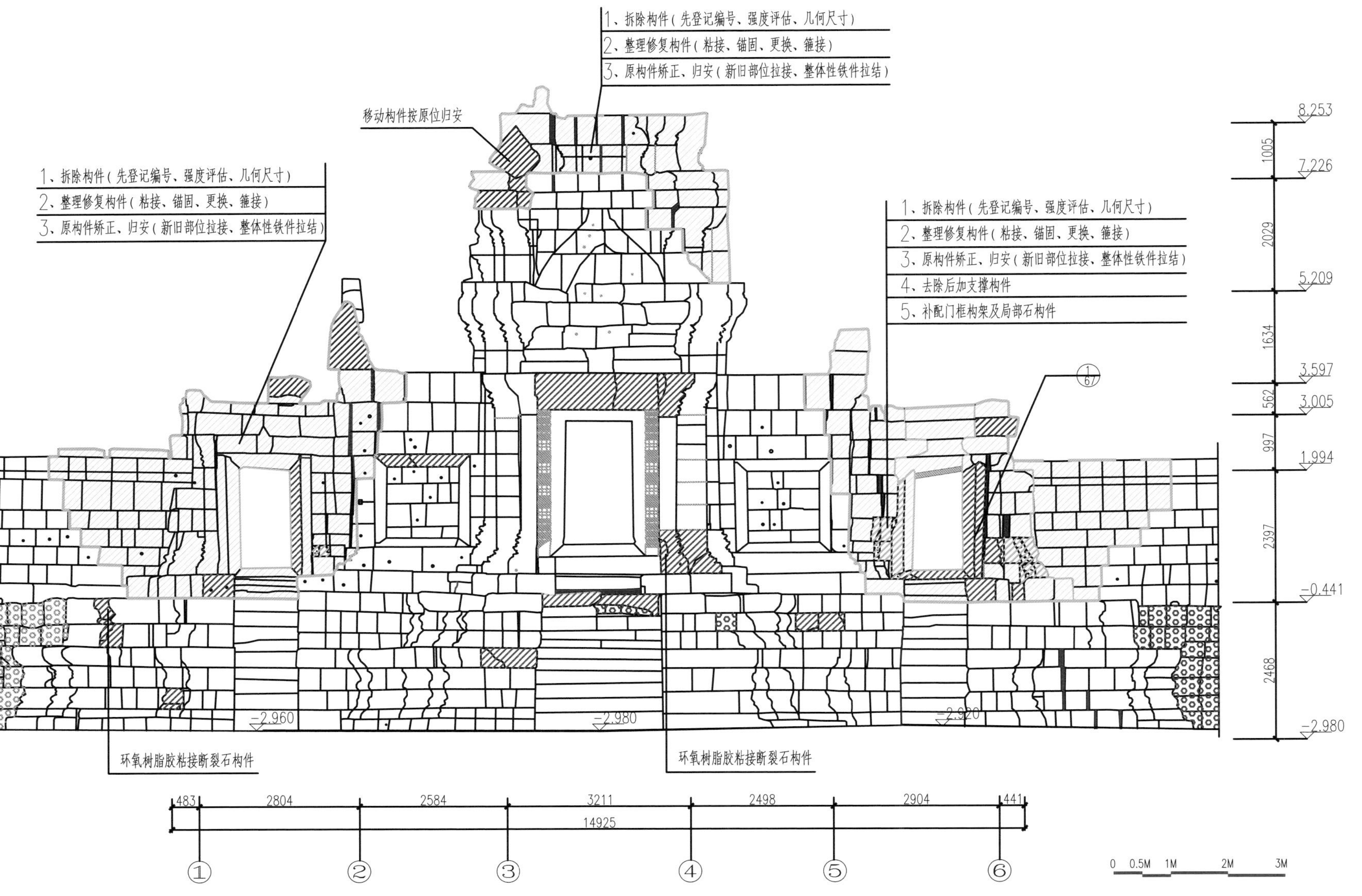

图12 东外塔门东立面维修设计图

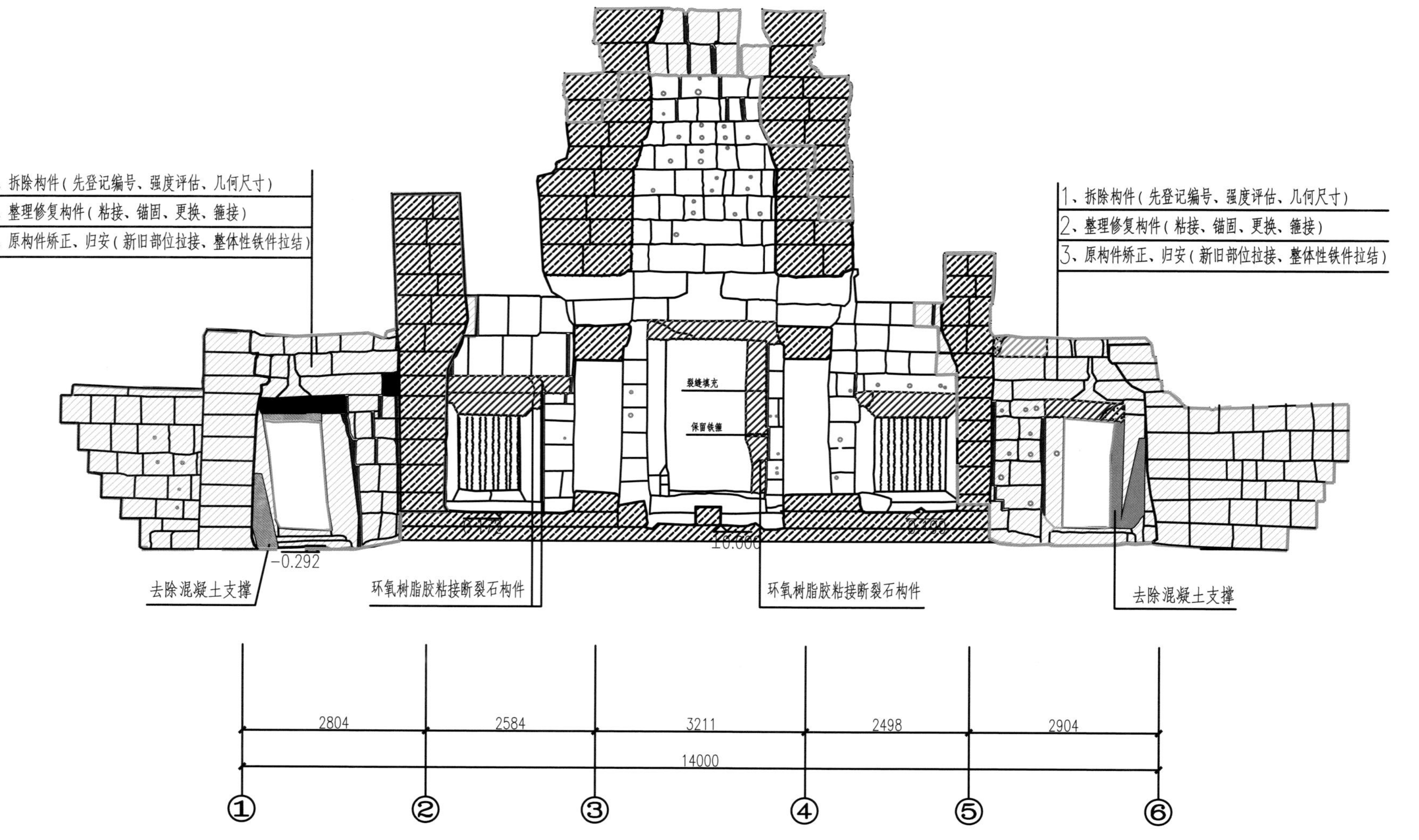

图13 东外塔门1-1剖面维修设计图

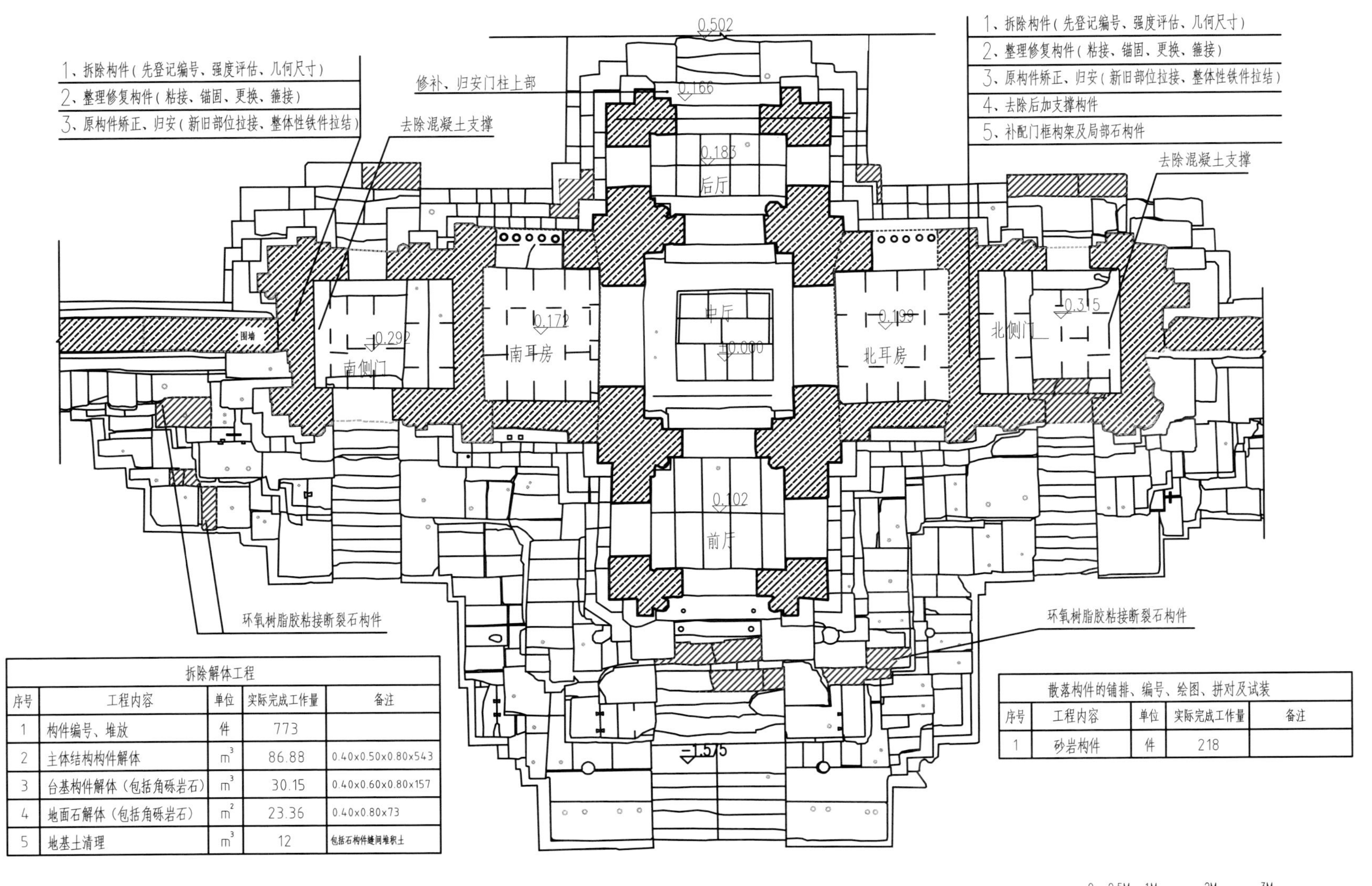

拆除解体工程

序号	工程内容	单位	实际完成工作量	备注
1	构件编号、堆放	件	773	
2	主体结构构件解体	m^3	86.88	0.40x0.50x0.80x543
3	台基构件解体（包括角砾岩石）	m^3	30.15	0.40x0.60x0.80x157
4	地面石解体（包括角砾岩石）	m^2	23.36	0.40x0.80x73
5	地基土清理	m^3	12	包括石构件缝间堆积土

散落构件的铺排、编号、绘图、拼对及试装

序号	工程内容	单位	实际完成工作量	备注
1	砂岩构件	件	218	

图14　东外塔门平面修复竣工图

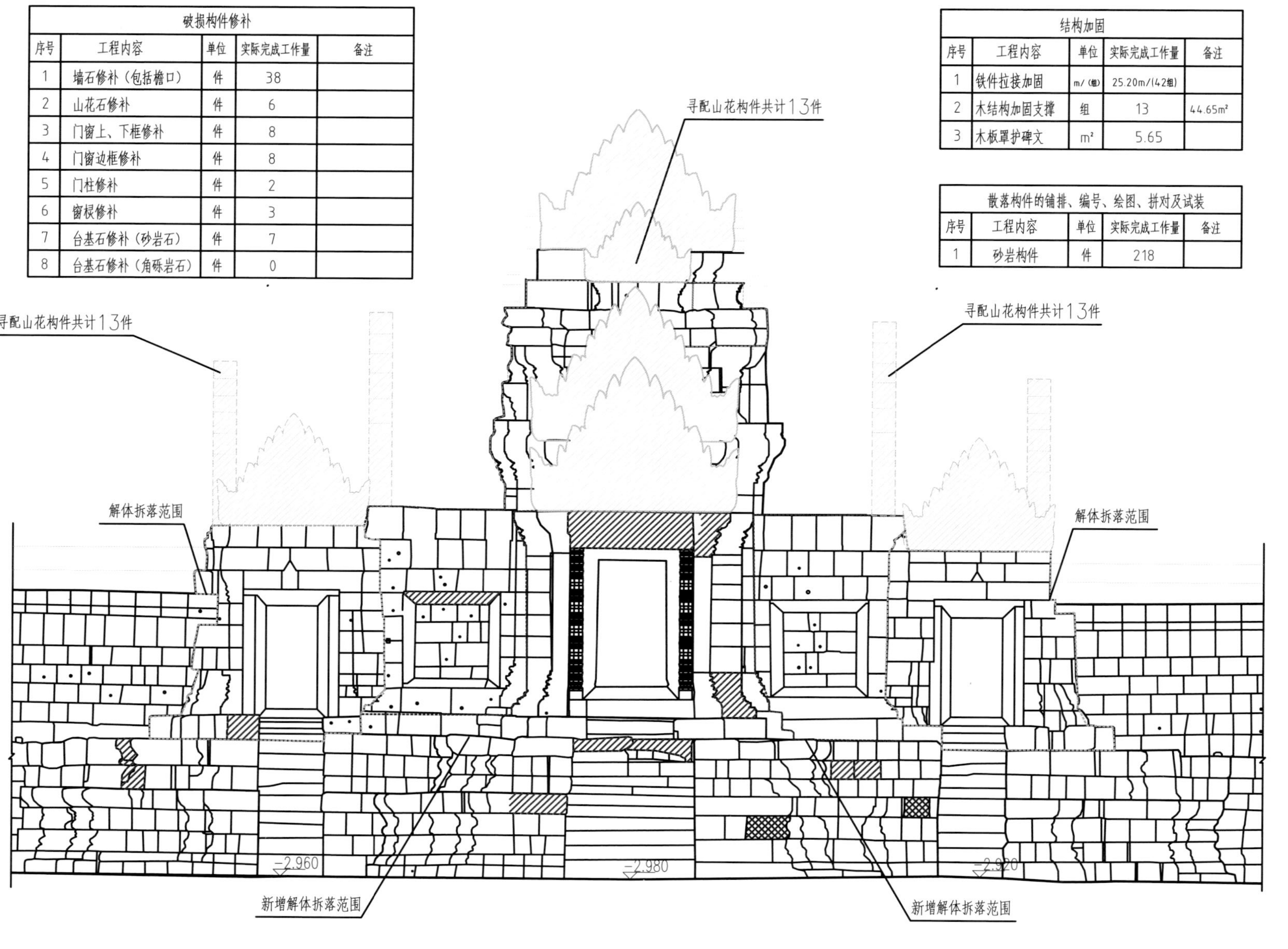

破损构件修补				
序号	工程内容	单位	实际完成工作量	备注
1	墙石修补（包括檐口）	件	38	
2	山花石修补	件	6	
3	门窗上、下框修补	件	8	
4	门窗边框修补	件	8	
5	门柱修补	件	2	
6	窗棂修补	件	3	
7	台基石修补（砂岩石）	件	7	
8	台基石修补（角砾岩石）	件	0	

结构加固				
序号	工程内容	单位	实际完成工作量	备注
1	铁件拉接加固	m/(组)	25.20m/(42组)	
2	木结构加固支撑	组	13	44.65m²
3	木板罩护碑文	m²	5.65	

散落构件的铺排、编号、绘图、拼对及试装				
序号	工程内容	单位	实际完成工作量	备注
1	砂岩构件	件	218	

图15 东外塔门东立面修复竣工图

新构件制安				
序号	工程内容	单位	实际完成工作量	备注
1	新制台基石制作(砂岩石)	件	22	
2	新制台基石安装(砂岩石)	m^3	3.2	
3	新制台基石制作(角砾岩)	件	28	
4	新制台基石安装(角砾岩)	m^3	4.5	
5	新制地面石（砂岩石）	件	6	
6	新制地面石安装（砂岩石）	m^2	1.9	
7	新制地面石（角砾岩石）	件	47	
8	新制地面石归安（角砾岩石）	m^2	15.04	
9	新制墙石制作	件	3	
10	新制墙石安装	m^3	0.40	
11	新制门上、下框制作	件	1	
12	新制门上、下框安装	件	1	
13	新制山花石（计算同墙石）	件	5	
14	新制山花石安装（计算同墙石）	m^3	1.21	

破损构件修补				
序号	工程内容	单位	实际完成工作量	备注
1	墙石修补（包括檐口）	件	38	
2	山花石修补	件	6	
3	门窗上、下框修补	件	8	
4	门窗边框修补	件	8	
5	门柱修补	件	2	
6	窗棂修补	件	3	
7	台基石修补（砂岩石）	件	7	
8	台基石修补（角砾岩石）	件	0	

结构加固				
序号	工程内容	单位	实际完成工作量	备注
1	铁件拉接加固	m/(组)	25.20m/(42组)	
2	木结构加固支撑	组	13	44.65m²
3	木板罩护碑文	m²	5.65	

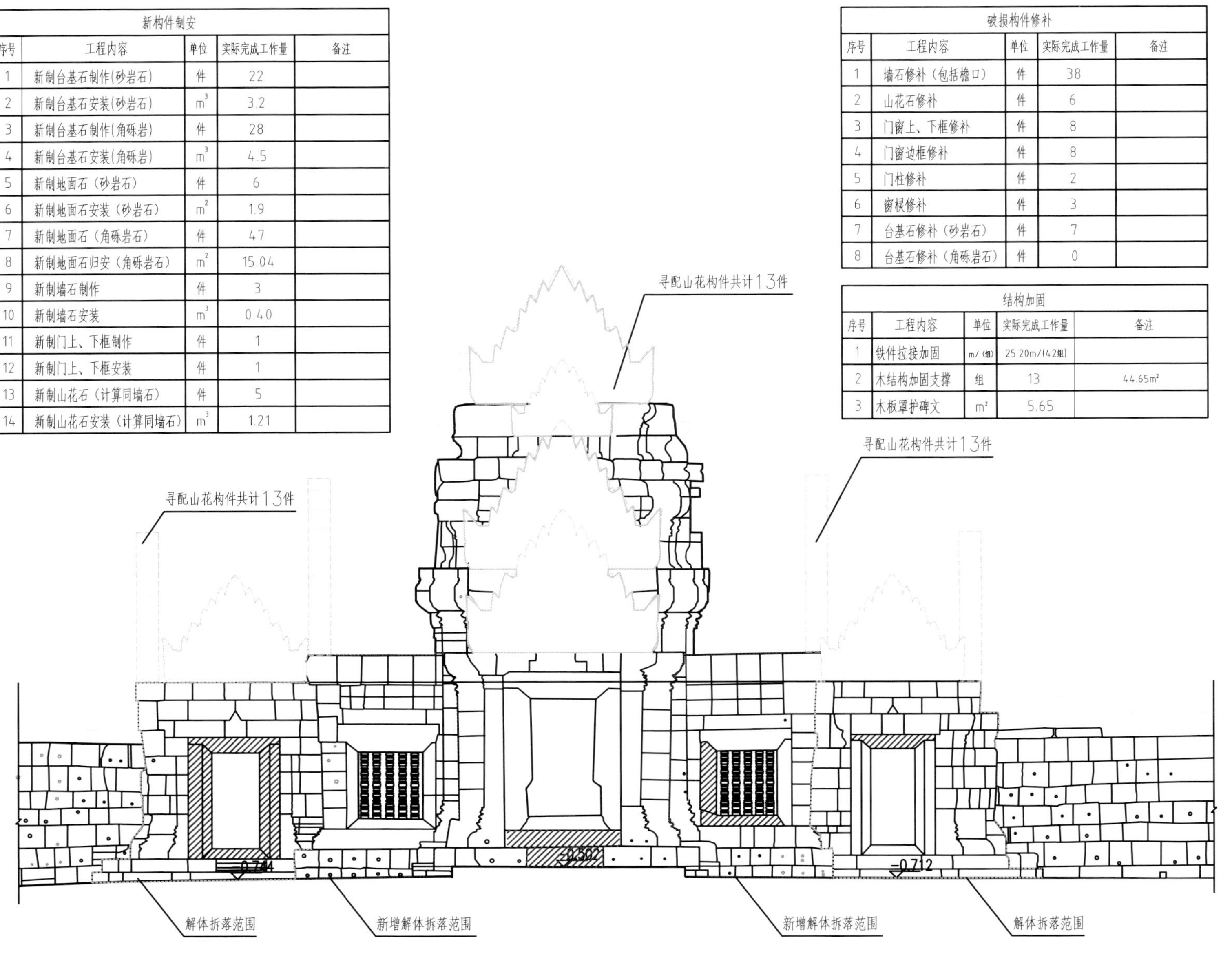

图16 东外塔门西立面修复竣工图

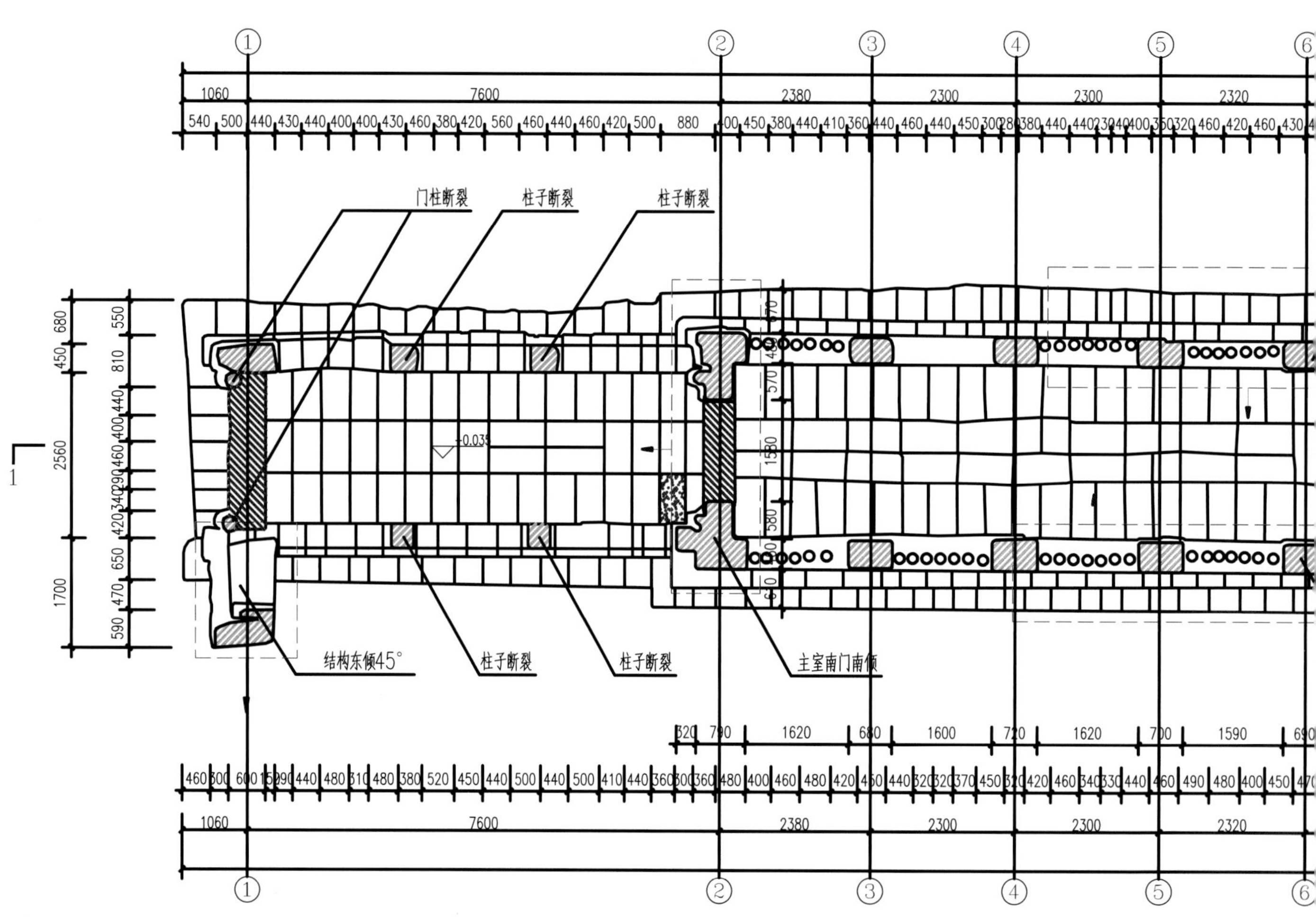
门柱断裂
柱子断裂
柱子断裂
结构东倾45°
柱子断裂
柱子断裂
主室南门南倾

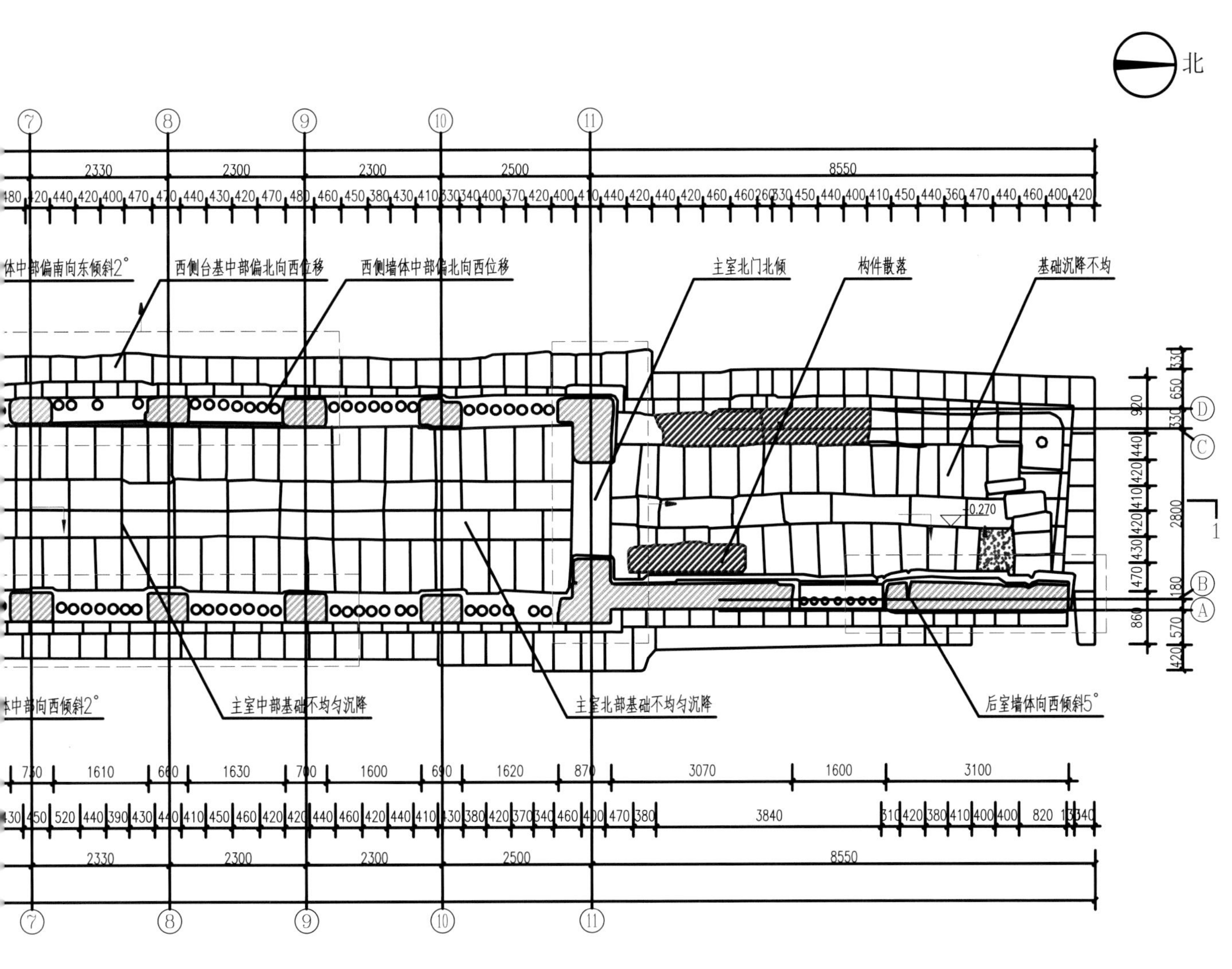

图17　北外长厅平面残损现状图

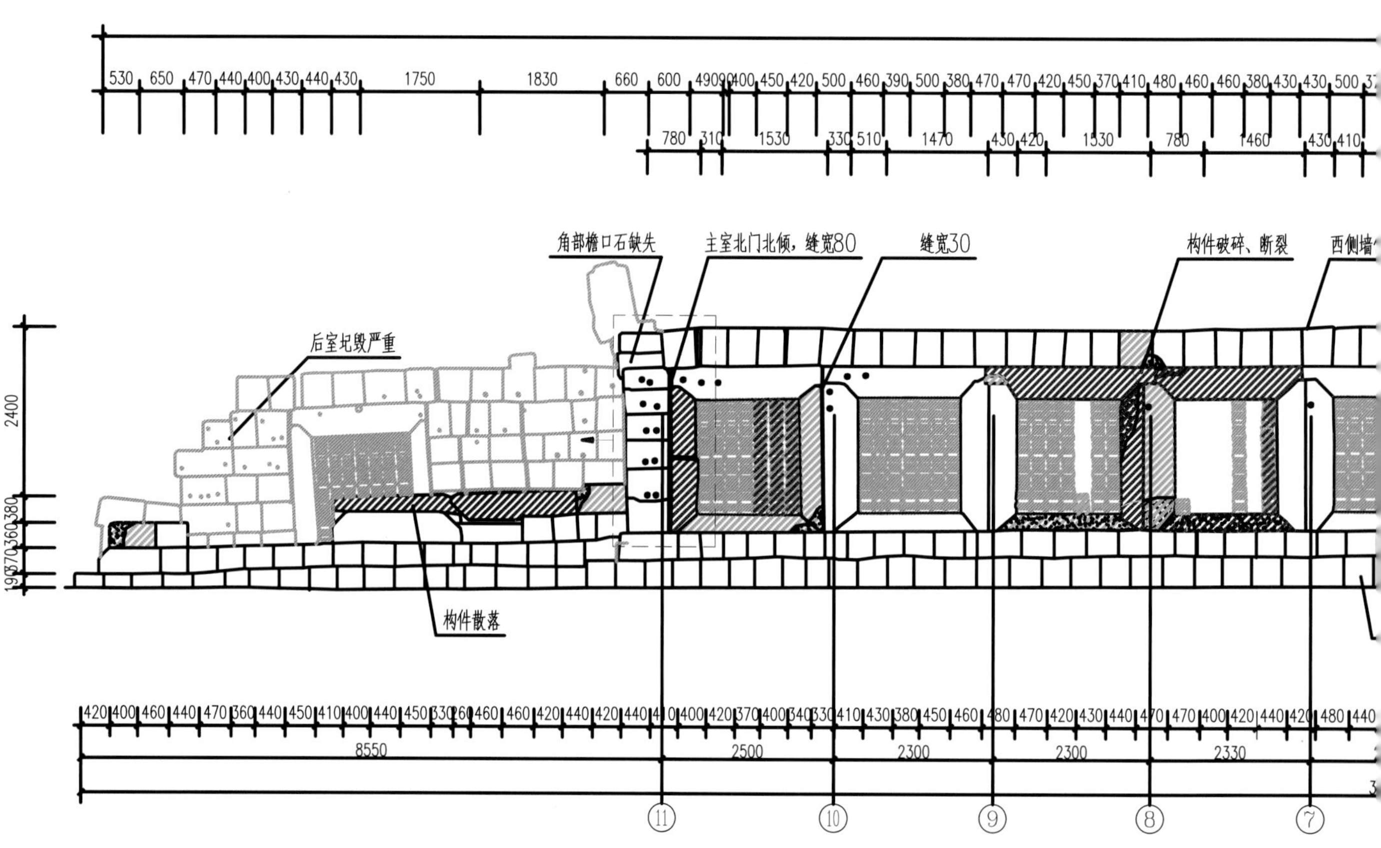
角部檐口石缺失
主室北门北倾，缝宽80
缝宽30
构件破碎、断裂
后室圮毁严重
构件散落
8550
2500
2300
2300
2330

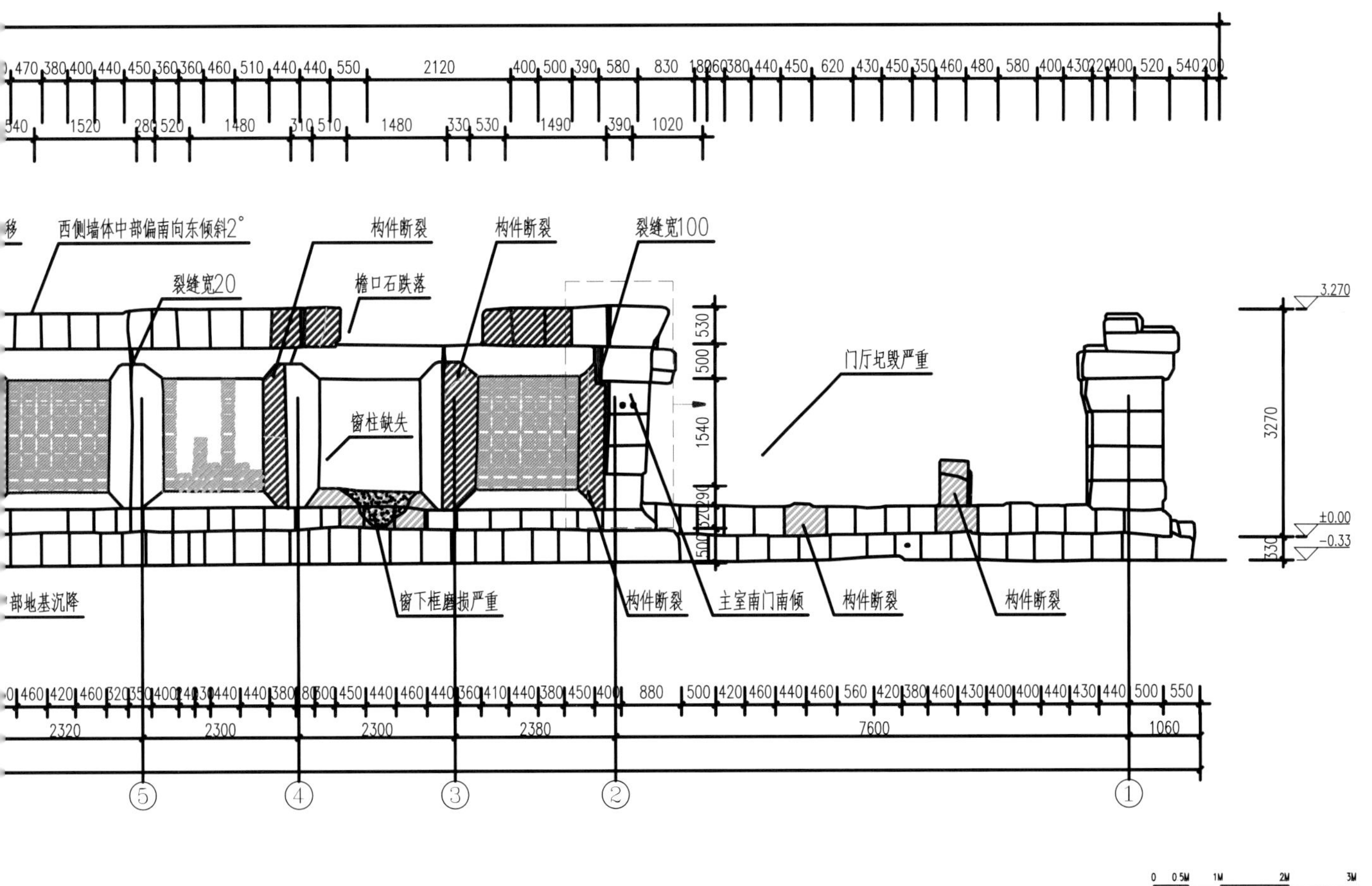

图18　北外长厅西立面残损现状图

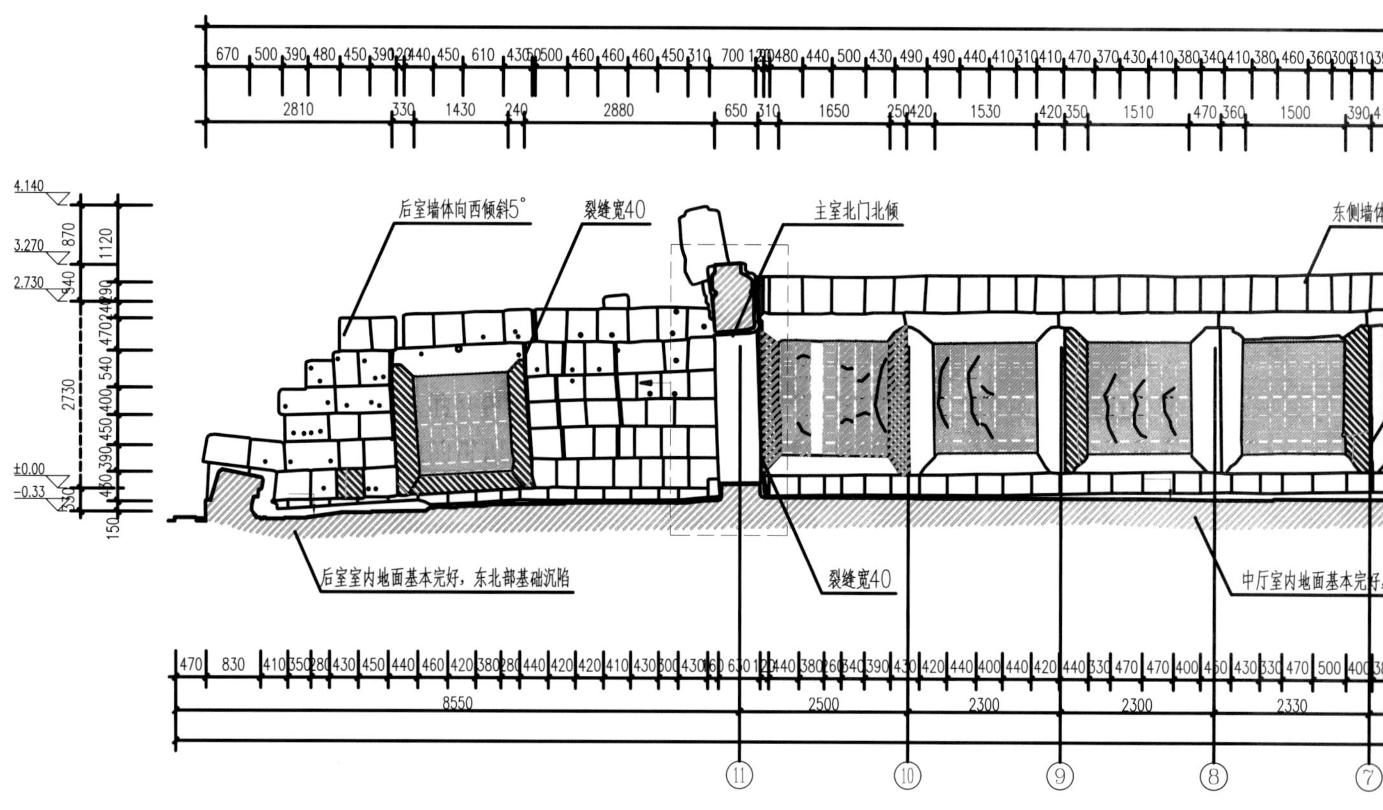

后室墙体向西倾斜5°
裂缝宽40
主室北门北倾
东侧墙体
后室室内地面基本完好，东北部基础沉陷
裂缝宽40
中厅室内地面基本完

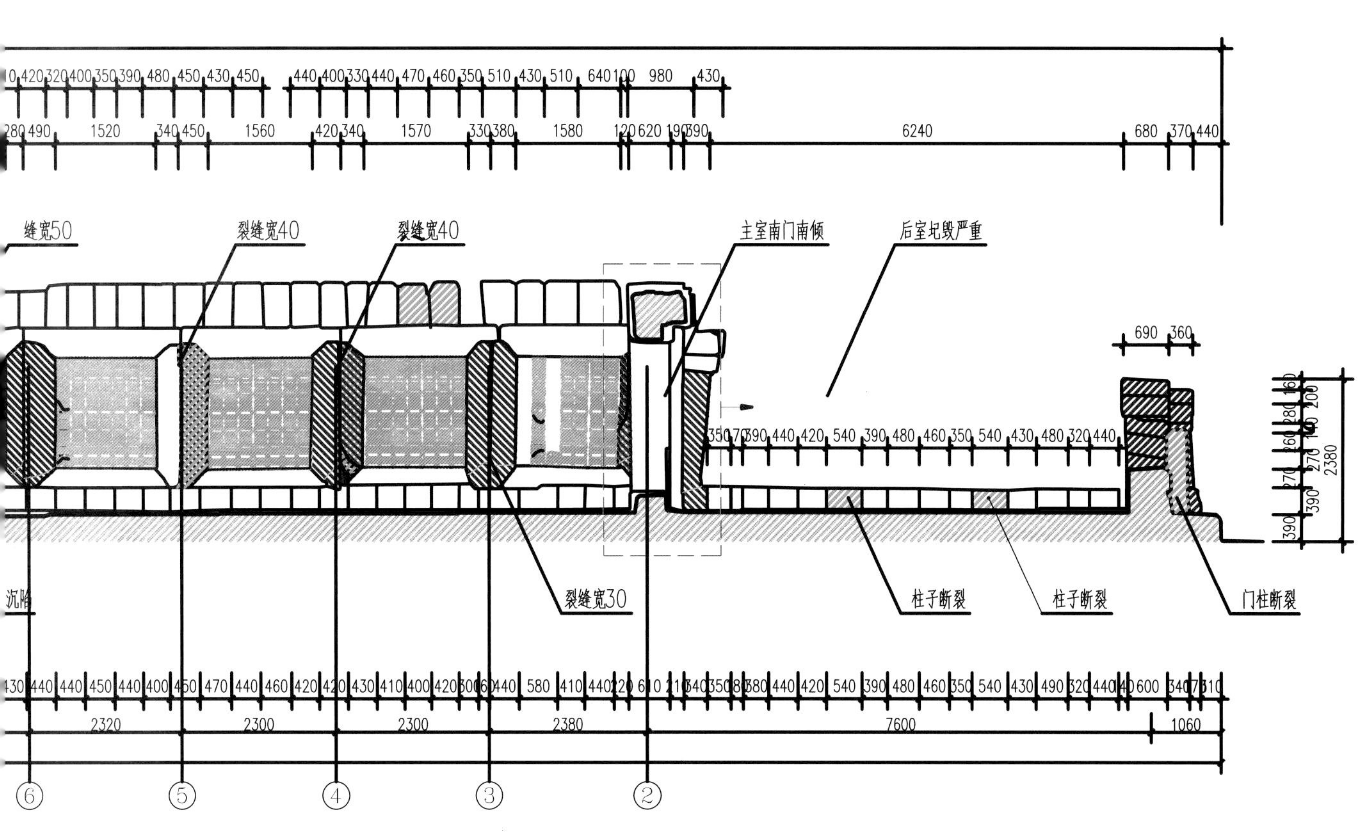

图19　北外长厅1-1剖面残损现状图

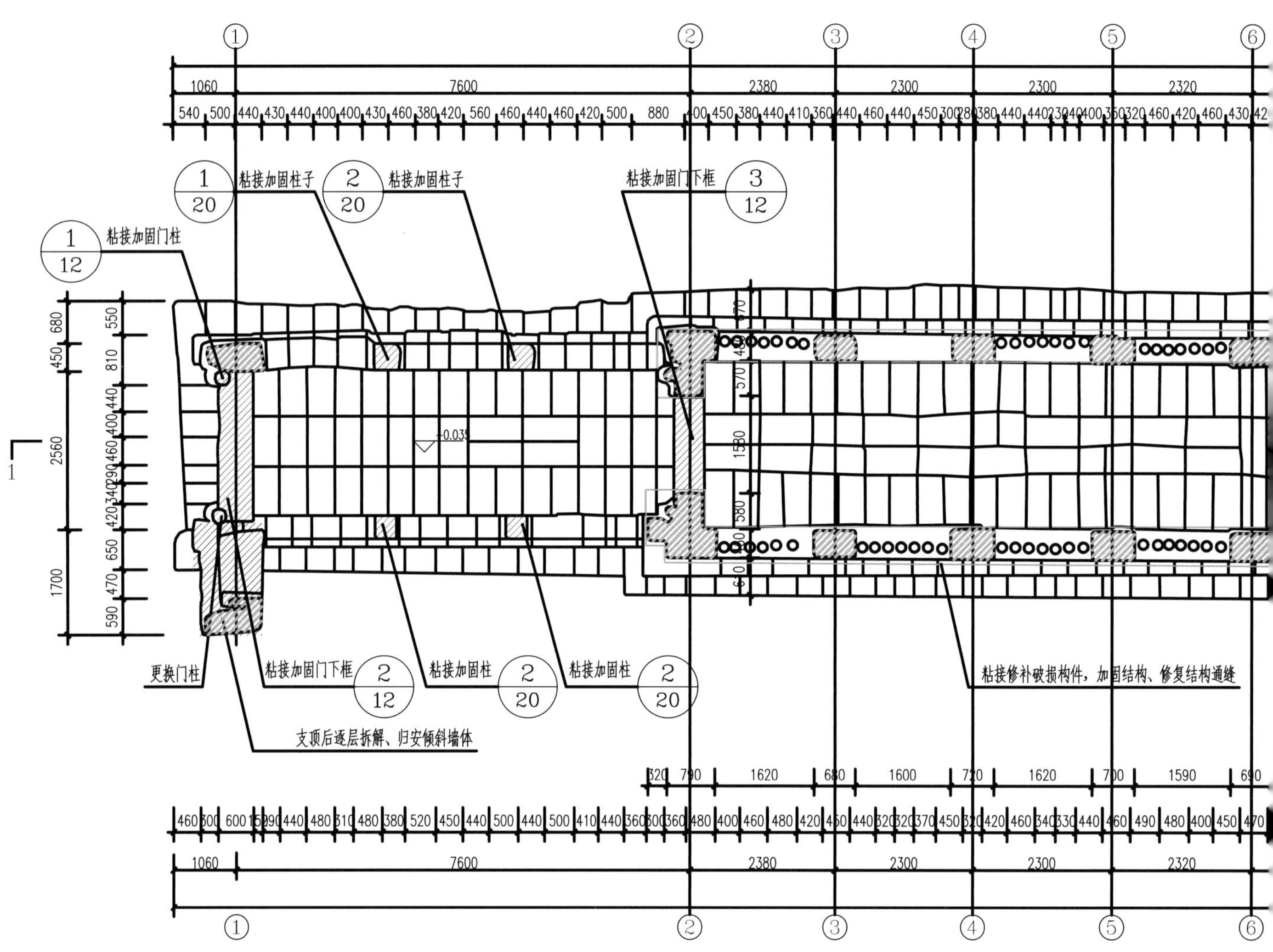
粘接加固柱子
粘接加固柱子
粘接加固门下框
粘接加固门柱
更换门柱
粘接加固门下框
粘接加固柱
粘接加固柱
支顶后逐层拆解、归安倾斜墙体
粘接修补破损构件，加固结构、修复结构通缝
1060
7600
2380
2300
2300
2320

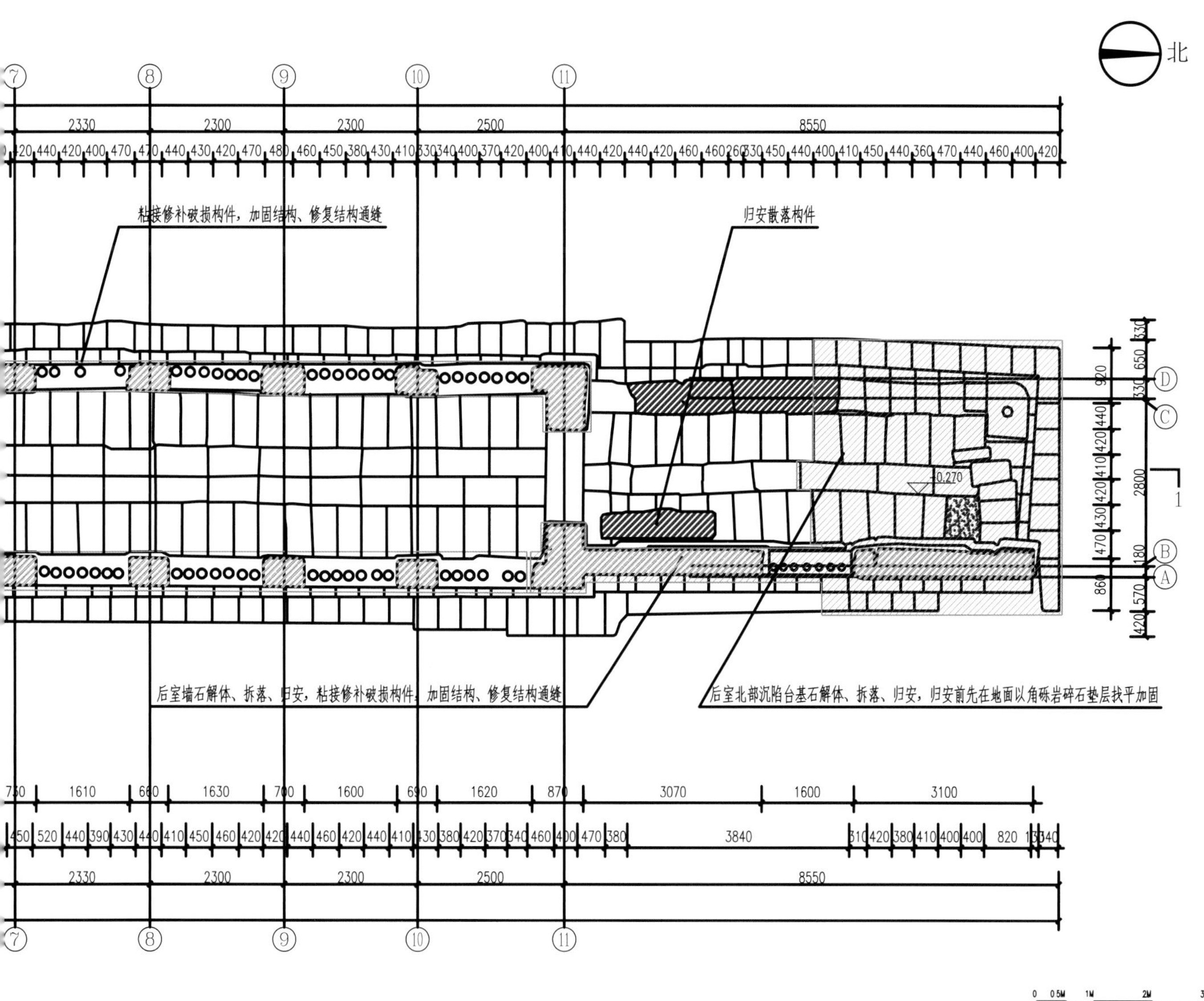

图20　北外长厅平面维修设计图

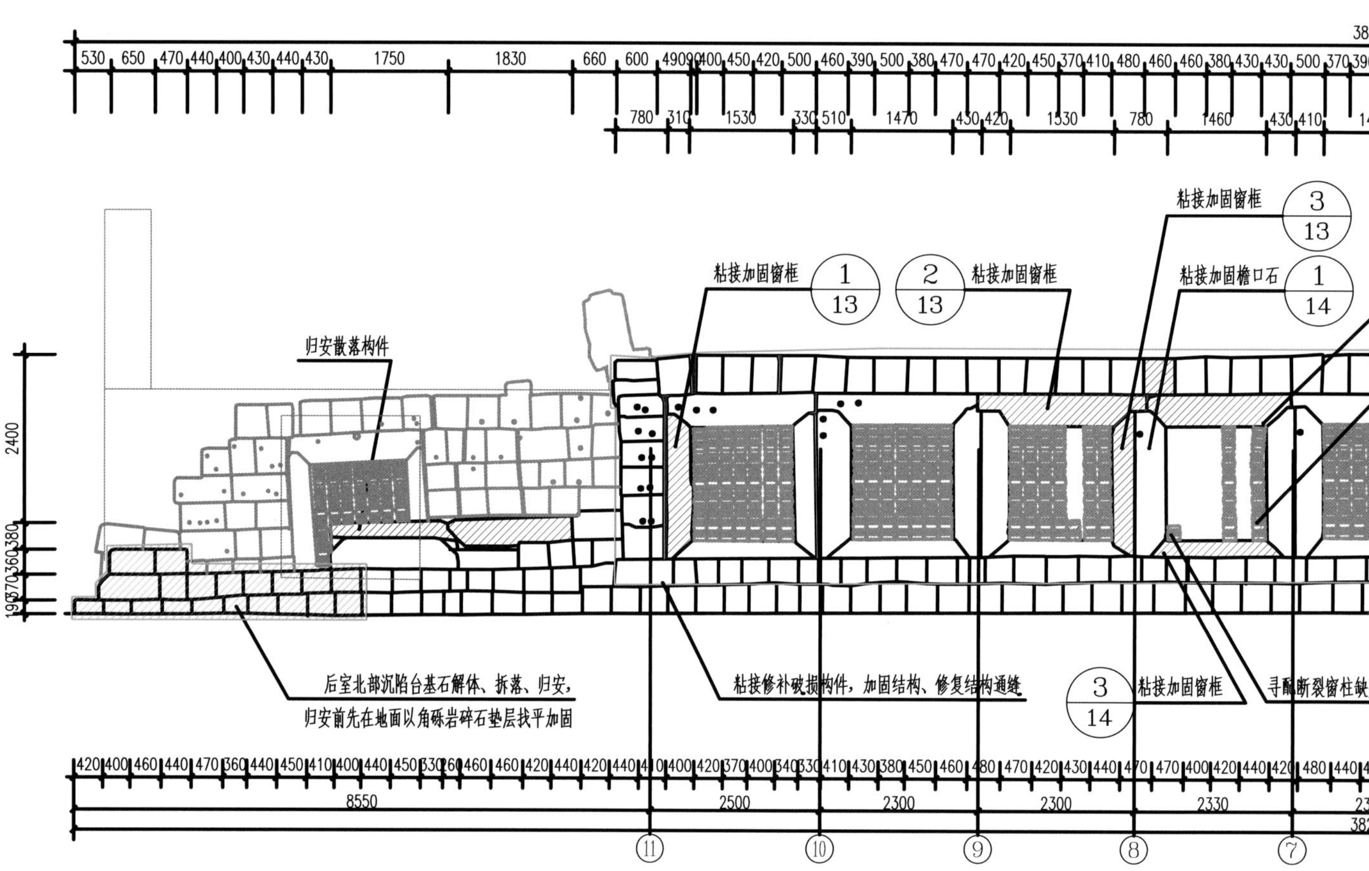
归安散落构件
粘接加固窗框
粘接加固窗框
粘接加固窗框
粘接加固檐口石
后室北部沉陷台基石解体、拆落、归安，
归安前先在地面以角砾岩碎石垫层找平加固
粘接修补破损构件，加固结构、修复结构通缝
粘接加固窗框
8550
2500
2300
2300
2330
2400

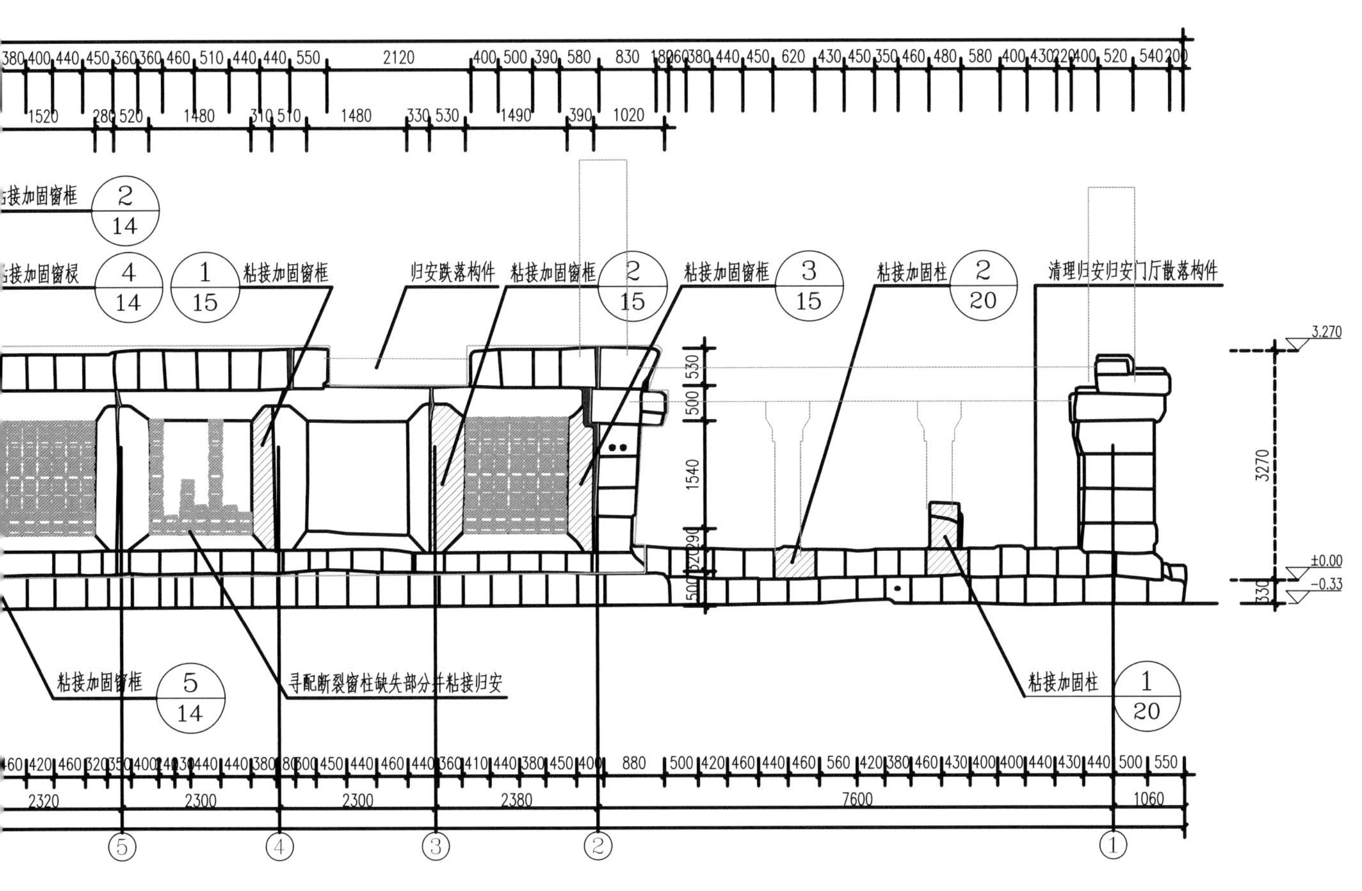

图21　北外长厅西立面维修设计图

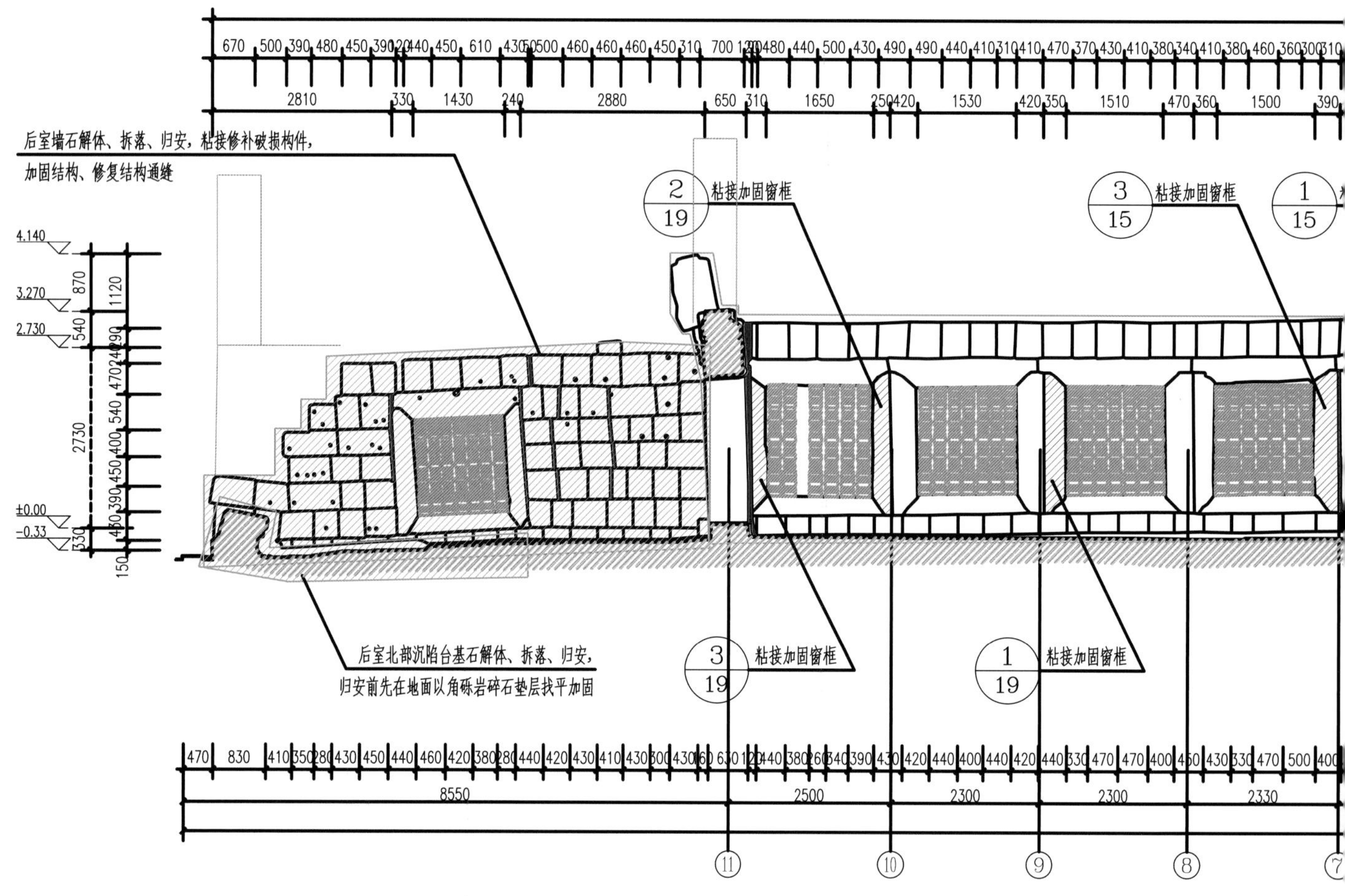
后室墙石解体、拆落、归安，粘接修补破损构件，
加固结构、修复结构通缝
粘接加固窗框
粘接加固窗框
粘接加固窗框
粘接加固窗框
后室北部沉陷台基石解体、拆落、归安，
归安前先在地面以角砾岩碎石垫层找平加固
8550
2500
2300
2300
2330

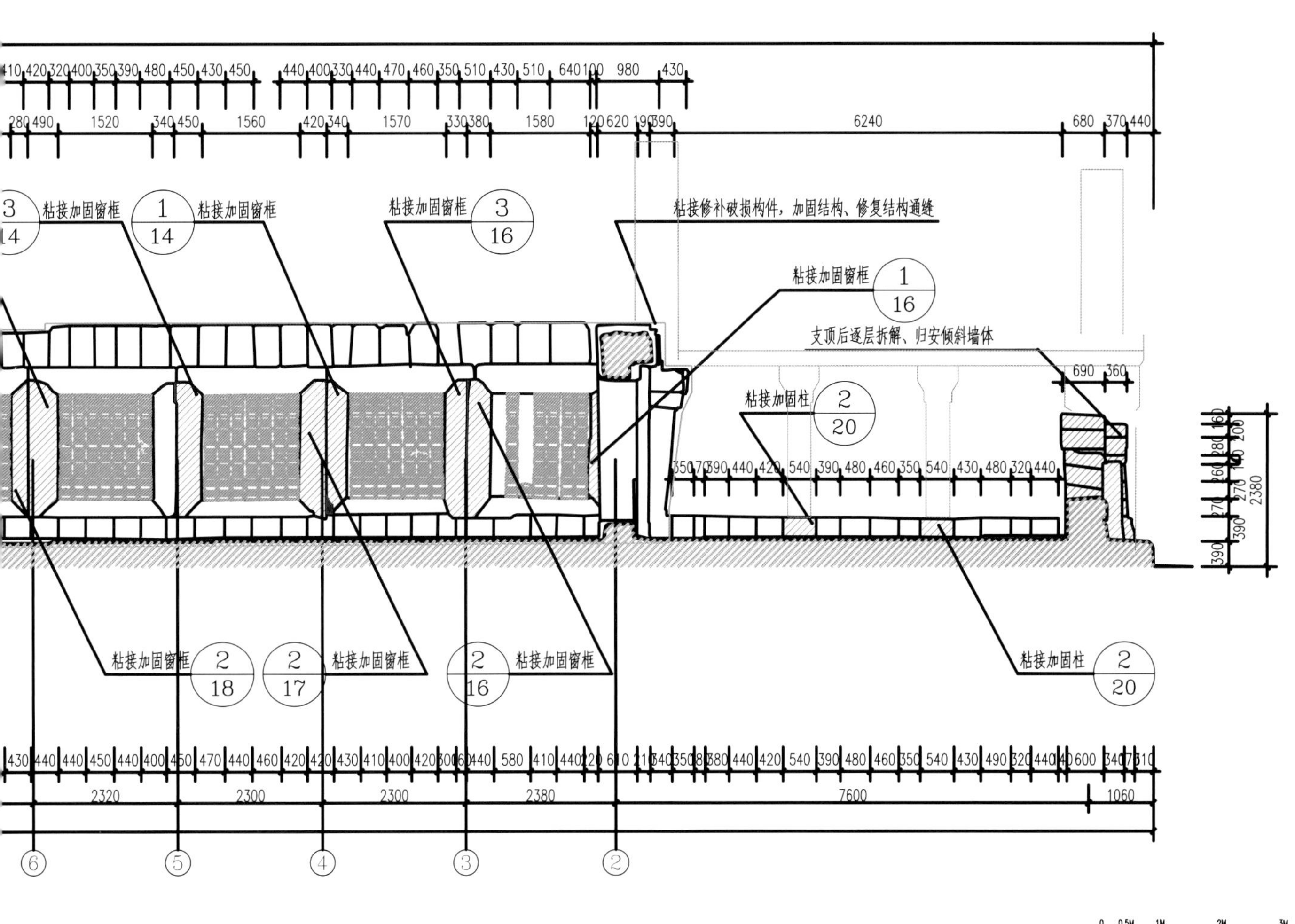

图22 北外长厅1-1剖面维修设计图

新构件制安				
序号	工程内容	单位	实际完成工作量	备注
1	新制墙石制作	件	19	
2	新制墙石安装	m^3	2.1	
3	新制门柱制作	件	3	
4	新制门柱安装	件	3	
5	新制门上、下框制作	件	2	
6	新制门上、下框安装	件	2	
7	新制山花石（计算同墙石）	件	2	
8	新制山花石安装（计算同墙石）	m^3	1	

解体构件归安				
序号	工程内容	单位	实际完成工作量	备注
1	墙石归安（包括檐口）	m^3	53	解体+寻配石构件
2	门窗上、下框归安	件	52	
3	门窗边框归安	件	55	
4	门柱归安	件	6	
5	窗柱归安	件	133	
6	山花石归安	m^3	23	

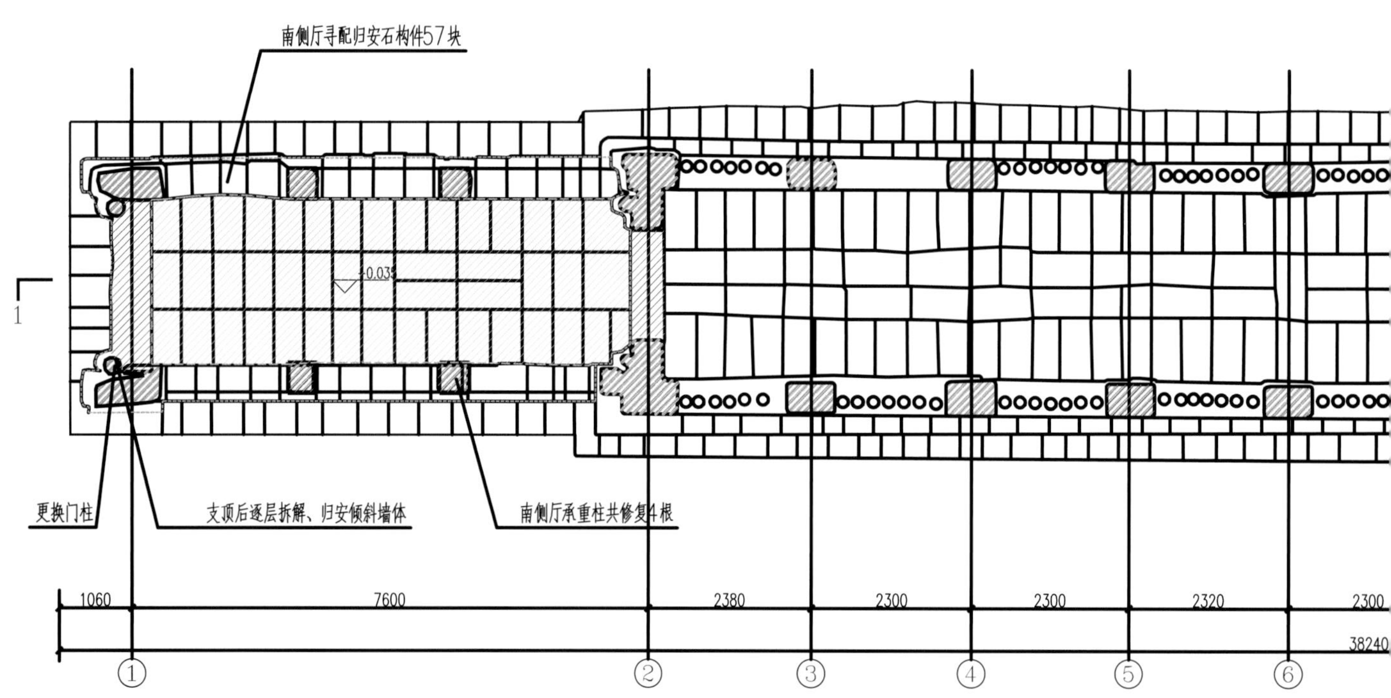

散落构件的铺排、编号、绘图、拼对及试装			
工程内容	单位	实际完成工作量	备注
砂岩构件	件	206	寻配

拆除解体工程			
工程内容	单位	实际完成工作量	备注
构件编号、堆放	件	681	
主室及抱厦石构件解体	m^3	76.20	主室及抱厦投影面积(20.70+0.35)m^2 主室及抱厦高3.62m(不含山花)

破损构件修补				
序号	工程内容	单位	实际完成工作量	备注
1	墙石修补(包括檐口)	件	8	
2	山花石修补	件	6	
3	门窗上、下框修补	件	9	
4	门窗边框修补	件	23	
5	门柱修补	件	3	

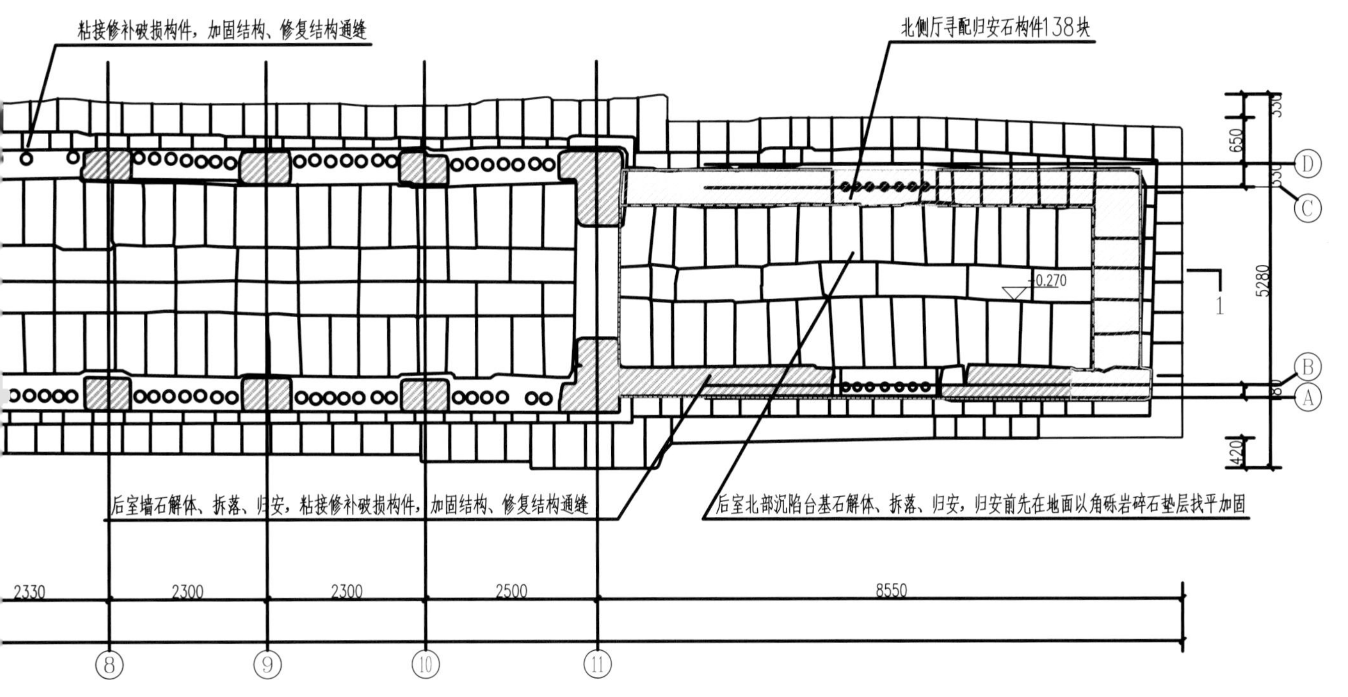

图23　北外长厅平面修复竣工图

新构件制安				
序号	工程内容	单位	实际完成工作量	备注
1	新制墙石制作	件	19	
2	新制墙石安装	m^3	2.1	
3	新制门柱制作	件	3	
4	新制门柱安装	件	3	
5	新制门上、下框制作	件	2	
6	新制门上、下框安装	件	2	
7	新制山花石（计算同墙石）	件	2	
8	新制山花石安装（计算同墙石）	m^3	1	

解体构件归安				
序号	工程内容	单位	实际完成工作量	备注
1	墙石归安（包括檐口）	m^3	53	解体+寻配石构件
2	门窗上、下框归安	件	52	
3	门窗边框归安	件	55	
4	门柱归安	件	6	
5	窗柱归安	件	133	
6	山花石归安	m^3	23	

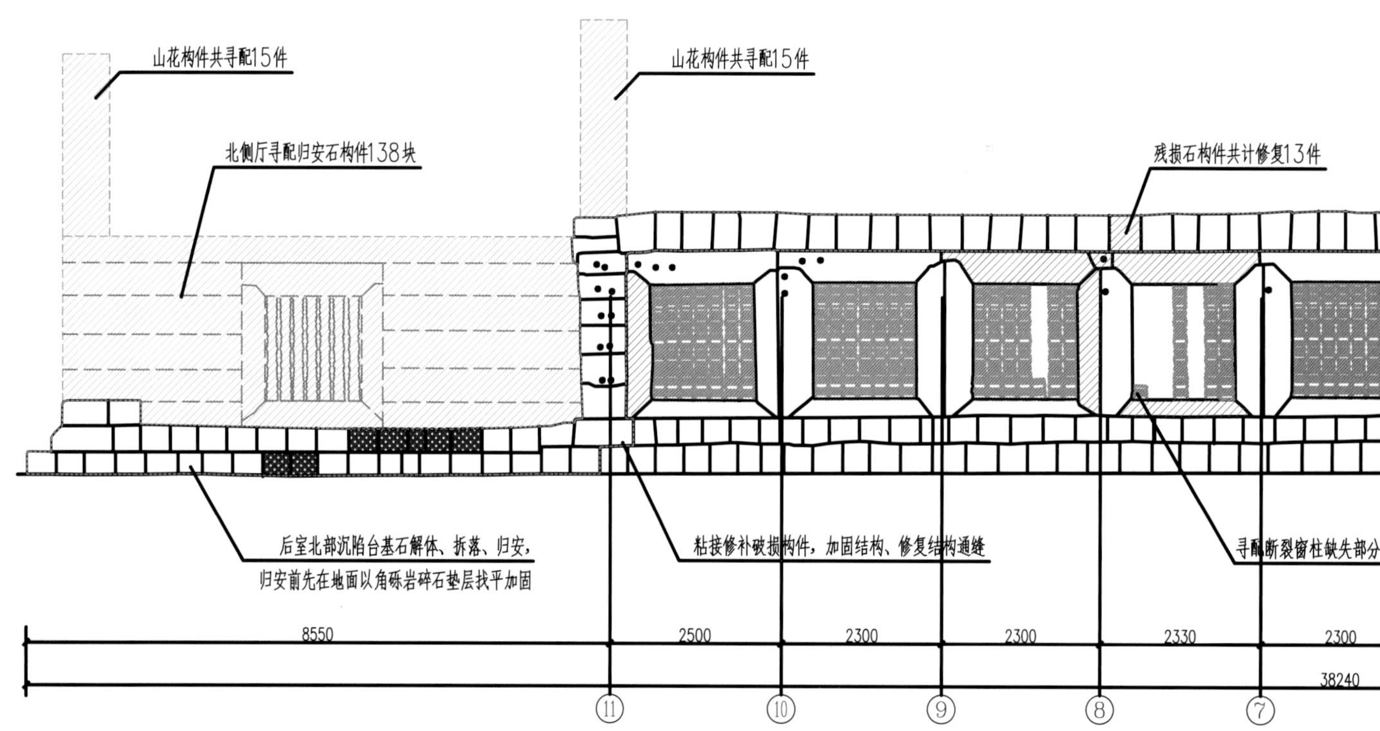

号	工程内容	单位	实际完成工作量	备注
散落构件的铺排、编号、绘图、拼对及试装				
	砂岩构件	件	206	寻配

号	工程内容	单位	实际完成工作量	备注
拆除解体工程				
	构件编号、堆放	件	681	
	主室及抱厦石构件解体	m^3	76.20	主室及抱厦投影面积（20.70+0.35）m^2 主室及抱厦高3.62m（不含山花）

序号	工程内容	单位	实际完成工作量	备注
破损构件修补				
1	墙石修补（包括檐口）	件	8	
2	山花石修补	件	6	
3	门窗上、下框修补	件	9	
4	门窗边框修补	件	23	
5	门柱修补	件	3	

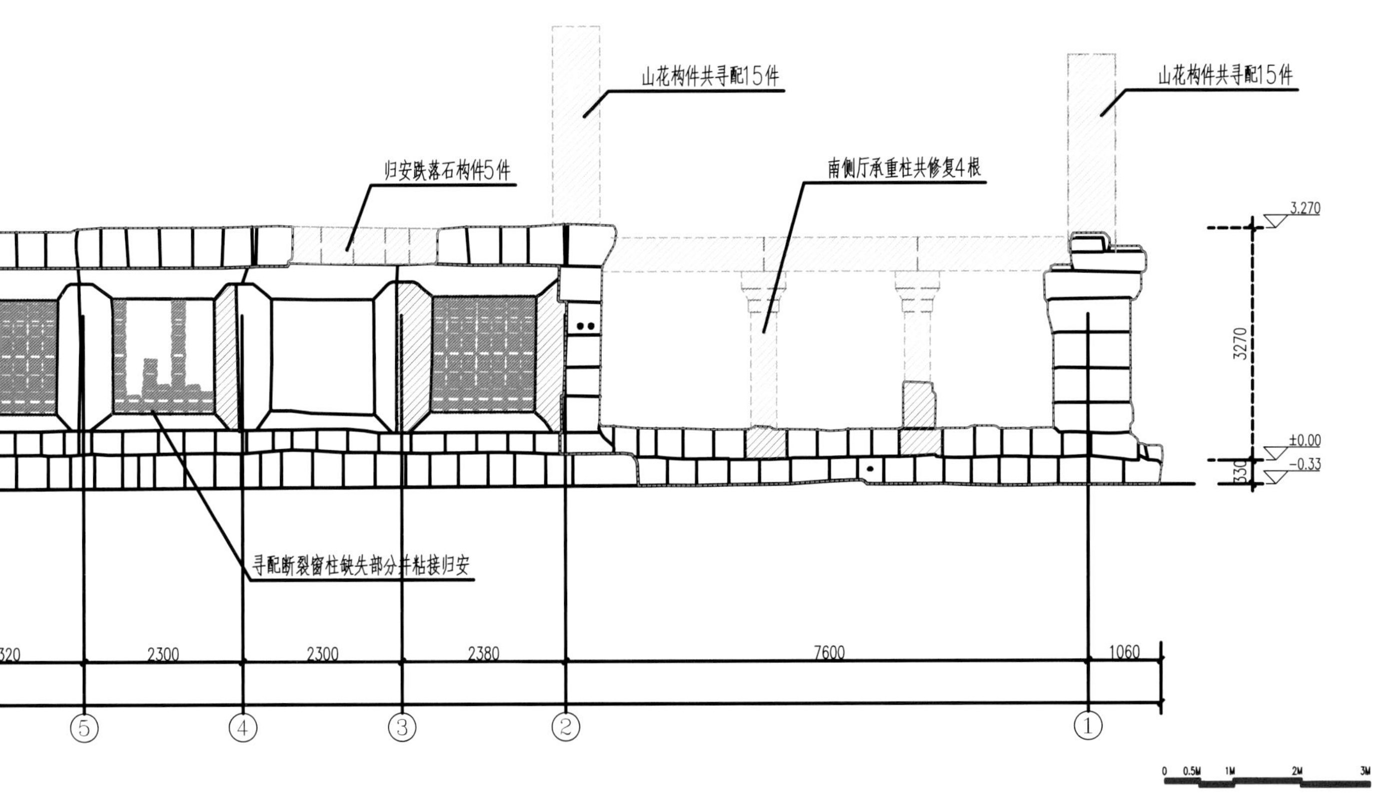

图24　北外长厅西立面修复竣工图

新构件制安				
序号	工程内容	单位	实际完成工作量	备注
1	新制墙石制作	件	19	
2	新制墙石安装	m^3	2.1	
3	新制门柱制作	件	3	
4	新制门柱安装	件	3	
5	新制门上、下框制作	件	2	
6	新制门上、下框安装	件	2	
7	新制山花石（计算同墙石）	件	2	
8	新制山花石安装（计算同墙石）	m^3	1	

解体构件归安				
序号	工程内容	单位	实际完成工作量	备注
1	墙石归安（包括檐口）	m^3	53	解体+寻配石构件
2	门窗上、下框归安	件	52	
3	门窗边框归安	件	55	
4	门柱归安	件	6	
5	窗柱归安	件	133	
6	山花石归安	m^3	23	

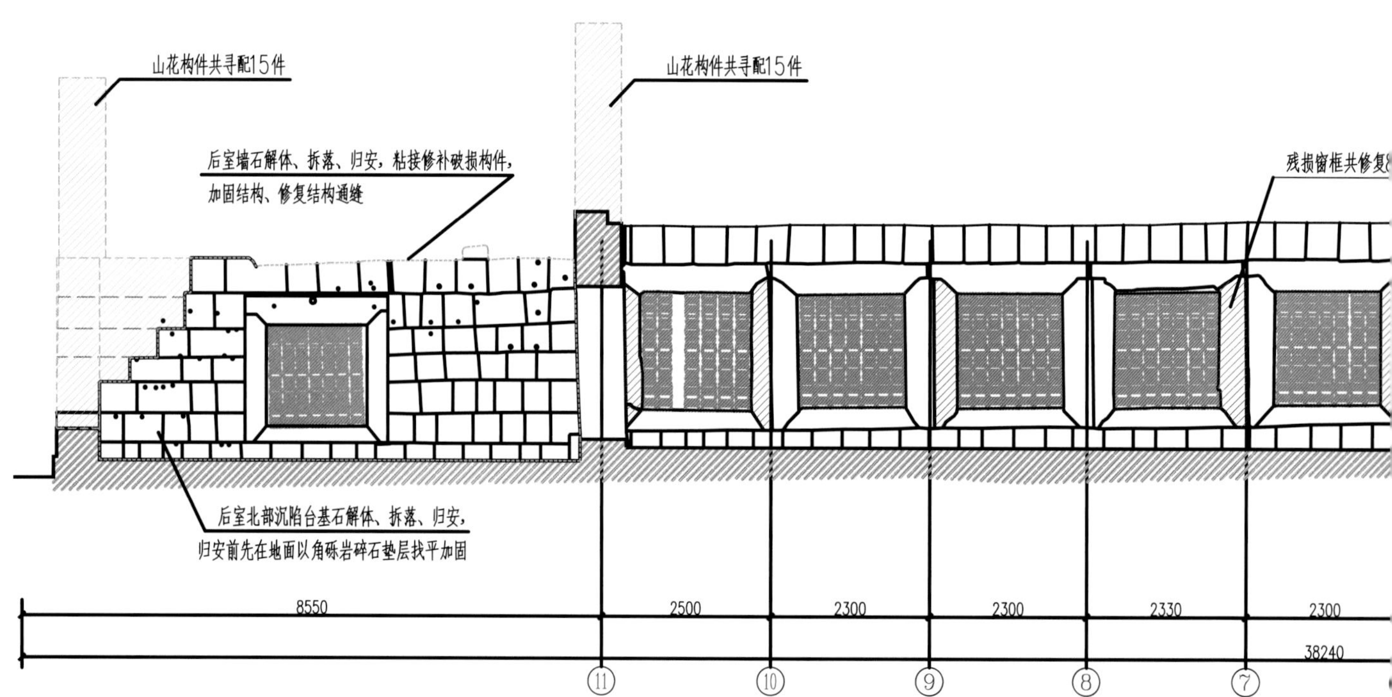

散落构件的铺排、编号、绘图、拼对及试装				
号	工程内容	单位	实际完成工作量	备注
1	砂岩构件	件	206	寻配

拆除解体工程				
号	工程内容	单位	实际完成工作量	备注
1	构件编号、堆放	件	681	
2	主室及抱厦石构件解体	m^3	76.20	主室及抱厦投影面积（20.70+0.35）m^2 主室及抱厦高3.62m（不含山花）

破损构件修补				
序号	工程内容	单位	实际完成工作量	备注
1	墙石修补（包括檐口）	件	8	
2	山花石修补	件	6	
3	门窗上、下框修补	件	9	
4	门窗边框修补	件	23	
5	门柱修补	件	3	

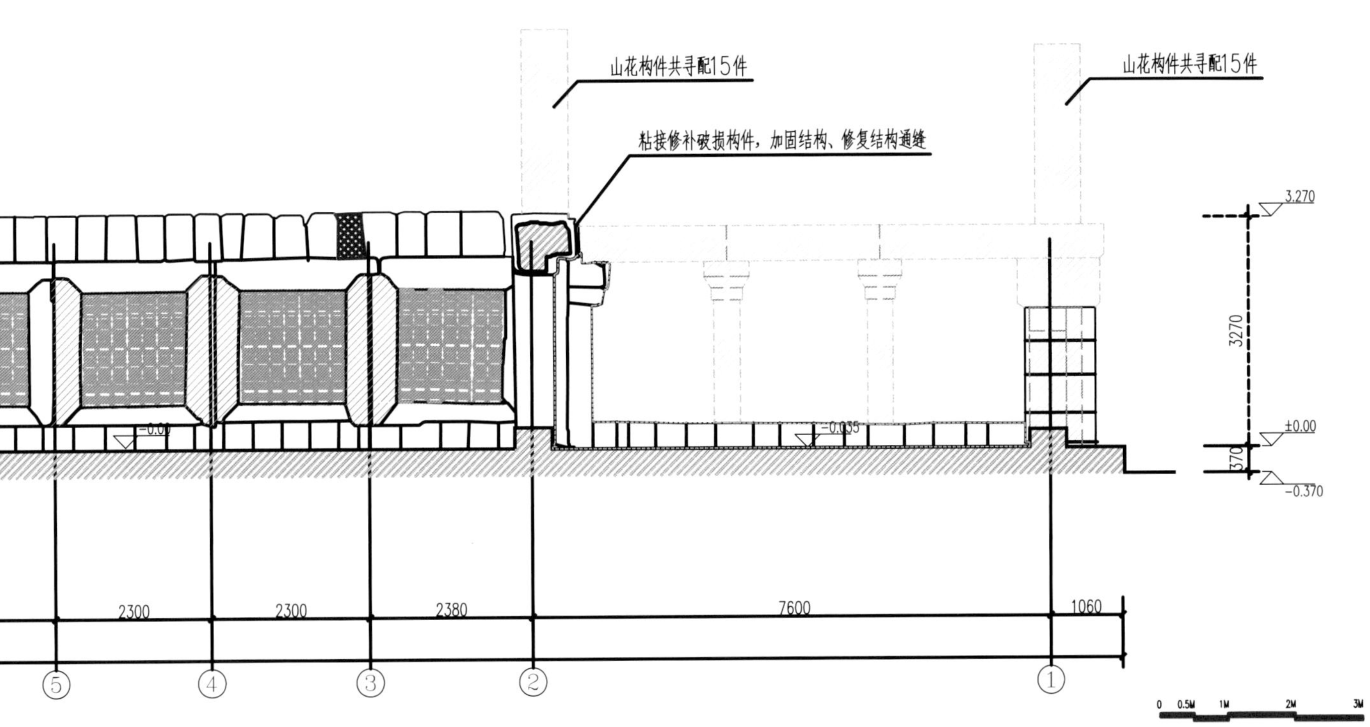

图25　北外长厅1-1剖面修复竣工图

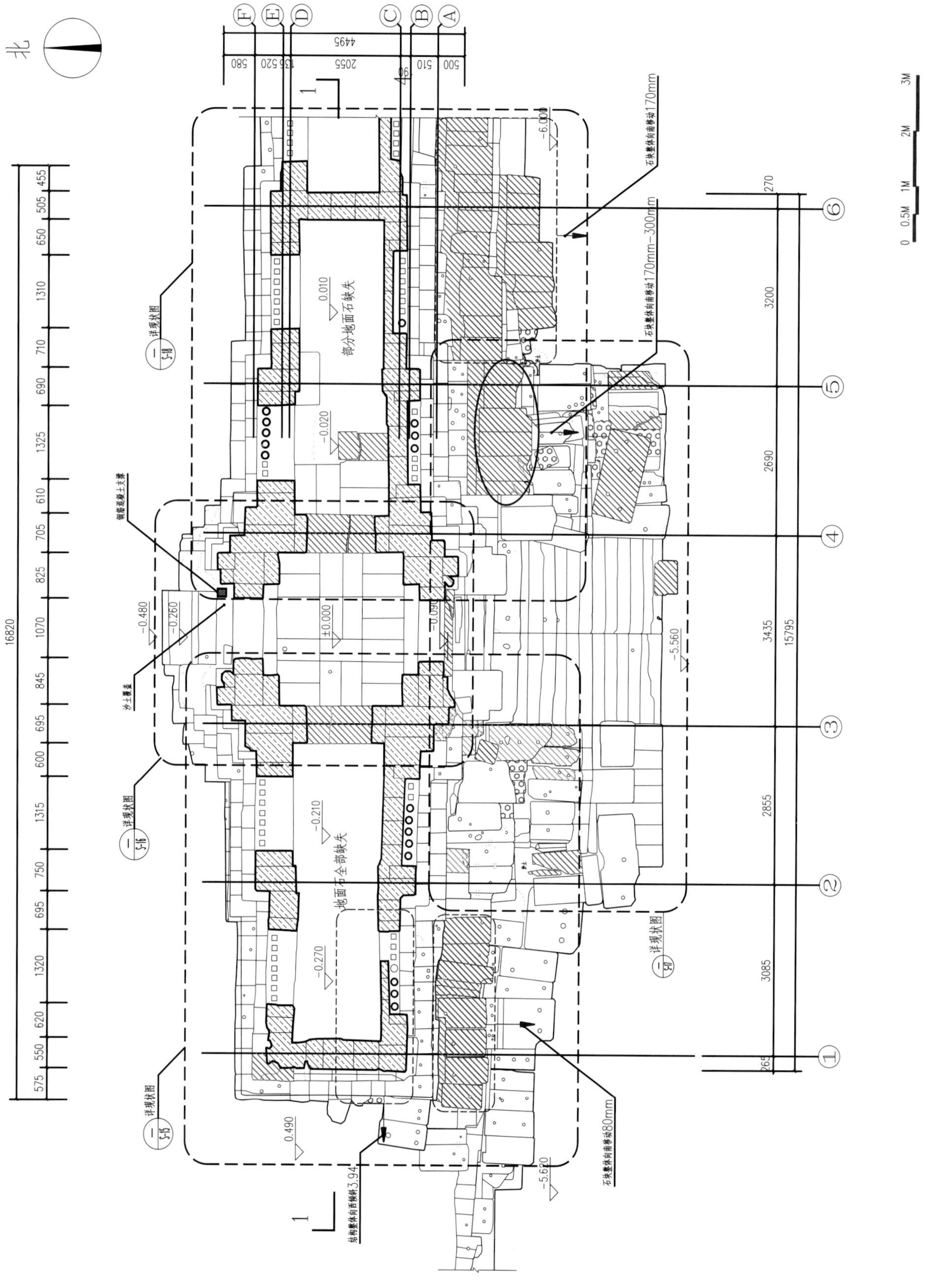

图26　南内塔门平面残损现状图

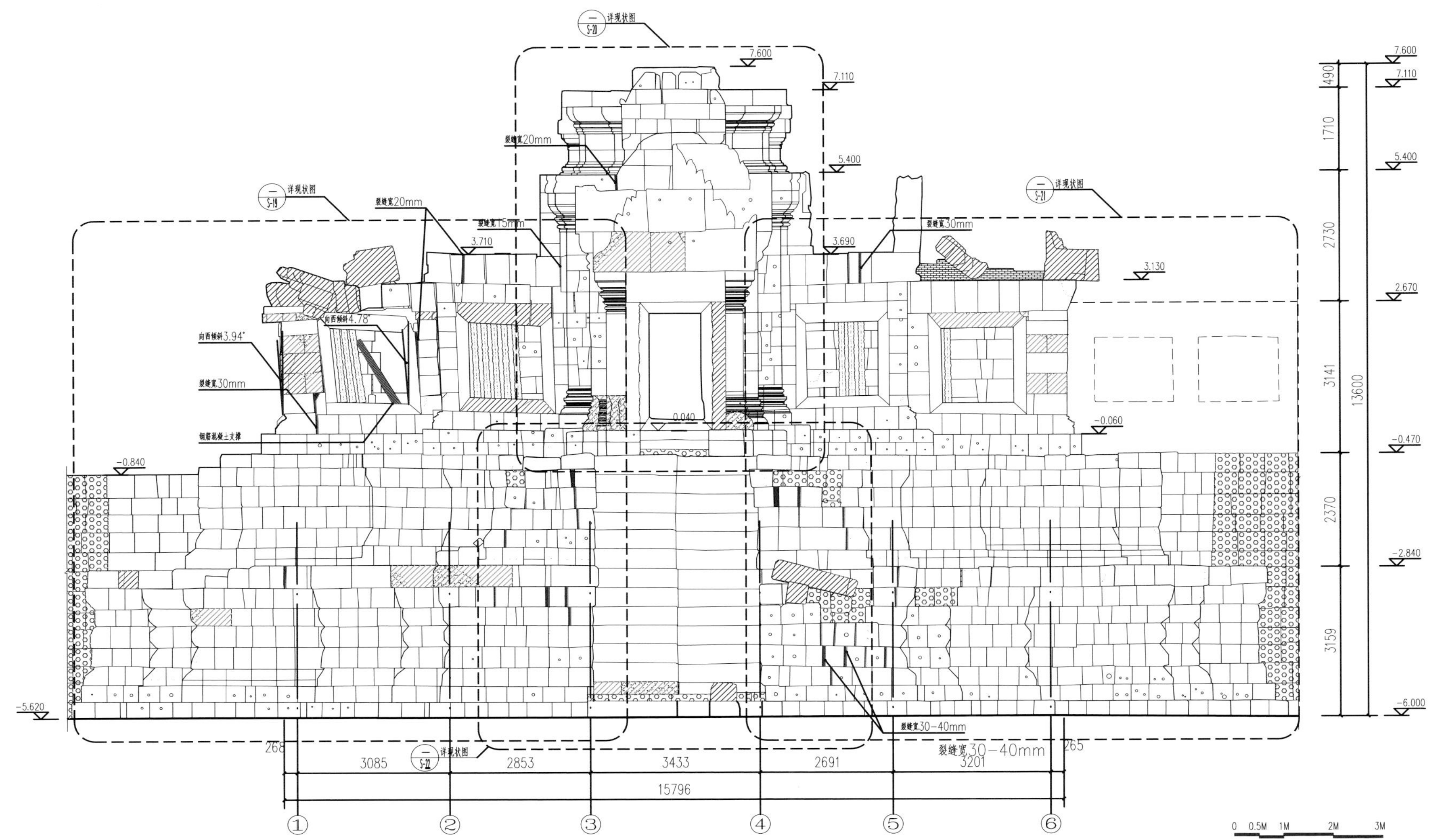

图27 南内塔门南立面残损现状图

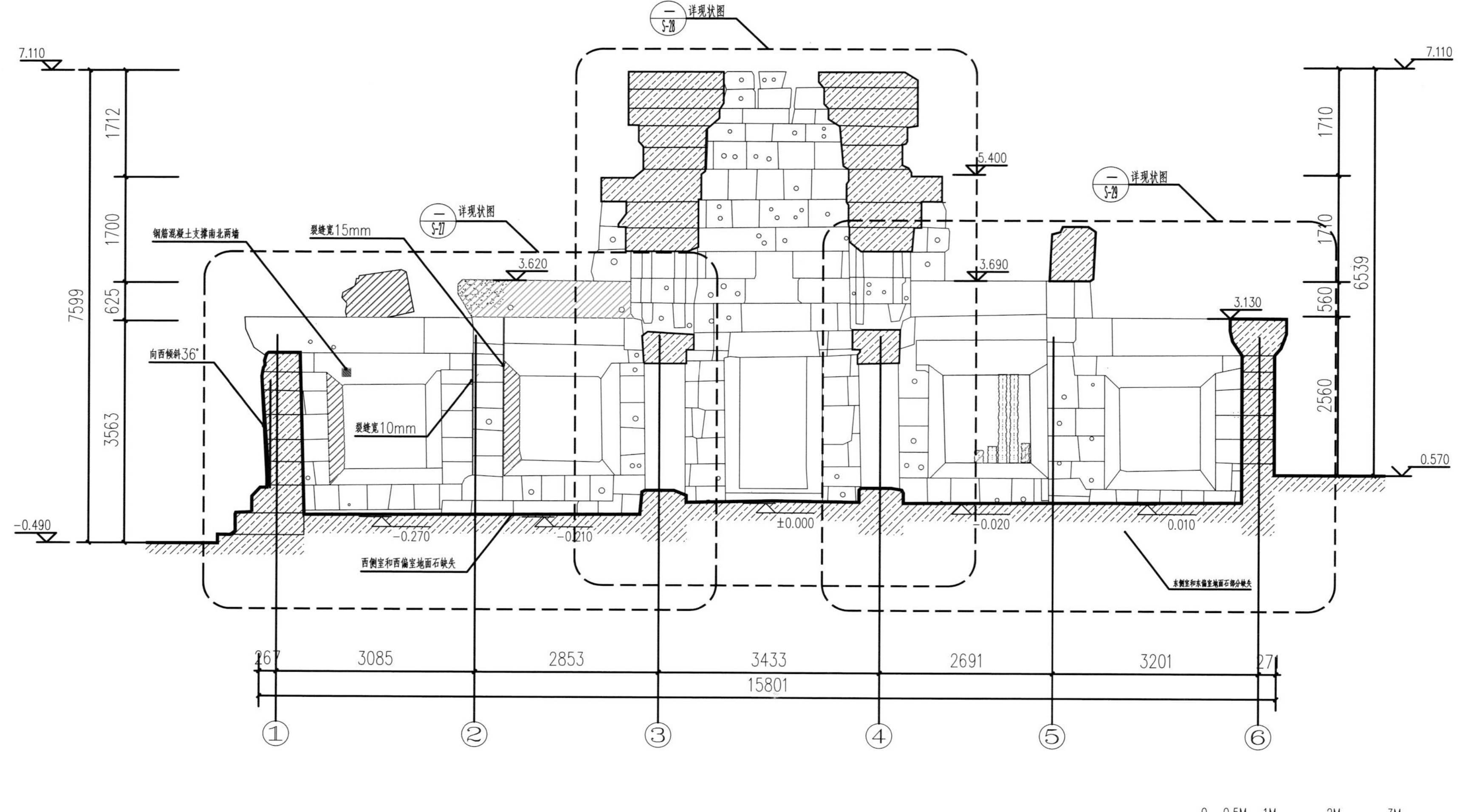

图28 南内塔门1-1剖面残损现状图

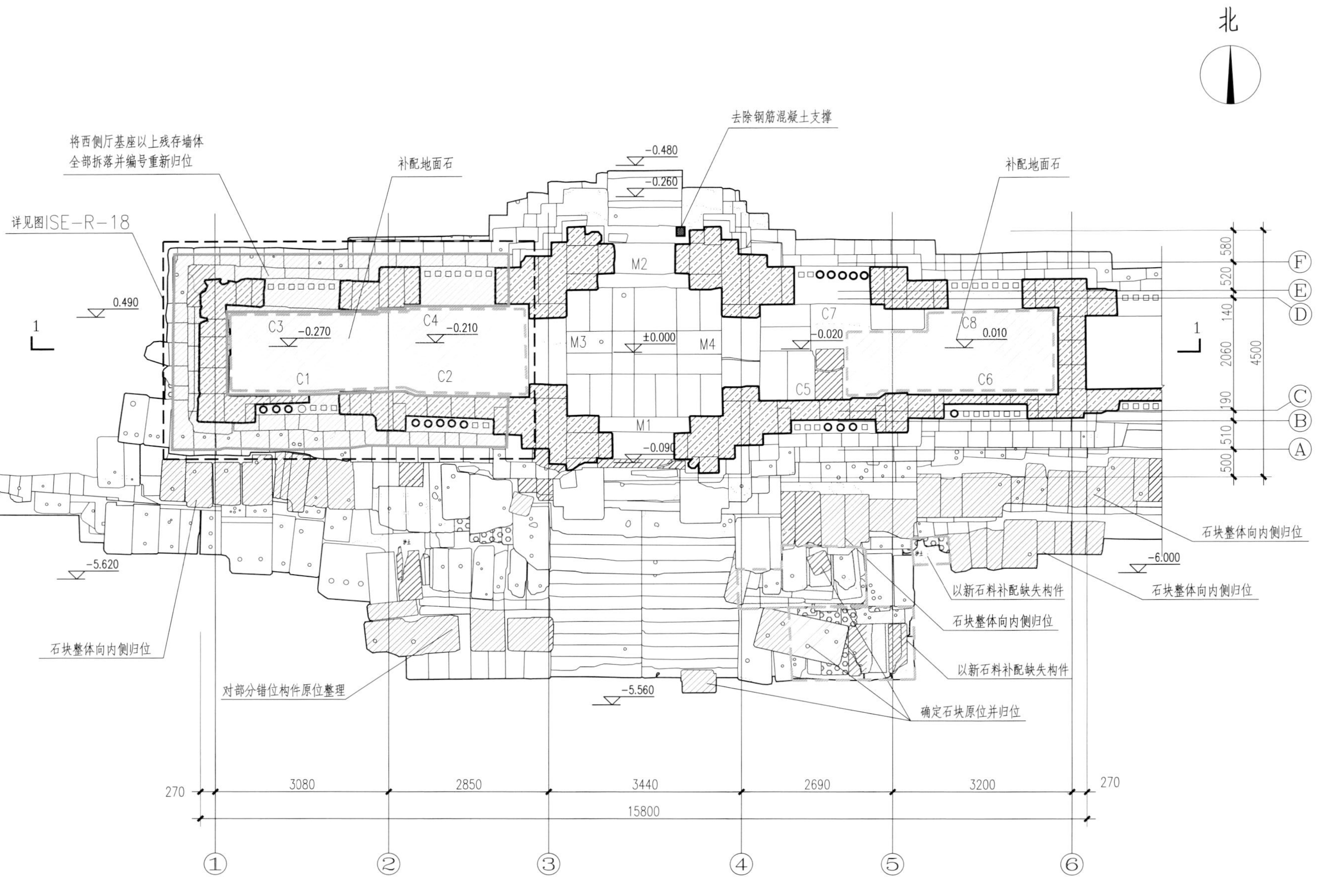

图29　南内塔门平面维修设计图

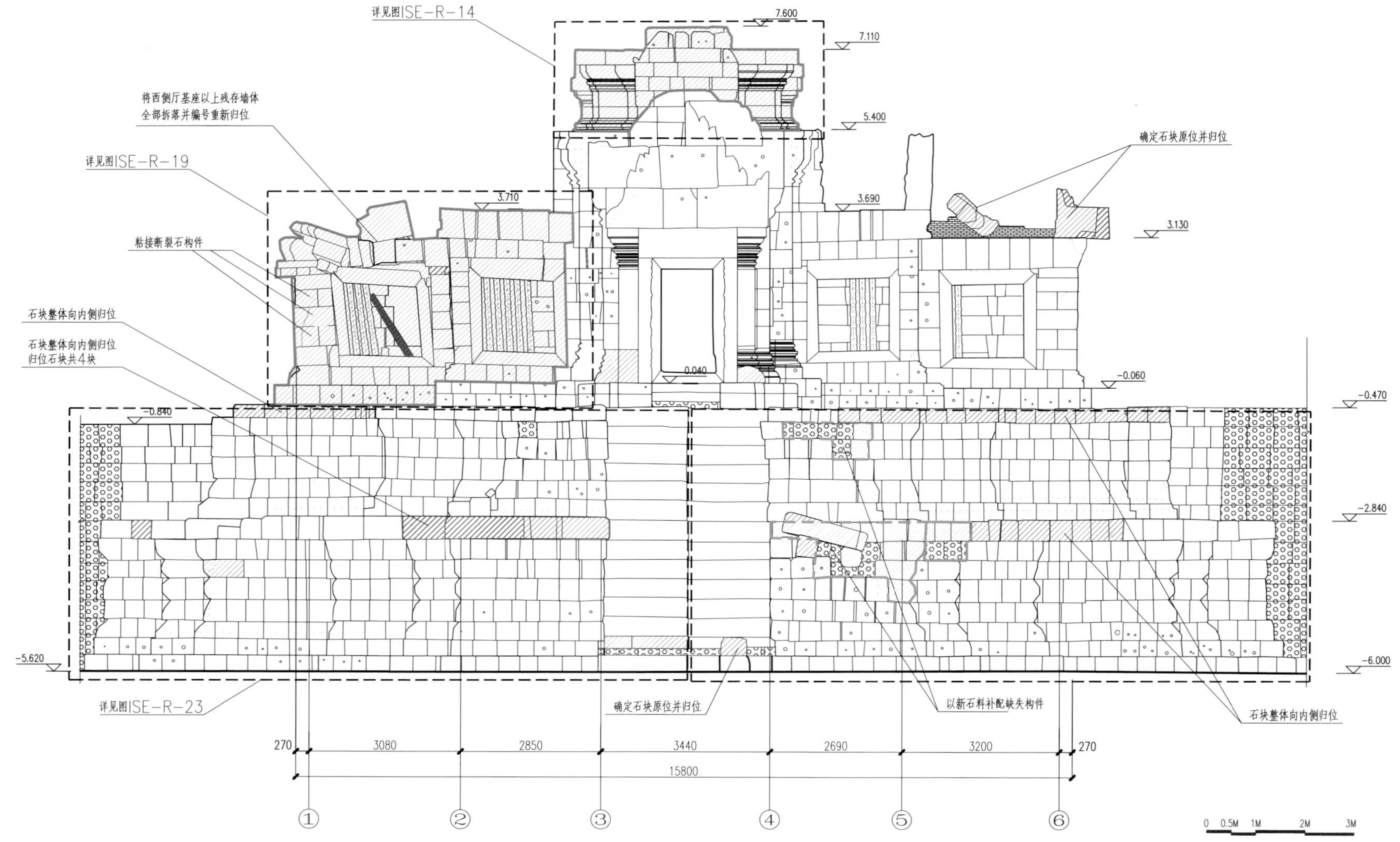

图30 南内塔门南立面维修设计图

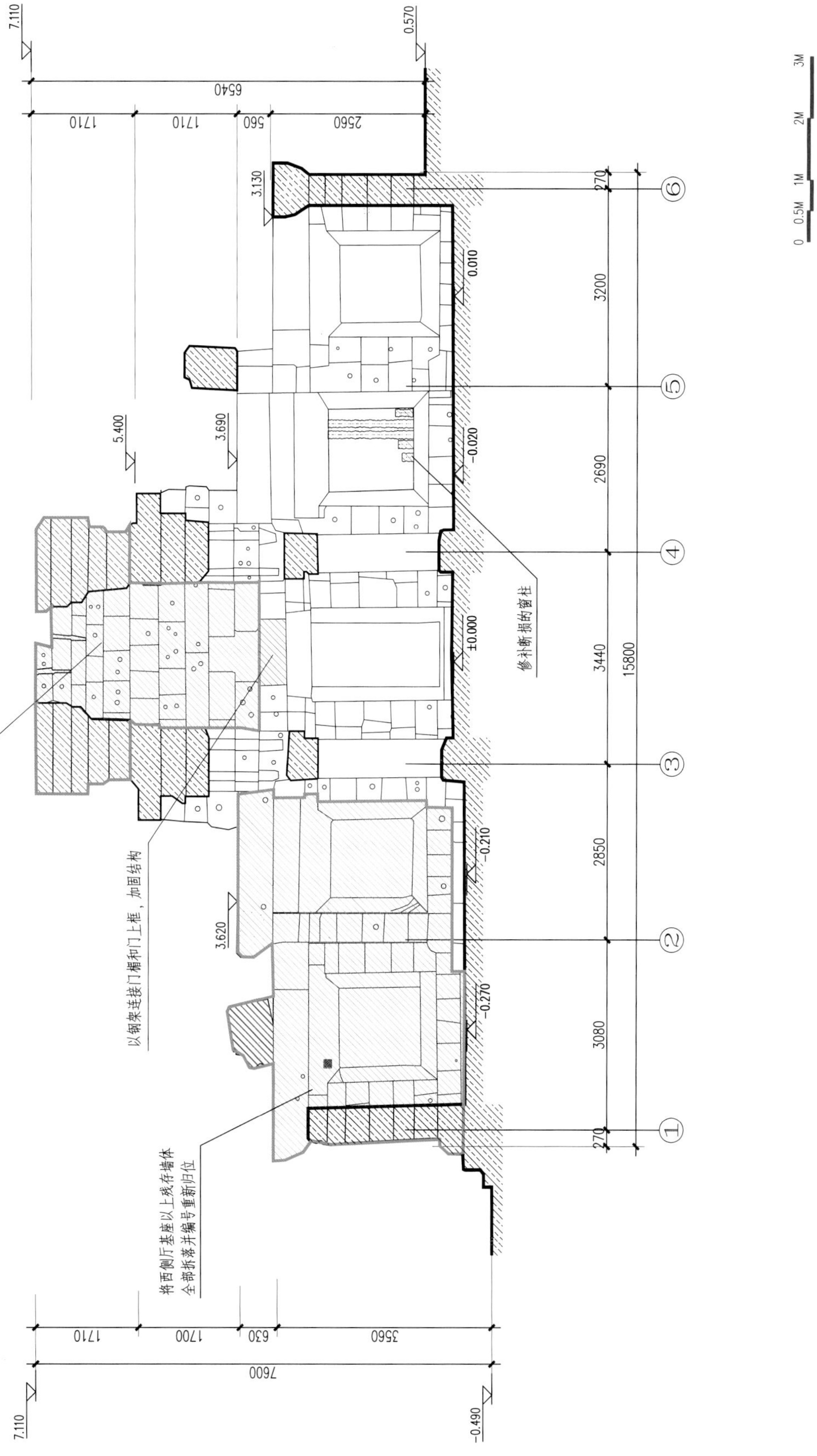

将中厅北门门楣以上结构全部编号解体并重新归位

以钢架连接门楣和门上框，加固结构

将西侧厅基座以上残存墙体全部拆落并编号重新归位

修补断损的窗柱

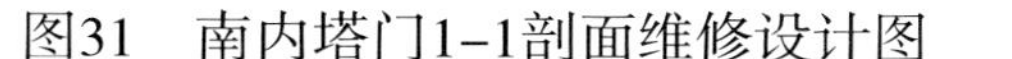

图31　南内塔门1-1剖面维修设计图

破损构件修补

序号	工程内容	单位	实际完成工作量	备注
1	墙石修补（包括檐口）	件	53	
2	山花石修补	件	4	
3	门窗上、下框修补	件	8	
4	门窗边框修补	件	9	
5	门柱修补	件	2	
6	窗棂修补	件	7	
7	台基石修补（砂岩石）	件	10	
8	台基石修补（角砾岩石）	件	0	

拆除解体工程

序号	工程内容	单位	实际完成工作量	备注
1	构件编号、堆放	件	418	
2	主体结构构件解体	m^3	69.65	共计312件
3	台基构件解体（包括角砾岩石）	m^3	8.15	共计51件
4	地面石解体（包括角砾岩石）	m^2	19.86	共计55件
5	地基土清理	m^3	13.50	包括石构件缝间堆积土

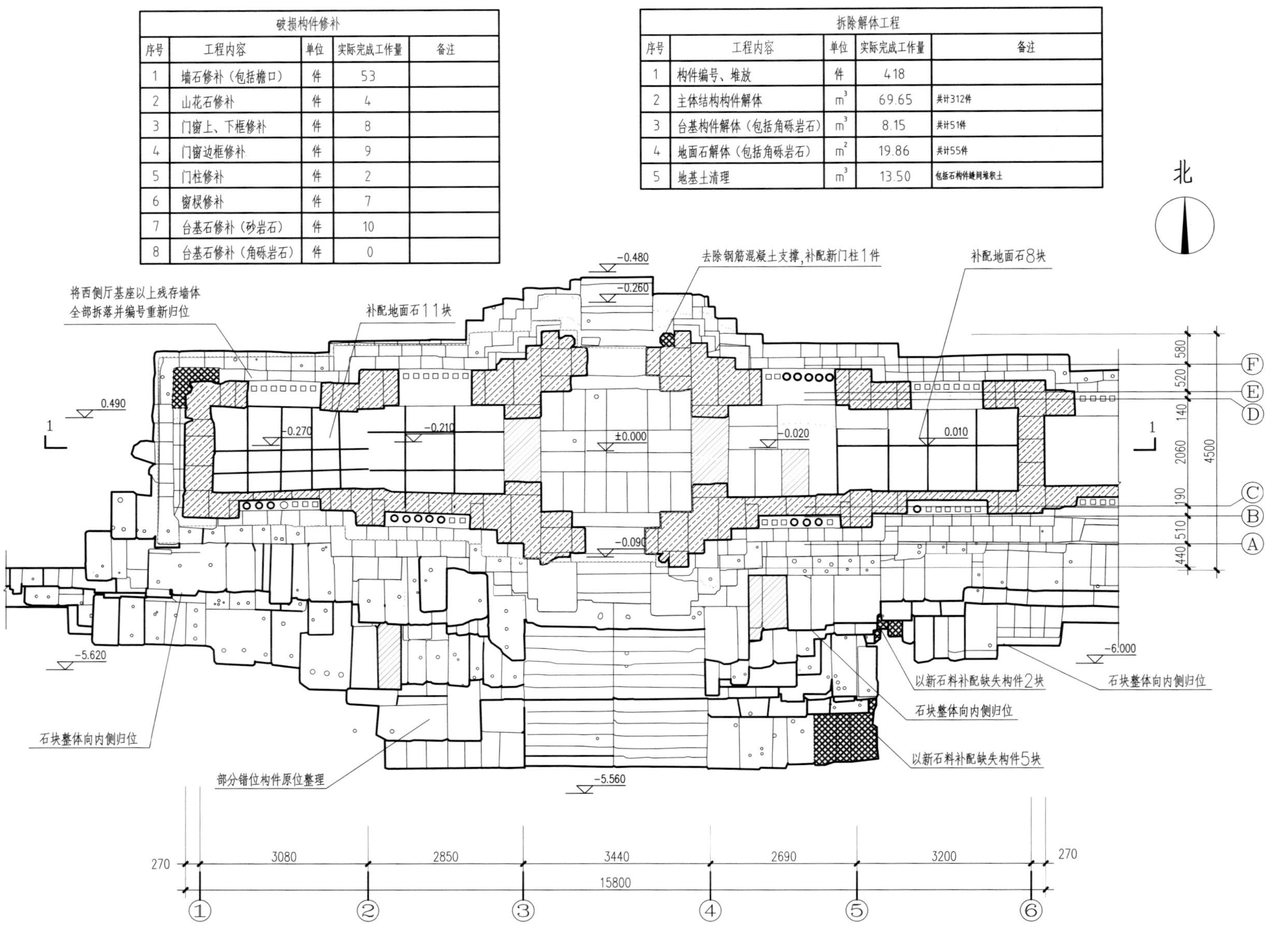

图32 南内塔门平面修复竣工图

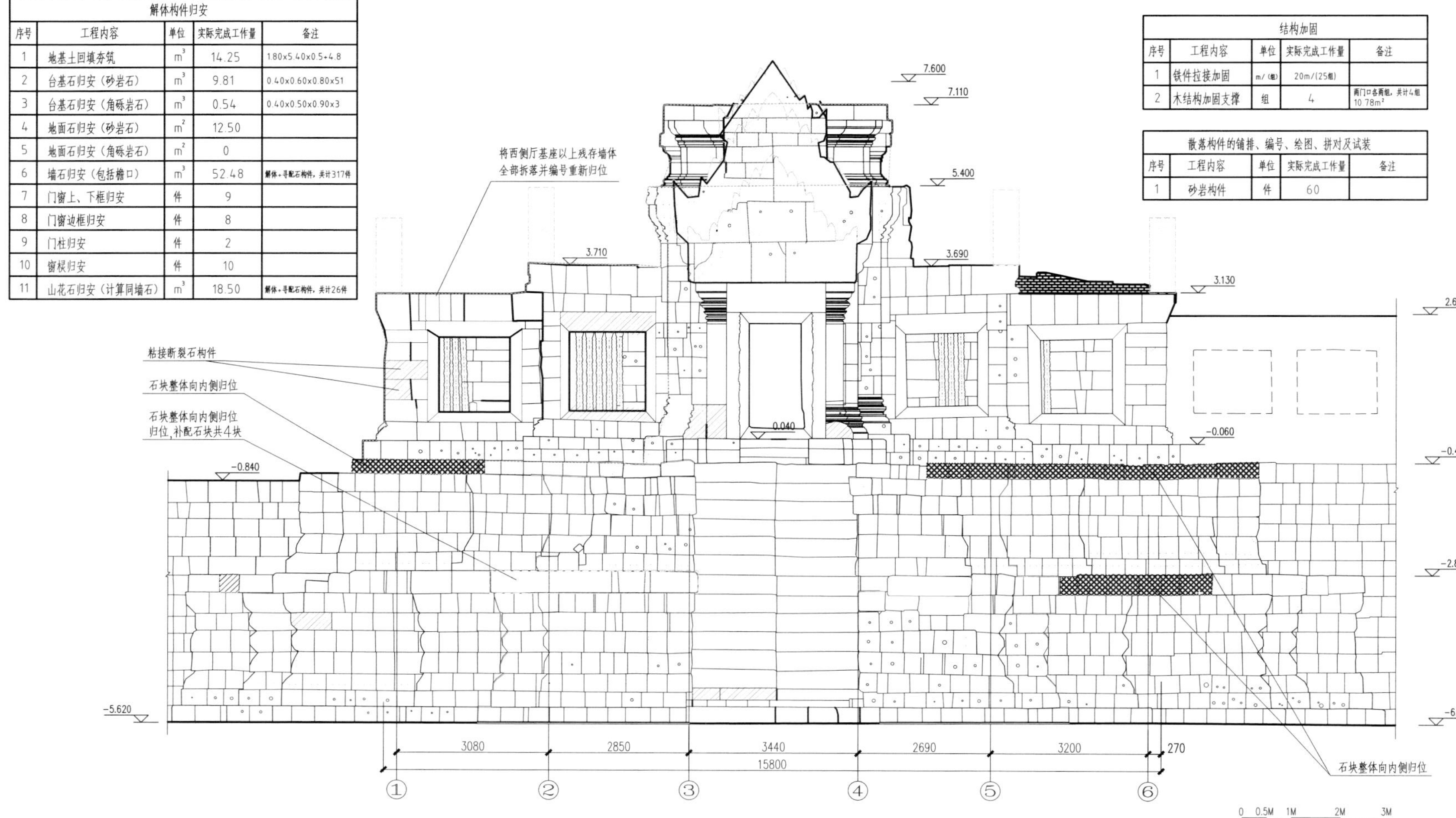

解体构件归安				
序号	工程内容	单位	实际完成工作量	备注
1	地基土回填夯筑	m^3	14.25	1.80x5.40x0.5+4.8
2	台基石归安（砂岩石）	m^3	9.81	0.40x0.60x0.80x51
3	台基石归安（角砾岩石）	m^3	0.54	0.40x0.50x0.90x3
4	地面石归安（砂岩石）	m^2	12.50	
5	地面石归安（角砾岩石）	m^2	0	
6	墙石归安（包括檐口）	m^3	52.48	解体+寻配石构件，共计317件
7	门窗上、下框归安	件	9	
8	门窗边框归安	件	8	
9	门柱归安	件	2	
10	窗棂归安	件	10	
11	山花石归安（计算同墙石）	m^3	18.50	解体+寻配石构件，共计26件

结构加固				
序号	工程内容	单位	实际完成工作量	备注
1	铁件拉接加固	m/（组）	20m/(25组)	
2	木结构加固支撑	组	4	两门口各两组，共计4组 10.78m²

散落构件的铺排、编号、绘图、拼对及试装				
序号	工程内容	单位	实际完成工作量	备注
1	砂岩构件	件	60	

图33　南内塔门南立面修复竣工图

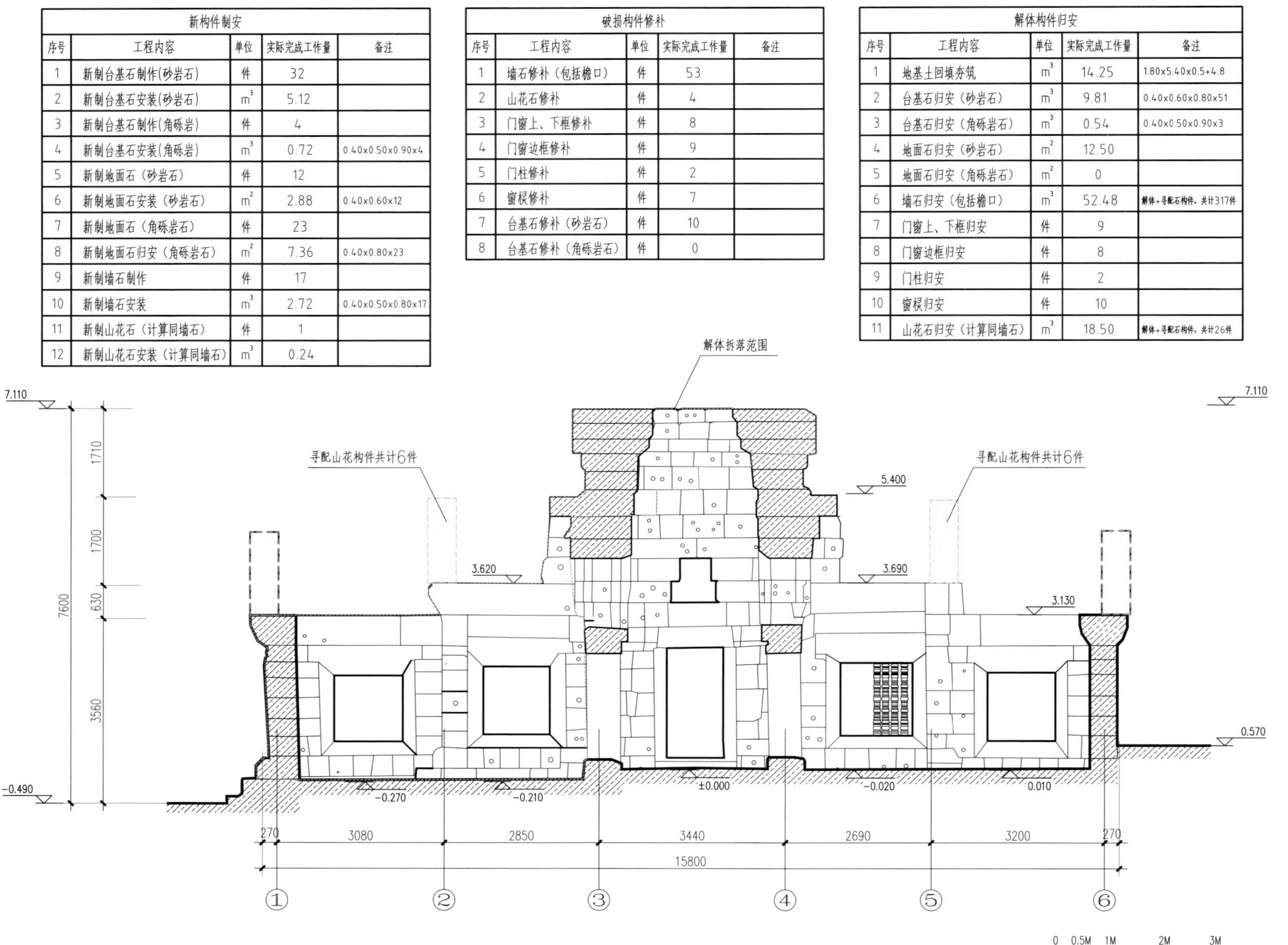

新构件制安				
序号	工程内容	单位	实际完成工作量	备注
1	新制台基石制作(砂岩石)	件	32	
2	新制台基石安装(砂岩石)	m^3	5.12	
3	新制台基石制作(角砾岩)	件	4	
4	新制台基石安装(角砾岩)	m^3	0.72	0.40x0.50x0.90x4
5	新制地面石（砂岩石）	件	12	
6	新制地面石安装（砂岩石）	m^2	2.88	0.40x0.60x12
7	新制地面石（角砾岩石）	件	23	
8	新制地面石归安（角砾岩石）	m^2	7.36	0.40x0.80x23
9	新制墙石制作	件	17	
10	新制墙石安装	m^3	2.72	0.40x0.50x0.80x17
11	新制山花石（计算同墙石）	件	1	
12	新制山花石安装（计算同墙石）	m^3	0.24	

破损构件修补				
序号	工程内容	单位	实际完成工作量	备注
1	墙石修补（包括檐口）	件	53	
2	山花石修补	件	4	
3	门窗上、下框修补	件	8	
4	门窗边框修补	件	9	
5	门柱修补	件	2	
6	窗棂修补	件	7	
7	台基石修补（砂岩石）	件	10	
8	台基石修补（角砾岩石）	件	0	

解体构件归安				
序号	工程内容	单位	实际完成工作量	备注
1	地基土回填夯筑	m^3	14.25	1.80x5.40x0.5+4.8
2	台基石归安（砂岩石）	m^3	9.81	0.40x0.60x0.80x51
3	台基石归安（角砾岩石）	m^3	0.54	0.40x0.50x0.90x3
4	地面石归安（砂岩石）	m^2	12.50	
5	地面石归安（角砾岩石）	m^2	0	
6	墙石归安（包括檐口）	m^3	52.48	解体+寻配石构件，共计317件
7	门窗上、下框归安	件	9	
8	门窗边框归安	件	8	
9	门柱归安	件	2	
10	窗棂归安	件	10	
11	山花石归安（计算同墙石）	m^3	18.50	解体+寻配石构件，共计26件

图34　南内塔门1-1剖面修复竣工图

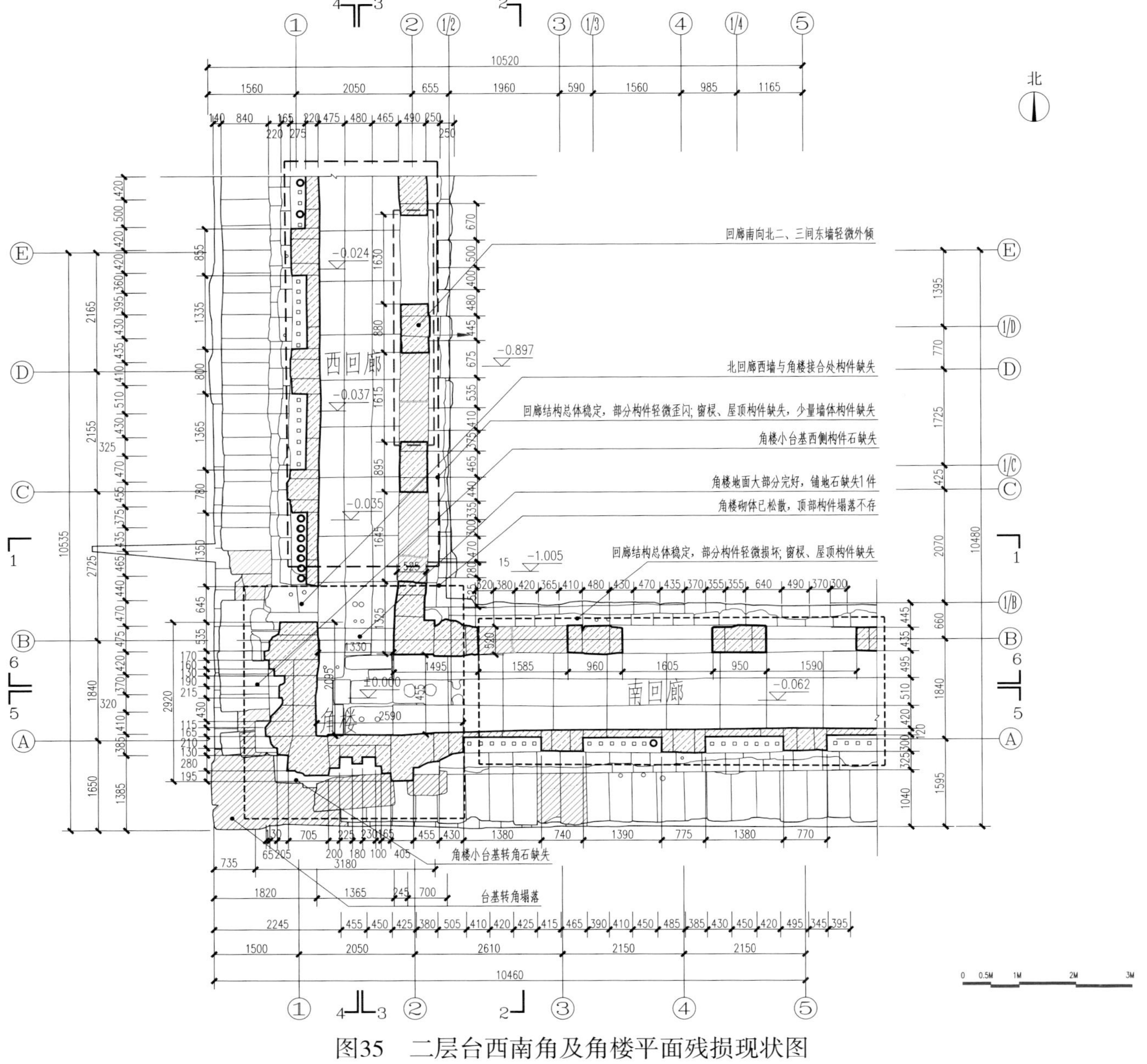

图35 二层台西南角及角楼平面残损现状图

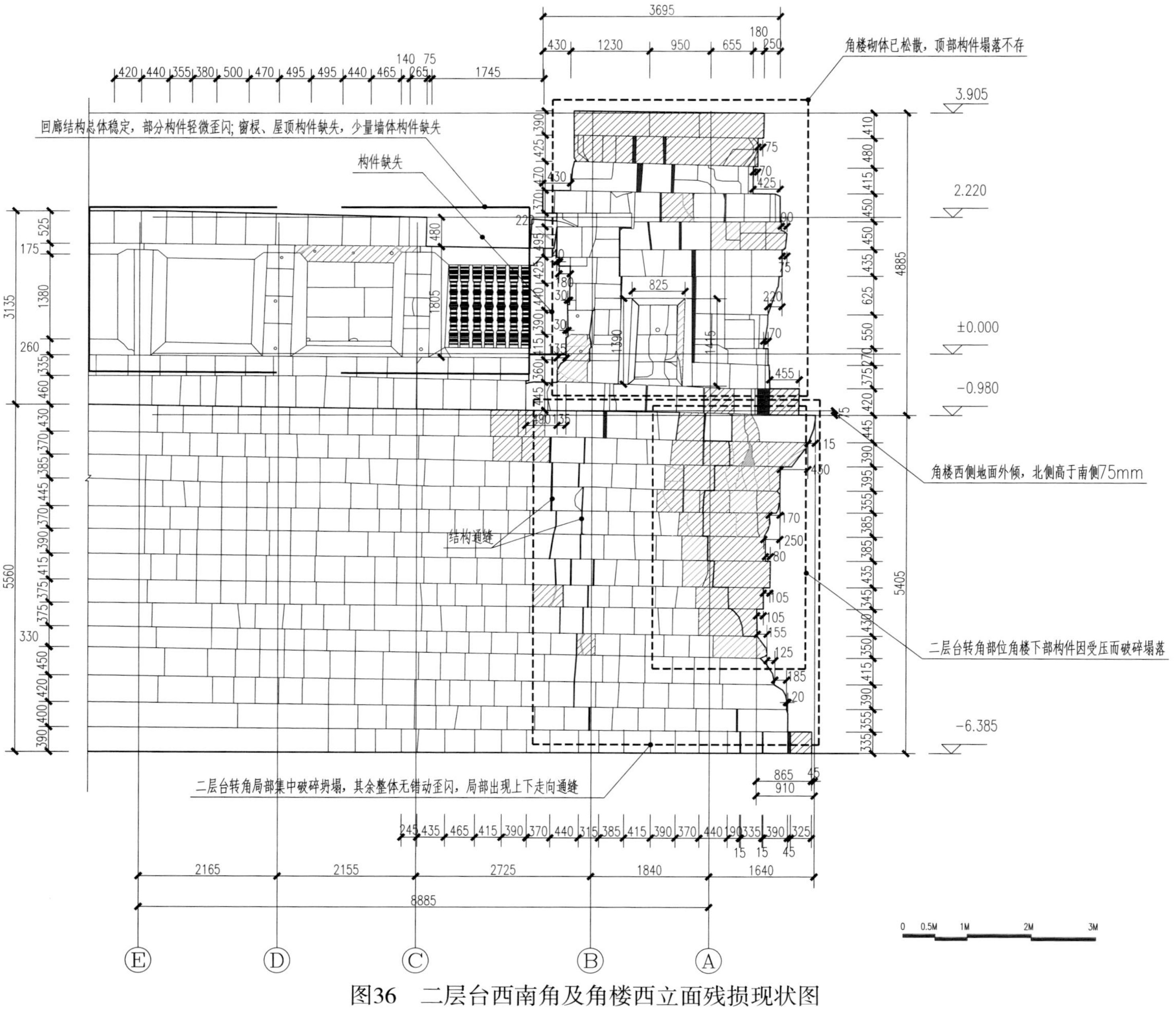

图36　二层台西南角及角楼西立面残损现状图

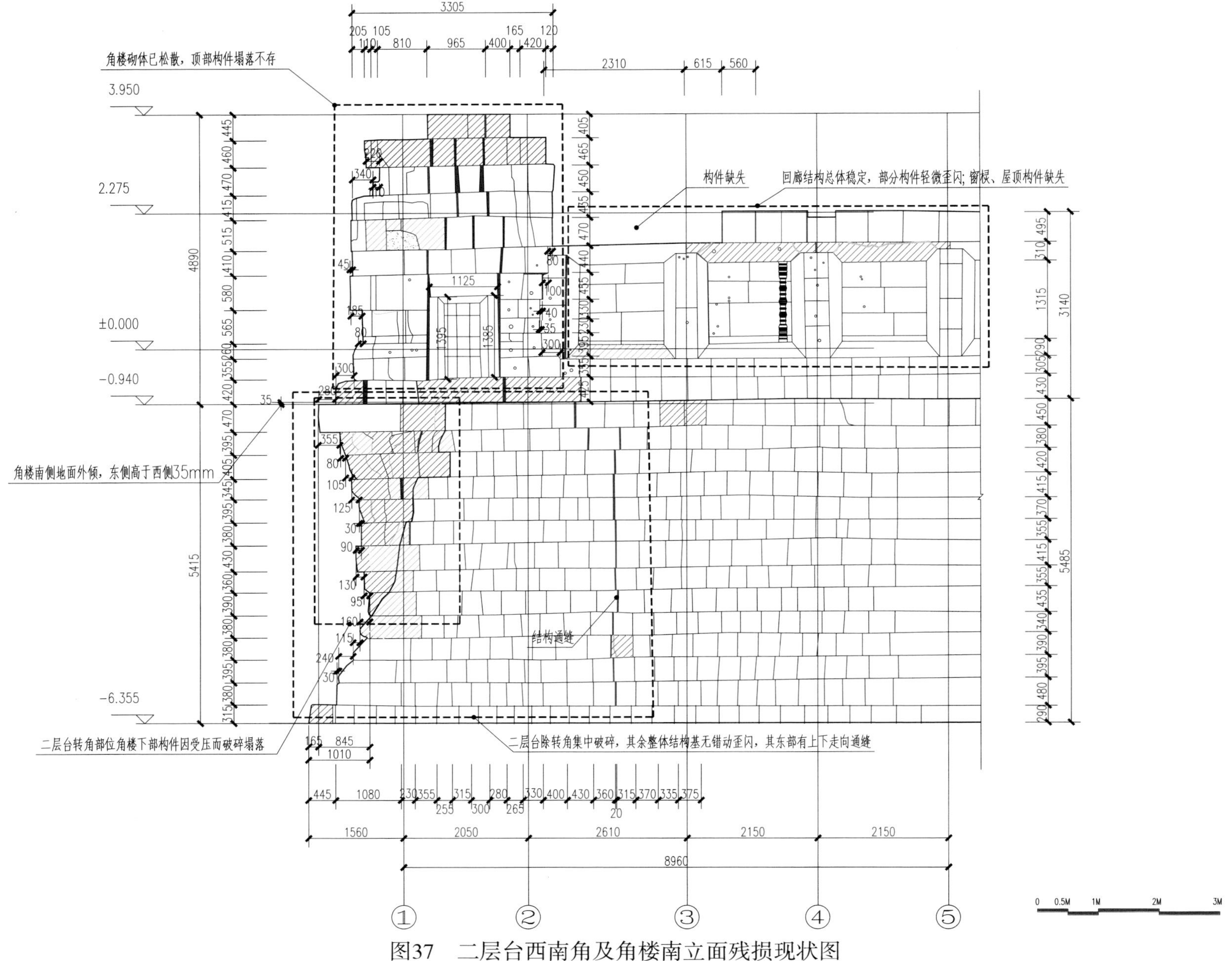

图37　二层台西南角及角楼南立面残损现状图

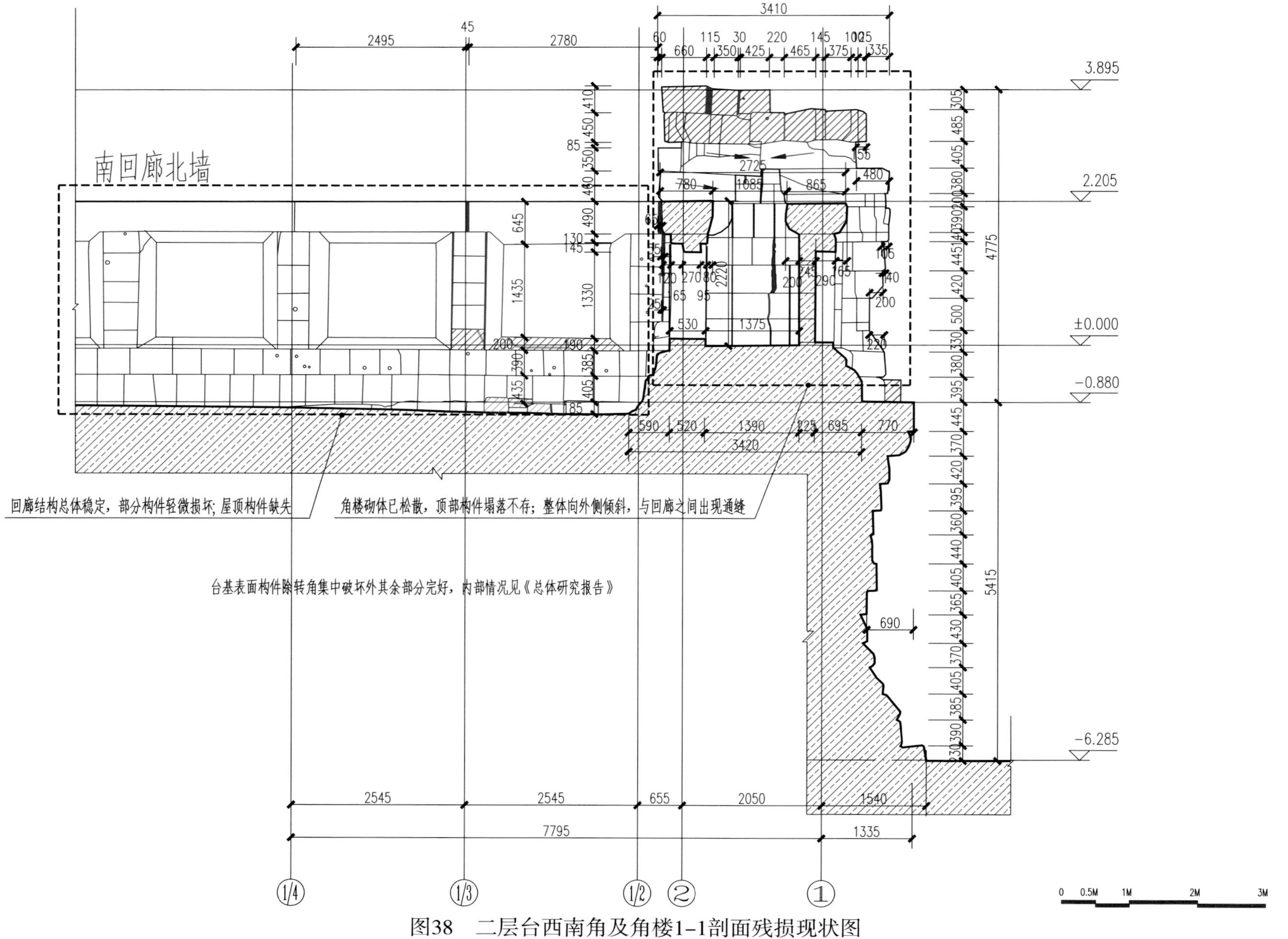

图38　二层台西南角及角楼1-1剖面残损现状图

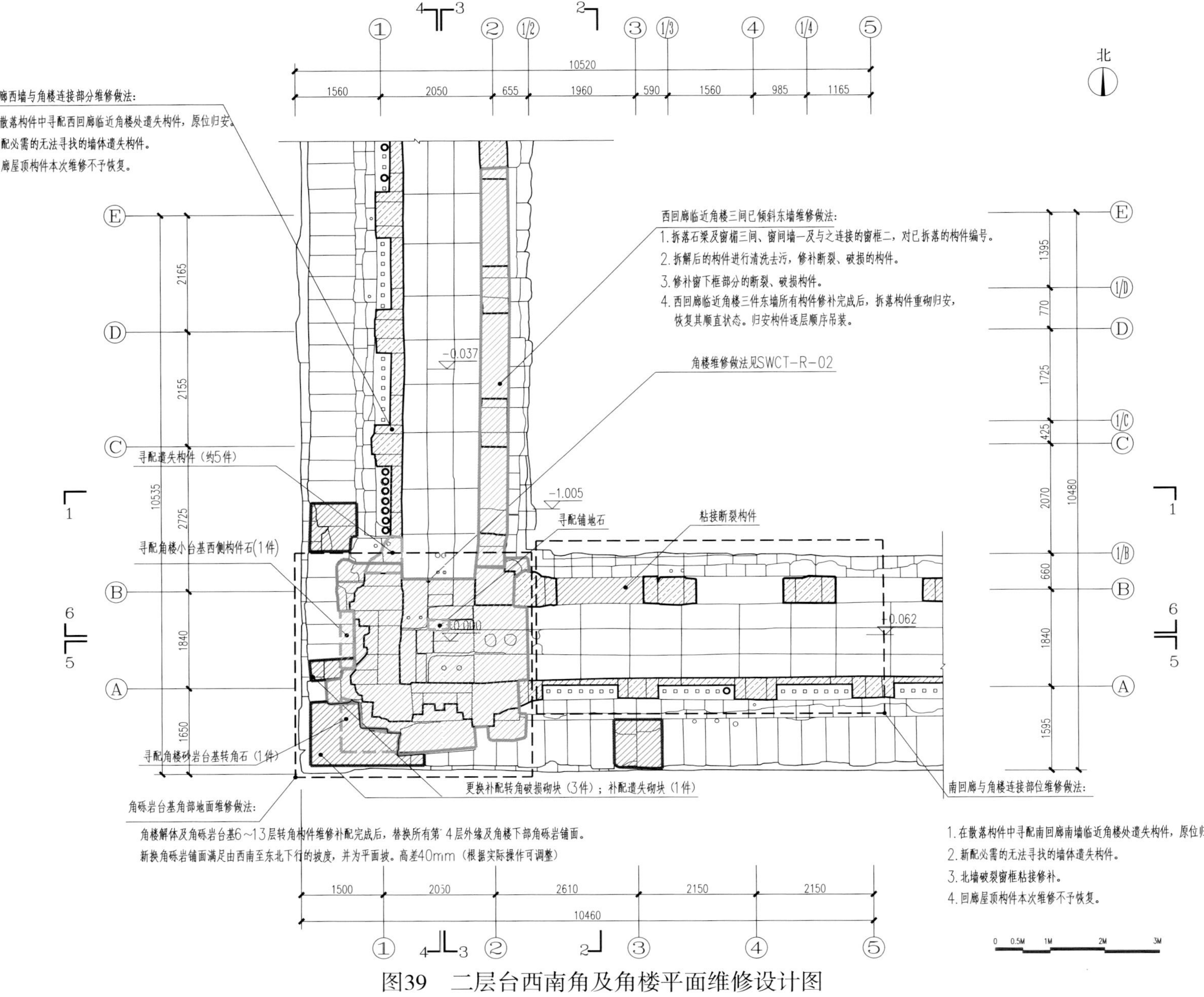

图39　二层台西南角及角楼平面维修设计图

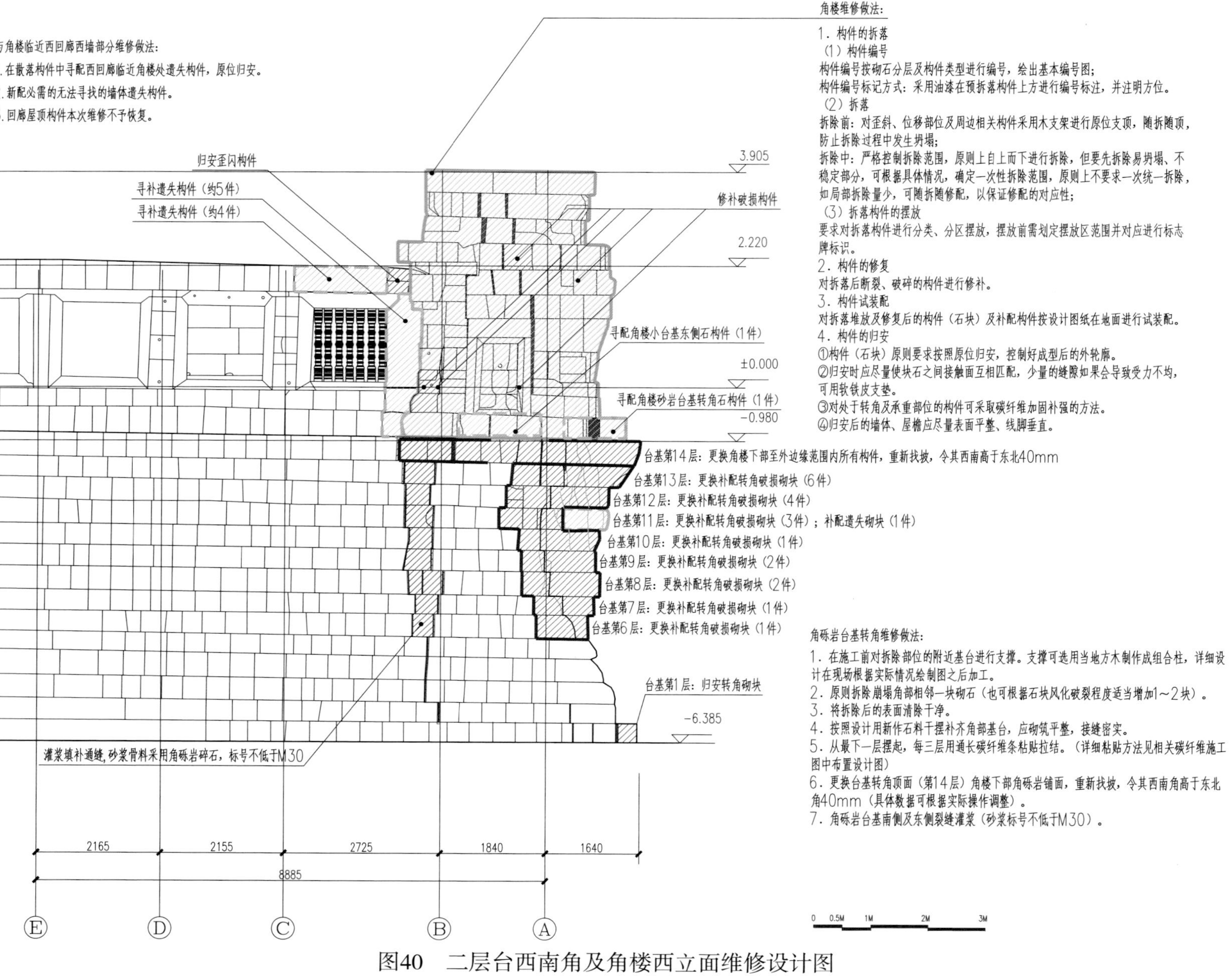

图40　二层台西南角及角楼西立面维修设计图

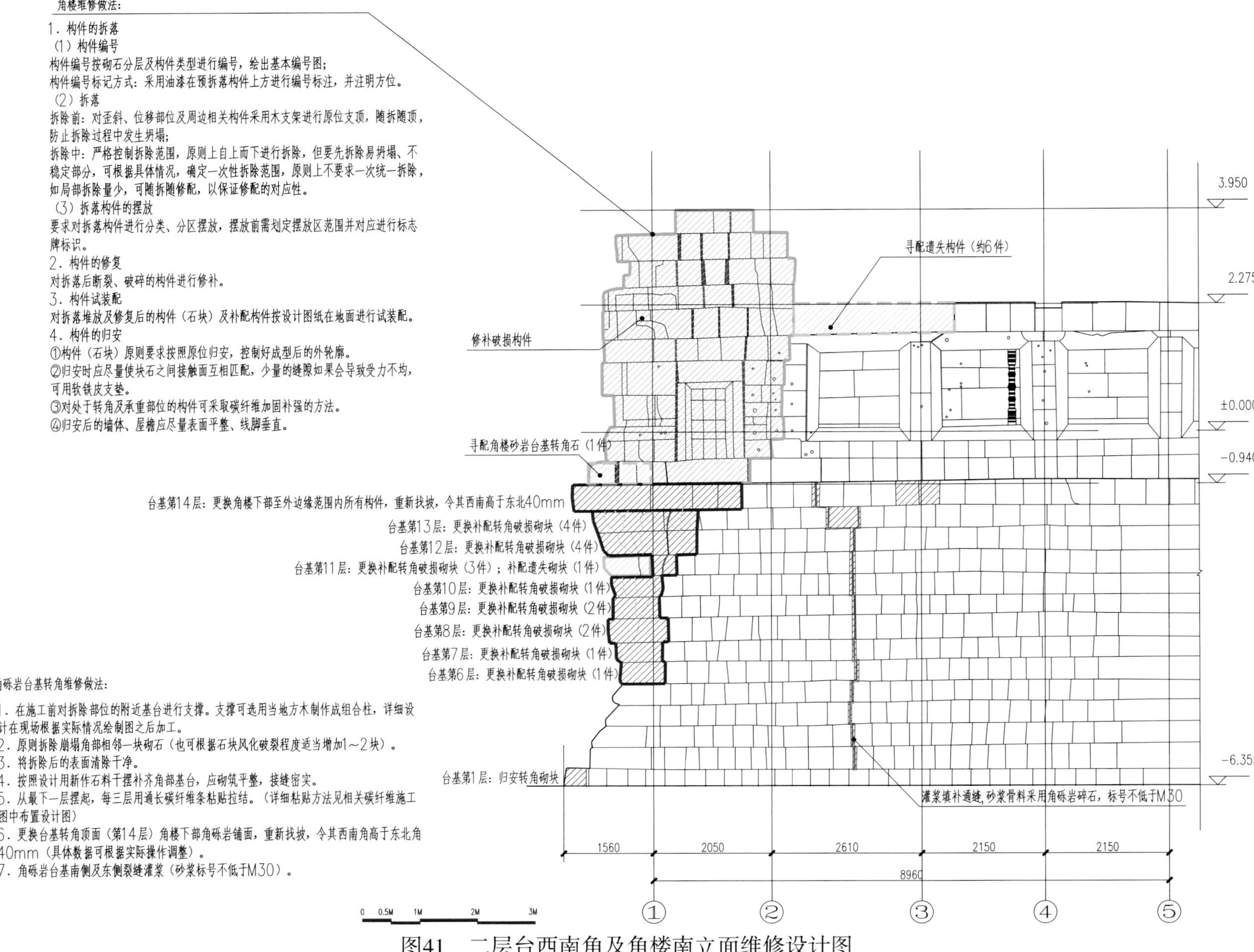

图41　二层台西南角及角楼南立面维修设计图

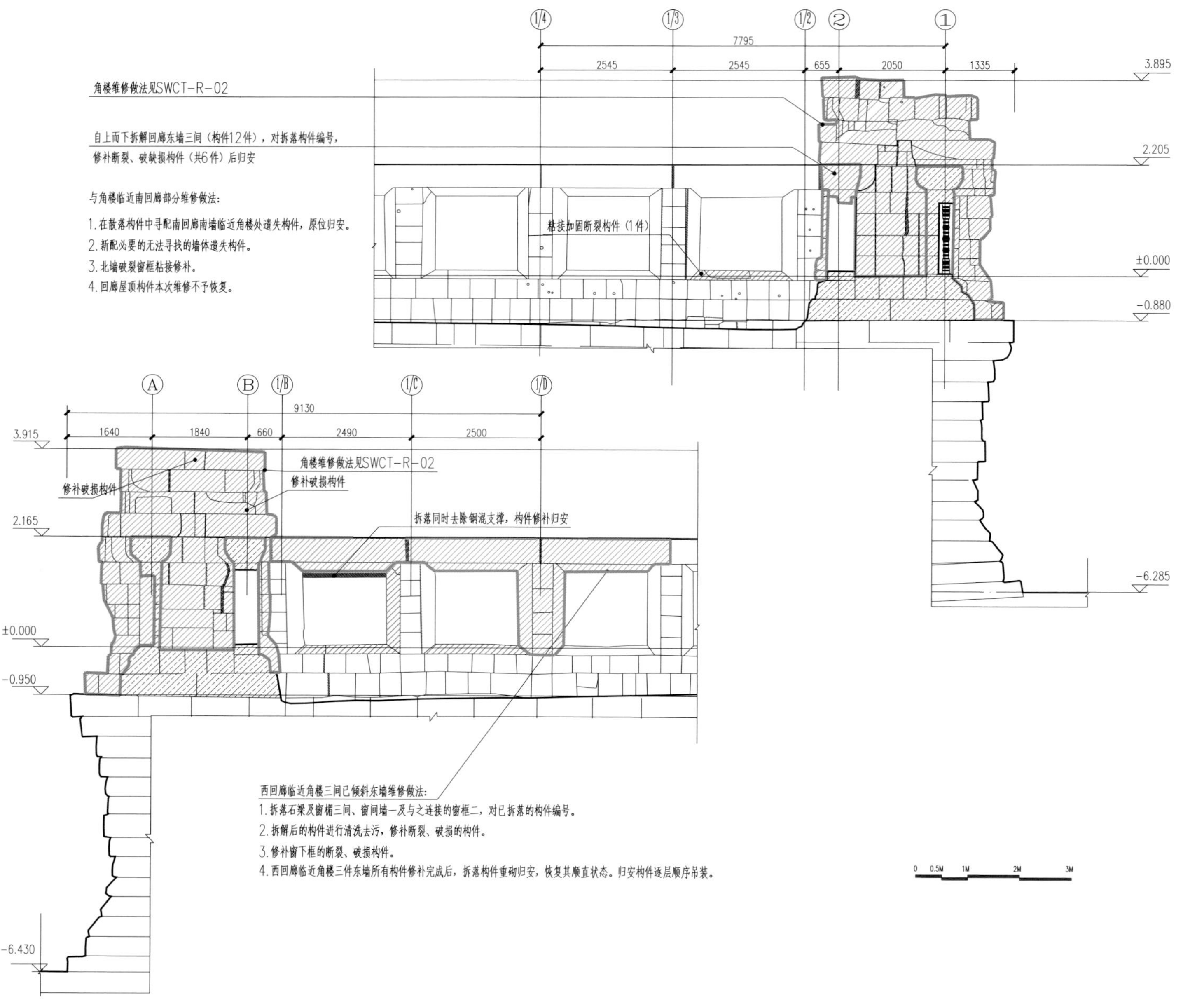

图42 二层台西南角及角楼1-1、2-2剖面维修设计图

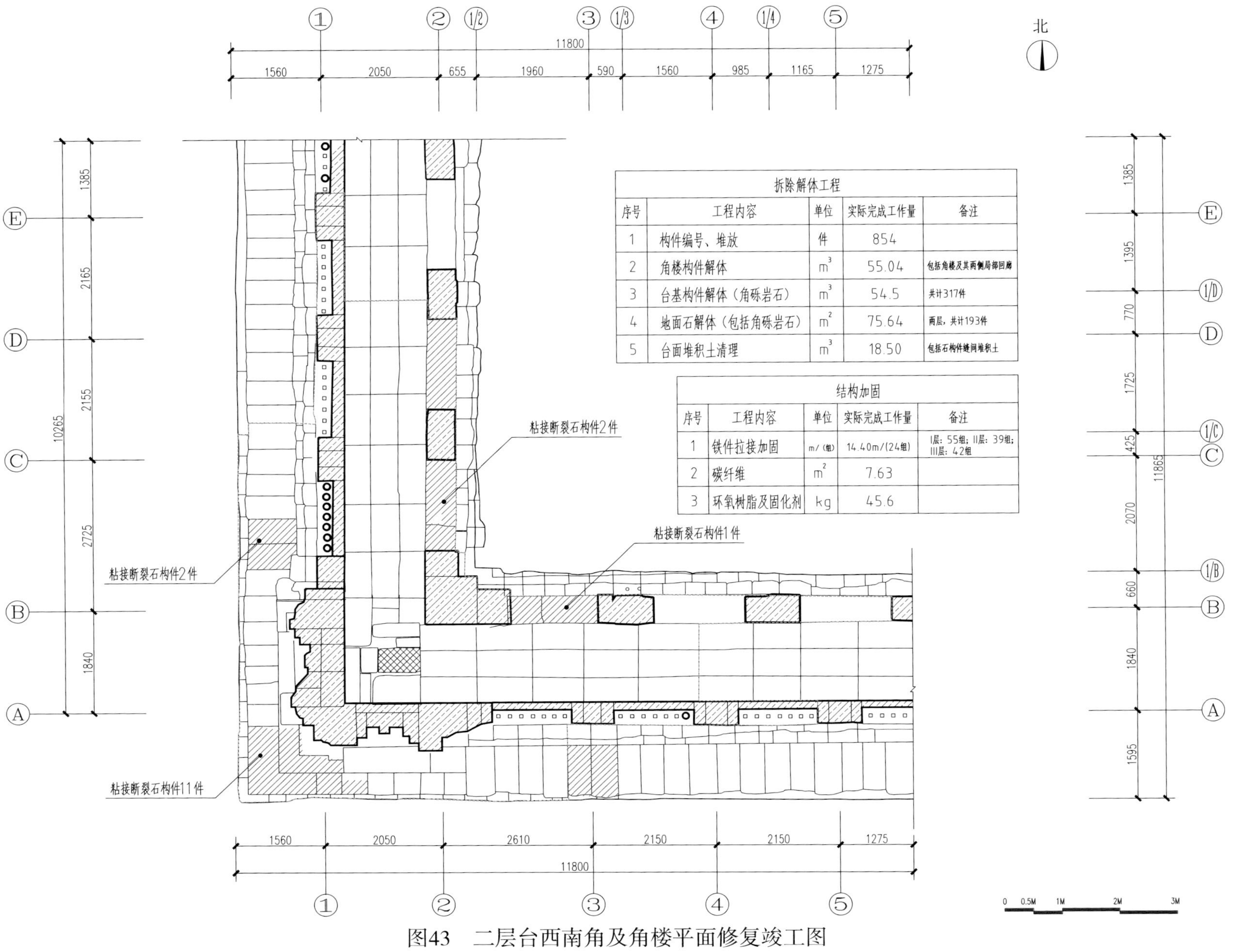

拆除解体工程

序号	工程内容	单位	实际完成工作量	备注
1	构件编号、堆放	件	854	
2	角楼构件解体	m^3	55.04	包括角楼及其两侧局部回廊
3	台基构件解体（角砾岩石）	m^3	54.5	共计317件
4	地面石解体（包括角砾岩石）	m^2	75.64	两层，共计193件
5	台面堆积土清理	m^3	18.50	包括石构件缝间堆积土

结构加固

序号	工程内容	单位	实际完成工作量	备注
1	铁件拉接加固	m/(组)	14.40m/(24组)	I层：55组；II层：39组；III层：42组
2	碳纤维	m^2	7.63	
3	环氧树脂及固化剂	kg	45.6	

图43　二层台西南角及角楼平面修复竣工图

散落构件的铺排、编号、绘图、拼对及试装				
序号	工程内容	单位	实际完成工作量	备注
1	砂岩构件	件	43	

破损构件修补				
序号	工程内容	单位	实际完成工作量	备注
1	墙石修补（包括檐口）	件	53	包括角楼及其两侧局部回廊
2	门窗上、下框修补	件	11	
3	门窗边框修补	件	8	
4	台基石修补（砂岩石）	件	4	
5	台基石修补（角砾岩石）	件	9	

新构件制安				
序号	工程内容	单位	实际完成工作量	备注
1	新制台基石制作(角砾岩)	件	31	
2	新制台基石安装(角砾岩)	m^3	4.11	
3	新制地面石（砂岩石）	件	18	
4	新制地面石安装（砂岩石）	m^2	5.76	
5	新制地面石（角砾岩石）	件	15	
6	新制地面石归安（角砾岩石）	m^2	5.4	
7	新制墙石制作	件	18	
8	新制墙石安装	m^3	2.16	
9	新制窗框制作	件	3	
10	新制门框上、下框安装	件	1	
11	新制门窗边框安装	件	3	

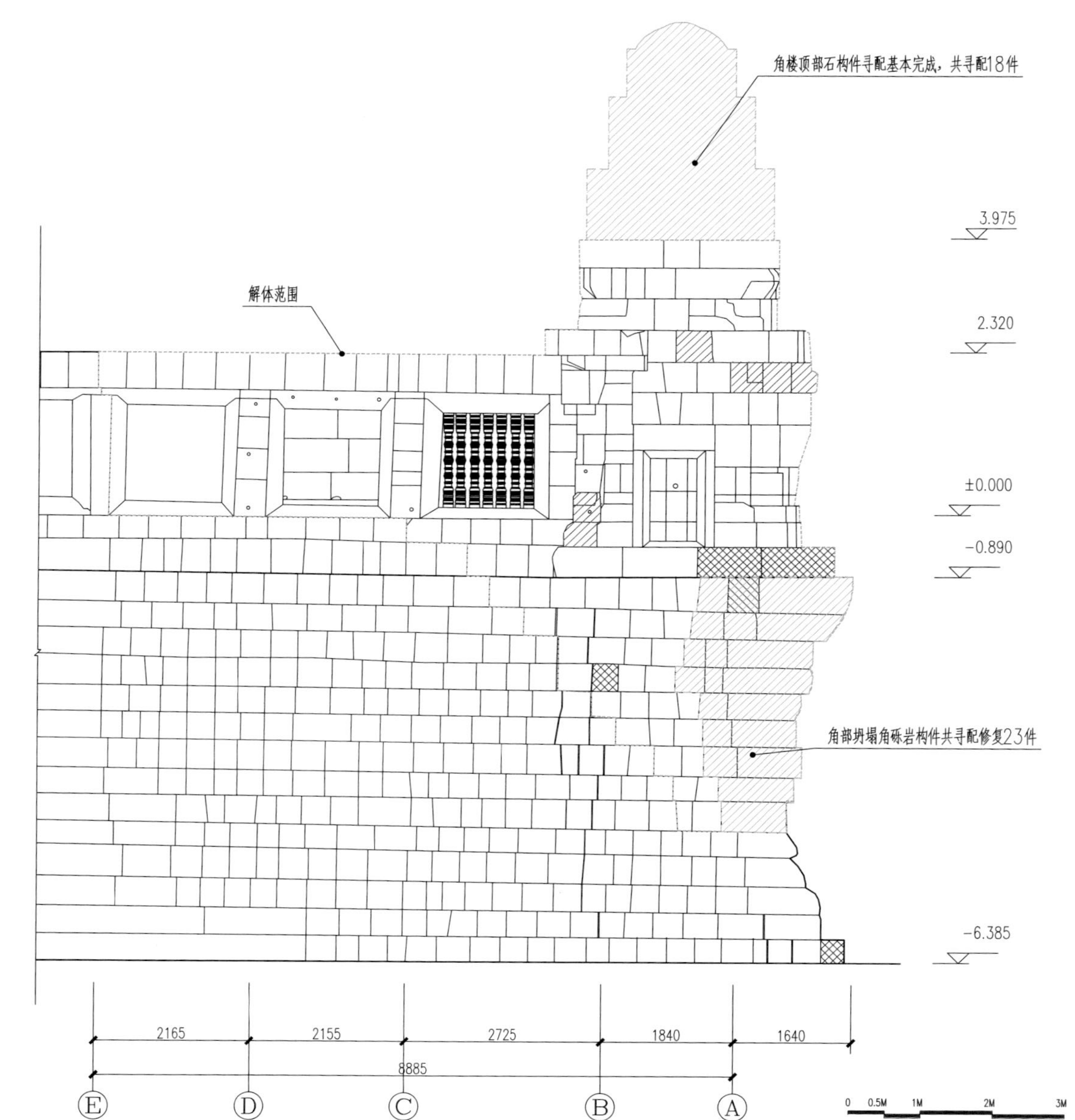

图44　二层台西南角及角楼西立面修复竣工图

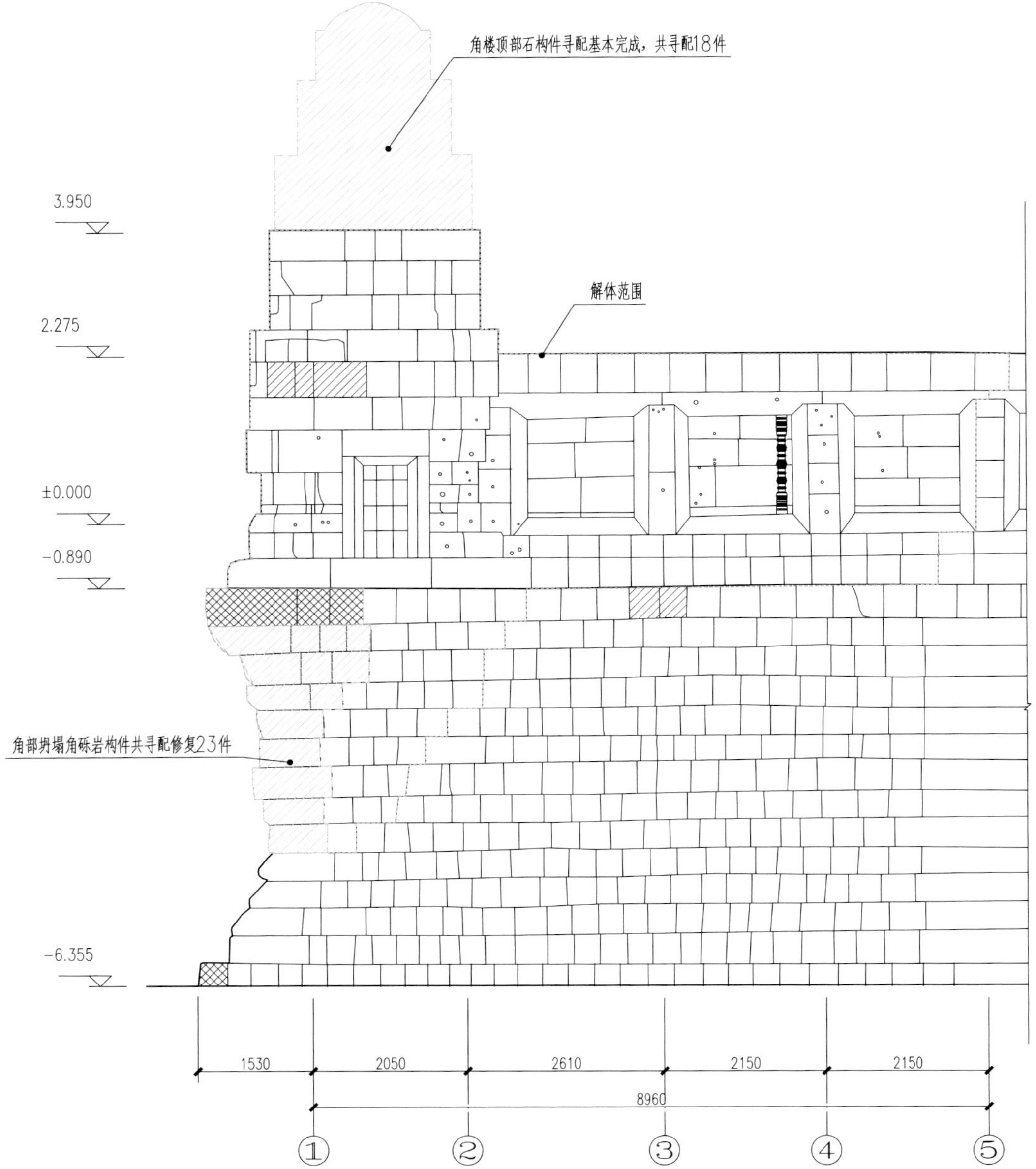

角楼顶部石构件寻配基本完成，共寻配18件

解体范围

角部坍塌角砾岩构件共寻配修复23件

3.950

2.275

±0.000

−0.890

−6.355

1530 2050 2610 2150 2150

8960

① ② ③ ④ ⑤

结构加固				
序号	工程内容	单位	实际完成工作量	备注
1	铁件拉接加固	m/(组)	14.40m/(24组)	
2	碳纤维	m^2	7.63	
3	环氧树脂及固化剂	kg	45.6	

拆除解体工程				
序号	工程内容	单位	实际完成工作量	备注
1	构件编号、堆放	件	854	
2	角楼构件解体	m^3	55.04	包括角楼及其两侧局部回廊
3	台基构件解体（角砾岩石）	m^3	54.5	共计317件
4	地面石解体（包括角砾岩石）	m^2	75.64	两层，共计193件
5	台面堆积土清理	m^3	18.50	包括石构件缝间堆积土

解体构件归安				
序号	工程内容	单位	实际完成工作量	备注
1	地基土回填夯筑	m^3	13.5	
2	台基石归安（角砾岩石）	m^3	54.50	解体+寻配石构件，共计317件
3	地面石归安（砂岩石）	m^2	61.22	两层，共计141件
4	地面石归安（角砾岩石）	m^2	14.42	52件
5	墙石归安（包括檐口）	m^3	55.52	解体+寻配石构件，共计347件
6	门窗上、下框归安	件	20	2.10x0.53x0.60x10+ 2.10x0.30x0.60x10
7	门窗边框归安	件	20	1.7x0.60x0.27x20

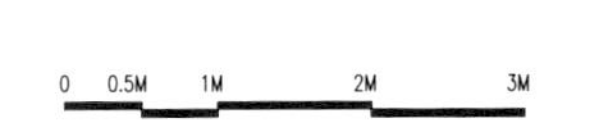

图45 二层台西南角及角楼南立面修复竣工图

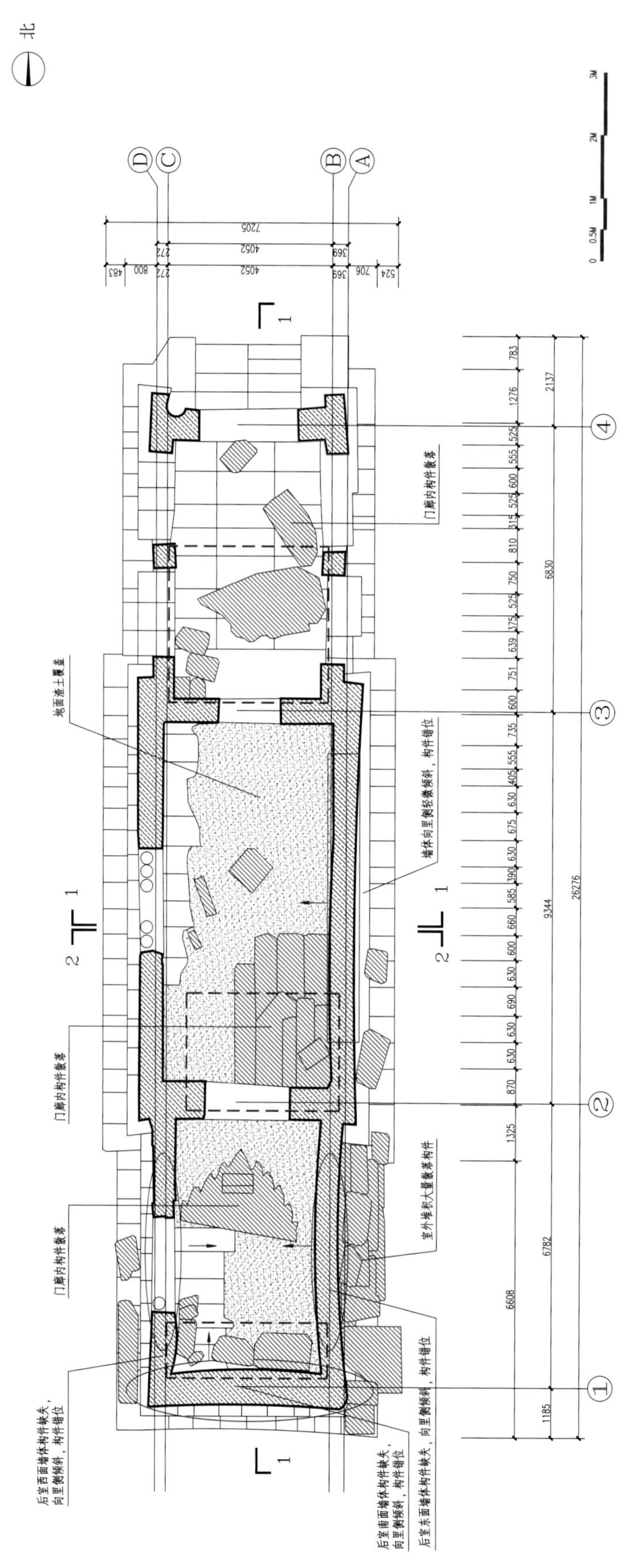

图46　南内长厅平面残损现状图

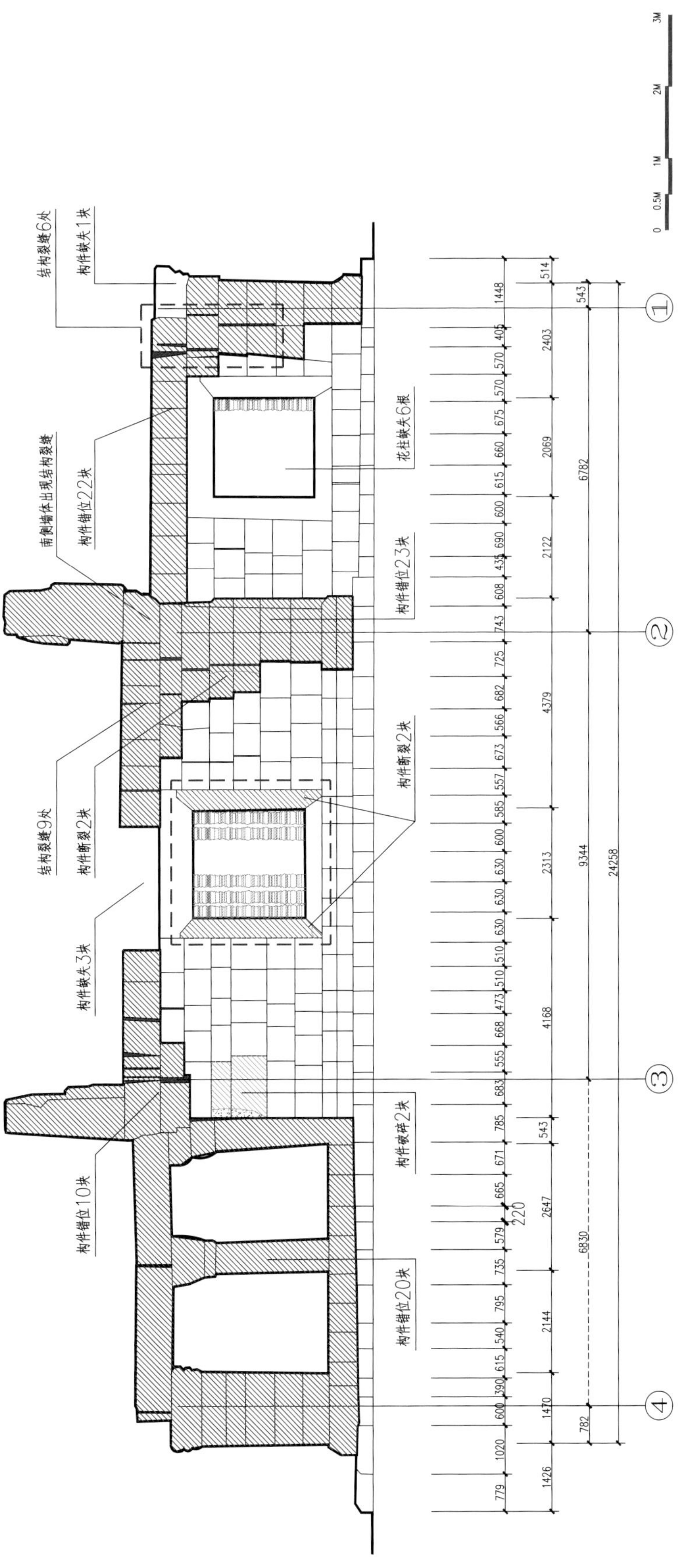

图47　南内长厅西立面残损现状图

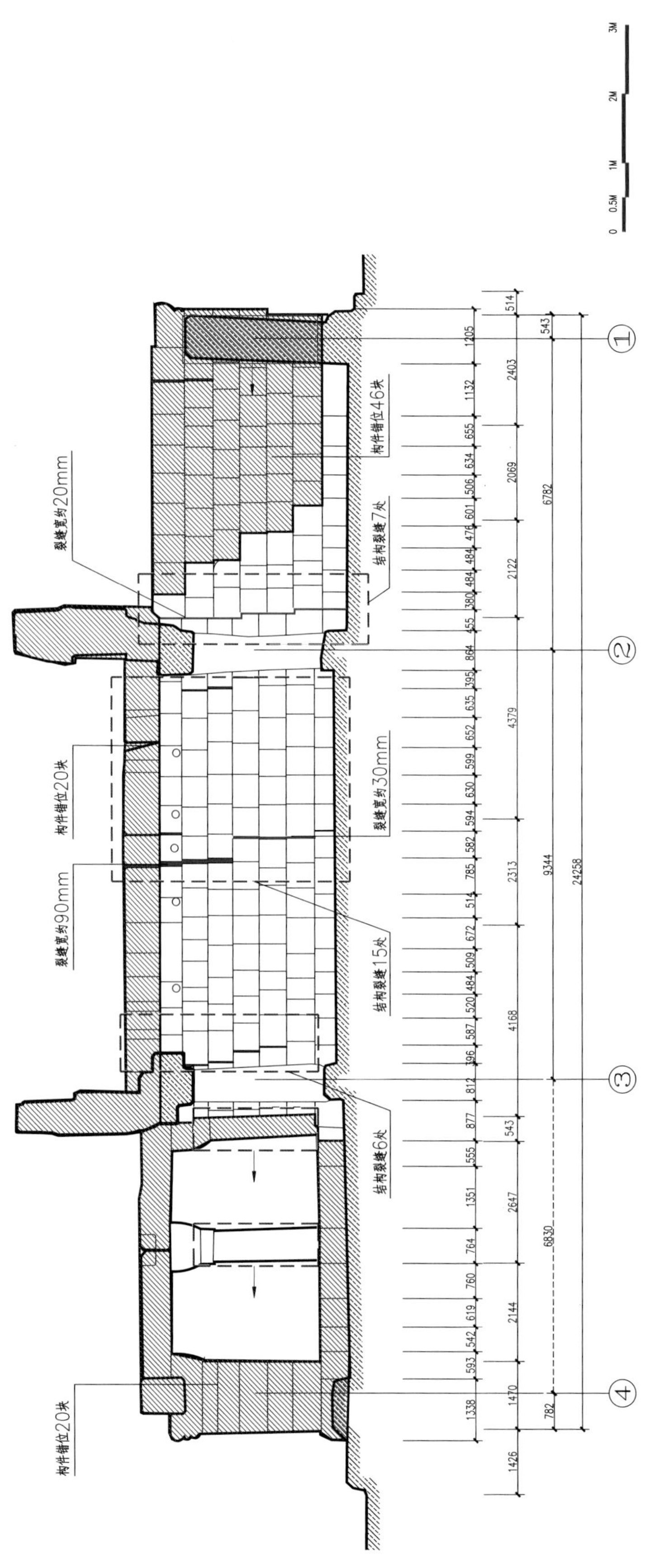

图48 南内长厅1-1剖面残损现状图

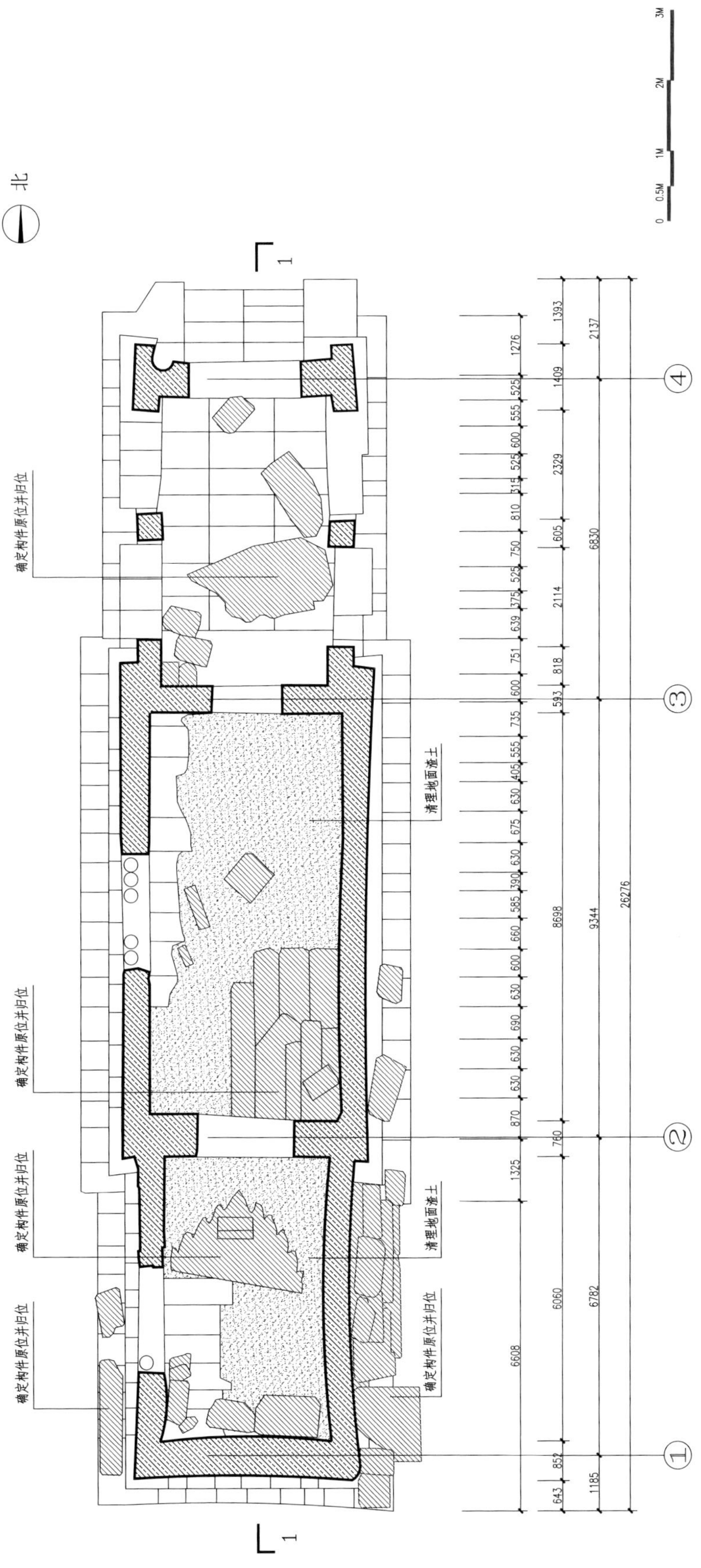

图49 南内长厅平面维修设计图

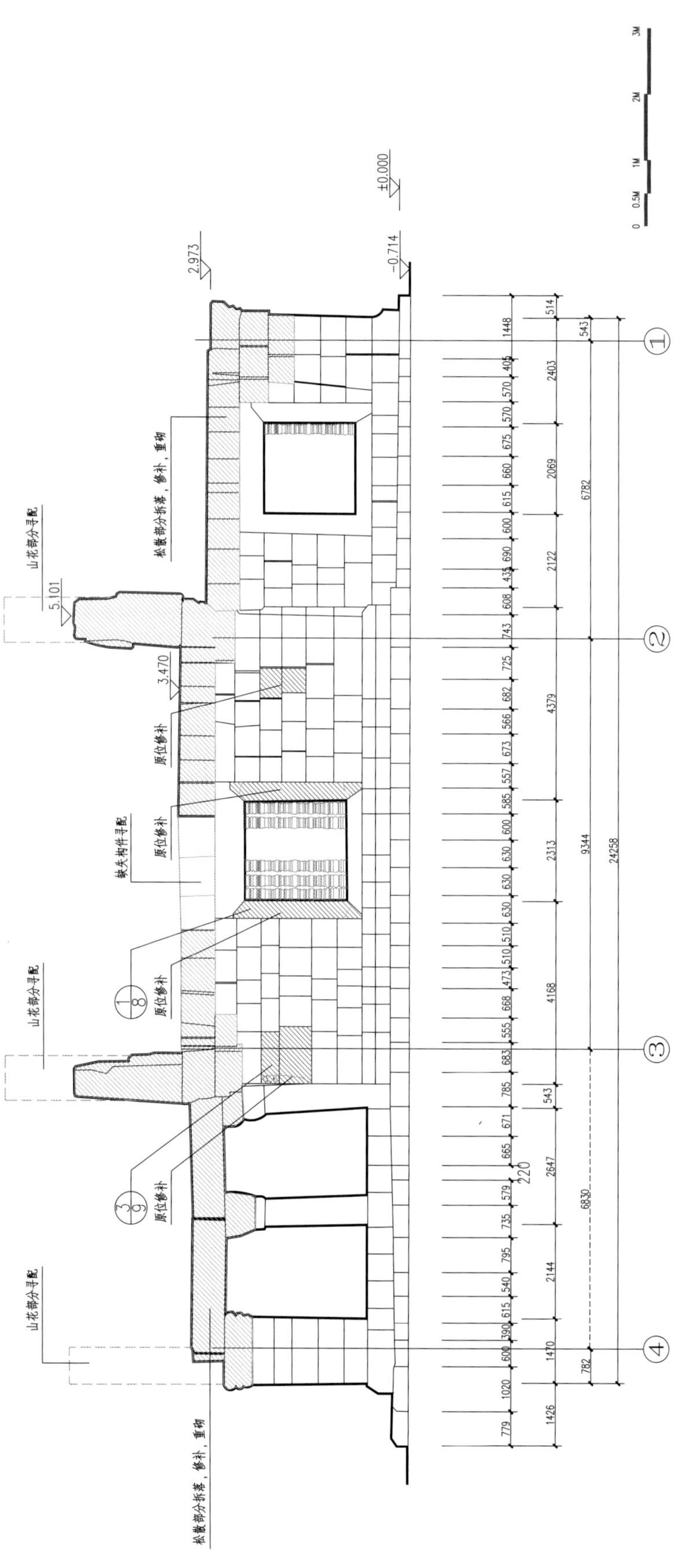

图50 南内长厅西立面维修设计图

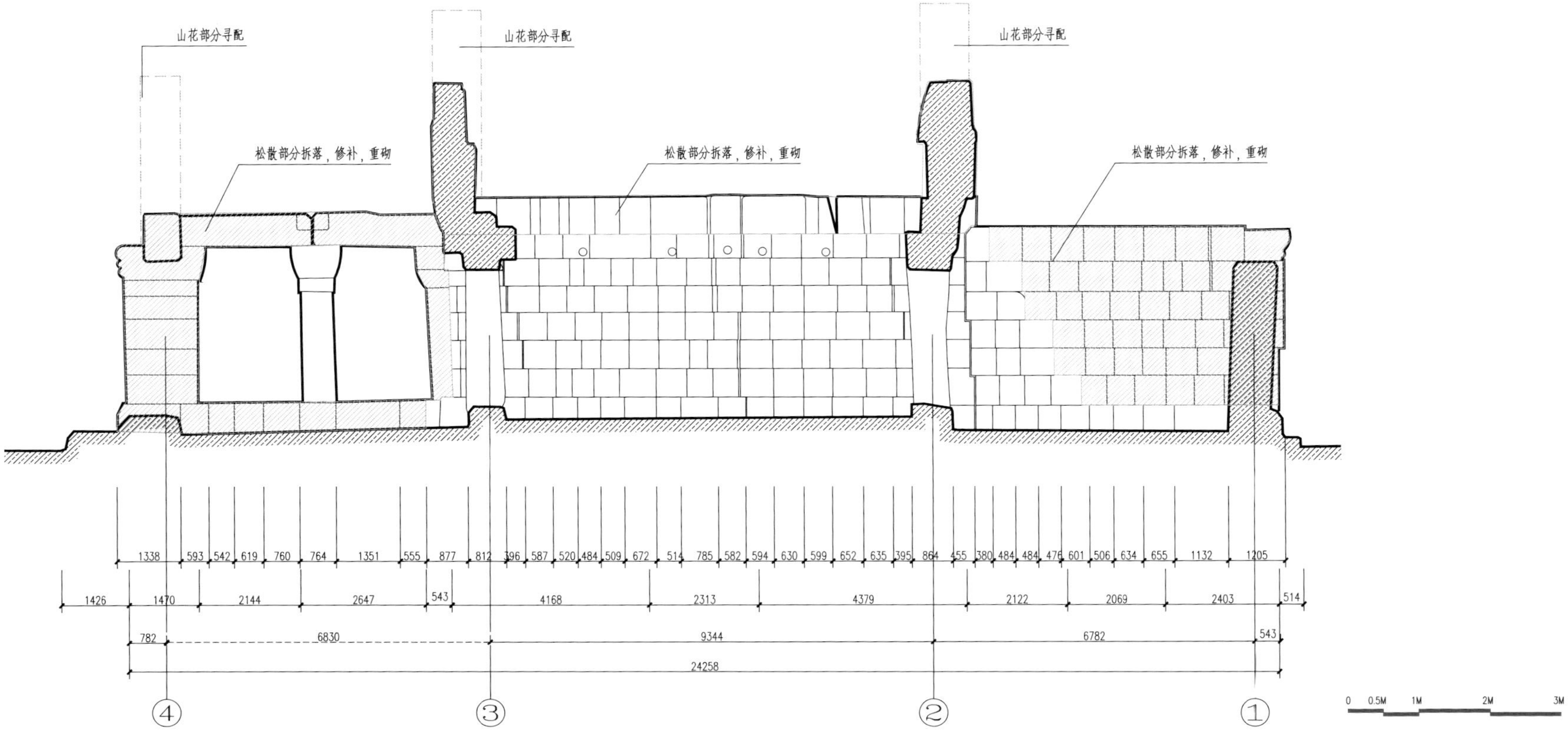

图51　南内长厅1-1剖面维修设计图

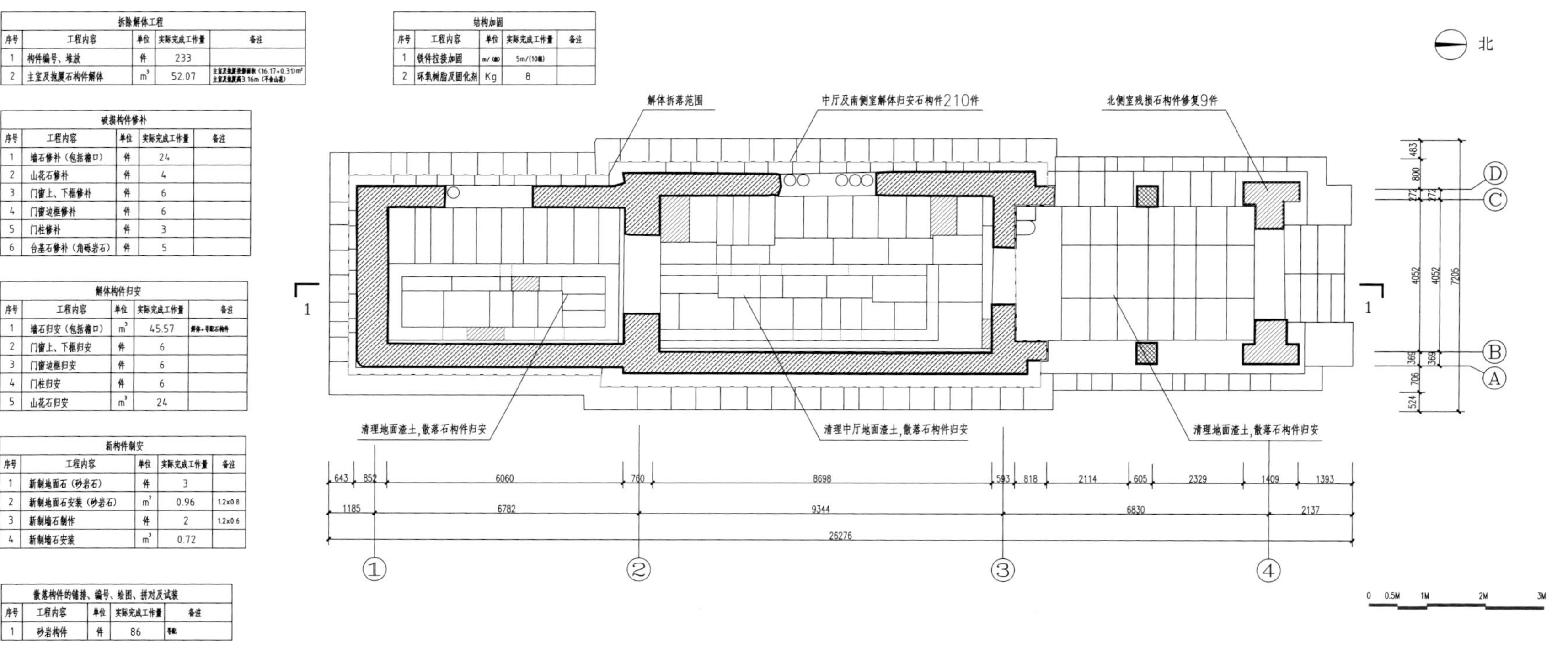

拆除解体工程				
序号	工程内容	单位	实际完成工作量	备注
1	构件编号、堆放	件	233	
2	主室及抱厦石构件解体	m^3	52.07	主室及抱厦投影面积（16.17+0.31）m^2 主室及抱厦高3.16m（不含山花）

结构加固				
序号	工程内容	单位	实际完成工作量	备注
1	铁件拉接加固	m/（组）	5m/（10组）	
2	环氧树脂及固化剂	Kg	8	

破损构件修补				
序号	工程内容	单位	实际完成工作量	备注
1	墙石修补（包括檐口）	件	24	
2	山花石修补	件	4	
3	门窗上、下框修补	件	6	
4	门窗边框修补	件	6	
5	门柱修补	件	3	
6	台基石修补（角砾岩石）	件	5	

解体构件归安				
序号	工程内容	单位	实际完成工作量	备注
1	墙石归安（包括檐口）	m^3	45.57	[illegible]
2	门窗上、下框归安	件	6	
3	门窗边框归安	件	6	
4	门柱归安	件	6	
5	山花石归安	m^3	24	

新构件制安				
序号	工程内容	单位	实际完成工作量	备注
1	新制地面石（砂岩石）	件	3	
2	新制地面石安装（砂岩石）	m^2	0.96	1.2x0.8
3	新制墙石制作	件	2	1.2x0.6
4	新制墙石安装	m^3	0.72	

散落构件的铺排、编号、绘图、拼对及试装				
序号	工程内容	单位	实际完成工作量	备注
1	砂岩构件	件	86	[illegible]

图52　南内长厅平面修复竣工图

拆除解体工程

序号	工程内容	单位	实际完成工作量	备注
1	构件编号、堆放	件	233	
2	主室及抱厦石构件解体	m^3	52.07	主室及抱厦投影面积（16.17+0.31）m^2 主室及抱厦高3.16m（不含山花）

破损构件修补

序号	工程内容	单位	实际完成工作量	备注
1	墙石修补（包括檐口）	件	24	
2	山花石修补	件	4	
3	门窗上、下框修补	件	6	
4	门窗边框修补	件	6	
5	门柱修补	件	3	
6	台基石修补（角砾岩石）	件	5	

解体构件归安

序号	工程内容	单位	实际完成工作量	备注
1	墙石归安（包括檐口）	m^3	45.57	解体+寻配石构件
2	门窗上、下框归安	件	6	
3	门窗边框归安	件	6	
4	门柱归安	件	6	
5	山花石归安	m^3	24	

新构件制安

序号	工程内容	单位	实际完成工作量	备注
1	新制地面石（砂岩石）	件	3	
2	新制地面石安装（砂岩石）	m^2	0.96	1.2x0.8
3	新制墙石制作	件	2	1.2x0.6
4	新制墙石安装	m^3	0.72	

结构加固

序号	工程内容	单位	实际完成工作量	备注
1	铁件拉接加固	m/（组）	5m/（10组）	
2	环氧树脂及固化剂	Kg	8	

散落构件的铺排、编号、绘图、拼对及试装

序号	工程内容	单位	实际完成工作量	备注
1	砂岩构件	件	86	寻配

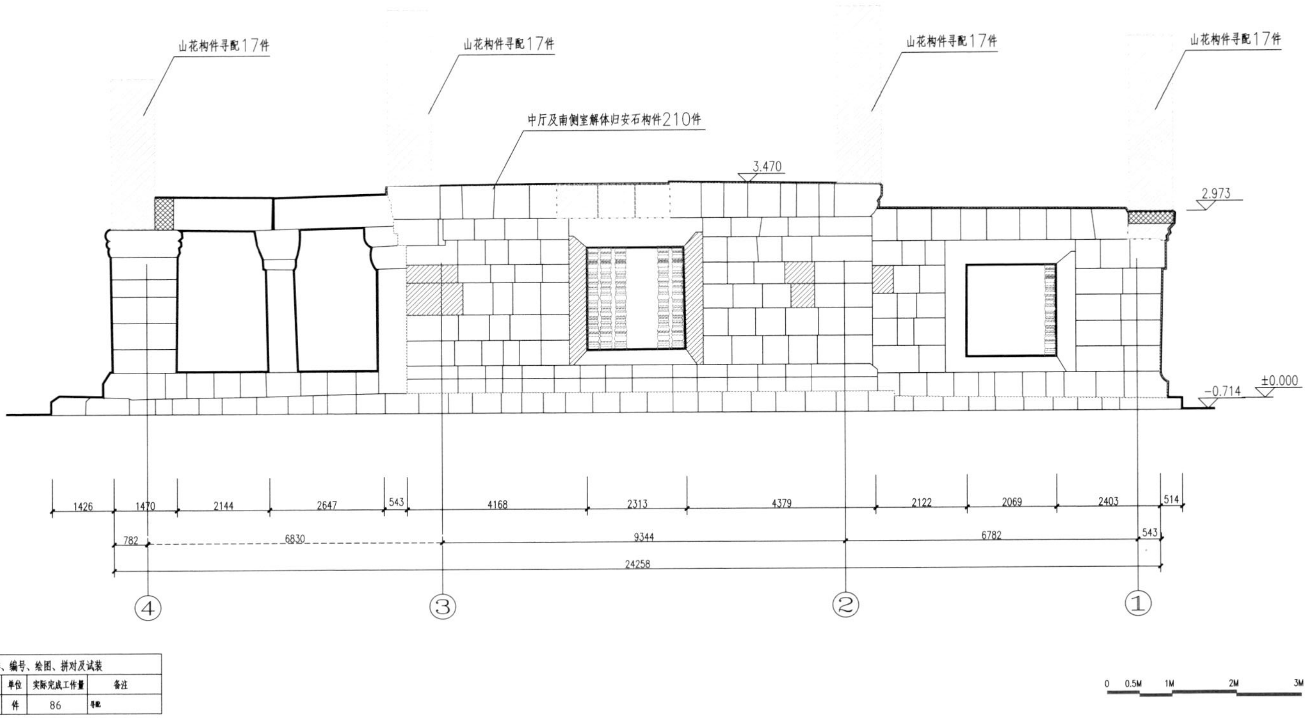

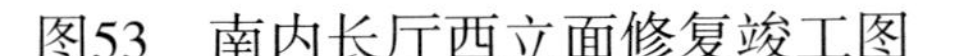

图53　南内长厅西立面修复竣工图

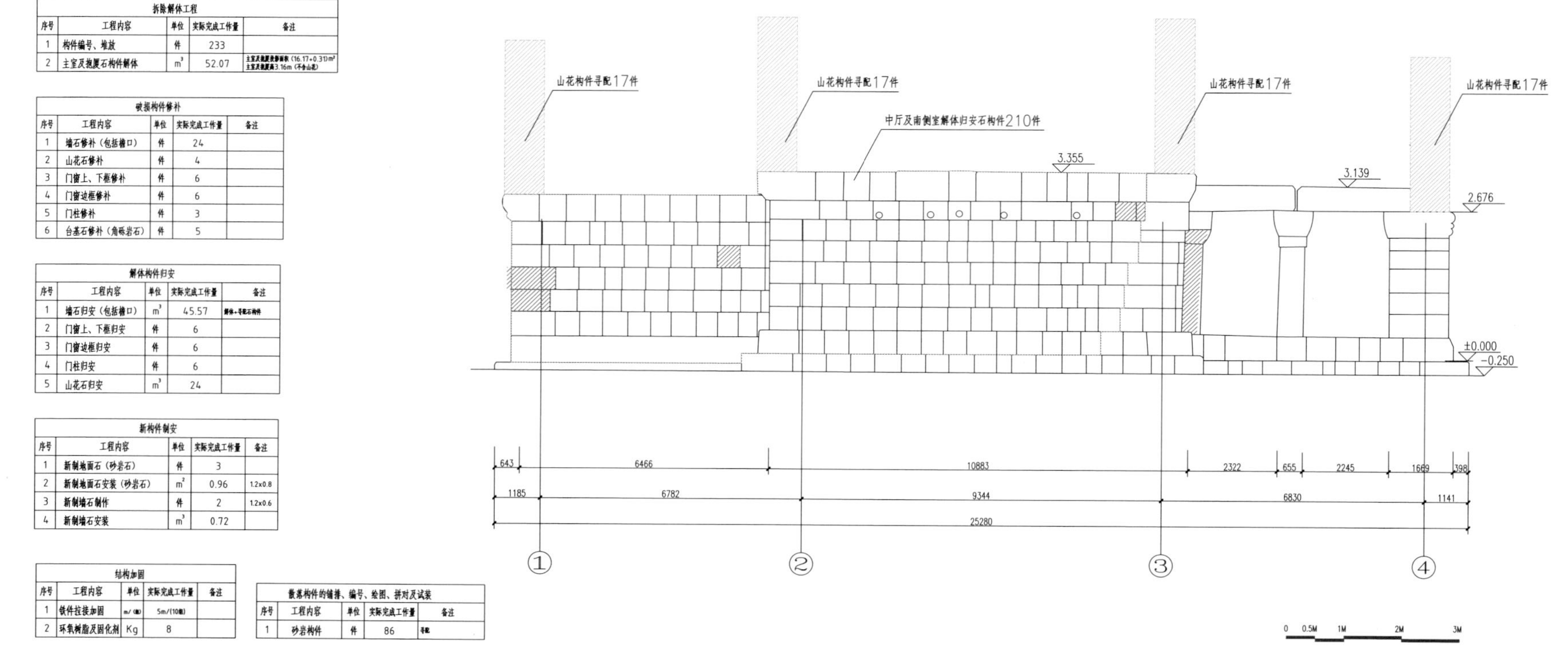

拆除解体工程				
序号	工程内容	单位	实际完成工作量	备注
1	构件编号、堆放	件	233	
2	主室及抱厦石构件解体	m^3	52.07	主室及抱厦投影面积（16.17+0.31）m^2 主室及抱厦高3.16m（不含山花）

破损构件修补				
序号	工程内容	单位	实际完成工作量	备注
1	墙石修补（包括檐口）	件	24	
2	山花石修补	件	4	
3	门窗上、下框修补	件	6	
4	门窗边框修补	件	6	
5	门柱修补	件	3	
6	台基石修补（角砾岩石）	件	5	

解体构件归安				
序号	工程内容	单位	实际完成工作量	备注
1	墙石归安（包括檐口）	m^3	45.57	解体+寻配石构件
2	门窗上、下框归安	件	6	
3	门窗边框归安	件	6	
4	门柱归安	件	6	
5	山花石归安	m^3	24	

新构件制安				
序号	工程内容	单位	实际完成工作量	备注
1	新制地面石（砂岩石）	件	3	
2	新制地面石安装（砂岩石）	m^2	0.96	1.2x0.8
3	新制墙石制作	件	2	1.2x0.6
4	新制墙石安装	m^3	0.72	

结构加固				
序号	工程内容	单位	实际完成工作量	备注
1	铁件拉接加固	m/（根）	5m/（10根）	
2	环氧树脂及固化剂	Kg	8	

散落构件的铺排、编号、绘图、拼对及试装				
序号	工程内容	单位	实际完成工作量	备注
1	砂岩构件	件	86	寻配

图54　南内长厅东立面修复竣工图

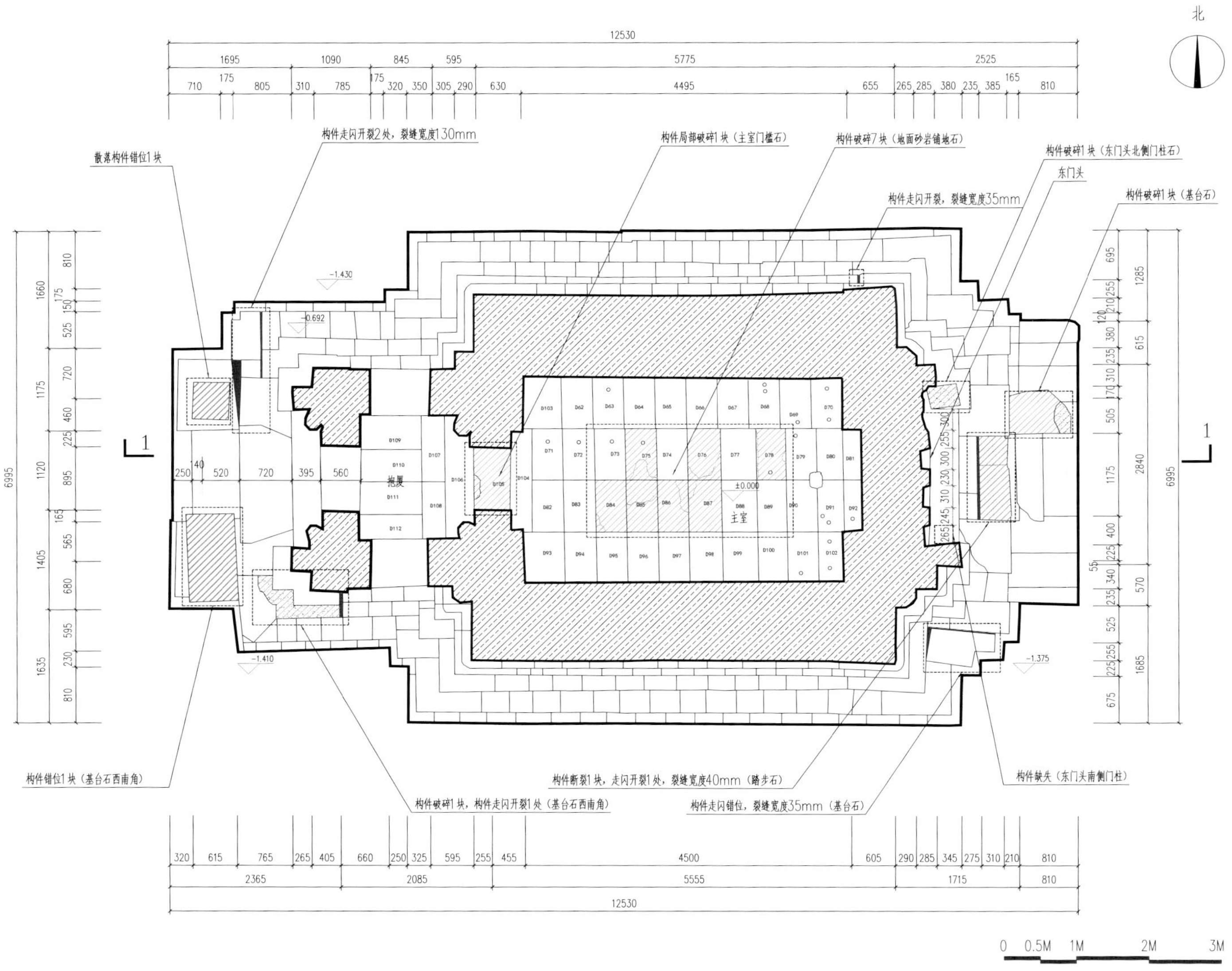

图55　北藏经阁平面残损现状图

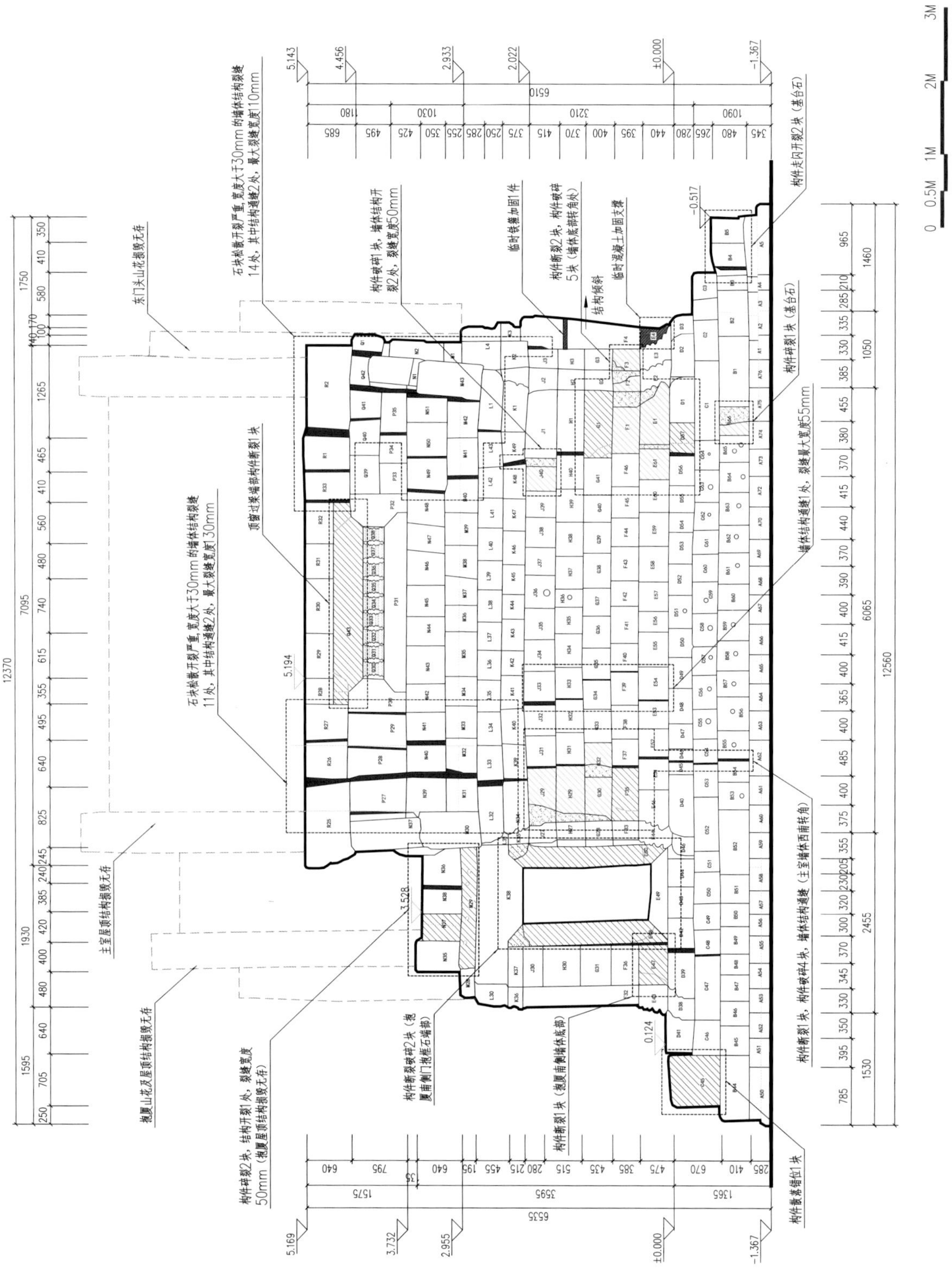

图56　北藏经阁南立面残损现状图

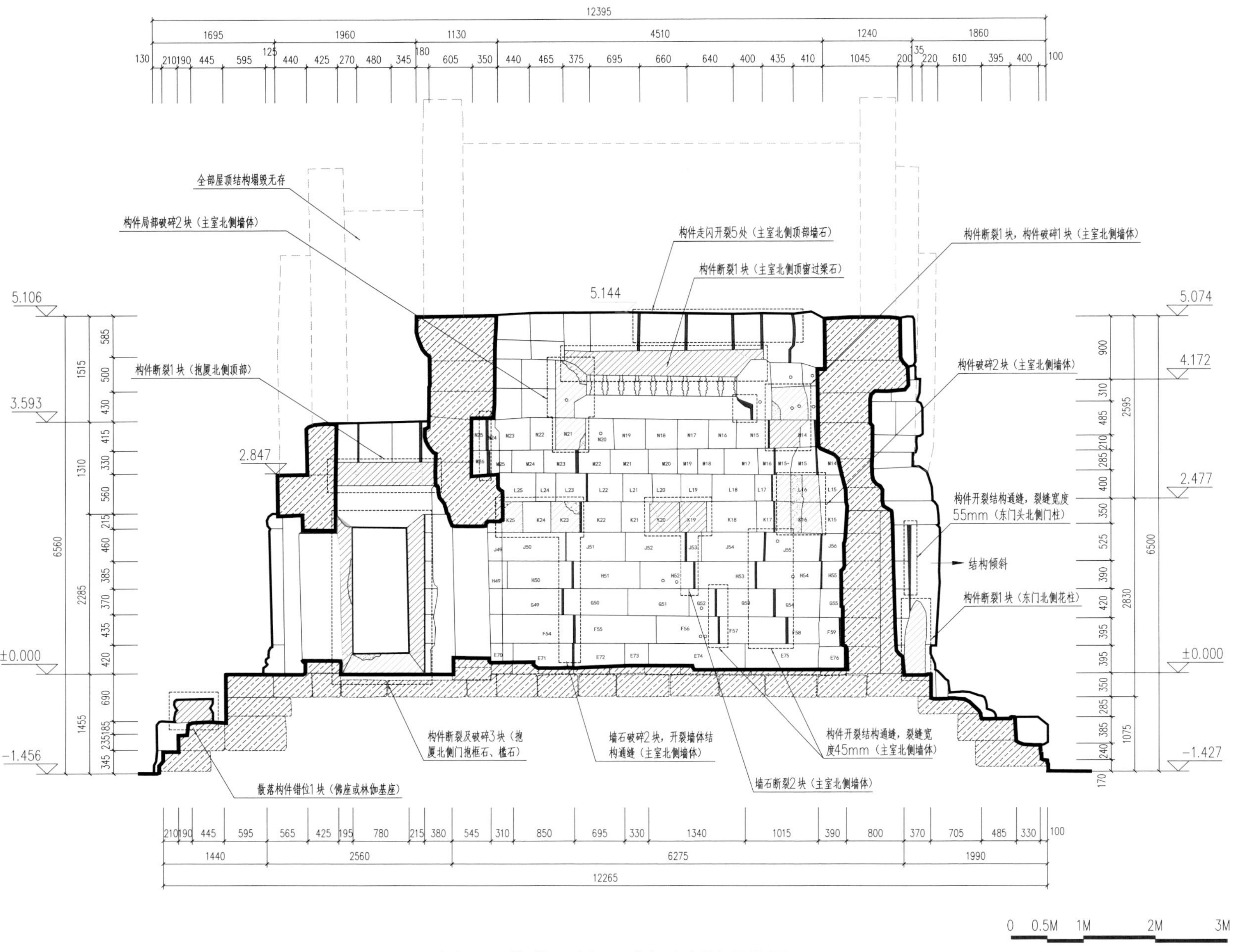

图57 北藏经阁1-1剖面残损现状图

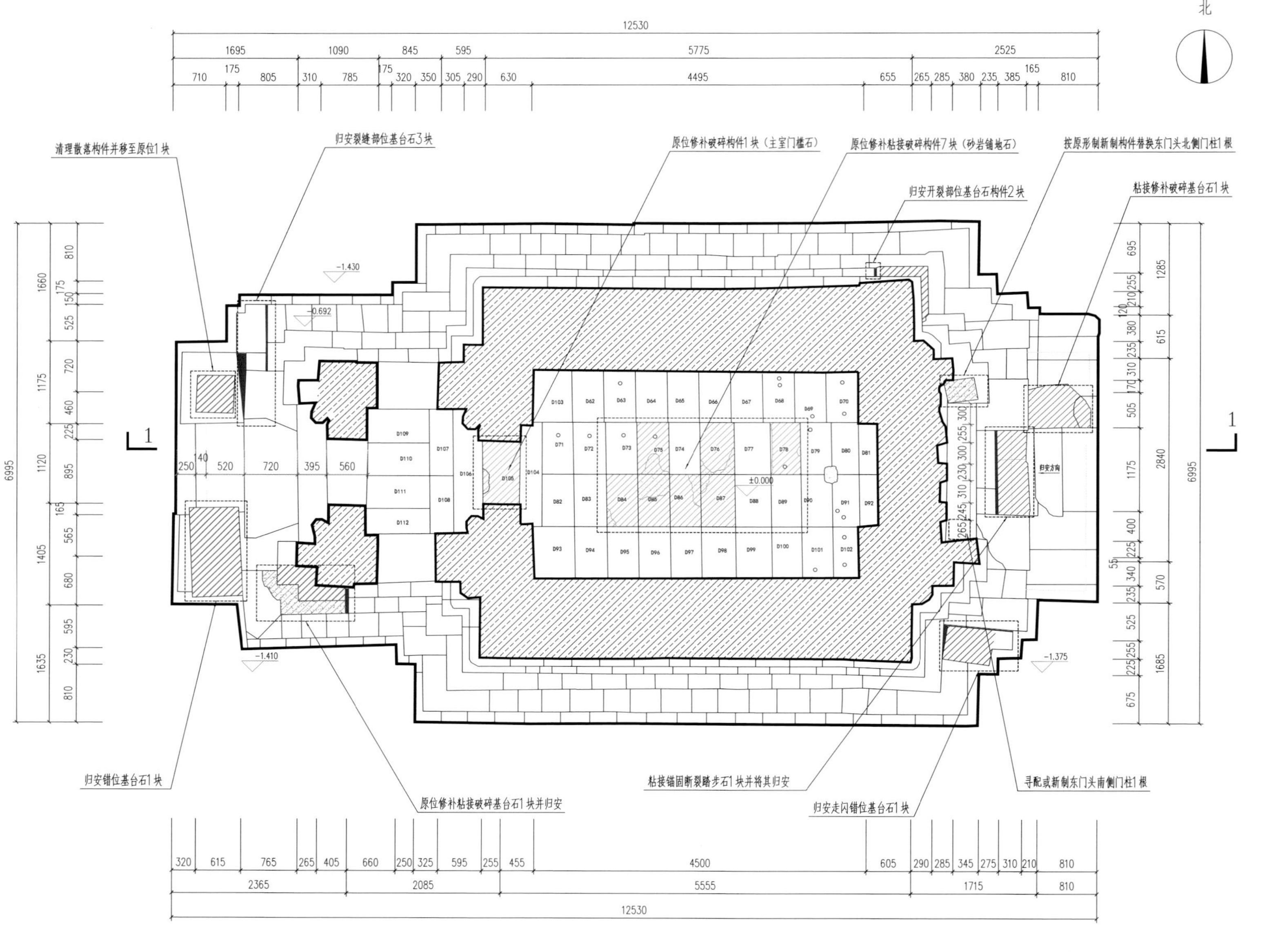

图58 北藏经阁平面维修设计图

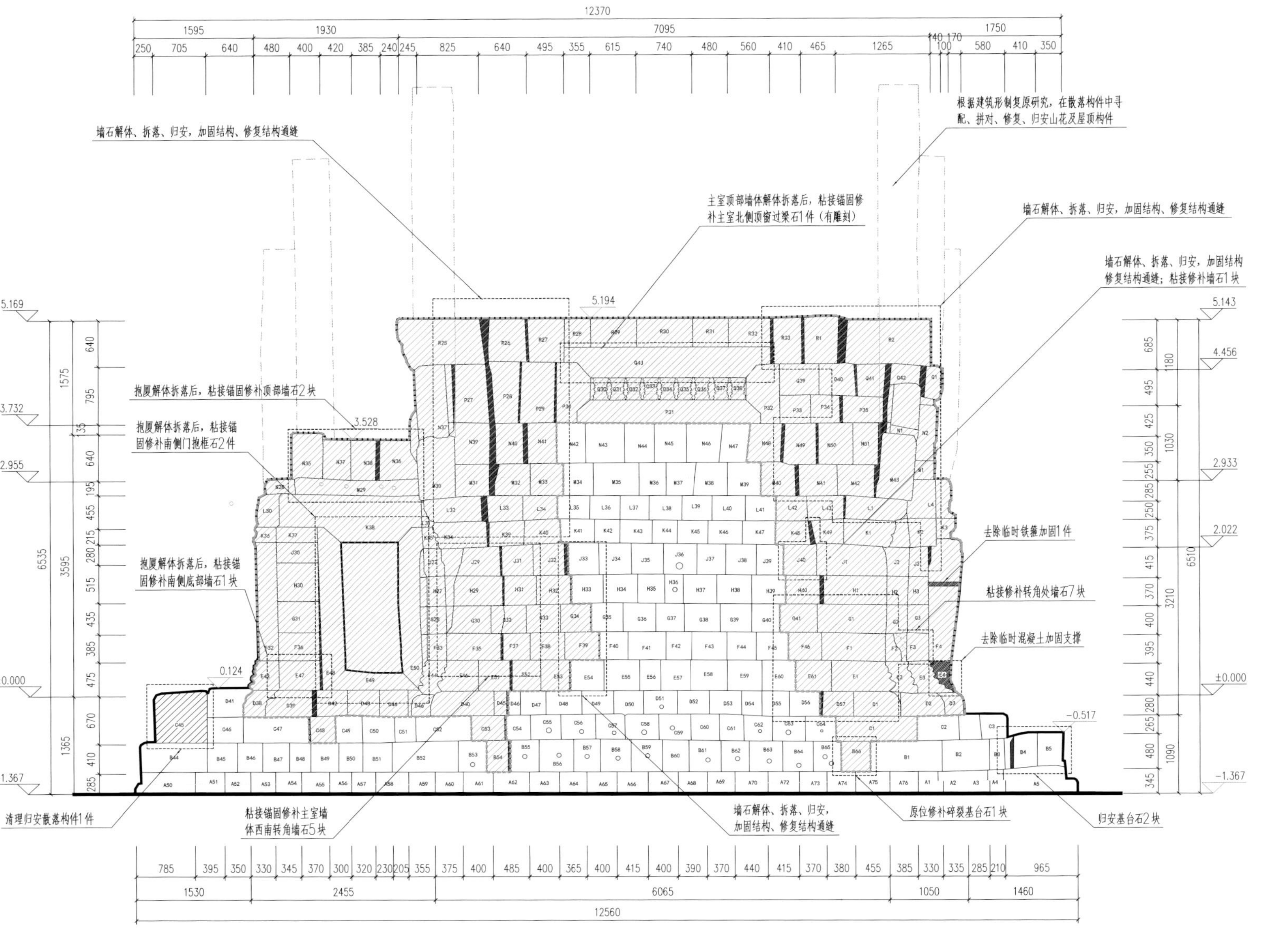

图59　北藏经阁南立面维修设计图

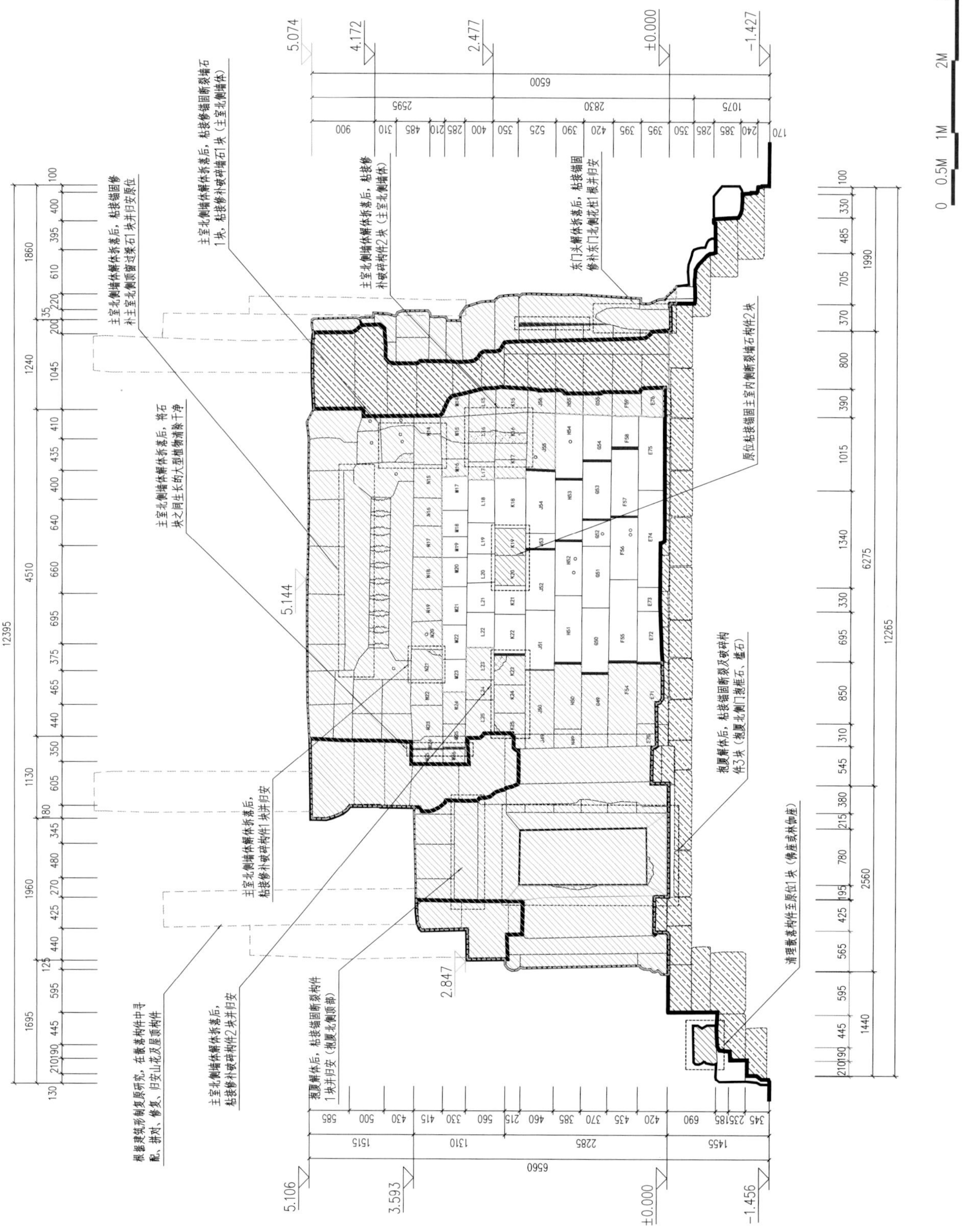

图60　北藏经阁1-1剖面维修设计图

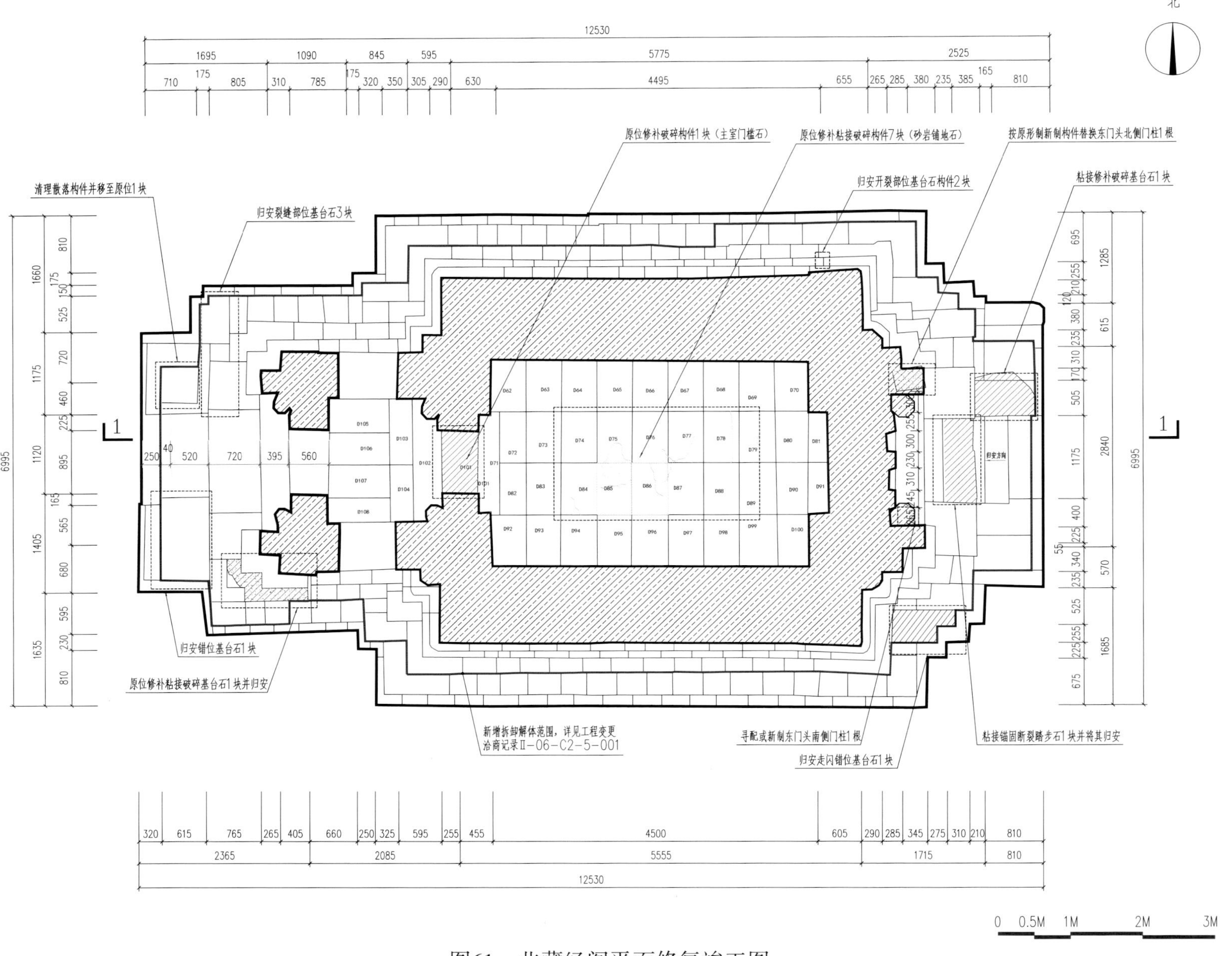

图61　北藏经阁平面修复竣工图

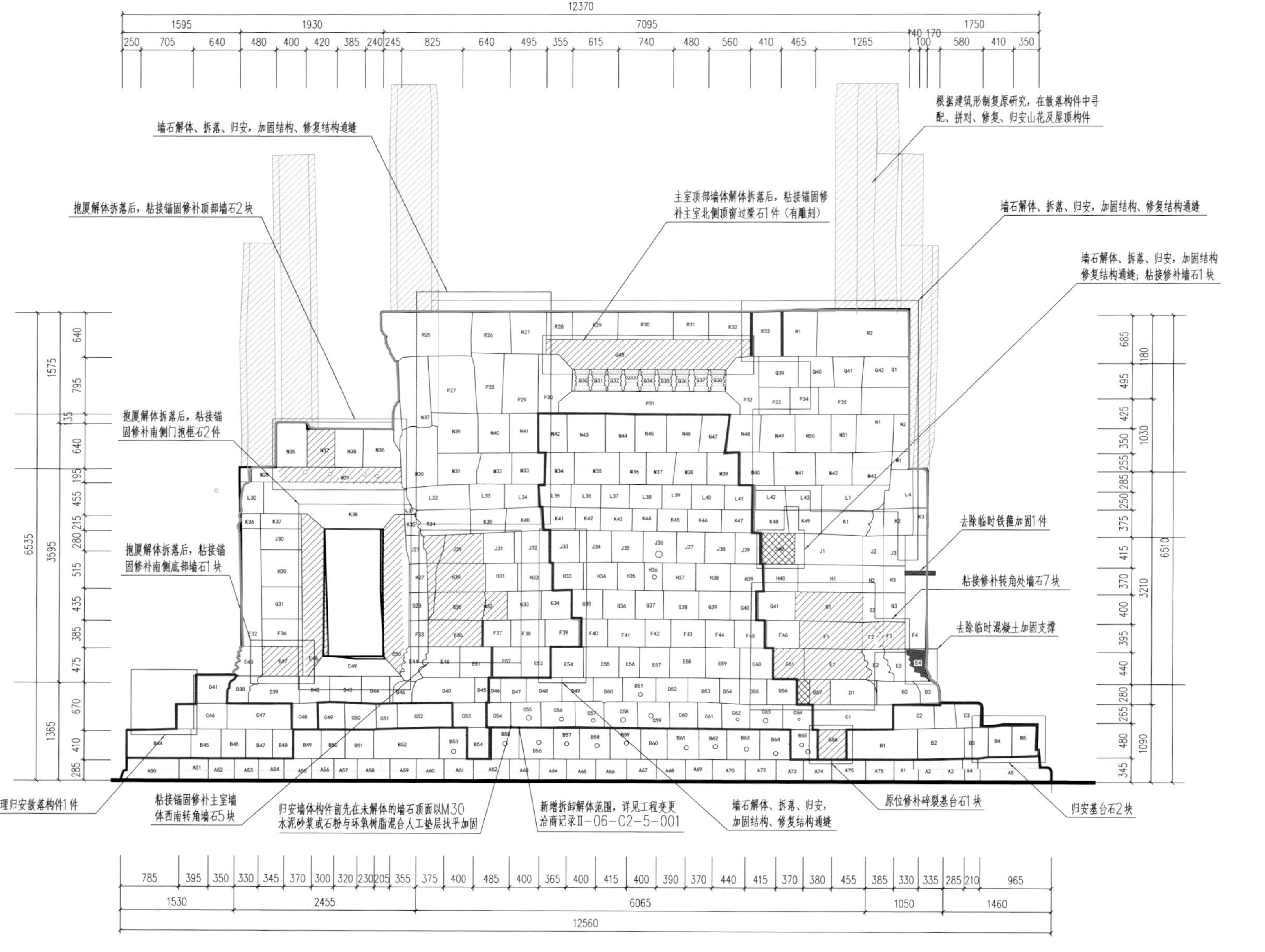

图62　北藏经阁南立面修复竣工图

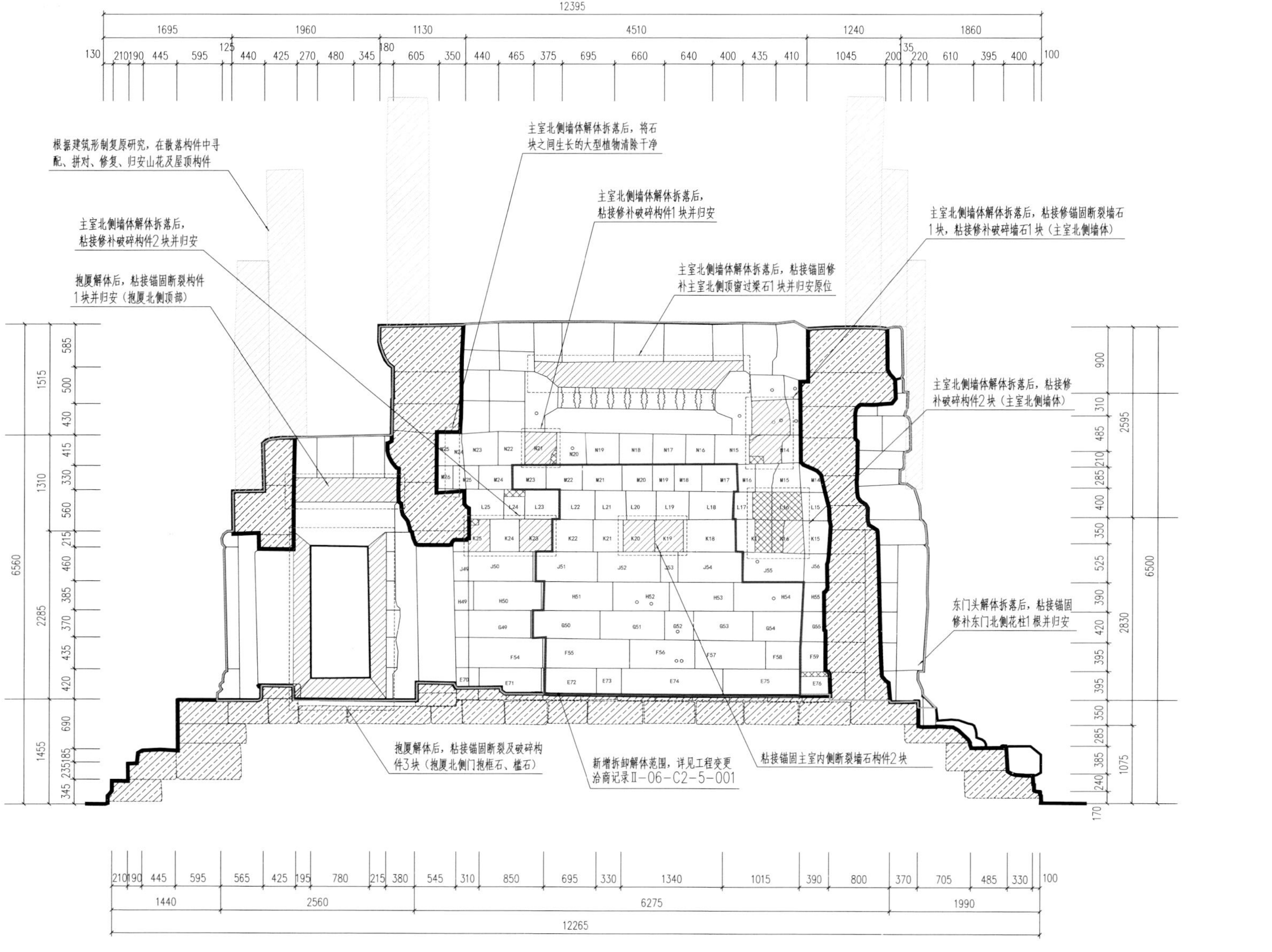

图63 北藏经阁1-1剖面修复竣工图

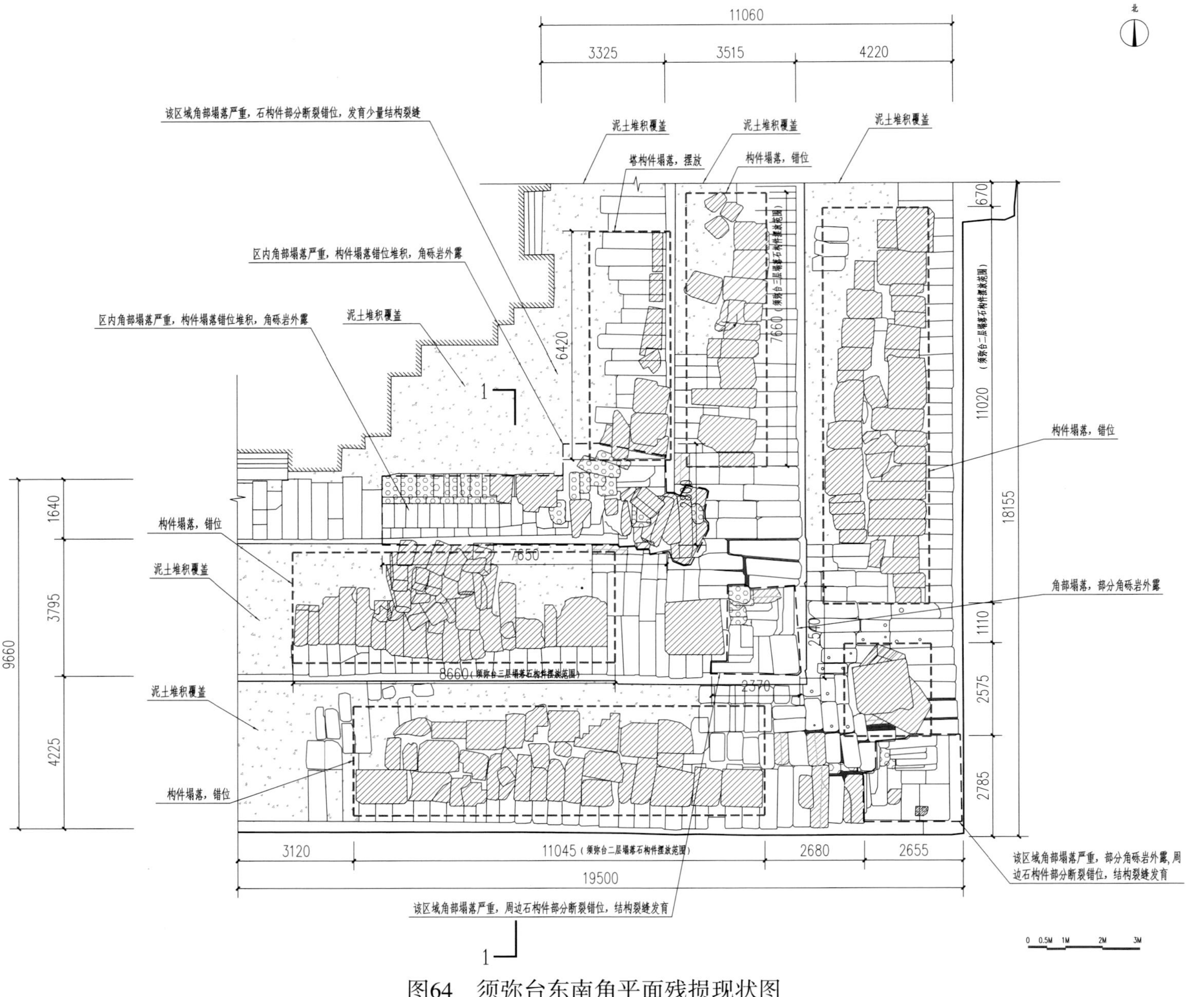

图64 须弥台东南角平面残损现状图

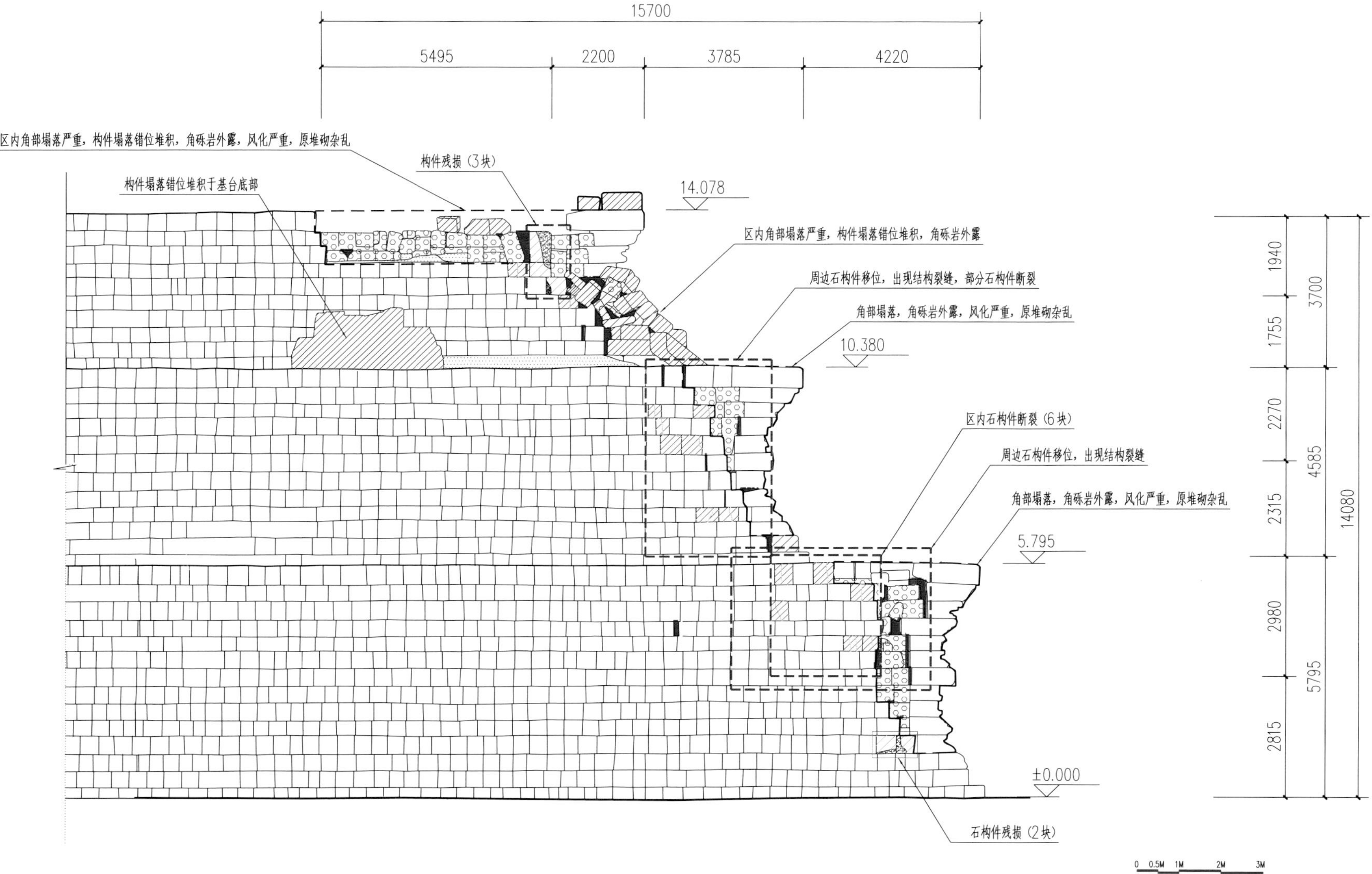

图65　须弥台东南角南立面残损现状图

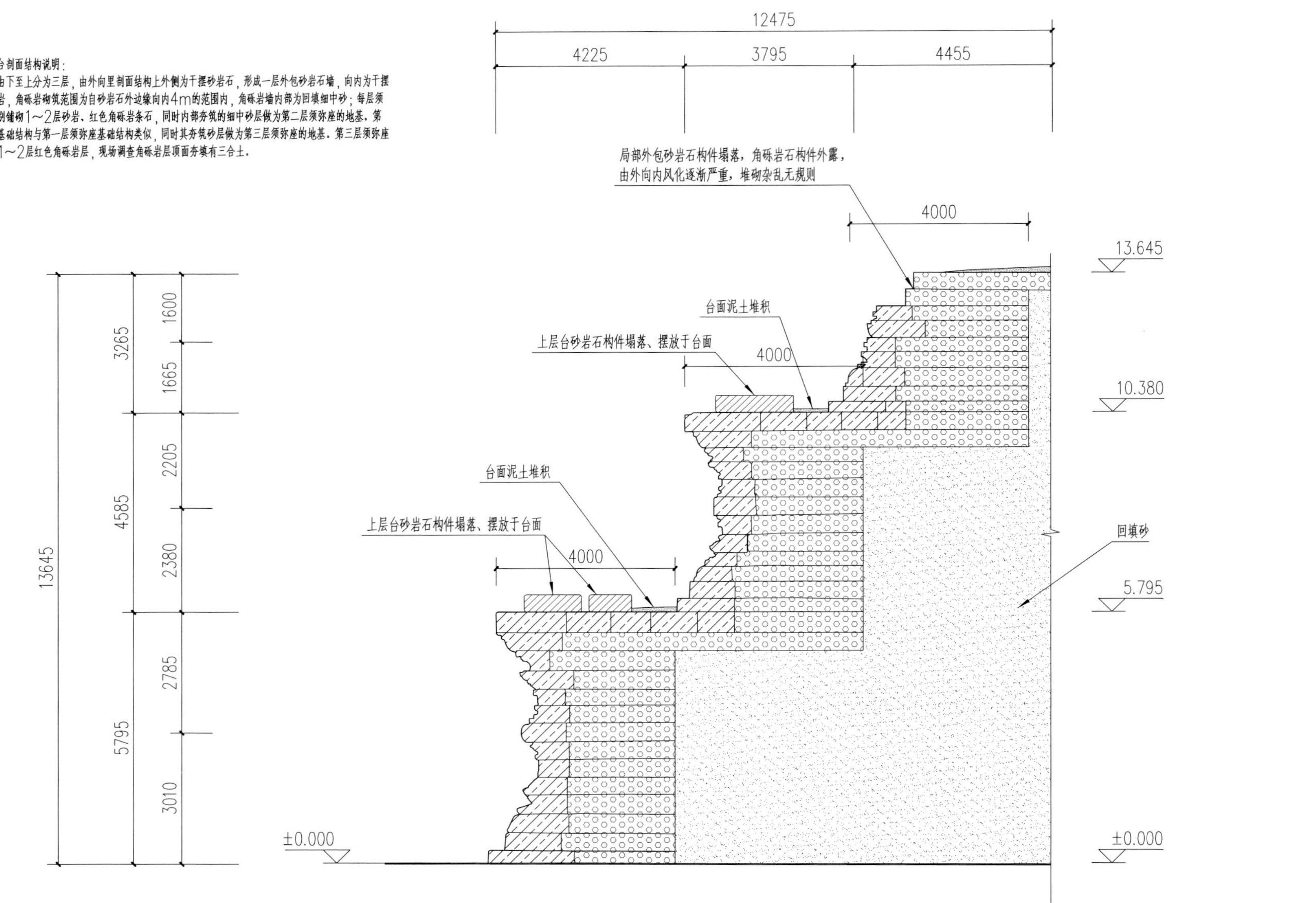

茶胶寺须弥台剖面结构说明：

须弥台由下至上分为三层，由外向里剖面结构上外侧为干摆砂岩石，形成一层外包砂岩石墙，向内为干摆的红色角砾岩，角砾岩砌筑范围为自砂岩石外边缘向内4m的范围内，角砾岩墙内部为回填细中砂；每层须弥台顶面分别铺砌1～2层砂岩、红色角砾岩条石，同时内部夯筑的细中砂层做为第二层须弥座的地基。第二层须弥座基础结构与第一层须弥座基础结构类似，同时其夯筑砂层做为第三层须弥座的地基。第三层须弥座顶面铺砌有1～2层红色角砾岩层，现场调查角砾岩层顶面夯填有三合土。

图66　须弥台东南角1-1剖面残损现状图

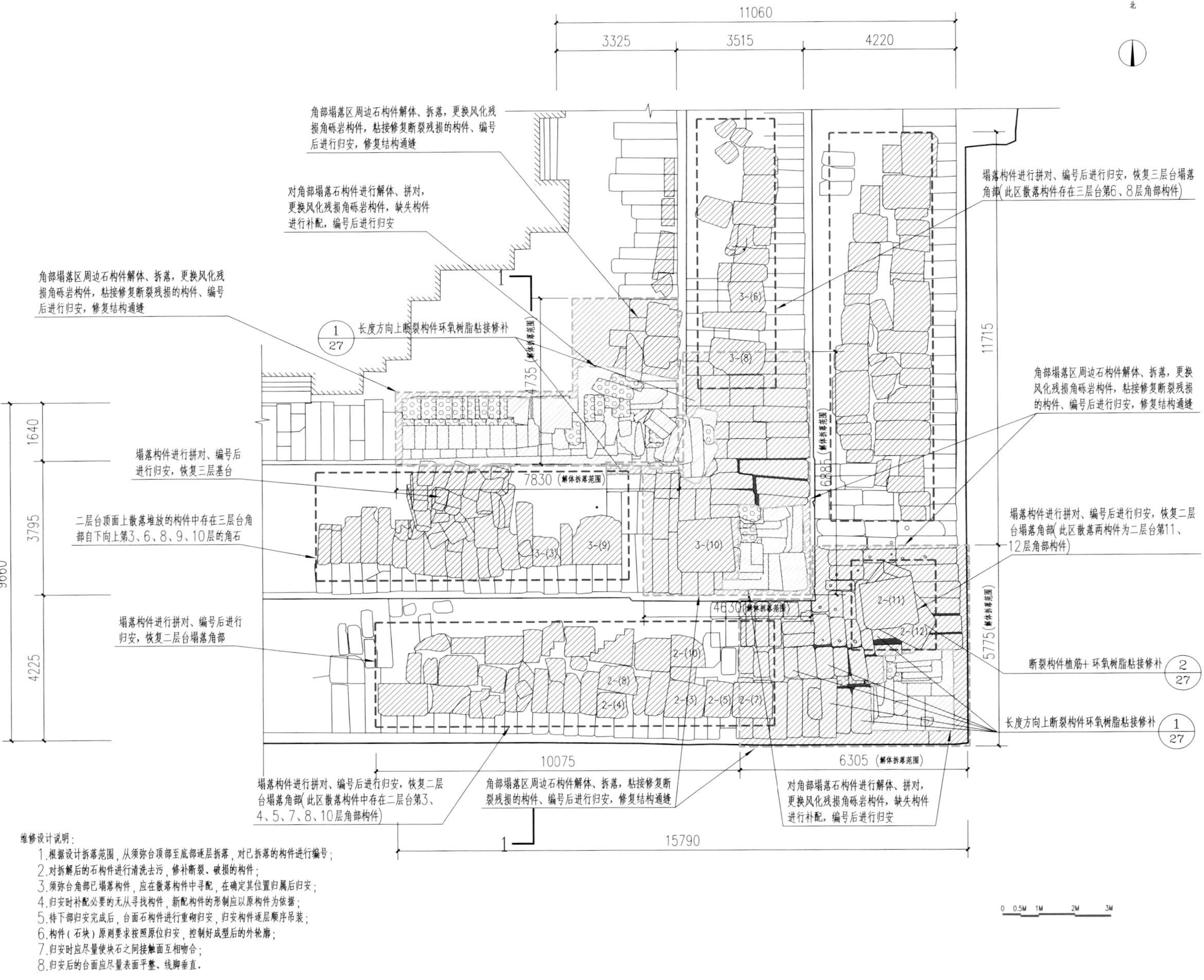

图67 须弥台东南角平面维修设计图

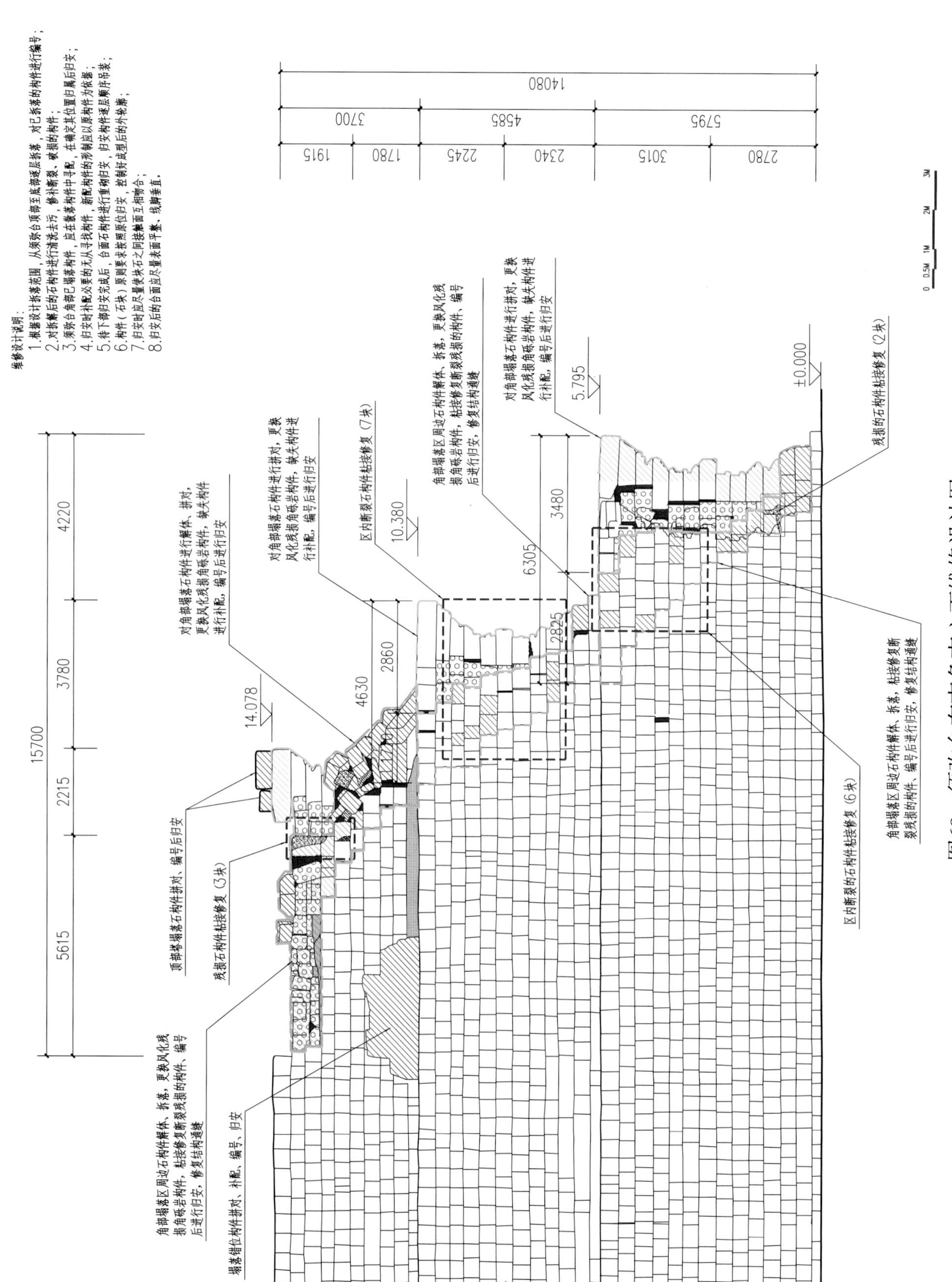

图68 须弥台东南角南立面维修设计图

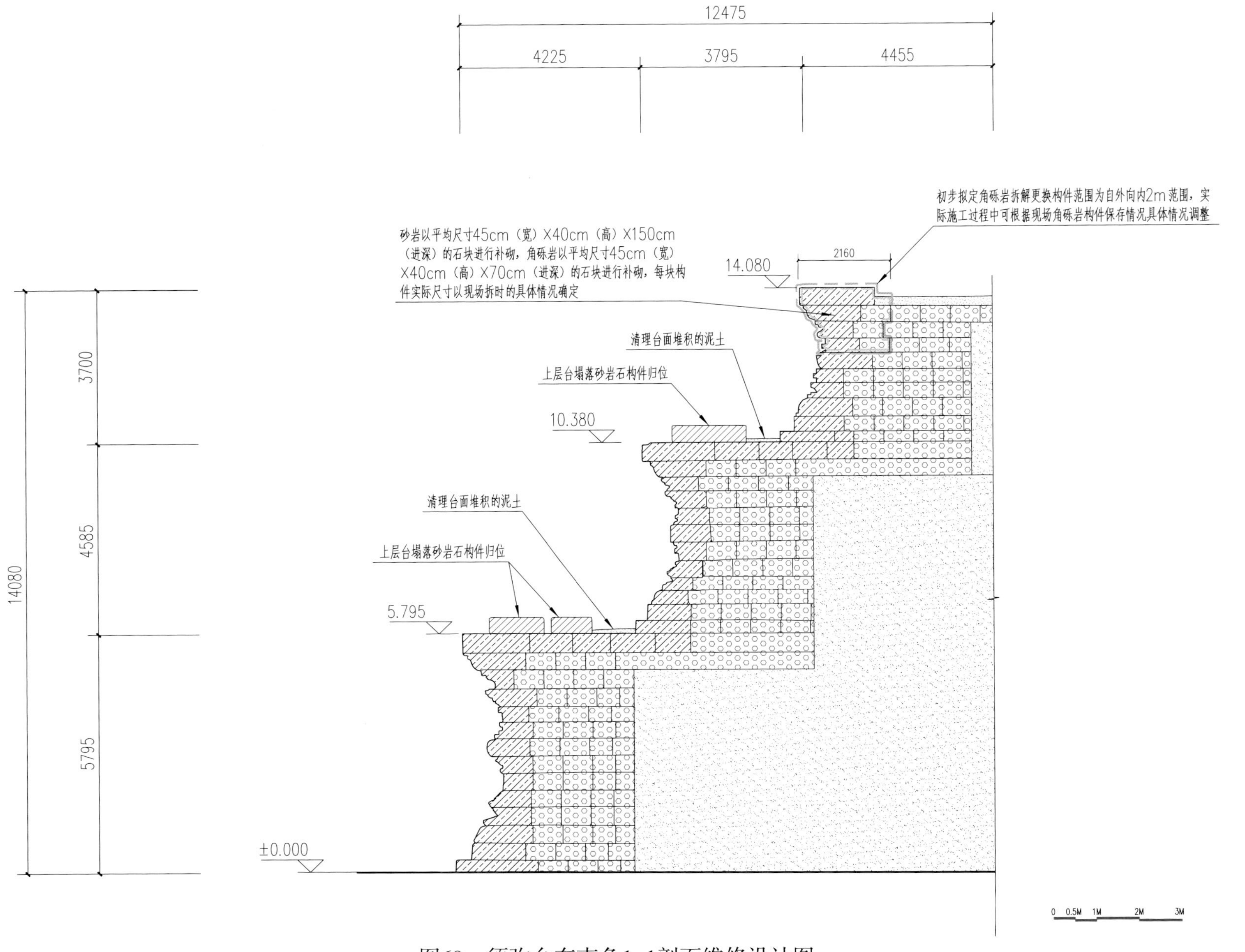

图69　须弥台东南角1-1剖面维修设计图

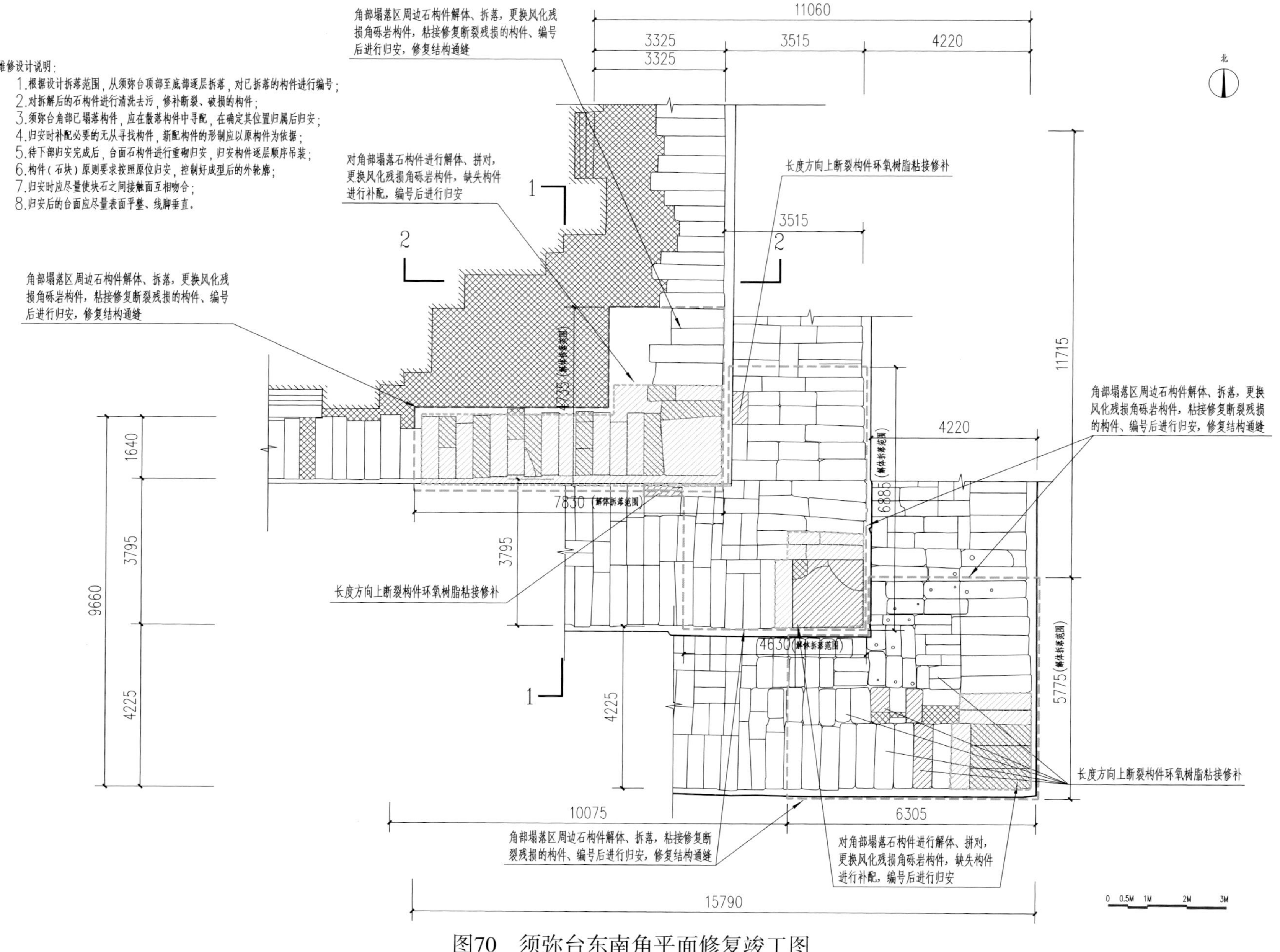

图70 须弥台东南角平面修复竣工图

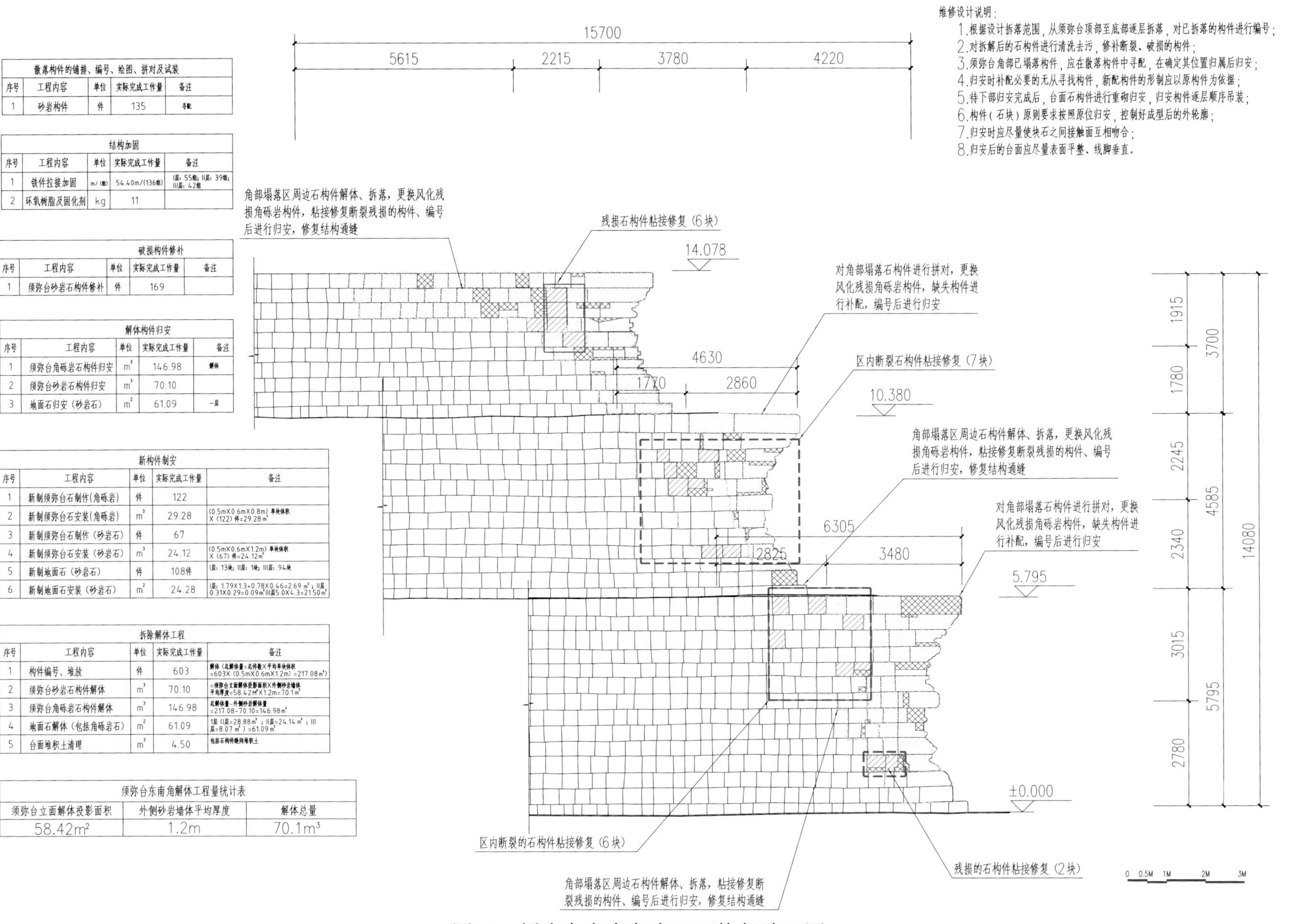

散落构件的铺排、编号、绘图、拼对及试装				
序号	工程内容	单位	实际完成工作量	备注
1	砂岩构件	件	135	寻配

结构加固				
序号	工程内容	单位	实际完成工作量	备注
1	铁件拉接加固	m/(组)	54.40m/(136组)	I层：55组；II层：39组；III层：42组
2	环氧树脂及固化剂	kg	11	

破损构件修补				
序号	工程内容	单位	实际完成工作量	备注
1	须弥台砂岩石构件修补	件	169	

解体构件归安				
序号	工程内容	单位	实际完成工作量	备注
1	须弥台角砾岩石构件归安	m^3	146.98	解体
2	须弥台砂岩石构件归安	m^3	70.10	
3	地面石归安（砂岩石）	m^2	61.09	一层

新构件制安				
序号	工程内容	单位	实际完成工作量	备注
1	新制须弥台石制作(角砾岩)	件	122	
2	新制须弥台石安装(角砾岩)	m^3	29.28	(0.5mX0.6mX0.8m) 单块体积 X (122) 件=29.28 m^3
3	新制须弥台石制作（砂岩石）	件	67	
4	新制须弥台石安装（砂岩石）	m^3	24.12	(0.5mX0.6mX1.2m) 单块体积 X (67) 件=24.12 m^3
5	新制地面石（砂岩石）	件	108件	I层：13块；II层：1块；III层：94块
6	新制地面石安装（砂岩石）	m^2	24.28	I层：1.79X1.3+0.78X0.46=2.69 m^2；II层 0.31X0.29=0.09 m^2 III层5.0X4.3=21.50 m^2

拆除解体工程				
序号	工程内容	单位	实际完成工作量	备注
1	构件编号、堆放	件	603	解体（总解体量=总件数X平均单块体积 =603X（0.5mX0.6mX1.2m）=217.08 m^3）
2	须弥台砂岩石构件解体	m^3	70.10	=须弥台立面解体投影面积X外侧砂岩墙体平均厚度=58.42 M^2X1.2m=70.1 m^3
3	须弥台角砾岩石构件解体	m^3	146.98	总解体量－外侧砂岩解体量 =217.08−70.10=146.98 m^3
4	地面石解体（包括角砾岩石）	m^2	61.09	1层（I层=28.88 m^2；II层=24.14 m^2；III层=8.07 m^2）=61.09 m^2
5	台面堆积土清理	m^3	4.50	包括石构件缝间堆积土

须弥台东南角解体工程量统计表		
须弥台立面解体投影面积	外侧砂岩墙体平均厚度	解体总量
58.42 m^2	1.2m	70.1 m^3

维修设计说明：

1. 根据设计拆落范围，从须弥台顶部至底部逐层拆落，对已拆落的构件进行编号；
2. 对拆解后的石构件进行清洗去污，修补断裂、破损的构件；
3. 须弥台角部已塌落构件，应在散落构件中寻配，在确定其位置归属后归安；
4. 归安时补配必要的无从寻找构件，新配构件的形制应以原构件为依据；
5. 待下部归安完成后，台面石构件进行重砌归安，归安构件逐层顺序吊装；
6. 构件（石块）原则要求按照原位归安，控制好成型后的外轮廓；
7. 归安时应尽量使块石之间接触面互相吻合；
8. 归安后的台面应尽量表面平整、线脚垂直。

图71　须弥台东南角南立面修复竣工图

维修设计说明：

1. 根据设计拆落范围，从须弥台顶部至底部逐层拆落，对已拆落的构件进行编号；
2. 对拆解后的石构件进行清洗去污，修补断裂、破损的构件；
3. 须弥台角部已塌落构件，应在散落构件中寻配，在确定其位置归属后归安；
4. 归安时补配必要的无从寻找构件，新配构件的形制应以原构件为依据；
5. 待下部归安完成后，台面石构件进行重砌归安，归安构件逐层顺序吊装；
6. 构件（石块）原则要求按照原位归安，控制好成型后的外轮廓；
7. 归安时应尽量使块石之间接触面互相吻合；
8. 归安后的台面应尽量表面平整、线脚垂直。

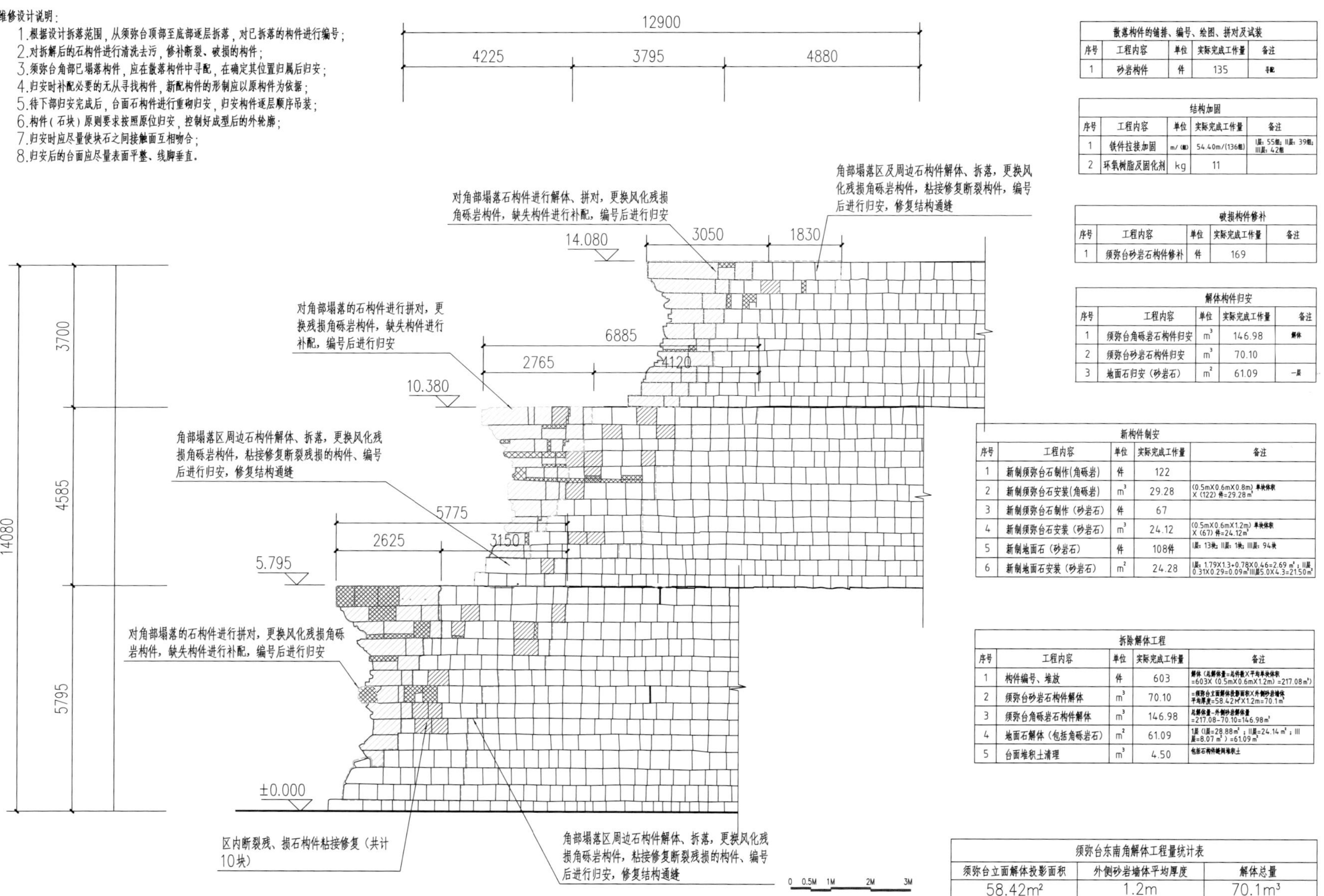

散落构件的铺排、编号、绘图、拼对及试装

序号	工程内容	单位	实际完成工作量	备注
1	砂岩构件	件	135	寻配

结构加固

序号	工程内容	单位	实际完成工作量	备注
1	铁件拉接加固	m/(组)	54.40m/(136组)	I层：55组；II层：39组；III层：42组
2	环氧树脂及固化剂	kg	11	

破损构件修补

序号	工程内容	单位	实际完成工作量	备注
1	须弥台砂岩石构件修补	件	169	

解体构件归安

序号	工程内容	单位	实际完成工作量	备注
1	须弥台角砾岩石构件归安	m^3	146.98	解体
2	须弥台砂岩石构件归安	m^3	70.10	
3	地面石归安（砂岩石）	m^2	61.09	一层

新构件制安

序号	工程内容	单位	实际完成工作量	备注
1	新制须弥台石制作(角砾岩)	件	122	
2	新制须弥台石安装(角砾岩)	m^3	29.28	(0.5mX0.6mX0.8m) 单块体积 X (122) 件=29.28m^3
3	新制须弥台石制作（砂岩石）	件	67	
4	新制须弥台石安装（砂岩石）	m^3	24.12	(0.5mX0.6mX1.2m) 单块体积 X (67) 件=24.12m^3
5	新制地面石（砂岩石）	件	108件	I层：13块；II层：1块；III层：94块
6	新制地面石安装（砂岩石）	m^2	24.28	I层：1.79X1.3+0.78X0.46=2.69 m^2；II层，0.31X0.29=0.09m^2 III层5.0X4.3=21.50m^2

拆除解体工程

序号	工程内容	单位	实际完成工作量	备注
1	构件编号、堆放	件	603	解体（总解体量=总件数X平均单块体积=603X（0.5mX0.6mX1.2m）=217.08m^3）
2	须弥台砂岩石构件解体	m^3	70.10	=须弥台立面解体投影面积X外侧砂岩墙体平均厚度=58.42M^2X1.2m=70.1m^3
3	须弥台角砾岩石构件解体	m^3	146.98	总解体量－外侧砂岩解体量=217.08−70.10=146.98m^3
4	地面石解体（包括角砾岩石）	m^2	61.09	1层（I层=28.88m^2；II层=24.14 m^2；III层=8.07 m^2）=61.09m^2
5	台面堆积土清理	m^3	4.50	包括石构件缝间堆积土

须弥台东南角解体工程量统计表

须弥台立面解体投影面积	外侧砂岩墙体平均厚度	解体总量
58.42m^2	1.2m	70.1m^3

图72　须弥台东南角东立面修复竣工图

图版

1. 南内塔门保护修复前

2. 南内塔门保护修复后

3. 东外塔门保护修复前

4. 东外塔门保护修复后

5. 二层台西南角及角楼保护修复前

6. 二层台西南角及角楼保护修复后

7. 二层台东南角及角楼保护修复前

8. 二层台东南角及角楼保护修复后

9. 二层台东北角及角楼保护修复前

10. 二层台东北角及角楼保护修复后

11. 二层台西北角及角楼保护修复前

12. 二层台西北角及角楼保护修复后

13. 南藏经阁保护修复前

14. 南藏经阁保护修复后

15. 北藏经阁保护修复前

16. 北藏经阁保护修复后

17. 须弥台西南转角保护修复前

18. 须弥台西南转角保护修复后

19. 须弥台东南转角保护修复前

20. 须弥台东南转角保护修复后

21. 须弥台东北转角保护修复前

22. 须弥台东北转角保护修复后

23. 须弥台西北转角保护修复前

24. 须弥台西北转角保护修复后

25. 须弥台东踏道及两侧基台保护修复前

26. 须弥台东踏道及两侧基台保护修复后

27. 一层台围墙东北转角保护修复前

28. 一层台围墙东北转角保护修复后

29. 一层台围墙东南转角保护修复前

30. 一层台围墙东南转角保护修复后

31. 一层台围墙西北转角保护修复前

32. 一层台围墙西北转角保护修复后

33. 一层台围墙西南转角保护修复前

34. 一层台围墙西南转角保护修复后

35. 南外长厅保护修复前

36. 南外长厅保护修复后

37. 北外长厅保护修复前

38. 北外长厅保护修复后

39. 南内长厅保护修复前

40. 南内长厅保护修复后

41. 北内长厅保护修复前

42. 北内长厅保护修复后

43. 二层台北回廊西段保护修复前

44. 二层台北回廊西段保护修复后

45. 二层台北回廊东段保护修复前

46. 二层台北回廊东段保护修复后

47. 南外塔门保护修复前

48. 南外塔门保护修复后

49. 西外塔门保护修复前

50. 西外塔门保护修复中

51. 北外塔门保护修复前

52. 北外塔门保护修复中

53. 南内塔门中塔解体修复第一层俯拍图

54. 南内塔门中塔解体修复第二层俯拍图

55. 南内塔门中塔解体修复第三层俯拍图

56. 南内塔门中塔解体修复第四层俯拍图

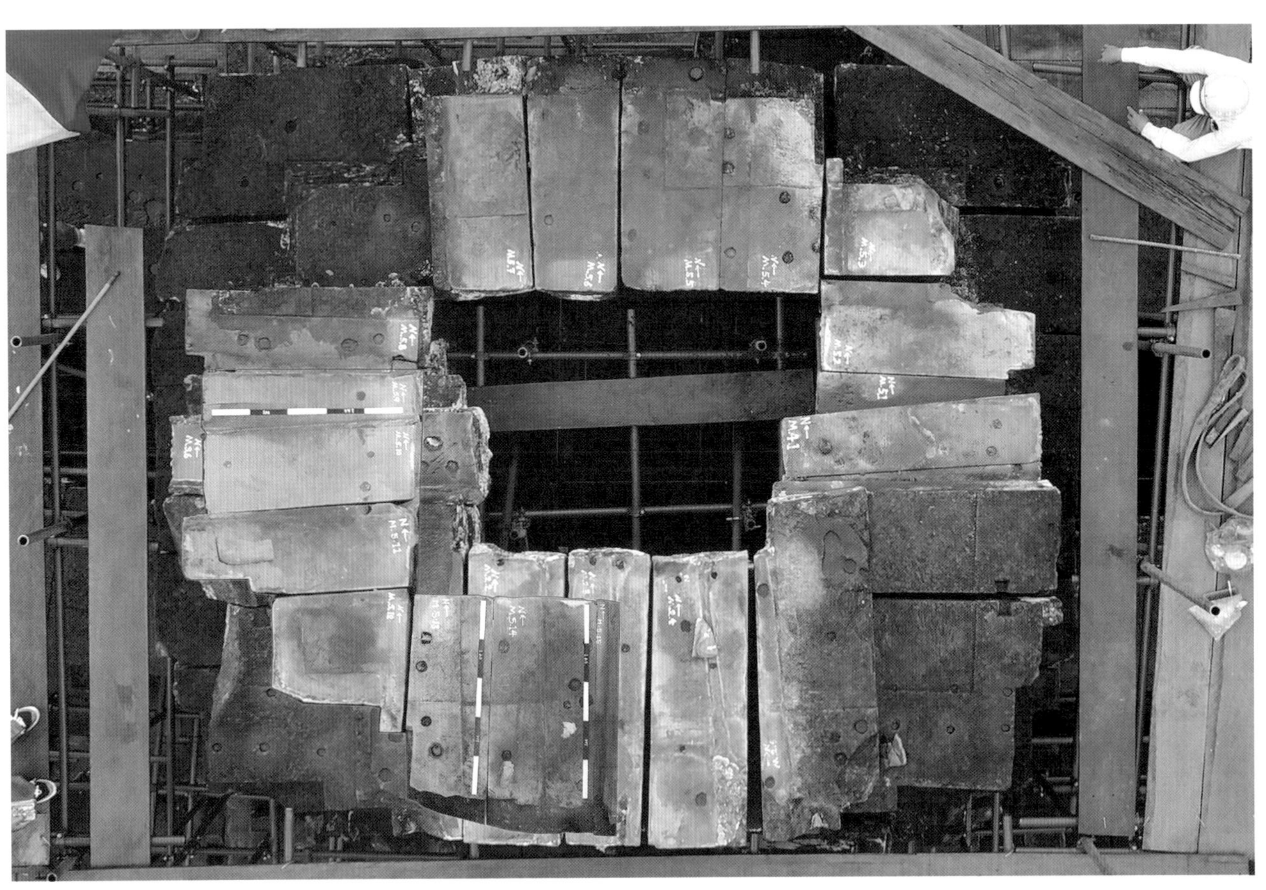

57. 南内塔门中塔解体修复第五层俯拍图

58. 南内塔门中塔解体修复第六层俯拍图

59. 南内塔门中塔解体修复第七层俯拍图

60. 南内塔门中塔解体修复第八层俯拍图

61. 南内塔门中塔解体修复第九层俯拍图

62. 南内塔门中塔解体修复第十层俯拍图

63. 南内塔门中塔解体修复第十一层俯拍图

64. 南内塔门中塔解体修复第十二层俯拍图

65. 南内塔门西厅解体修复第一层俯拍图

66. 南内塔门西厅解体修复第二层俯拍图

67. 南内塔门西厅解体修复第三层俯拍图

68. 南内塔门西厅解体修复第四层俯拍图

69. 南内塔门西厅解体修复第五层俯拍图

70. 南内塔门西厅解体修复第六层俯拍图

71. 南内塔门西厅解体修复第七层俯拍图

72. 南内塔门西厅解体修复第八层俯拍图

73. 南内塔门西厅解体修复第九层俯拍图

74. 南内塔门西厅解体修复第十层俯拍图

75. 茶胶寺南内塔门西厅落石

后　记

茶胶寺修复工程作为我国援助柬埔寨吴哥古迹保护国际合作行动的第二期项目，一直受到了国家领导人的支持与关怀。时任中国国家主席江泽民、胡锦涛，时任国家副主席的习近平，都曾经专程到暹粒视察中国队的修复工地，慰问参加保护工作的工程技术人员；时任中国全国政协主席贾庆林、国务院总理温家宝、中共中央政治局常委贺国强、国务委员李铁映、国务院副总理吴仪和国务委员刘延东在内的多位中国领导人也都直接参与了中国援助吴哥保护工作的决策过程。

茶胶寺修复项目是一项系统的文化遗产保护修复工程，囊括了建筑形制研究、保存现状调查与评估、修复工程设计、修复工程、建筑本体结构变形监测与预防。本项目的前期研究及方案设计、施工图设计阶段，集合了我院及国内众多高等学校、科研院所的专业技术人才。在此，对所有参与项目前期研究的相关单位和人员，以及所有关心和帮助项目顺利完成的人员和单位，表示最诚挚的感谢。

首先，要感谢参与前期勘察研究、方案施工图设计以及现场施工管理等主要人员。他们是中国文化遗产研究院侯卫东、顾军、温玉清、葛川、张兵峰、永昕群、颜华、刘江、王林安、闫明、张秋艳、于志飞、孙延忠、胡源、刘建辉、张念、金昭宇、陈艺文、周西安等，天津大学建筑学院吴葱等，解放军总装备部工程设计研究总院杨国兴等，北京中铁瑞威工程检测有限责任公司张智慧等，湖南大学霍静思等。项目实施过程中，也得到了北京英诺威建设工程管理有限公司陈京南等同志的大力支持。今天的成果与他们每一位工作人员的辛勤工作密不可分。作为现场施工技术负责人的张宪文研究员已年过六十，在现场酷热的环境中，坚持每天深入施工现场，对每道关键施工工序、施工技术进行现场指导与检查，他丰富的古建筑维修施工经验为项目的实施提供了技术保障，并为项目保质保量完成奠定了基础。

除此以外，茶胶寺保护维修方案设计以及现场施工，得到了王丹华、黄克忠、付清远、张之平、吕舟、李永革、张克贵、黄滋、袁朋、杨新、王立平、常新照等专家的悉心指导与帮助。在此，对以上专家以及 ICC – Angkor 国际专家表示感谢。

援柬茶胶寺修复项目的顺利开展和实施还离不开商务部、驻柬使馆、国家文物局等相关部门及其领导的莫大帮助，在此也表示最诚挚的谢意。

感谢中国文化遗产研究院刘曙光院长、侯卫东副院长，他们一次次远赴千里、不畏辛劳、头顶烈日、费心尽力进行现场施工指导，出谋献策，为项目得以按期完工提供了保证。他们一次次的耐心教导、亲切关怀以及良苦用心，项目组成员受益匪浅，为今后的专业工作打下了笃实的基础。其中，刘曙光院长亲自兼任茶胶寺修复项目的总指挥，他统筹管理部署，时刻关注项目进展动态，定期召开茶胶寺修复项目院长办公会，分阶段部署重点工作任务，监督各项重点工作的落实情况，积极协调院其他职能部门对援外项目的工作配合；侯卫东副院长主要负责对外学术交流，每年至少两次的吴哥之行，他都要亲自带队现场考察、总结分阶段工作成果，与吴哥古迹保护与发展国际协调委员会（ICC – Angkor）

的专家及其他国家工作队进行学术探讨与交流，将我工作队的经验、成果进行对外传播与推广，并借鉴引进其他国家工作队的先进管理方法及经验；在高棉建筑研究方面，从零开始直到造诣颇深的温玉清副研究员从事茶胶寺研究6年有余，编写了《茶胶寺庙山建筑研究》。

作为一项我国援助柬埔寨吴哥古迹保护的国际援助项目，援柬茶胶寺修复项目还得到了柬埔寨APSARA局BUN Narith局长、ROS Borath副局长、So Chheng先生，柬埔寨金边皇家艺术大学、德国吴哥古迹保护工作队（GACP）、法国远东学院（EFEO）的支持与帮助，在此向他们表示诚挚的感谢。

古人云“人心齐，泰山移”，指的是如果团队齐心协作，就能产生出巨大的能量。援柬工作团队因一个共同的目标而集合起来，每位成员只有融入团队，在与团队一起奋斗过程中，才能实现个人价值的最大化，取得卓越的成就！对项目团队成员这些年辛苦的付出表示感谢和衷心的祝愿，希望项目团队成员在日后的工作生活中继续发扬团结合作、锐意进取的精神，愿我们百尺竿头，更进一步！

许 言

2015年5月29日于北京